善工利器

程序员管理范式

[美] 米奇·W. 蒙托（Mickey W. Mantle）
罗恩·利克蒂（Ron Lichty） / 著

王小刚　陈连生 / 译

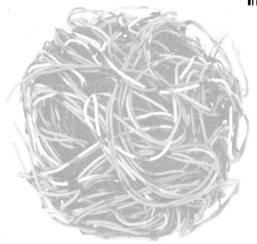

MANAGING the UNMANAGEABLE

Rules, Tools, and Insights for Managing Software People and Teams, 2nd Edition

人民邮电出版社

北 京

图书在版编目（CIP）数据

善工利器：程序员管理范式 / （美）米奇·W. 蒙托 (Mickey W. Mantle)，（美）罗恩·利克蒂 (Ron Lichty) 著；王小刚，陈连生译. -- 北京：人民邮电出版社，2022.1
ISBN 978-7-115-57259-2

Ⅰ. ①善… Ⅱ. ①米… ②罗… ③王… ④陈… Ⅲ. ①程序设计－基本知识 Ⅳ. ①TP311.1

中国版本图书馆CIP数据核字(2021)第270114号

- ◆ 著　　　　[美] 米奇·W. 蒙托（Mickey W. Mantle）
　　　　　　　[美] 罗恩·利克蒂（Ron Lichty）
　　译　　　　王小刚　陈连生
　　责任编辑　郭　媛
　　责任印制　王　郁　焦志炜
- ◆ 人民邮电出版社出版发行　　北京市丰台区成寿寺路 11 号
　　邮编　100164　　电子邮件　315@ptpress.com.cn
　　网址　https://www.ptpress.com.cn
　　大厂回族自治县聚鑫印刷有限责任公司印刷
- ◆ 开本：720×960　1/16
　　印张：25　　　　　　　　　　2022 年 1 月第 1 版
　　字数：467 千字　　　　　　　2022 年 1 月河北第 1 次印刷
　　著作权合同登记号　图字：01-2020-6623 号

定价：119.80 元

读者服务热线：(010)81055410　印装质量热线：(010)81055316
反盗版热线：(010)81055315
广告经营许可证：京东市监广登字 20170147 号

内容提要

　　这是一本系统阐述在面对容易失控的软件开发团队时，如何管理、建设和赋能团队，以及成功交付开发成果的书。本书总结了两位作者多年的软件开发实践经验和软件团队管理经验，通过深刻的观察和分析，围绕软件开发管理的核心问题——人的管理，讲解如何真正理解程序员、如何找到合适的程序员、如何与程序员顺畅地沟通等困扰大家已久的问题，进而扩展到如何以人为本地建设团队、管理人员、管理项目。相较于第 1 版（《告别失控：软件开发团队管理必读》），第 2 版（本书）增加了如何招聘和培养程序员，并搭建卓有成效的团队的相关内容。

　　本书适合初级软件开发管理者阅读，可以说是一本陪伴初级管理者成长为高级管理者的必备之书。同时，本书也适合有志于走向管理岗位的程序员、产品运营人员以及其他技术人员阅读。

|对本书的赞誉

这本书在亚马逊（Amazon）（美国）上获得超过 50 个五星赞誉！

"Lichty 和 Mantle 合著的这本书为我们总结了聘用、激励和领导软件开发团队等方面的经验。他们的经验法则和指导性建议构成了一幅宏伟蓝图。软件工程管理者们，无论是初出茅庐的新手，还是身经百战的老手，都会从中受益。"

——Tom Conrad，Pandora 首席技术官

"真希望自己能在多年前就拥有这本书。我从书中看到了非常有价值的内容，为了成为更优秀的管理者，我将会反复实践这些内容。这本书的写作恰如其分，我很喜欢其中的个人轶事。"

——Steve Johnson，Inlet Digital 高级架构师

"如果你真心打算建立一支可持续发展的软件开发团队，希望其能够始终如一地交付符合预期的高质量解决方案，那么这是一本必备的参考书。针对世界各地的软件工程管理者们时常面对的棘手问题，这本书给出了许多非常实用的建议和技巧。凭借对软件开发团队成员个性与背景的深刻洞察，这本书全面展示了一整套经过实战检验的方法，如庖丁解牛一般把管理软件开发团队（不管是位于同一地点的小规模团队，还是分散在世界各地的拥有数以千计的成员的大规模团队）的过程层层剥开、细细研磨，使我们无须体味其中的艰深晦涩。这是一本软件工程类的书，致力于帮助软件工程管理者解决如何使软件开发团队高效协同工作这一难题，软件工程管理者应当人手一本。"

——Phac Le Tuan，Reepeet 首席技术官，PaceWorks 首席执行官

"要想成为杰出的软件工程管理者，仅仅知道技术细节是远远不够的。Ron 和 Mickey 为我们提供了一本实用手册，展现了软件工程管理者重要的柔性一面。这本书适用于任何软件开发组织。"

——Paul Melmon，NICE Systems 工程副总裁

"结构合理、逻辑清晰、信息量大，含有丰富的亲身体验和许多独到见解，这本书可谓金玉满堂！两位作者做出了杰出的贡献，在理论与实践之间达成了完美的平衡。"

——Joe Kleinschmidt，Obindo 首席执行官，Leverage Software 前首席技术官

"我是从'经验法则与至理名言'那一篇开始阅读这本书的。在阅读了不到 4 页内容之后,我认定自己的认识有了显著提升。这些经验法则与至理名言最令我触动的地方在于,我能感受到这本书的缘起:两位技艺精湛的大师互相从对方身上学习。大多数书给我的感觉是作者在枯燥地讲述'应该怎么做',读完之后我仍然心存疑虑——这些知识在现实生活中是否有效呢?而阅读这本书中的经验法则与至理名言时,我的感觉是,我从一位值得信赖的导师那里得到了许多指点,这位导师不仅是可以信赖的,而且他笃信我也能够掌握这些哲理,理解其局限性并正确地加以运用。这本书凝结了技术管理方面的智慧,就像这一领域的《读者文摘》(*Reader's Digest*)一样。"

——Mike Fauzy,FauzyLogic 首席技术官

"这本书为软件工程管理者们提供了许多非常有价值的指导,有些是不言自明的真理,有些则是寓意深刻的洞见。我真希望自己能在刚开始管理软件开发团队时就拥有这本书,当然现在对我来说,它仍然极具启发性。对于想要转型成为管理者的程序员来说,最大的困难莫过于学习'软技能'。Ron 和 Mickey 的这本书非常值得推荐,它不仅解释了学习'软技能'行动的理由,还给出了行动的方案。"

——Bill Hofmann,Klamr.to 工程副总裁

"围绕软件开发中人的因素而展开的独特对话,叹只叹相见恨晚呐……"

——Mark Friedman,GreenAxle Solutions 首席执行官兼创始人

"这本书提供的关于新员工在上班第一天该做的事情的建议是独一无二的,让人受用不尽!"

——Steven Flannes,博士,*People Skills 3.0: Next-Generation Leadership Skills for Project Success* 一书的作者

"真希望我在 5 年前第一次担任经理时就拥有这本书!"

——Kinnar Vora,Sequoia Retail Systems 产品开发与运营副总裁

"这本书提供了针对程序员这一特殊人群的深刻见解。全球的软件组织都在探索如何用更恰当的方式开发软件产品。对程序员的有效管理是成功开发软件产品的关键。总体来说,许多软件项目和软件组织的管理者都不擅长管理程序员,不擅长管理软件开发过程。我认为这本书能够令软件组织的管理者们耳目一新,可以帮助他们深入理解程序员,一窥程序员的所思所想,进而成为卓越的管理者。"

——Michael Maitland,WhereTheGeeksRoam 首席执行官(极客主管)

"阅读这本书令我受益良多,真希望我在 10 年前就拥有这本书——这样我很可能会少犯一些错误。书中的很多内容于我来说并不新鲜,但是能够把如此之多的相关内容融合在同一本书中却是我前所未见的。这就是我想要的书,我觉得自己已经从中受益良多了。"

——David Vydra,持续交付的倡导者、TestDriven 的软件匠人

"这本书对我大有裨益。我从事管理工作已经有几十年了，然而这本书仍然能够帮助我提升对员工的敏感度。"

——Margo Kannenberg，HighWire 出版社应用开发总监助理

"在我初次担任程序设计经理时，Mickey 就是我的上司。他手把手地教会我如何做好管理工作，他的务实指导对我从事管理工作的方方面面都有着深远的、积极的影响。直到今天，当我在培养和指导管理人员方面遇到难题时，我仍然会向他'取经'。很高兴他能拨冗把自己的宝贵经验集结成书，这样就能有更多的新老管理者从中受益。"

——H. B. Siegel，亚马逊总监

"Mantle 和 Lichty 对抽象的原理做了深入浅出的阐释，为提高软件开发组织的有效性提供了经过实战验证的方法。每一个希望构建起卓越不凡的软件开发团队、创造出人人乐在其中的团队文化的软件经理，都应该在书架上（或者电子阅读终端上）放上这本书。这本书的价值尤其体现在它告诉管理者不应该做哪些事，以及如何处理所有组织都不可避免地存在的普遍问题。"

——Anthony I. (Tony) Wasserman，卡内基梅隆大学硅谷校区软件管理实践教授，ACM 会士，IEEE 终身会士

"20 世纪 70 年代中期，Mickey 在纽约长岛工作，当时他所在的团队就是今天的 Pixar 团队的前身。20 多年来，他一直与这支团队共同成长，交付了许多成功的软件产品。如今，作为 Pixar 团队的管理者，他带领团队取得了一个又一个的胜利。他知道自己该说些什么。"

——Alvy Ray Smith，Pixar 联合创始人

"Ron 和 Mickey 清楚地知道：参与能够带来变革的项目对于程序员来说是至关重要的，而能够孕育出独特的创新文化对于管理者来说是不可或缺的。"

——Kathy Baldanza，Perforce Software 工程副总裁

"这本书汇集了大量可以使你成为更高效的软件开发经理的宝贵实践经验。"

——Chris Richardson，原 CloudFoundry 的创始人，《POJOs IN ACTION 中文版》（*POJOs in Action*）一书的作者

译者序

如果，可以由我选择，我情愿把这本 *Managing the Unmanageable* 的中文版取名为《管好不会管》。

《帝国时代》这款游戏，我玩了有 20 多年了，从读研一时一直玩到现在，乐此不疲。

打开"帝国"，听着鸟儿的悦耳歌唱声、羊儿的咩咩声、骑兵的长剑挥舞声、诸葛弩的漫天箭雨声、投石机的呼啸声，让人心旷神怡的同时，充分满足了作为一个男人驰骋疆场的虚荣心。更为关键的是，它充分让我享受到拥有"上帝视角"的成就感——只要我一声令下，建筑工安安心心修城堡，伐木工踏踏实实砍木头，侦察兵心甘情愿慷慨赴死，弓箭兵心无旁骛冲突掩杀。

可惜，无论是管理一支程序开发团队，还是管理一位程序员，都无法拥有如此令人愉悦的体验。

一项研究表明①，软件工程师的性格特征一般是内向，敏感，思考和判断力强，严肃，安静，务实，逻辑性强，因为注意力集中和一丝不苟而获得成功。由于这些统计学意义上的"先天"特征，与程序员的交流沟通是比较困难的。"外人"很难融入其中，真切了解他们在想些什么、做些什么，更遑论去评估做得有多好、有多快、有多少价值。直到今天，这仍然是困扰软件工程的一大难题：建立和维护软件开发团队对内和对外的良好的沟通交流渠道。甚至，我们可以稍微夸张一点地讲，正是围绕着"如何解决沟通交流"这一核心问题，人们才孜孜不倦地探索和创造了一个又一个的软件工程方法、模型、方法论。

幸好，现在有了这本 *Managing the Unmanageable*。

如果，可以由我选择，我情愿把这本 *Managing the Unmanageable* 的中文版取名为《管好不服管》。

最近的 14 年，我一直从事针对软件企业的咨询培训工作。在此之前，我做过程序员，也做过程序员的管理者。

---

① Steve McConnell. *After the Gold Rush，Creating a True Profession of Software Engineering* (WP Publishing & Distributors, PVT., Ltd., 2001), p.25，该书目前尚无中文版。

当我的咨询生涯进入第 10 个年头的时候，我父亲同我进行过一次长谈。他说，比起先前，我当下的工作更符合我的个性特征。因为："从内心深处讲，第一，你不愿意管人；第二，你不愿意被人管。"

我不得不佩服 40 年军龄的老军人深邃的洞察力和精准的判断力。他的描述一针见血。

我更确信一点：这样的性格特征在程序员群体中绝非个案，甚至可以说是普遍现象。

当我们作为程序员被管理的时候，经常随血脉偾张而涌上脑顶一句话：你行你上（you can you up）。就算是没有把这句话脱口而出，我们那斜向上的眼神和皱起来的鼻子所组成的微表情透漏出的信息，已经表露无遗。

当我们作为程序员的管理者开始管理程序员的时候，为求得工作任务的进度和质量，我们又经常越俎代庖将某个员工手头的工作接过来自己做好——"我来干，你看着；不然，等你学会的时间，我早都干好了"；而不是耐心、细致、周到、将心比心地指导小伙伴们自己做好，不惜用一时的工作效率或者单个工作产品的质量来换取小伙伴们的长远发展。

我们热衷于怼天怼地怼空气，怼人怼事怼产品经理。

长此以往，程序员被人们编排了很多段子。在这些段子里，我们被黑得干净彻底，被黑得体无完肤，被黑化的程度仅次于产品经理。

然而，更为微妙的是，有时我们还很享受这被黑化的过程和结果。

怎样管好这样一个特立独行、桀骜不驯的群体（抑或只是希望被人们看作是"特立独行"，或者只是被人们贴上了"桀骜不驯"的标签），把他们捏合成为一支井然有序、能征善战的团队，这是长久以来摆在许多管理者尤其是高层管理者桌面上的难题。

幸好，现在有了这本 *Managing the Unmanageable*。

如果，可以由我选择，我还想把这本书取名为《管好不敢管》。

在我从事咨询培训的工作中，经常会面临客户们提出的这样一个需求："王老师，最近我们公司的 XX、YY 和 ZZ 岗位缺人手。有合适的人员记得给我们推荐啊。"

通常，在这种情况下，我都会追问一个问题："贵司对这些岗位有何要求？"

通常，我听到的答案都是："没啥特别的要求，能干活就好。"甚至，有时还会听到一句无奈的补充："也不敢有太高的要求啊。"

在很多情况下，管理程序员的方式被简单地诠释为"哄"——哄孩子的"哄"。

评价方法？试过很多了，什么 360°考核、PCMM（人力资源能力成熟度模型）、BSC、KPI、OKR……方法换了很多了，有什么新鲜的就学什么、用什么。

团队架构？试过很多了，什么重度矩阵、老虎团队、游戏化管理、积分制/工分制、自组织自适应……方法换了很多了，有什么新鲜的就学什么、用什么。

激励措施？已经可以用"琳琅满目""种类繁多"来形容了——工资、奖金，这些传统做法远远不够；股票、期权，这些也已经司空见惯。现在还要比比哪家公司的加班餐品类比较繁多，哪家公司的年会更为标新立异请来了更多网红，哪些公司标配有"程序员激励师"……（很多客户的 HR 部门同事向我抱怨说，现在摆在 HR 面前最难的事情是招人，其次就是如何办好年会。）

然而，问题似乎只是得到一定程度的缓解，从"人本"观点系统阐释如何有理、有利、有节地管理软件开发团队的专著仍然稀少。

幸好，现在有了这本 Managing the Unmanageable，来自 Mickey W. Mantle 和 Ron Lichty 这两位长期从事软件开发团队管理、累积起来在软件行业浸淫了 80 年之久的、"大神"级别人物的著作。怎样解决管理程序员和软件开发团队中的"不会管""不敢管""不服管"等诸多问题，这本书里都有。

- 本书第 1 章和第 2 章，将提供一个全方位深度刻画的"用户画像"，让你能够充分理解程序员群体的性格特征。
- 本书第 3 章和第 4 章里充满了大量操作性极为强悍的有关招聘程序员和培养新晋程序员快速融入团队的技巧。老实说，在翻译这两章时我常常不禁拍案叫绝："原来这事还可以这么做啊……"
- "工欲善其事，必先利其器"，本书第 5 章、第 6 章和第 9 章全景揭秘做好向上管理、向下管理、对外管理和软件交付过程管理的各种工具和技术。
- "善战者，求之于势，不责于人"，本书第 7 章和第 8 章介绍的是有效激励程序员、成功创造良好团队氛围的各种工具和技术。特别地，作者在第 7 章中深入探索了如何将心理学和社会学的成功研究成果（比如：X-Y 理论、激励因素-保健因素理论等）应用于程序员管理之中。这些理论略有一些艰深，初读难免有一点诘屈聱牙，但掩卷长思之后你又一定会领首称道。
- 本书最后一章可谓是应时应景之作，这里着重讨论了在敏捷开发的环境之下，如何做好团队的组织、分工、引导、教练等工作。尽管在敏捷的语境之下，"管理"是被刻意回避的字眼，但是"管理活动"依然存在。
- 原书中最为引人入胜的部分，是两位作者收集到的 300 多条有关软件开发团队管理的经验法则与至理名言。这一条条经过千锤百炼而成的金玉良言，句句都闪烁着智慧之光。我有理由确信：在您阅读完本书 10 年之后，如果被问起"这本书里都写了些啥"，您能够凭借第一感觉回忆起来的一定还是这些入木三分的肺腑之言，即使您在闲暇时也可以拿出来时时品味，随手做些心得记录。

有鉴于此，我们最终还是决定将这本书的中文版定名为《善工利器：程序员管理范式》。"善工利器"出自《论语·卫灵公》："工欲善其事，必先利其器。"这表达了我们对本书的美好愿景，期待它可以成为一个内容丰富、即插即用的有关程序员和程序员团队管理的优秀实践集合。选用"范式"一词是为了能够体现

Mickey W. Mantle 和 Ron Lichty 两位前辈对原著内容的定位——Rules，Tools and Insights。范式从本质上讲是一种理论体系与框架。在该体系框架之内将衍生出一系列逻辑自洽的理论、法则与定理，并且终将成为被证明是行之有效的、被人们所普遍接受的行事方法。

本书第 1～6 章，以及那 65 页 300 多条的"经验法则与至理名言"，由我翻译；第 7～10 章由陈连生老师翻译。全书由我完成统稿。之所以这样安排，也是充分考虑到我们两个人组成的这个小团队的特点：陈老师具备丰富的敏捷实战经验，主持过多家软件公司和组织的敏捷转型工作，所以由他来翻译后四章是最合适的选择。我本人在近年翻译过《软技能：代码之外的生存指南》和《软技能 2：软件开发者职业发展指南》，此次翻译 Managing the Unmanageable 前 6 章正好也是从"软件开发者"的角度切换到"软件开发团队管理者"的角度来重新审视"软件开发"这个行业。我们两人加起来也有超过 30 年的软件行业从业经验，虽然不能与 Mickey W. Mantle 和 Ron Lichty 两位前辈相提并论，但也可以说是将自己的从业体验倾注其中。希望这本书能够带您以全新的角度来诠释"管理程序员以及软件开发团队"这个课题，能够帮助您有条有理、有层有次、有板有眼、有声有色地管好软件开发团队。

王小刚

2021 年 8 月

▍前言

　　软件开发项目通常被认为是难以管理的，人们对此已经见怪不怪了。进度远远慢于预期，费用大大超出预算，这些令人咋舌的问题在软件开发项目里比比皆是。规范化的软件开发实践对这一状况有所改善，但并未真正解决问题。我们身处的软件开发行业已经发展了超过60年，为了竭力将管理规范化，整个行业经年累月地投入时间和不计其数的金钱（包括美元、日元、韩元、人民币、卢比、欧元……，各个国家的货币都有）。但是，时至今日，为什么软件开发项目仍然如此难以管理呢？

　　在本书中，我们试图使用一个简单的观察结果来回答这个长期存在的问题，那就是管理者首先必须要掌握管理软件开发团队的技巧。也就是说，管理者必须先学会了解员工——如何聘用他们、激励他们，然后再学习如何带领他们开发并交付杰出的软件产品。本书内容出自我们自身的经验，以及我们所认识的软件行业的优秀管理者（涵盖了几乎所有业务类型的软件开发工作）的经验，旨在为你讲述如何管理软件开发工作。我们二人已经在软件开发行业浸淫许久，我们二人在各类型软件程序和项目开发与交付工作中积累的时间加起来已经超过80年了，其中有超过65年的时间，我们都是在管理交付软件程序的程序员、管理软件开发团队。希望本书能够帮助你避开我们曾经犯过的许多错误，也希望我们介绍的思想和技能能够帮助你获得成功。

　　在职业生涯的初期，当我们还都是程序员的时候，我们俩拜读过 Frederick Brooks 写于 1975 年的《人月神话》（*The Mythical Man-Month*）一书。该书面世后很快就被程序员们奉为经典，其中的真知灼见直到今天仍有着重大意义，被公认为软件开发管理艺术方面的一部权威著作。与其他许多读者一样，我们对这本书最难忘的部分是 Brooks 提出的那些只有一行字的名言，例如："向一个已经进度延迟的项目增加人手，只会让项目延迟更多。"在管理软件开发项目时，我们无数次地引用过这句名言。我们希望能够找到其他类似的令人难忘的经验法则与至理名言[①]，这也是我们写作本书的灵感和动力源泉。

[①] 参见本书第 6 章之后的特别章节"经验法则与至理名言"。本书的一位审阅者将本章比喻为全书"流淌着牛奶与蜂蜜的地方"。

在我们俩成为富有经验的管理者后，作为朋友，我们开始定期碰面，讨论各自正在从事的工作以及在软件开发中面临的各种挑战。我们发现彼此都能从对方那里获得启发，时不时还能共同总结出一条经验法则或至理名言。我们把这些经验法则与至理名言运用到工作中，整合入管理方法并与团队分享。我们从阅读过的图书和访问过的网站上收集经验法则与至理名言，但从未发现一组完全适用于管理程序员和软件开发团队的经验法则与至理名言。最终，为了弥补这一遗憾，我们决定撰写本书。

在开始动笔前，我们曾与许多经理、总监和首席技术官交流过，这使我们的眼界更加开阔，本书的立意与目标也提升了。我们越来越清晰地认识到，可以从自身的行业经验出发撰写本书，而不用局限于收集已经存在的那些经验法则与至理名言。我们还可以分享自己开发的工具[1]，分享自己服务于创业型公司以及各种规模的组织时所积累的洞见。

当然，软件开发领域里有许多地方是我们二人在职业生涯中从未触及的，如大规模的政府项目和国防系统。尽管如此，我们的经验依然适用于当前从事软件开发的大多数公司，包括那些致力于创新的公司——在这类公司中，管理者往往比较年轻，普遍没有接受过正规的管理培训（因为没有时间参加培训），缺乏来自组织的支持。遗憾的是，今天依然有许多管理者深受其苦，只能在工作中边干边学。

多年来，我们从自己摸爬滚打的艰辛历程中得出了很多经验与教训，所以能够借此为软件开发团队管理者、程序设计经理写一本书，一本能够为他们指点迷津、故事性强并且富有见解的书。

我们还在本书中分享了自己多年来开发的一些工具，使用这些工具可以使管理工作变得更为轻松。这些工具包括岗位描述、角色和排名系统、团队技术详单、入职安排日程表、招聘跟进检查清单等。如果管理者所在的组织还不成熟，不能为其下辖的员工提供所需的工具（在高速发展的软件开发领域中这种现象太普遍了），那么使用这些工具可以帮助管理者节省一些时间。我们真心希望自己当年刚开始从事管理工作时就能拥有这些工具。

我们曾经犹豫过，与软件开发相关的图书、文章和网站不胜枚举，无论是在软件工程领域、过程管理领域，抑或是项目管理领域，无数卓越的软件工程管理者早已把他们的远见卓识公之于众。我们是否还要东施效颦？然而，我们发现，专注于管理程序员和软件开发团队的图书实在是寥若晨星，从我们入行成为软件开发人员那个年代开始，一直都是如此。

对于新上任的开发经理而言，管理、领导、指导和评价软件开发团队的工作没有通用的方法可以参考，很多时候，他们自己加入软件开发团队也不过区区数

---

[1] 本书每章（第 1 章除外）结尾部分附有"工具"一节，你可以从中一窥每章（第 1 章除外）引用的工具。

天。现成的管理方法是不存在的。与项目经理不同（项目经理需要在给自己规划的职业道路上花费大量的时间学习以获取证书），开发经理一般都是优秀的编码人员出身，处理人际关系的能力普遍不强。

即便是我们能够找到，也没有哪一本图书像本书一样包含了各类幕后故事和逸闻轶事。这些逸闻轶事都是直接围绕着如何处理管理者面对的各种情况展开叙述的。

本书结构

在本书中，我们分享了自己从编程和管理实践中积累的宝贵经验，以及在跨越两种管理体制的公司中交付软件的深刻体会。我们把自己的见解提炼为 10 章，其中还嵌入了从其他同行那里收集的经验法则与至理名言，以及一些我们亲历的逸闻轶事。

第 1 章讨论为什么针对程序员的管理很特殊，无论是把他们作为个体还是群体来管理。不同程序员的个性迥然不同，所以你不能简单地拿起一本管理书就去管理整个软件开发团队。

第 2 章从多个视角阐述了如何观察软件开发团队中的程序员，这些视角将有助于管理者了解每个程序员的个性，提醒管理者对他们加以区分，进行精细化管理。

第 3 章循序渐进地介绍了如何找寻杰出的程序员，如何延揽他们加入团队。当你刚看到这一章时，你会发现这一章的书页很适合撕卜来单独使用。当然，你可以单独阅读这一章。但要想获得最佳的效果，你最好结合前两章的内容一起阅读，这样可以帮助你充分了解自己要延揽的是些什么样的人才。如果你能够结合第 7 章和第 8 章中有关激励与文化的内容一起阅读，效果将尤其显著。

第 4 章讨论如何使新员工从一开始同意入职到入职工作的这段时间里一直保有激情，如何避免管理者"看走了眼"，以及如何在新员工入职后将他们迅速、有效、高效地整合到你的工作过程和实践中去。新上任的管理者往往以为，新员工在接受了录取通知后，他们在招聘工作上所要履行的职责就已经圆满完成了，然而实际上，在很多情况下还会出现各种意外状况，例如新员工在第一天就没有来上班，新员工难以融入团队、业绩一直不佳，等等。

第 5 章将直击管理的核心——向下管理，内容包括团队的日常运作方式和具体做法，以及成功管理程序员所需执行的任务与互动。

第 6 章中明确指出：高效的程序设计经理还应善于做好向上管理，即管理领导甚至领导的领导；善于做好对外管理，即管理好与同级同事的关系，并有效影响公司内部的其他部门、其他人士，成功整合外部资源和关系；最后要实现自我管理，即自己设定工作优先级顺序，形成自己的管理风格，管理好自己的时间、自己的职业发展规划乃至自己的生活。

第 6 章和第 7 章之间插入了 300 条多年来我们亲身证明行之有效的经验法则与至理名言。为了便于翻阅，这部分内容使用了浅色阴影页面。这些内容来自为数众多的程序员、程序设计经理和软件大师①。恰如其分地运用这些经验法则与至理名言，能帮助你清晰地表达立场，有效赢得争论，重塑思维和对话的框架；或者可以借助这一点小幽默来缓和紧张的谈话气氛，有利于你阐明自己的观点。

第 7 章阐述了管理软件开发团队的一项关键任务：激励程序员提升绩效，激励他们拼荆斩棘、克服困难，从而成功交付项目。这一章开篇介绍了马斯洛、麦格雷戈和赫茨伯格的激励理论。把握激励因素与保健因素（与人们通常的想法相反，二者的差别很大）之间的差异对我们自身管理水平的提高有着至关重要的作用。每一位程序员都有自己的鲜明个性，所以放之四海而皆准的激励妙招是不存在的，但是我们提供了一个框架，它可以帮助你有效考量激励团队的方法，有效识别并且找到避免保健因素的方法。

第 8 章探讨了公司文化，并给出了即便在最糟糕的公司文化中，也能成功营造出适用于软件开发团队的亚文化方法。只有极少数的管理者能够充分认识到自己在创建团队文化以促使团队成功的过程中扮演的重要角色。第 5 章和第 6 章介绍了管理的基本方法，而第 7 章和第 8 章讨论的则是能使你的管理工作与众不同、能够让你立于不败之地的两套软技巧。

第 9 章回归到基础内容。前 8 章的终极目标都是成功发布软件产品，但这一章讨论的不是项目管理，而是一个甚少被关注到的内容：软件开发团队管理者在软件交付过程中所要扮演的重要角色（特别是在敏捷环境下）。要想取得成功，除了心态之外，管理者还需要掌握前面各章所涉及的技巧，并为之付出巨大的努力。

第 10 章将贯穿全书的主题扩展到敏捷开发环境下，并且回答了一个重要的问题：当一个公司推行以自组织、自适应管理为核心的敏捷方法时，管理者的职责应该是什么。

全书每章（第 1 章除外）的结尾部分都附有"工具"一节，这里有琳琅满目的清单、表格和报告等，这些工具都是我们为招聘、雇用以及有效地管理和激励程序员成功交付高质量软件而设计的。我们相信这些工具一定会对你有所帮助，并能帮你节省从头开始创建这些工具的时间。

使用本书作为参考

许多阅读了本书第 1 版的读者告诉我们：他们不仅读过本书，更重要的是，

---

① 如果我们将经验法则或至理名言引用错误，在这里提前道歉（请告知我们）。其中有些话只能通过口口相传或间接的来源获得，要获取完全准确的信息几乎是不可能的。本书给出的人物头衔是对应人物最广为人知的头衔，或者是我们认识他们并直接听到相关表述时他们所拥有的头衔。

当他们发现自己面临管理问题时，会将本书作为行动指南。其实，我们写作本书的初心正是如此，所以我们很高兴看到有些读者已经领悟到我们的意图，并且欣然接受。我们鼓励你在思索"如果 Mickey 和 Ron 碰到这事会怎么做"的时候，把本书从书架上拿下来，仔细查看我们在本书中精心构建的目录及索引，找到可能适用于解决你的问题的内容。衷心期望本书能够成为你的私人导师，随时随地为你提供帮助。

我们的体会

程序员未必都是难以管理的，软件开发团队未必都是失控的，那些睿智地把管理重心聚焦于管理看似桀骜不驯的人的英明管理者们，是一定可以胜任这项管理工作的。我们可以断言，撰写本书的过程，即把萦绕在我们脑海中的经验法则与至理名言、工具和想法转换为文字进行分享的对话过程，一定可以使我们俩成为更卓越的管理者，使我们的工作更加轻松，使我们的团队更加快乐，使我们的项目更加接近成功的彼岸。我们衷心希望本书给出的经验法则与至理名言、工具和想法也能使你的工作更轻松。

【特别提醒】

本书由 3 个相对独立的部分组成，你可以直接进入各个章节阅读本书，也可以沉浸于第 6 章与第 7 章之间的经验法则与至理名言之中。在任何时候，你都可以查看本书的"工具"部分，以获取我们额外奉送的工具资源。

致谢

在撰写本书的过程中，我们得到了许多人的帮助。首先，也是最重要的，要感谢我们各自的妻子。在本书起草、改写直到最终成书的过程中，她们始终给我们以鼓励，没有她们的耐心、帮助和建议，本书是不可能完成的。其次，我们要感谢 Addison-Wesley 出版社的 Peter Gordon 和 Kim（Boedigheimer）Spenceley 多年来给予我们的支持和建议，他们笃信我们创作的这本书是有价值的，值得他们为之付出时间和精力使之公之于世。尤其是 Peter 针对本书组织结构的建议在写作后期帮了我们的大忙。崇尚开拓进取的 Kim 将我们带入了多媒体世界，并在 2017年与我们签约，将本书的内容转化为视频培训内容，此外，我们也非常感谢本书第 2 版的编辑 Haze Humbert。

再次，我们必须要感谢本书所包含的众多经验法则与至理名言的提出者们，他们反复强调的这些真知灼见是我们创作本书的原动力，我们对如此言简意赅的语句中蕴含的如此发人深省的道理表示由衷的赞叹。

我们还必须感谢花费大量时间和精力提供详细反馈信息的众多审稿人。多年来，他们在修订内容和提高本书写作技巧方面为我们提供了很多有益的指导，其中包括 Brad Appleton、Carol Hoover、Carrie Butler、Clark Dodsworth、Daniel J. Paulish、David Vydra、Dinesh Kulkarni、George Ludwig、Harinath V. Thummalapalli、Jean Doyle、Joe Kleinschmidt、KinnarVora、Margo Kannenberg、Mark Friedman、Michael Maitland、Patrick Bailey、Rama Chetlapalli、Stefano Pacifico、Steve Johnson、Steven Flannes，以及一些匿名的审稿人。感谢 Niel Nickolaisen、Rich Mironov、Cathy Simpson、Ed Burnett、Travis Klinker、Rob Parker、John Colton、Scott Henderson、Matthew Leeds、Anthony Moisant 和 Thomas Barton 对本书第 2 版中新材料给出的见解。感谢 Marty Brounstein 对其干预技术的澄清。特别感谢 Georgia McNamara，她为我们指明了英文写作的众多技巧，让我们可以摆脱原先无意识状态下从男性视角看待问题的局限性，并使得本书可以达到原先预期的对所有受众友好的目的；对此我们深表感谢。毫无疑问，经过他们的锤炼与修改，本书变得更棒了。

本书图 10.1 来自 freepik 网站@rawpixel.com 设计的人物艺术形象。图 10.7 和图 10.8 来自敏捷软件开发宣言官网。

最后，我们要感谢在职业生涯中所服务过的各个公司，感谢与我们并肩战斗过的众多程序员、管理者以及高层领导们。正因为有了他们以及与他们共事时所获得的经验，本书的问世才成为可能。

Mickey W. Mantle

Ron Lichty

2019 年 10 月

资源与支持

本书由异步社区出品，社区（https://www.epubit.com/）可为您提供相关资源和后续服务。

配套资源

本书提供原书英文版配套的"工具"（清单、表格和报告等）资源，如想获得配套资源，请在异步社区本书页面中单击 配套资源，跳转到下载页面，按提示进行操作即可。

提交错误信息

作者、译者和编辑尽最大努力来确保书中内容的准确性，但难免会存在疏漏。欢迎您将发现的问题反馈给我们，帮助我们提升图书的质量。

当您发现错误时，请登录异步社区，按书名搜索，进入本书页面（见下图），单击"提交勘误"，输入错误信息后，单击"提交"按钮即可。本书的作者、译者和编辑会对您提交的错误信息进行审核，确认并接受后，您将获赠异步社区的100积分。积分可用于在异步社区兑换优惠券、样书或奖品。

扫码关注本书

扫描下方二维码，您将会在异步社区微信服务号中看到本书信息及相关的服务提示。

与我们联系

我们的联系邮箱是 contact@epubit.com.cn。

如果您对本书有任何疑问或建议，请您发电子邮件给我们，并请在电子邮件标题中注明书名，以便我们更高效地做出反馈。

如果您有兴趣出版图书、录制教学视频，或者参与图书翻译、技术审校等工作，可以发电子邮件给我们；有意出版图书的作者也可以到异步社区在线投稿（直接访问 www.epubit.com/contribute 即可）。

如果您所在的学校、培训机构或企业，想批量购买本书或异步社区出版的其他图书，也可以发电子邮件给我们。

如果您在网上发现有针对异步社区出品图书的各种形式的盗版行为，包括对图书全部或部分内容的非授权传播，请您将怀疑有侵权行为的链接发电子邮件给我们。您的这一举动是对作者权益的保护，也是我们持续为您提供有价值的内容的动力之源。

关于异步社区和异步图书

"异步社区" 是人民邮电出版社旗下 IT 专业图书社区，致力于出版精品 IT 图书和相关学习产品，为作译者提供优质出版服务。异步社区创办于 2015 年 8 月，提供大量精品 IT 图书和电子书，以及高品质技术文章和视频课程。更多详情请访问异步社区官网。

"异步图书" 是由异步社区编辑团队策划出版的精品 IT 专业图书的品牌，依托于人民邮电出版社近 40 年的计算机图书出版积累和专业编辑团队，相关图书在封面上印有异步图书的 Logo。异步图书的出版领域包括软件开发、大数据、人工智能、测试、前端、网络技术等。

异步社区

微信服务号

作者简介

Mickey 和 Ron 的软件职业生涯涉及系统软件、2D/3D 图形、多媒体、界面开发、压缩打包产品、软件即服务（Software as a Service,SaaS）、嵌入式设备、信息技术、因特网应用、移动 App、专业服务以及数据仓库与分析。近年来，他们热衷于为组织提供建议，使其软件开发过程更加高效，担当起临时或兼职副总裁的角色，同时担当敏捷教练的角色，培训和指导团队实施敏捷和 Scrum 方法。但是，他们发现，困扰软件开发的那些问题很少来源于某些特定的领域或渠道，尽管各个组织面临的问题各不相同，但问题与问题之间的共通性远远高于其特异性。

Mickey W. Mantle

Mickey 从事软件开发工作超过 50 年，既设计过很多硬件和软件产品，也管理过多个开发团队。从犹他大学（众多计算机工业界的名人都是他的同期同学，如 WordPerfect、Silicon Graphics、Netscape、Adobe Systems、Pixar 等企业的创始人）毕业后，Mickey 的第一份编程工作是 1971 年在 Kenway Engineering（后改名为 Eaton-Kenway）为美国海军一个占地 6 英亩（1 英亩≈4 046.86 平方米）的飞机大修工厂开发总体控制软件和机器人实时控制系统。其后，Mickey 加入了三维计算机图形学的先驱——Evans & Sutherland（E&S），在那里与他人合作开发了最早的三维图形库，为 Silicon Graphics 的图形库奠定了基础。他在 E&S 工作期间参与完成了许多著名的计算机图形学产品，并且首次开始管理程序员和编程团队。

1984 年，Mickey 离开 E&S，加入了卡内基梅隆大学孵化的企业——Formative Technologies，在那里，他使用业界的第一批工作站（PERQ 和 Sun Microsystems）为制图和计算机辅助设计（Computer-Aided Design，CAD）应用处理大型位图。但他仍然心仪三维图形学。1986 年，他加入了刚刚被 Steve Jobs（史蒂夫·乔布斯）收购的从 Lucasfilm 中剥离出来的 Pixar。在 Pixar 工作期间，Mickey 领导了所有外设产品（包括 Pixar Image Computer、Pixar Medical Imaging System 和 RenderMan）的软件开发工作。其中，RenderMan 产品是三维真实感渲染软件的黄金标准。截至 2019 年，在过去 30 年中获得奥斯卡最佳视觉效果奖的 30 部作品中，有 27 部都使用了 RenderMan。

后来，Pixar 的业务重心逐渐远离了外设产品，转向制作长篇三维动画电影。鉴于此，Mickey 于 1991 年离开了 Pixar，加入了 Brøderbund Software，担任工程副总裁和首席技术官（Chief Technology Officer，CTO）职务。在 Brøderbund Software 工作期间，他领导了一个规模庞大的开发团队，业务范围涵盖应用与系统编程、艺术与动画、音效设计与音乐合成，以及质量保证。这个组织开发出了大量备受赞誉的 PC/Mac 游戏，如（*Where in the World is Carmen Sandiego*、*Kid Pix*、*Myst*、*Living Books*。）

1997 年年底，Mickey 加入了 International Microcomputer Software，担任研发副总裁和首席技术官，领导团队为大量的 Windows/Mac 应用（如 MasterClips）和专业级的产品（如 TurboCAD）实施现场与离线的开发与技术支持工作。

1999 年，Mickey 加入了 Gracenote，担任高级开发副总裁（自 2008 年起 Gracenote 成为索尼的全资子公司，而后又先后从属于 Tribune Media 和 Nielsen——全球最大的数据度量与分析公司）。在 Gracenote 工作期间，他管理着所有基于 Web 的 CDDB 音乐信息服务相关的开发、运营和专业服务，其中具有开创性的服务为包括 iTunes 在内的各种数字音乐播放器应用程序以及为数百种消费类电子产品提供元数据和封面艺术作品。Gracenote 的产品开发用到了网络服务、关系数据库、嵌入式系统和移动应用等众多技术，这使得 Mickey 对今天我们所开发的各类软件的广泛需求都有深入独到的见解。2011 年，Mickey 从 Gracenote 退休，创立了 Wanderful 公司开发移动和平板、Windows 和 macOS 应用，并且完成了本书第 1 版的编写。他还为各类型的公司和组织提供了有关高效领导力、管理技术人员和团队的咨询服务。

Mickey 的经验包括指导全球的软件开发团队和管理跨职能的团队进行 7×24 小时的高效工作以交付成功的产品。凭借在印度、俄罗斯、加拿大、日本和韩国挑选、创建和管理离岸开发机构的经验，他对使用跨时区、跨地域的不同人员和团队进行软件开发所面临的管理挑战有着深刻的见解。

Ron Lichty

Ron 有着 35 年以上的软件开发经验，其中有 30 多年担任开发经理、总监和副总裁等管理职务，服务过的公司从小型初创企业到世界 500 强企业都有。在进入软件开发行业之前，他的第一份职业是辗转纽约、怀俄明和加利福尼亚等地当撰稿人。在这期间，他撰写了数以百计的文章，发表了大量的照片并编写了两本书。他的软件开发生涯始于位于加利福尼亚州硅谷中心地带的 Softwest，主要参与文字处理产品的代码编写、编译器代码生成器的编程、嵌入式微控制器设备（例如基于智能卡的邮资机设备、酒店磁卡门禁系统——注意，这可是在 20 世纪 80 年代）的开发，以及计算机动画演示的设计和开发（专用于苹果公司在其一系列个人计算机启动和升级时的动画演示）。他在压缩算法领域获得了多项软件专利，并撰写了两本被广泛使用的程序设计教材。

1988 年，Ron 辞去在 Softwest 的经理职务，加入苹果公司，为其一系列的软件开发工具团队创建了一支产品管理团队。之后，他重返编程工作岗位，但最终还是成了一名管理者，领导团队完成了 macOS 系统内的"访达"（Finder）及其他应用程序的开发工作，包括苹果公司的"秘密武器"——用户界面。

1994 年，Ron 加入了 Berkeley Systems，领导开发当时全球流行的消费软件——After Dark 屏幕保护程序，确保 7 支娱乐产品开发团队的工作是可预测、可重现的。随后，Ron 加入了富士通公司，拯救了其久久未能问世的陷入泥潭的 WorldsAway 娱乐产品，Ron 砍掉了 6 个月的过度设计时间，只用了 11 周就使产品上线了。

Ron 随后在 Schwab 领导开发了第一批为投资者服务的软件工具，促使已经闻名遐迩的实体折扣经纪公司再度成为知名在线金融服务品牌。在 Schwab 担任首席信息官（Chief Information Officer，CIO）的 3 年里，他通过技术创新把所有业务部门中用各种不同程序设计语言实施的软件开发工作移植到了一个全公司统一的平台上，大大提升了组织的工作效率，他本人也因此被提拔为 Schwab 的副总裁。

自那时起，Ron 一直以员工和顾问的双重身份担任工程副总裁和产品副总裁职务，一直致力于让软件开发工作变得充满活力。他先后领导了 Avenue A | Razorfish（全球最大的因特网专业服务机构）在加利福尼亚的技术部门、Forensic Logic（犯罪侦查和预防公司）的产品和开发部门、Socialtext（第一家开发出商业化的多人协同写作系统的公司）的工程部门、Check Point 的 ZoneAlarm（消费者防火墙产品线）的工程部门，以及斯坦福大学的 HighWire（全球最大的学术著作出版互联网机构）的出版商服务部门。

2012 年年初，Ron 离开斯坦福大学，完成了本书第 1 版的编写，并且开始开展咨询业务，担任临时工程副总裁，向工程和产品领导人提供建议和指导，以促使组织内各个角色的工作更加富有成效，促使组织的运转更加流畅。他的咨询业务遍及美国、加拿大、欧洲和亚洲，他主要帮助软件开发团队拥抱敏捷方法，排除困难，解开组织发展的死结，提高人员生产力。

在不断探寻更加富有成效的最佳实践过程中，Ron 与人合著了《产品团队绩效的定期研究》（*Study of Product Team Performance*）。Ron 为开发者大会以及专业小组提供的演讲和在线讲座包括：如何直面敏捷和 Scrum 的挑战，在团队实现敏捷转型的过程中管理者所要扮演的关键角色，用户组、团队合作和社区在软件开发中的重要性，以及如何将软件开发过程从混沌转变得清晰。他曾是 6 家初创企业的顾问。他是硅谷工程领导力社区（the Silicon Valley Engineering Leadership Community，SV-ELC）的联合主席，曾是 SVForum 新兴技术特别兴趣小组（Special Interest Group，SIG）的联合主席。他是 SVForum 的软件体系结构 SIG 的联合创始人，EBIG 软件开发最佳实践 SIG 的联合主席，并在硅谷规模最大和历史最为悠久的开发者组织 SVFo-rum 中任董事会成员。

"谨以此书献给世界各地的程序员们，特别是我管理过的程序员们，他们创造了许多奇迹，然而他们的成就却鲜为人知。"

——Mickey

"献给我的孩子 Jean 和 Mike，他们为我提供了培养自己的管理能力的绝佳机会，他们还是我的洞察力与灵感的根基，是我的快乐源泉。"

——Ron

|目录

第 4 章　帮助新员工顺利入职　/　73

第 5 章　成为高效的程序设计经理：向下管理　/　86

第 *1* 章

程序员为何难以管理

程序设计作为一种严肃的职业已经存在了 60 多年。在美国，从事程序设计工作的程序员数以百万计，而在全球范围内，这个数字应该会达到千万级别。这还不包括不计其数的学生与编程爱好者，他们面对着计算机精雕细琢地编写程序，然而并不以此为生。

尽管这一行历史悠久，从业人数众多，但软件工程师却因难于管理而著称于世。这一现象的出现有以下几点原因。

第　，作为一种严肃的职业，程序设计与电气工程、土木工程等其他工程类型的职业迥然不同。尽管人们使用软件工程这一术语来称呼程序设计这门艺术的历史可以追溯到 1968 年[①]，但是，与电气工程、土木工程的实践相比，从零开始编写新程序更像是在写小说。新程序往往从一张白纸开始，而传统的工程项目则通常是遵照严格的合规性标准对各类型组件进行组装工作。在本书中，我们将使用程序设计这一术语来称呼软件工程，因为相较于严格定义的工程实践，程序设计更像是工匠们的一门手艺。

从零开始编写新程序更像是在写小说。

第二，任何人都可以成为程序员。这个职业不需要接受正式教育，也不需要考取证书[②]，

------

① 软件工程这个术语创造于 1968 年，用于描述"系统的、严格的、可量化的开发、运营与维护软件的实践"。参见 1994 年 6 月发表于《科学美国人》(*Scientific American*) 的 "Software's Chronic Crisis"（《软件的严重危机》）一文。

② 美国计算机协会（Association for Computing Machinery，ACM）在 20 世纪 80 年代初期曾有一个职业认证项目，但后来终止了。20 世纪 90 年代末，ACM 调查了软件工程职业认证的可能性，但最终认为这种职业认证对业界的软件工程实践来说是不合适的。斯坦福大学的一项类似研究得出了相同的结论："（软件工程职业认证）毫无益处，（实际上）弊大于利。软件工程涵盖的范围如此广泛，其本身还不甚成熟，因而仍处于不断变化之中，所以认证软件工程师所必需的'知识体系'太庞大了，任何一种测试都无法将其囊括。对软件工程师的职业认证不仅徒劳无功，而且会导致人们对从业者的错误信任，这可能会带来比没有认证更大的危害。因此，我们支持 ACM 的结论，反对对软件工程师的认证许可。"

只需要一份程序员的工作即可。[①]

第三，受前两个原因的影响，尽管人们做过多种尝试来规范程序设计的流程（如 CMMI[②]1～5 级），但这些尝试的作用其实很小。多年来，大量程序员夜以继日地开发出来的数不胜数的软件并没有遵循这样的规范性框架。即使遵循了这些规范性框架，也只是对流程有所改进，程序设计本身无法被转变为一个纯粹的工程实践。更不用说，规范性框架只解决了编写软件的流程问题，并没有涉及程序员管理的问题。对于解决管理程序员的问题，遵循流程只能起到最低限度的作用。程序设计经理仍然只能依靠自己的方法和工具来对程序员实施管理。

尽管论及程序设计与软件开发流程管理的图书、文章和网站不胜枚举，但是关于如何有效管理程序员的案例却十分稀少。任何一个棒球队的经理都会告诉你，管好棒球队比管好球员个体要简单得多，程序员的管理也与之类似。

追溯到计算机刚刚出现的年代，从那时起程序员的管理就是一个极具挑战性的难题，诚如下面这段由作为世界上第一批程序员之一的 Grace Hopper 写于 1961年的文字所述。

> 程序员是一个古怪的群体……这个行当演化成为一门独特职业的速度非常快，程序员群体崛起的速度也相当迅猛，以至于他们过早沾染了墨守成规的痼疾。我曾经听说过，有些程序员不愿意修改自己开发的业务系统，为此不惜对着客户戟指怒目。他们还会走进我的办公室对我说：“可是我一直就是这么做的啊。”也正是出于这个原因，我请人在我的办公室里悬挂了一台逆时针行走的时钟[③]。

管理程序员的第一步是透彻地了解他们。是什么吸引了数以百万计的人投身于“计算机程序设计艺术”呢？答案有时非常简单：它是一份收入丰厚且可以让你整天待在办公室里的工作。然而，很多程序员会告诉你，他的答案通常没有这么简单。给出那种简单回答的人，通常最终没能依靠程序员这个职业生存下来。

事实上，只有特殊气质的人才能成为程序员，而只有非常特立独行的一类人才能成为杰出的程序员。要想成为杰出的程序员，首先需要了解程序员都要做些什么。

[①] 很多类似于微软公司、苹果公司、思科系统公司这样的机构都提供认证课程与测试，在业界被广泛采用，但这些认证只针对特定的专业领域。它们可能是从事某项工作必需的，但并不是整个行业必需的。

[②] 能力成熟度模型集成（the Capability Maturity Model Integration, CMMI）是由软件工程研究所（the Software Engineering Institute, SEI）（现已改名为 CMMI 研究所）研发的过程改进模型，能为机构提供有效且必需的过程元素以改善组织的绩效。

[③] 被引用在 G. Pascal Zachary, *Show-Stopper!: The Breakneck Race to Create Windows NT and the Next Generation at Microsoft* (Simon & Schuster Inc., 1994)，中文版《观止：微软创建 NT 和未来的夺命狂奔》（张银奎、王毅鹏、李妍等翻译）由机械工业出版社于 2009 年出版。

1.1　程序员的特点

首先，可能也是最重要的一点，程序员的工作很有趣！Frederick Brooks 在软件工程的经典名著之一《人月神话》[1]中很好地总结了程序设计工作充满乐趣的原因。

"第一，能够创造事物，以及随之而来的愉悦感觉……"

"第二，能够创造出对其他人有用的东西，以及随之而来的欢乐情绪……"

"第三，能够着迷于制作类似'九连环'和拼图这样环环相扣的复杂装置，并且观看它们精巧的运转过程……"

"第四，持续学习的乐趣，这来源于程序设计的工作性质——不是周而复始的重复循环，而是每一次都别有洞天的新鲜感……"

"第五，工作的对象是可以由自己驾驭的代码，可以令人沉浸其中，自得其乐。像诗人一样，程序员的工作与纯粹思想性的工作只差毫厘。"

绝大多数程序员都是如此地享受自己的工作，所以程序员为什么难以管理就不难理解了。如果有人付钱让你开心地玩、乐在其中，那么你还愿意受制于人吗？受制于人可是会降低工作乐趣的！

程序员可以分为两类。如果没有计算机，许多程序员本可以成为工程师、会计师或者教育工作者。这么多年来我们招聘的程序员中约有 50% 属于这种情况，另外 50% 则比较难以归类，他们可能会成为艺术家、音乐家、作家等，他们属于"右脑型"人才，本质上他们更加向往自由奔放的生活。尤其令人惊讶的是，从这类"右脑型"人群中产生的卓越的程序员更多[2]。

此外，"程序员的工作与纯粹思想性的工作只差毫厘"的特点也助长了程序员自由散漫的工作作风，使程序员几乎无法被管理。程序员在设计与实现程序时，并没有可以广泛应用的严格、规范而又全面系统的工具。所以，程序员往往是从一张白纸开始设计和编写程序的。令人遗憾的是，直到 2019 年，也就是我们撰写本书的第 1 版之后 10 年之久，可以广泛应用的工具依然音信杳然。

要把如此截然不同的两类程序员混合组织成为一个团结一致、专业高效的软件开发团队，这给管理工作带来了极大的挑战。相对而言，管理工程师比管理艺术家、音乐家和作家更加直截了当一些。在没有外部影响和干预的情况下，管理

---

[1] Frederick P. Brooks Jr., *The Mythical Man-Month, Anniversary Edition* (Addison-Wesley, 1995; originally published in 1975）。这本关于程序设计的经典图书，是每一个管理程序员或者管理软件开发项目的人士的必读之物。

[2] 多位业界领袖都表达过类似的观点，认为音乐家可以成为杰出的程序员。Mickey 本人也是一位音乐家，所以他发自内心地认同这个观点。

者只要把程序员惯用的设备交给他们，他们立刻就会沉浸在编写代码的世界里，全神贯注地设计程序，对外界的一切置若罔闻。因此，管理者必须要在坚实可靠的软件开发实践的基础上建立起软件开发文化，否则编程项目很可能就会失败。

尽管可以将程序员组织成团队，但是，有效管理他们的关键是管理者要充分认识到每一个程序员都是独立的个体。程序员之间的个体差异巨大，管理者必须竭尽全力让每个人的长处都得到充分发挥，同时尽力弥补每个人的短板，至少要能够有效化解短板引发的问题。这条原则适用于任何领域的管理工作，不过在管理程序员时尤为重要。

即使软件实践和开发过程十分顺利，但是，当项目的工作产品本身难以捉摸的时候，你该如何做才能对项目的进展状况了如指掌呢？在几乎所有的软件中，程序本身的实际有形成果（如打印的报告、输出的数据或用户界面）与程序的真实进展都是不匹配的。Mickey 在 E&S 工作的时候，曾与一位杰出的系统程序员共事，这名程序员负责为一个非常复杂的设备驱动程序设计和编写所有的代码，但是在长达数月的开发周期中，他甚至都没有进行过一次完整的编译工作。再来看另一种极端情况。Ron 刚到富士通公司的时候，程序设计团队在 3 个月的时间里每周都会告诉领导："再等一周，我们就可以实现产品的所有功能。"对于这两种情形，我们都无法通过估算进度来预测项目能够圆满完成的时间。

更为糟糕的是，有时运行程序后可能会得到所需的结果，但是由于程序设计得很蹩脚或编码做得很差，无法对程序实施维护或者增强开发，这一点往往隐藏于无形之中，即使是经验丰富的程序员也常常对此浑然不觉。

坦率地讲，程序员的许多工作（也许是大部分工作）就是对现有的程序进行修改，而这些程序又多半是别人编写的。即使程序是他们自己编写的，恐怕也是半年前的事情了。而根据伊格尔森定律（Eagleson's Law）："即使是自己编写的代码，如果有半年时间没有看过，那也与别人写的代码没什么区别了。"这句话的意思是说，代码看起来会很混乱，难以理解，并且由于缺乏有效的进度度量指标，项目何时才能圆满完成也难以预估。

类似地，对许多管理者（尤其是 CEO 或者 CFO 等非技术管理者）来说，所谓"原型"似乎已然就是尽善尽美的产品了。软件难以捉摸的特性使得在软件开发过程中判断其完成状态的难度更大，这与程序运行结果的好坏无关。程序设计经理必须能够借助自身丰富的经验、行之有效的工具以及深入细致的洞察力来把控程序的进展。

规避这些问题的最好办法是招聘卓越的程序员——那些能为计算机程序设计艺术带来秩序、方法和流程的卓尔不群的程序员。这些杰出的程序员到底是艺术家、工程师还是工匠呢？

尽管现在对计算机程序设计艺术的讨论很多，但如果纯粹从字面上来理解，很少有程序员会认为自己是艺术家。

　　与之相似，尽管程序设计是我们心向往之的目标，但从字面上讲，如今很少有程序员能够配得上"软件工程师"的称谓。尽管从 2004 年到 2014 年，IEEE①为软件工程师提供了正式的认证计划，时至今日，各个供应商也仍然在为该计划提供认证课程。但是，根据我们的经验，这些认证计划不仅无法得到大多数专业程序员的重视，而且除了在学术圈以及少数公司范围内，其知名度并不高。普通程序员在软件工程培训方面不会花费过多的精力，抑或根本没有这样的需求。②

　　那么"工匠"这个称谓怎么样呢？很多程序员里的领袖人物认为，把程序员比喻为"工匠"更为合适③。工匠并非与生俱来的高手，他们需要经历多年学徒生涯的磨炼，在证明了自己的技能水平并且取得成绩之后才能赢得高手的称号。用知识、经验和过往的成功案例来认证程序员比较切合实际，而所谓的"认证计划"则难以令人信服。所以，我们认为"工匠"这个比喻比其他称谓更适合用来称呼我们所说的那种"卓越的程序员"。

　　卓越的程序员从何而来？他们仅仅具备程序设计方面的天赋是远远不够的。卓越的程序员都是大师级的人物，做事有条不紊、严于律己。他们能够仅凭直觉就组织好代码和程序结构，能够使自己总是在编写代码之前先设计好，能够在较短的时间内编写出清晰、简洁、实用、高质量的代码并获得预期的结果，他们通常还会编写测试用例以确保代码能够正常运行。换言之，卓越的程序员都是大师级的匠人。

　　如果程序员的内驱力主要来自时间计划表、管理层压力或者报酬，那么他就不能成为一名卓越的程序员。事实上，对于大多数卓越的程序员而言，他们的内驱力来源于更高层次的目标：做出对人们生活切实有用的程序，做出改变世界的杰出产品。卓越的程序员希望为具有世界影响力的项目工作，这也是他们的自我价值实现的需要，他们希望能够体会到自己的工作是有意义的，即使只是在某个很小的方面。卓越的程序员偏爱能够满足他们提出的更高要求的公司和项目，他们非常在意自己所做的事情，常常为了得到期待已久的结果而付出超乎寻常的努力。

　　卓越的程序员的工作效率往往比普通程序员的工作效率高一个数量级（即 10倍以上）。

　　然而，现实中卓越的程序员实在太少了，不可能每个项目团队都拥有。而且，多数团队也只能"容忍"队伍中拥有一两名卓越的程序员。我们发现，大多数程

---

① 电气和电子工程师协会（the Institute of Electrical and Electronic Engineers，IEEE）提供对软件开发职业工程师的认证（Certified Software Development Professional，CSDP），它大体是根据软件工程知识体系（Software Engineering Body of Knowledge，SWEBOK）列出的实践设置。虽然这种认证本身是否有价值仍颇具争议，但值得一提的是，在"正统"的工程领域里，认证机制是普遍存在的。

② 有关认证的实用信息，请参阅 Embedded 网站上 Jack Ganssle 于 2005 年 9 月 7 日发布的"更多关于认证"。

③ Pete McBreen, *Software Craftsmanship: The New Imperative* (Addison-Wesley, 2001). 中文版《软件工艺》（熊节翻译）由人民邮电出版社 2003 年出版，2013 年再版。

序或项目主要依靠的还是普通的程序员。普通的程序员通常也是称职、能干的，拥有很高的职业素养，然而他们往往只会把程序设计视为一项工作。

于是，我们面临的挑战就是，即便大部分甚至所有程序员仅能称得上称职，也要努力思考如何组织一支训练有素的程序员队伍，如何激励并培养其中一部分人成为卓越的程序员，如何管理好其他程序员以达成圆满的结果，以及如何持续提高团队绩效。

1.2　优秀的程序设计经理从何而来

大多数卓越的程序员并不热衷于成为其他程序员的管理者。他们知道团队需要程序设计经理，但是他们乐于见到其他人来承担实际的管理工作。他们通常不喜欢管理人员或项目。

管好程序员是很难的！"管理程序员很像是在放牧一群猫"——这句话常被用于揭示难以成为高效而又成功的程序设计经理的本质原因。猫的自由主义与个人主义色彩浓重，而且狡黠、贪玩、好奇、独来独往。程序员也是如此。

根据我们的经验，精明能干的程序设计经理是"珍稀动物"。能够管好潇洒自由的程序员并且乐在其中的程序设计经理更是少之又少。

因为程序员大多是自由随性的，所以常见的激励方法对他们往往不能奏效。除了进行必要的技术监督并把开发实践和过程落实到位之外，善于利用程序员的自我意识以及其对改变世界的渴望也是至关重要的。这就需要程序设计经理们既能理解程序员的工作方式，又能理解程序设计工作本身，不仅能有效地激励程序员，而且能促使其按时交付结果。

对于许多职业来说，报酬是主要的内驱力。然而，对程序员来说，工作内容与工作环境的重要性比工作报酬的重要性高得多。程序设计是一个不断创新的过程，程序设计需要卓有成效地处理各种特殊状况。优秀的程序设计经理必须关注这些情况，并且营造有利于程序设计的工作环境。

我们认为，成为优秀的程序设计经理是可能的。但同时我们还认为，通常只有卓越的程序员才能成为优秀的程序设计经理。

当然，这只是其中一个原因。大多数程序设计经理之所以被提拔为经理，就是因为他们曾经是卓越的程序员，并且展现出了足够强的人际交往能力。例如在引导其他程序员的行为方面展现出了自己的能力，甚至可以说对此兴趣盎然。

程序设计经理一般都没有接受过正规的管理培训[①]，他们的管理经验通常来自

[①] 自本书第 1 版出版以来，Ron 与 Mickey 在数以百计的培训、讲座以及研讨班上做过调查，发现只有不到 5% 的程序设计经理在成为经理之前接受过一些正式的岗前培训，只有不到 50% 的人曾经接受过任意形式的有关管理的正式培训。

工作或者他人的指责。在这些"菜鸟"经理中，有一部分人获得了成功，另一部分人很快就失败了，大多数人则是在经过一段时间的努力挣扎之后宣告失败。

对于大获成功的程序设计经理而言，他们在自己所在的组织或者圈子内一般都会有一位导师，引领他们取得成功，并且在他们犯错误的时候给予保护。我们俩担任程序设计经理的时间总计超过 65 年，这些年我们招聘和管理过的卓越的程序员数以千计。并且，在我们从团队管理者向组织管理者转变的过程中，我们指导了数十位经理，有了这些经验的加持，再加上其他经验丰富的程序设计经理的见解（这些知识分散在各章中），我们衷心希望本书能够为你提供一位导师所能够给予的指导，能够成为那些在程序员管理方面仍在孤军奋战的经理们常伴身边的"导师"。

本书的写作目的不是 "修理"程序员，事实上这根本做不到。程序员们仍然在缺乏设计的前提下编写代码，仍然不到万不得已的时候就不会交付看得见、摸得着的程序结果。我们的目标是提供一些富有成效的建议、工具、方法以及经验法则，帮你"放牧好"软件项目中的"猫"们，并且帮你管好团队中看似难以管理的程序员们。

第 **2** 章

了解程序员

程序员与程序员之间在很多方面存在着巨大的差异，只有充分了解程序员才能完全理解这一点。大多数公司的高层管理者对所有程序员的管理都是等量齐观的，这是一个可怕的错误。像微软公司的 Bill Gates（比尔·盖茨）、Adobe Systems 的 John Warnock、Facebook 的 Mark Zuckerberg，这些管理者貌似都没有犯这样的错误，因为他们从心底里认同自己也是程序员。

这种差异为什么如此重要？历经多年的程序员管理工作之后，我们仍然惊叹于程序员个体之间的巨大差异，这种差异要求管理者在处理问题时亟须对症下药，在激励个体时也需要因人而异。而对我们而言，有一点是毋庸置疑的：要想成功地管好程序员，首先必须要真正地了解每个程序员。

有一点需要提醒你：我们发现，在一般情况下，年龄、性别、种族或文化等因素并不会导致程序员之间存在太大的差异。根据我们招聘和管理成百上千位程序员所积累的经验，程序员之间的个体差异主要来自个人内在因素，而非外在属性。当然，后天的经历和接受过哪些培训对个体肯定也是有影响的，但个人的天赋和与生俱来的特质才是造成差异的本源。

我们可以通过不同的维度来全面了解程序员，它们包括：

- 程序设计工作的不同类型；
- 程序员的不同类型；
- 领域知识；
- 程序员的工作要求与能力；
- 雇佣关系类型；
- 代沟；
- 个性特点。

2.1　程序设计工作的不同类型

了解程序员的第一种方法是将他们所从事的程序设计工作归纳为不同的类型。程序设计工作通常有下面几种类型：

- 嵌入式程序员和物联网程序员；
- 前端程序员；
- 后端程序员；
- 数据库程序员；
- Web 开发人员及其他脚本编写者；
- 全栈程序员。

当然，可能还有许多特殊类型的程序设计工作难以确切地归结为上述某种类型。但是，总的来说，以上 6 种类型已经覆盖了世界上绝大多数程序员的程序设计工作。

当我们尝试理解这些不同类型的程序设计工作时，我们还需要关注到一个需要编程专业的领域——数据分析师和数据科学家。这是一支迅速扩张的职业化程序员团队，他们需要将数据分析技能、数据库访问技术以及编程技能深度结合，从浩如烟海的数据中深挖出数据背后的含义。过去，我们可能会将这些程序员与数据库程序员混为一谈，但现在二者已经截然不同了。数据分析师和数据科学家需要具备精巧的分析能力，需要熟练掌握各种工具来管理和访问与日俱增的大量数据。我们认为这个特定的群体是典型的程序员群体中的异类，鉴于本书中的大多数内容可能适用于管理他们，我们不会尝试描述如何管好他们的特殊事项。

我们还必须要提及 DevOps 和 DevSecOps。如果你下属的程序员被指定为 DevOps 开发人员，那么他们可以归类为上述 6 种类型中的任意一种。因此，我们将在讨论完毕上述 6 种类型之后再行讨论 DevOps 和 DevSecOps。

2.1.1　嵌入式程序员和物联网程序员

在微处理器的体积小到可以用于控制特定设备后不久，嵌入式程序员就出现了。最初，代码直接运行在没有操作系统的硬件上；当前，几乎所有的嵌入式系统都运行在相对轻量化的操作系统上，并通过传感器和接口执行特定任务。这些传感器和接口用于控制机械、硬件，以及将航空电子设备、网络路由器、交通信号灯、洗碗机、汽车等几乎所有其他事物接入网络。物联网程序员与之相似，他们将基于 Internet 的网络连接扩展到传统上被认为是很笨拙的设备和日常物品上。除了具备嵌入式设备普遍具备的功能之外，物联网设备还会连接上基于云的服务，云服务与设备进行交互，以监视、控制和收集数据并完成分析与呈现工作。

嵌入式程序员和物联网程序员可能要在进程处理、内存调用和实时性能等方面面临更为严格的要求，而其他类型的程序员则不必担心这些（也许担心一下才好）。

2.1.2 前端程序员

如果将所有从事过程序设计工作的程序员都统计一遍，你会发现大部分程序员都属于前端程序员[①]。前端程序员负责用户界面（User Interface，UI）或用户体验（User Experience，UX）部分，以及如何从用户的角度去实现应用程序的整体功能，包括与后端服务之间的接口及数据交换。前端程序员交付的应用程序包括：

- 运行在 PlayStation、Xbox 和 Nintendo 等专用游戏设备上的游戏；
- 适用于智能电视（如 Apple TV 和 Amazon Fire TV）和其他媒体设备的应用程序；
- 适用于 iOS 手机、Android 手机和平板电脑的应用程序；
- 在 Windows、macOS 和 Linux 等操作系统上安装的应用程序；
- 雨后春笋般涌现的各种基于 Web 浏览器的应用程序（Web 浏览器本身就是重要的前端应用程序）。

前端程序员通常需要保障应用程序具备优越的用户体验——注意，我们并不是说前端程序员需要负责完成用户体验设计，用户体验设计最好交给具有交互设计经验或背景知识的用户体验设计师。用户体验设计师需要与前端程序员紧密合作，以便确保在应用程序的其他限制性条件下用户体验设计的内容也是切实可行且可以实现的。

前端程序员可能具备专门的技能，熟练掌握 OS、Android、macOS 或者 Windows、PlayStation、Xbox 等相关的程序的开发。但同时他们也必须是通才，他们需要将那些经正式认可的框架与工具集游刃有余、灵活自如地应用于程序的开发过程中去。可供挑选使用的框架和工具集层出不穷，令人目不暇接，所以如何选择正确的框架和工具集至关重要，这种选择通常不应交给每一个前端程序员个体，而应被视为组织级核心技术路线的决策。

2.1.3 后端程序员

后端程序员负责开发服务，为前端程序员所需数据提供访问。

过去，后端程序员主要负责上载和配置服务器，随着越来越多的后台服务都

---

① 在本书第 1 版中，我们称呼这一类程序员为"客户端程序员"。但是在过去的十年中，只驻留于桌面或某个设备上（单机版）的应用程序日渐凋零，越来越少；现在，几乎所有的应用程序都会连接到后端服务上，哪怕是以某种简易方式连接。随着连接方式越来越丰富、网络带宽越来越大，特别是在 5G 时代来临之后，将应用程序划分为前端和后端的做法正以迅猛如潮的方式变得无处不在。

采用了云服务，许多手工工作都消失了。如今，后端程序员的任务包括：评估各种云服务的优劣，选择所需的配置，备份过程和服务，建立安全密钥和访问权限，以及监视运行状况并提供所需报告。

一旦后端的基础架构部署就位，后端程序员将与前端程序员一起确定应用程序和业务逻辑方面的需求，然后通过编程实现所需的服务。与前端程序员一样，后端程序员也需要了解大量的框架和工具集，以帮助自己实现所需的服务。

2.1.4 数据库程序员

数据库程序员与前端程序员和后端程序员都截然不同，他们使用完全不同的程序设计语言和工具，所编写程序的运行结果也迥然相异。数据库程序员通常是对终端用户或应用程序所使用或产生的数据进行组织、存储和提取工作。数据库一旦成功建立，后端程序员与前端程序员就可以利用与该数据库绑定的框架直接访问该数据库中的数据。

有两类数据库程序员需要特别注意：在线事务处理（Online Transaction Processing，OLTP）数据库程序员和数据仓库数据库程序员。OLTP 数据库程序员专注于解决高频次事务的负载问题，而数据仓库数据库程序员则专注于低频次大数据量的负载问题。尽管他们专注于解决不同的问题，但两种类型的数据库程序员都使用类似的工具和开发方法。

近年来，尽管数据和数据库的重要性与日俱增，但是随着数据库系统和工具的日臻完善，数据库程序员的作用已经大不如前。尽管你可能仍需要非常资深的数据库程序员（通常是数据库架构师）来确保可以以有效访问的方式排列数据记录和字段，但从前数据库程序员所做的许多工作已被自动化工具所取代，或者已经演变为前端程序员和后端程序员所编写的应用程序的工作。曾经被视为应由数据库管理员才能完成的关键工作，例如数据库调优、重构，现在已经可以在 Oracle、SQL Server 和其他数据库上自动执行了。

此外，近些年来，不同数据库系统之间的差别逐年缩小，数据库程序员在一个数据库系统中积累的"基本"技术技巧也可以更轻而易举地应用在别的数据库系统上了。这些系统中的多数关键概念是相通的，它们都使用 SQL 语句（以及等价的 API）来访问数据，提供对数据库的 ODBC（开放数据库连接）接口访问权以供后端程序员使用。看起来似乎数据库程序员可以做到对多个数据库系统一通百通，但是，根据我们观察到的结果，如果你希望执行任何基本的数据库任务，则需要对特定数据库具备直接的经验。

当前，数据库技术的主要趋势是基于云的数据库系统的出现。这些系统延续了减少程序员和管理员工作量的趋势，并且在很大程度上已经实现了数据库的自我维护。例如 Amazon Redshift、Google Big Query 和 Snowflake 等系统已经抽象出许多复杂的数据库管理特性（如备份、优化查询等），为了应对当前"大数据" 应用的高负载情况，这些系统还特别加强了性能和可靠性。

数据库架构师就像是汽车修理工。你若准备为代步车更换轮胎或者雨刮器，可能会随便找一个汽车修理工；但是如果是你的豪车保时捷遇到了棘手问题，你绝对不会请一个对保时捷一无所知的汽车修理工来替你解决问题。

数据库架构师也是如此。编写一份访问 Oracle 数据库的报表，我们可能会随便找一个数据库程序员；但是如果需要在数据库系统（如 Oracle、SQL Server、Hadoop，或者 Amazon Web Services 的 Aurora、Redshift，以及所有关系型数据库）上完成重要的架构性的开发工作，我们绝不会考虑实战经验不足的程序员。

2.1.5　Web 开发人员及其他脚本编写者

Web 开发人员使用的开发工具与其他程序员截然不同。在大多数开发工作中，其他类型的程序员通常使用 C、C++、C#、Java、Kotlin、Go、Python、Ruby 等主流的程序设计语言，而 Web 开发人员主要使用格式化标记语言（如 HTML、XML、CSS、ASP/JSP）和脚本工具（如 Perl、PHP、JavaScript）。Web 开发人员的工作有时可以归纳为"剪切、粘贴和修改"（复制一些现成的代码，进行适当的修改以完成不同的任务）。有时他们也会使用更高档次的工具（如 Dreamweaver 和 Chrome DevTools）来简化脚本编写和部署的过程。这就意味着，尽管纯粹从事 UI 前端 Web 开发的程序员在一定程度上可以从正规的计算机学科教育中受益，但他们仍不像其他程序员那么依赖正规的计算机学科教育。

另一方面，越来越多的处理工作逐渐从服务器移至浏览器，即通过 JavaScript 和基于 JavaScript 和 Node 的框架来完成，这一变化也对 Web 开发人员产生了深远影响。另外，浏览器的兼容性问题长期以来都是 Web 开发人员所面临的棘手问题。在客户端引入更多的逻辑会加剧这些麻烦，这就要求 Web 开发人员必须掌握更多的传统程序设计原理。上述问题催生出对 Web 开发人员的全新需求：要像前端程序员一样技术精湛，即 Web 开发人员越来越需要学习客户端程序设计，并且需要解决越来越复杂的问题。

不管怎么说，掌握各种工具、框架、程序设计语言、协议和浏览器 API 的专业知识，是对所有开发人员越来越严格的要求。

2.1.6　全栈程序员

前面描述的 5 种类型的程序员，还都是程序员中的所谓"泛泛之辈"。尽管一些技艺精湛的程序员可以胜任所有这 5 种工作，但他们还是更倾向、专精于其中某一领域，并且只有在编写"适合自己"类型的代码时才能产出最大。

但是，自从 Internet 出现以来，尤其是云计算作为可以替代自托管服务器的可行性方案出现以来，诞生了新一代的程序员。这类程序员中的新生代可以贯穿整个编程环境，可以独自完成一个应用程序的全量工作——前端、后端、数据库和Web。因为能够独自一人完全胜任以前需要多位专家才能完成的工作，且"全栈"可以将沟通问题的成本降至最低，所以对这些才华横溢的所谓全栈程序员的需求量很大，新兴公司尤其如此；对于雇主而言，全栈程序员显然具有无法抵挡的优势——高效率、高性价比。

全栈程序员的蓬勃兴起，主要原因之一是工具（通常称为框架）的泛滥，这些框架将原先程序员所必须知道的、能够保障应用程序各个组件正常运行的许多秘籍诀窍都打包封装在了一起。当前，各种各样的框架层出不穷，再加上各种各样日臻完善的云服务和开发工具的加持，只要选择得当，框架能使大多数应用程序的开发工作从繁重的"底层编程"工作中解脱出来，也不需要多么精巧的创意，这反而使得程序员通晓应该使用怎样的框架以及如何将框架、云服务和各种开发工具有机地结合在一起成为一门艺术。然而，调试应用程序使其运行顺畅、干脆利落绝不拖泥带水，依然需要具备深厚功力的专家。

全栈程序员必须要足够精通上述所有领域，但通常他们会在其中某一个方面比较成熟。我们曾经观察到有些全栈程序员在所有领域都表现得同样出色，但这只是特例而不是普遍现象（当然应该给予这类程序员相应的奖励）。

2.1.7　DevOps

DevOps 是一种软件部署策略，旨在弥合开发人员与 IT 运营人员之间的鸿沟。尽管 DevOps 的实际实施情况千差万别，但 DevOps 的策略和初始部署工作通常是由开发和运营团队的高级架构师完成的，然后再移交给开发团队负责实施维护和改进工作，主要包括构建、部署、监控以及必要时的修复任务。这使得开发团队脱离了原先只单纯负责开发工作的模式，不再只是简单粗暴地将建立和维护 IT 基础架构的工作扔给 IT 运营部门或者其他协作部门。

云服务的出现使得该策略变得更加实用，因为公司现在可以"租用"IT 基础架构（包括服务器，操作系统、数据库以及其他已预置好的马上可以投入使用的软件包），并且无须了解其中的细节。以前非得是身经百战的 IT 架构师才能理解的有关基础架构的细节如今都变得透明了。这使得程序员，尤其是全栈程序员，可以把自己编写的代码（不管是前端的还是后端的）源源不断地成功部署在云上。实际上，持续集成和持续部署（CI / CD）正是 DevOps 的本质所在。

DevOps 还特别强调部署和监视脚本的开发，这些脚本可自动化完成部署和监视应用程序的必要任务。原先那些由自己动手开发出来的类似 Unix 里面的 bash 一样简陋的脚本和工具，如今已经摇身一变成为为该类型任务量身定制并广泛应用的开源程序和商业工具，如今的脚本更像是精致的应用程序。

得益于云服务的迅猛崛起与日渐强大，以及用于建立、部署、监视和管理云服务器的工具的广泛应用，DevOps 的发展步伐大大加速。

这一切听起来都很完美。然而，正所谓"细节决定成败"，在这个过程中还有许多细节是程序员必须理解和掌握的。一个经常被忽略的细节就是，许多程序员对 DevOps 经常要求的"7×24 小时随时待命"并不感兴趣，甚至是抗拒的。这是对 DevOps 至关重要的"人员方面的因素"，也是需要仔细监控和管理的问题。

事实上，人们对 DevOps 的成功案例（如部署频率与日俱增、软件质量大大提升）吹捧得有些言过其实了，实施 DevOps 还是要付出代价的。例如，我们之前讨论过的任何类型的程序员现在都可能参与部署、监视和修复可能出现的问题的工作之中，所以，只有当团队全面掌控了所需的"开发—部署—监控—修复"的节奏之后，DevOps 才可能不会因为需要部署程序员去"救火"（解决问题）而导致开发流程的全面中断。然而，掌握 DevOps 所需的节奏可能需要花费很多时间。而在此之前，团队实际的开发进度可能会受到限制，甚至大大延迟。

由于公司必须愿意忍受在部署应用程序时可能出现的因问题而导致的随时停机的风险，DevOps 事实上推动了对诸如测试驱动开发、自动化测试与部署之类的实践的发展，提高了人们对它们的接受程度，因为这些实践可以提升软件质量、提高团队生产率，对于 B2B 类型的应用程序开发工作尤其如此。因为 B2B 类型的应用程序需要满足一定程度的服务层级（3 个或 4 个 9，即 99.9 或 99.99%）协议要求，切实保障程序的持续正常运行，所以停机是不可接受的。在这种情况下，公司在过渡到 DevOps 时必须要谨慎行事，对各种观点、原则与实践都要欣然接受、欣然拥抱。

2.1.8　DevSecOps

DevSecOps（也可以被称为 SecDevOps，它更加强调"安全性"）提升了 DevOps 策略中有关信息安全风险管理方面的权重。DevSecOps 要求 DevOps 团队从一开始就要考虑应用和基础架构的信息安全，同时还要让某些安全网关实现自动化，以防止 DevOps 的工作流程因为安全问题而受到拖累。DevSecOps 要求编程团队不仅要对开发工作的绩效负责，而且要对开发过程中的安全性和合规性负责。它还要求在推出产品之初就将安全专家引入 DevOps 团队中来，以识别和修复安全问题，这是一件好事。然而，在可以预见的未来，如何找到足够数量且训练有素、经验丰富的安全专家，才是真正的挑战。

尽管 DevOps 和 DevSecOps 如此重要，但它们都不属于程序员或者程序设计工作的类型。相反，它们代表了每个程序员都需要担当的额外责任。因此，如果你接受 DevOps 的理念，那么将 DevOps 的职责纳入每个程序员的工作说明中就变得相当重要了，因为它会改变程序员的工作方式。DevOps 和 DevSecOps 程序员必须要管理好他们的时间，愿意承担责任，还要在必要时 7×24 全时待命以解决以前可能属于 IT 支持团队的问题。这超出了程序员的典型期望，将改变他们习以为常的工作节奏。

2.2 程序员的不同类型

为了选择合适的员工，我们还需要从另一个维度来看待程序员，这一维度你也需要理解。在上一节的讨论中，我们侧重于识别程序员所从事工作的类型（即嵌入式、前端、后端、数据库、Web 等），而实际上，从技术知识、实践经验和程序员的专长角度去识别他们也是很重要的。依照这样的思路，我们可以把程序员分为以下几种类型：

- 系统工程师/架构师；
- 系统程序员；
- 应用程序员；
- 非真正意义上的程序员。

2.2.1 系统工程师/架构师

在所有开发人员中，系统工程师和架构师是本领最高强、经验最丰富的。他们对系统内所有相关的组件（包括操作系统、通信系统、数据库、在线和离线访问、安全性、硬件、应用间通信等）之间的复杂关系洞若观火，对所有这些技术都了如指掌。通常，在一个常见规模的团队中，只会有一两个"真正的"系统工程师或架构师。杰出的系统工程师和架构师可以激发出团队中其他人员的潜能。他们设计出来的系统不仅运行起来可靠稳定，而且看起来也更简捷有效。

Gracenote 正是这样一位本领高强、经验丰富的系统工程师和架构师。Mickey 与他合作了 10 多年，目睹了他如何依靠令人难以置信的、简洁精练的设计和实现方式创建出稳定可靠、可扩展性强并且灵活多变的服务。Dave Cutler 也是系统工程师中的传奇人物，他是微软的 Windows NT、Azure 以及其他许多系统的系统工程员和架构师，为微软的成功发挥了极为重要的作用。正如微软前首席执行官 Steve Ballmer（史蒂夫·鲍尔默）所说："没有 Dave 就不会有今天的微软。"以上仅为系统工程师和架构师成功地在技术公司中建功立业的众多案例中的两个。

2.2.2 系统程序员

大多数系统工程师和架构师都是从系统程序员做起的。系统程序员理解系统中所有组件的工作原理，包括前端和后端的操作系统和通信系统。Alan Kay[①]在他的博士论文中引用了 Bob Barton 对其他程序员如何看待系统程序员的总结：

> 系统程序员相当于民间宗教中的"大祭司"。
>
> ——Bob Barton[②]

系统程序员负责编写与硬件交互的设备驱动程序，创建能够为设备驱动程序和应用程序执行提供运行环境的操作系统，为其他程序员开发编译器和调试工具，通常还会为其他程序员提供工具和服务以便让他们更有效地交付程序。

在过去，对于拥有正常社交能力的人士来说，被称为"系统程序员"那几乎就是一种侮辱。而如今，我们认识的许多系统程序员，他们的着装癖好以及举止行为已经成为极客造型的典范，并且大行其道。每当我们想起自己认识的那些系统程序员时，有句话自然而然地从心底冒了出来："当我还是极客的时候，极客还被人们视作怪物。"——顺便提一下，我们两位也曾经是系统程序员。

2.2.3 应用程序员

应用程序员指的是前端程序员和后端程序员，无论是职业程序员、学生群体，还是自称为程序员的业余爱好者，其中绝大部分都属于应用程序员。应用程序员开发出来的程序（或者是程序的运行结果）通常是给终端用户直接使用的。典型的由应用程序员开发出来的程序包括文字处理软件、电子表格、日历、Chrome 和 Firefox 浏览器、类似 iTunes 的媒体播放器、类似 Zoom 和 Slack 这样的沟通工具，以及在 iOS 和 Android 上运行的应用与游戏等。数据库程序员也属于应用程序员，他们写出来的程序可以对数据库中的数据执行特定的取出或者存入操作。典型的数据库应用程序包括财务软件、机票预订系统以及 Oracle Financials 之类的数据挖掘工具等。

一些应用程序员能够跳出代码本身的束缚，与应用程序的用户产生共情，他们可以真正从用户的角度出发看问题，于是他们可以精准把控各种可视化交互式的程序设计之间的细微差别。这样的应用程序员很适合从事用户界面的开发。如果让这样一位富有天赋的应用程序员与一位用户体验设计师（通常不仅有图形设计背景，而且对人性甚至认知心理学都有所研究）合作，将会产生一加一远大于二的效果。

有一些应用系统非常强调用户体验，例如 macOS 里的 Finder（中文名为"访

---

① Alan Kay 是一位富有影响力的计算机科学家，他因对 Smalltalk 语言和面向对象程序设计的贡献而闻名于世。

② Bob Barton 是 Burroughs 5000 的主架构师，同时也是犹他大学的教授。Alan Kay 正是在犹他大学完成了自己的论文并获得博士学位。

达"，它是 macOS 的桌面），这就要求整个团队都由拥有这种天赋的应用程序员组成。鉴于此，当 Ron 在苹果公司领导 Finder 团队的时候，在候选人的遴选和面试过程中，除了程序设计技巧之外他还特别看重程序员的用户视角。他认为，只懂得程序设计技巧的程序员在 Finder 团队中是无法立足的。

2.2.4 非真正意义上的程序员

开发团队中有一些被称为程序员的技术人员其实并非真正意义上的程序员。在他们当中，有些人调用图形用户接口（Graphical User Interface，GUI）指定的程序逻辑或业务逻辑生成用户可访问的应用程序，有些人则通过创建脚本或修改配置文件来定制化界面内容。这些"程序员"与真正的程序员之间的主要差别在于，他们并非自己直接编写代码，而只是使用现成的工具或应用程序。

这类"程序员"也有其价值，并非无足轻重。但是，他们的技术深度通常与我们所讨论过的其他类型的程序员不可同日而语。随着程序设计工具的功能日益强大，这种类型的程序员的数量会越来越多，但我们在本书中将不会直接讨论他们。

我们在本书中向那些真正的程序员介绍的技术同样也适用于这些另类的"程序员"。但是，根据我们的经验，后者中的多数人仅满足于把自己手头的工作做好，而不像真正的程序员那样渴望学习且动力十足。

2.3 领域知识

组织所处的业务领域（或可称作"行业"）也会导致程序员的背景与知识各不相同。

我们发现，在招聘广告中，有关职位分类、岗位说明中对经验的要求是随着经济形势的变化而变化的。当经济形势较好时，组织倾向于延请具有宽广领域知识的技术人员和经理，希望他们能够凭借自己的创造性思维、跨领域创意以及在其他领域内已经被证明行之有效的方法和最佳实践在组织内有所作为。例如，Ron 曾服务于一家从事金融领域 IT 服务的产品研发型公司，当时他的团队具备丰富的基于 macOS 的交互计算经验以及游戏与多媒体工具的娱乐产品开发经验；Web 在 1996 年属于新生事物，因此 Schwab 需要一位外部技术专家来领导其团队为投资者构建具有高度交互性的 Web 工具。

但是，当经济形势不佳时，组织则会控制招聘规模、缩减人员开支，只在核心领域功能方面进行有效且有限的团队规模扩展。为了降低风险，组织在这一时期只会招聘极少量的，在特定领域拥有多年经验的专业人士。

不管经济状况如何，每个团队都需要具备极高程序设计天赋、丰富领域知识、优秀分析能力以及卓越技术交流能力的人员。因此，领域知识始终是雇用程序员时一个重要的考量因素。

2.4　程序员的工作要求与能力

要想成功地招聘和管理程序员，我们首先要认识到每个程序员都具有其独特的能力。就像全世界没有完全相同的两片雪花一样，全世界也没有一模一样的两个程序员。我们（以及其他管理者）常常会说，程序员之间写代码的能力可能相差一个数量级或者更多。是什么因素造成了这么巨大的差异呢？受教育程度、经验多少、天赋高低以及是否拥有敏感的直觉，或者其他各种各样看不见、摸不着的因素，都有可能导致这种差异。

大多数程序员凭直觉就能判断出同行之间的身手高低，并不需要借助那些花里胡哨的排名或者头衔。但是，如果能够把程序员的类型与等级正式记录下来，并且对每一种类型与等级的职位要求与能力需求做一个简单描述（类似表 2-1 那样），那么管理者的工作将会轻松许多。这份列表能够帮助团队和项目经理轻而易举地找到匹配各种任务和项目的最佳人选，还能帮助高层管理者建立起对组织结构更为深刻的洞察力。

表 2-1　前端程序设计等级指南

程序设计等级	前端程序员
入门级	程序员 3
1～5 年经验	程序员 2
5（不含）～10 年经验	程序员 1
10（不含）～20 年经验	高级程序员 2
12 年以上的经验	高级程序员 1/架构师

每一个等级[①]都关联着一组评价标准，程序员必须符合相关条件才能被录用或者晋升到该等级。当然，对工作年限的要求不是绝对的，但是年资可以粗略地指出各个程序设计等级所需要的经验。每个程序员都有自己独特的技巧和经验，上述提法并不意味着那些天赋异禀或者经验丰富的程序员会因为年资不足而受到打压。最后，评价程序员不能看他们在入职时能带来什么，而要看他们在入职后能产出什么。

最优秀的程序员往往并不是最有经验的，也不是薪酬最高的，这种情况 Ron

---

① 这些程序设计等级与大多数薪酬调查服务提供商的调查结果（如 Radford Survey 和 Salary.com）基本一致。这些公司提供的薪酬对比和总体薪酬信息对于管理软件开发团队非常有价值。把程序员能力等级与所在公司使用的薪酬调查服务匹配起来，可以保证管理者在管理团队时拥有可靠的辅助信息。

和 Mickey 都曾经碰到过多次。希望大家不要把这种情况看作一种问题，而要将其视为一个机会——用更丰厚的薪水、更优厚的特殊待遇奖励那些出类拔萃的程序员的机会。一旦制定了程序员的能力等级，那么这种奖励将更为恰如其分。我们为那些脱颖而出的程序员争取奖励时极少会遭到来自高层管理的阻挠，而且这种做法往往也会让那些表现欠佳的程序员有所触动。

表 2-2 展示了对前面讨论过的不同类型的程序员应该如何定义程序设计能力等级。

表 2-2　程序设计能力等级指南

前端程序员	系统程序员	数据库程序员
程序员 3	系统程序员 3	数据库开发人员 3
程序员 2	系统程序员 2	数据库开发人员 2
程序员 1	系统程序员 1	数据库开发人员 1
高级程序员 2	高级系统程序员 2	高级数据库开发人员 2
高级程序员 1/架构师	高级系统程序员 1/架构师	高级数据库开发人员 1/架构师

制定一套能够与程序员的成长相适应的、梯级要求的程序员能力等级评估标准非常重要。表 2-3 给出了针对前端程序员的等级评判标准。本章最后的"工具"部分提供了一份完整的系统扩展示例，你可在调适修改后应用于自己的组织。

表 2-3　前端程序员：等级标准

程序员 3（入门）	高级程序员 2
了解 Windows7～10、macOS 或 Linux； 了解基于 iOS 或者 Android 的 App 开发的知识； 对"什么是优秀的编码实践"有初步的认识； 了解 Web 技术，如 HTML、CSS 以及 JavaScript，或者对该类技术有兴趣； 了解数据库技术，或者对数据库技术有兴趣； 了解 C/C++、Objective C、Swift 或者 Java； 适应团队工作，能依据指导完成工作； 能够根据领导制订的计划展开工作	开发过两个及以上的商业应用软件； 熟练掌握两种平台（如 macOS 和 iOS）； 理解跨平台的问题； 深刻掌握 Web 技术，如 HTML、CSS 以及 JavaScript； 深刻掌握数据库技术； 深刻掌握 C/C++、Objective C、Swift 或者 Java； 良好的沟通能力； 能够自我激励，几乎不需要他人的督导； 支持并指导其他程序员，为他们提供建议，担当他们的教练； 能够密切关注项目进展状态，制订并维护计划

续表

程序员 2（进阶）	高级程序员 1/架构师
开发过一个或多个商业应用软件； 熟悉 Windows7～10、mac OS 或 Linux； 了解基于 iOS 或者 Android 的 App 开发的知识，并可能实践过； 有良好的编码实践经验； 熟悉 Web 技术，如 HTML、CSS 以及 JavaScript； 熟悉数据库技术； 有扎实的 C/C++ 功底，或者有扎实的 Objective C、Swift、Java 功底； 能够自我激励，能根据指导完成工作； 能够独立制订工作计划	开发过两个或多个复杂的商业应用软件或技术； 透彻理解两种或两种以上平台（如 macOS、iOS、Andriod）； 理解跨平台的问题，并能定位问题； Web 方面的技术专家，透彻理解 HTML、CSS 以及 JavaScript； 深刻理解数据库技术； C/C++、Objective C、Swift 或者 Java 方面的专家； 软件设计实践专家； 沟通能力强，业界人脉广泛； 能够自我激励，完全独立工作； 优秀的分析能力、项目规划和进度估算能力； 创新思想的提出、打磨与推广； 支持并指导其他程序员，为他们提供建议，担当他们的教练，担当组织的内部讲师； 密切关注形势的变化，制订并调整计划
程序员 1（优秀）	
开发过两个及以上的商业应用软件； 熟练掌握两种平台（如 macOS 和 iOS）； 精通 Web 技术，如 HTML、CSS 以及 JavaScript； 精通 C/C++，或者是 Objective C、Swift、Java； 熟悉数据库技术； 良好的沟通能力； 能够自我激励，几乎不需要他人的督导； 良好的项目规划和工期预估能力； 发现问题并协助团队解决问题的能力	

　　当然，这个程序员等级判断标准的描述还是太过粗略，你真正需要的是每种职位的详细岗位描述。虽然程序员以崇尚自由和轻视正式文件而闻名遐迩，但根据我们的经验，程序员其实不仅渴望获得正式的岗位描述，而且还渴望清晰地了解所在组织的职业发展通道与岗位晋升要求。当然，也会有一些例外情况。有了这套体制之后，绝大多数程序员都可以清晰地知晓组织中管理层对于各个等级的能力要求，其工作会更有方向、更有干劲。

　　制定详细的岗位描述是一项非常艰巨的任务。在过去 15 年中，Mickey 探索出了一系列能够反映前述程序员能力等级的结构化岗位描述。图 2.1 以程序员 3 为例，给出了岗位描述的基本格式。

　　如图 2.1 所示，岗位描述包含以下 3 部分内容：

- 基本信息，包括头衔、部门、直接领导、状态、工作地点；
- 岗位概述，包括工作职责和工作预期；
- 该岗位的最低能力要求。

对这一格式稍加改动，可以将其应用于几乎所有的岗位描述。但我们强烈建议大家不要每次单独撰写某个岗位的职责描述，而是要一次性定义一个岗位序列的职责描述，这样可以把不同岗位、不同层级能力要求之间的级差体现得淋漓尽致。根据我们的经验，完成定义一个岗位序列的能力要求所花费的时间比只完成定义一个岗位多不了多少。一次性完成定义一个岗位序列的能力要求，可以轻而易举地解决职业发展与岗位晋升方面的问题。所以，前期多花几分钟，后期能节省好几个小时。

头衔：程序员 3

部门：前端程序设计

直接领导：前端程序设计经理

状态：全职，无加班费

工作地点：加利福尼亚州，旧金山

岗位概述：入门级职位。负责代码/工作产品的管理、转换、验证与维护；负责根据已有的文档和代码质量标准，撰写风格良好的源代码；能较好地融入团队，并遵循经理和资深团队成员的指导；能在直接经理的指导下开展工作，并就出现的问题进行沟通。

岗位要求：

- 4 年制大学计算机科学学位或同等学力；
- 掌握 Windows、macOS 或 Linux 平台中的一种，掌握两种及以上平台的优先；
- 掌握 C/C++、Objective C、Swift、Java 等编程语言中的一种及其调试技术；
- 对如何做好编码实践有初步的认识，了解基本的计算机科学原理；
- 对 Web 相关技术，例如对 HTML、CSS、JavaScript 等有所了解，有一定的兴趣；
- 对数据库方法论和数据库系统有所了解，有一定的兴趣；
- 适应团队氛围，听从指导完成工作；
- 能够自我激励，并对督导做出回应，能提出相关的问题；
- 热心于公司事业，热爱公司开发的产品；
- 能够配合主管制订的计划展开工作，并预估工期；
- 能够学习新的技术、新的编程语言，适应新的开发平台、工具及编程环境；
- 能够根据形势的变化做出相应调整。

图 2.1　岗位描述示例

　　当然，我们也可以由组织的内部人士来推动职业发展通道的建设。凭借内部人士的实践工作经验，组织可以在实施技术团队的职业发展通道建设过程中进一步提升收益。[①]

　　请注意，当我们在讨论"职业发展通道"的时候，我们通常使用"指导书"这一术语，因为高度标准化、高度刚性结构的定义方式（如制度）可能会惹来麻烦。在某些情况下，即使不具备岗位要求所需要的年资或必需的技术技能，某些天赋异禀的程序员也可能被破格提拔。但是，这只能是极个别的情况，并且只有在具备充分理由的情况下才可以超擢。

　　本章最后的"工具"部分提供了一系列岗位能力要求的样例，你可以根据你

---

① 具体的案例，请参见 Prateek Jain 的 "How We Designed an Effective Career Ladder for Engineers"，Andy Worsley 的 "A Software Engineering Career Path"（2017-11-16）。

的组织、部门和岗位的具体需求加以修改使用，创建一份能够全面展示职业发展通道的岗位描述（其中的"能力级别"部分和"岗位描述"部分都是按照一定的梯度等级设置的），你将成为人力资源部门员工心中脚踩五色祥云的英雄，同时使用这些工具也可以帮助你有效管理程序员。

2.5   雇佣关系类型

多年来，软件开发管理工作的复杂度与日俱增。也许你很幸运，仍然沉浸在简约单纯的代码世界里，但这样的好日子就快要一去不复返咯。即使你到现在为止还没有受影响，但早晚都能感受到；否则，那就说明你的企业已不再具备竞争力。

以前，当你提问 "我能去哪里找一个程序员加入我的项目"时，你的选择只有两种：要么招聘一位全职员工，要么招聘合同制员工。现在，从哪里找到程序员以及借由怎样的雇佣关系完成工作的选择有很多，你需要慎重考虑。

通常，决策并非由你来做，这可能视管理层的偏好以及项目的具体情况而定。但是，不管怎么说，要想项目取得成功，程序员的雇佣关系的选择问题必须要解决好。

程序员的雇佣关系类型包括以下 5 种：

- 内部员工；
- 远程员工；
- 合同制员工；
- 根据合同管理团队；
- 外包公司。

我们可以将这些林林总总的雇佣关系类型视为一组"约束关系"，排序的依据就是每种雇佣关系类型对员工的约束力度的大小。约束力度越大（对内部员工的约束力度最大），你对程序员工作的控制力和可视化程度就越高；约束力度越小（对外包公司的约束力度最小），你能直接管控的东西就越少，通常只能通过规格说明书和交付成果物对人员实施间接的管理。

2.5.1   内部员工

本章已讨论过的大多数工具都是针对内部员工设计的。招聘内部员工意味着为了让员工们好好干活，你和你的公司除了需要支付报酬之外，还要明确承诺提供专属的工作环境以及一系列商定好的福利待遇。这一切都明文规定在用工合同里。

但是，至少根据我们的经验，用工合同中还包含了各式各样隐含的前置条件。内部员工希望能够在公司里成就一番事业，而不仅仅是打一份工。因此，你还必须考虑为他们提供以下内容：

- 专业技能的提升与职业发展，以及能够对此产生促进作用的各种机遇；
- 定期的反馈；
- 适时沟通交流公司新闻大事；
- 其他有待发现的、几乎无穷无尽的需求。

不过，如果你能和内部员工建立起紧密的合作关系，就可以大大减少有碍于有效管理的沟通障碍。

2.5.2 远程员工

从根本上讲，远程员工的管理方法与内部员工的管理方法是一样的，你仍然需要满足他们的众多需求，他们也仍然需要好好表现。但管理这种不常见面、不能定期碰头的员工时，传达指示和沟通交流都会更麻烦。

E&S 的联合创始人曾告诉 Mickey 一种如何有效判断沟通难度的方法：

> 沟通的效果，在国内，与距离的平方成反比；如果跨越了国界，那么就与距离的立方成反比。
>
> ——David C. Evans

根据我们的经验，即使是拥有了 IRC 或者 Slack 这样的企业级协作工作工具，这条经验法则仍然有效，毕竟因为不能面对面沟通而导致沟通失败的例子不胜枚举。距离越远（从楼上、楼下到相邻的两栋楼、相邻的时区乃至世界的另一端），沟通越困难。如果跨越了国界，那么由于时差、语言、口音以及文化差异等的影响，沟通中的障碍往往愈加难以逾越。

因此，当你准备招聘一名远程员工时（或者有员工即将迁居到其他州或国家，而你又打算继续留用他），你一定要了解为了保证足够的沟通，你必须要付出的努力。即使你已经预料到远程管理与面对面沟通管理的鸿沟，但实际的难度可能仍会超出你的想象。

远程员工的另一个问题是，他们所能从事的项目类型可能是受限制的。也许你的公司或组织能提供很多项目供远程程序员独立工作，但大多数公司都不是这样的。只有很特别的程序员才能超越时空的束缚，与身处异地的团队紧密协作并回报以高效的产出。在招聘远程员工之前，请确保他就是拥有这种特殊才能的程序员，或者你有足够多的、很大程度上可以独立完成的项目。

2.5.3 合同制员工

雇用合同制员工而不是全职员工的决策不能随随便便做出，通常需要视具体情况而定。如果某项任务工作量总体有限，或者全职员工全都没有时间来完成，那么雇一名合同制员工就是一个不错的决定。

根据定义，合同制员工是以获取报酬为目的而帮你干活的"枪手"。合同制员工不应有其他隐含的福利要求。开工前，所有的要求都必须在合同中阐明。

在我们讨论的各种雇佣关系中，合同制员工一般是最为简洁明了的，这是因为其合同关系可以随时终止且不需要任何理由或提醒[①]。但这并不是说这种关系不会变得纷繁复杂。如果这种关系变得复杂化了，那毫无疑问是你的过失，你应当制定规则并适时做出决策。

这种简单明了的关系怎么会变得纷繁复杂呢？这通常是由于你并没有遵循合同制员工的经典定义——请来合同制员工做某项具体的工作。很多时候，你想要找的是全职员工，但暂时找不到合适的人员，或者不确定已找到的人是否合适，于是，你就先雇用一名合同制员工，但却将其视为全职员工来使用，这就会导致合同制员工也有了类似于全职员工的隐含要求，而这些要求有时在诉讼时会得到法庭的支持。因此，在我们担任过经理的公司中，人力资源部门和法律部门都明确要求程序设计经理不得为合同制员工提供额外的福利（如文化衫或者团队建设活动）。

所以，请特别留心你为合同制员工设定的需求和待遇。你要将他们视为拿报酬的"枪手"来对待，不要因为他们的待遇不同于全职员工而不安，因为他们并不是全职员工。

2.5.4　根据合同管理团队和外包公司

我们认为一线的程序设计经理不应当接受管理外包关系的任务，因此外包公司的管理问题将不在本书中讨论。外包公司的管理需要专门的技巧，需要格外谨慎小心。当项目的某一部分可能需要外包时，你只有在能得到具有这方面管理经验的人士的帮助与支持下，才可以选择接受外包方式，否则，外包会连累你自己（程序设计经理）。

管理外包资源本身就是一份需要全身心投入的工作，第 5 章我们将会讨论如何有效管理外包员工的挑战。

2.6　代沟

在程序员乃至于工程师群体中，代沟是一直存在的，如今代沟已经在职场上

---

① 这么做的前提是你在合同中定义了相关条款，拥有不需要任何理由或提醒就可以"随时终止合同"的权力。任何标准的合同制员工协议中都应当包含类似的条款。本章最后的"工具"部分提供了一份包含着这种条款的独立合同工协议样例。

产生了显著的影响。当前，团队的成功必须依赖 4 代存在明显代沟的程序员通力协作，而这 4 代人的价值观、想法和驱动力都不同。

为了做好工作，我们不仅需要对自己的工作风格有着深刻的自省，还要对团队员工的工作风格洞若观火。有种常见的办法是从"代系"的角度来看待不同年代程序员的不同工作风格。然而，问题在于人们对于"年代"的划分还未达成广泛共识。传统的"年代"划分是按照出生时间来区分的：

- 婴儿潮一代（1946~1963 年出生）；
- X 一代（1964~1985 年出生）；
- 千禧一代（1986~2000 年出生），有时也称为 Y 一代、婴儿潮二代、次世代或者网络一代；
- "00 后"，即 2001 年及以后出生的一代人，他们是千禧一代之后的人口群体，"00 后"开始于何时还没有确切的日期，但 2001 年是包含在内的；"00 后"的出生截止于哪一年似乎还没有达成共识。

表 2-4 总结了不同年代人士的代系差异。

表 2-4　代系差异

代系*	婴儿潮前期	婴儿潮后期	X 一代	千禧一代	"00 后"
出生年份	1946~1955 年	1956~1963 年	1964~1985 年	1986~2000 年	2000 年以后
音乐	黑胶唱片	盒式磁带	CD	iPod/Pandora	智能手机/流媒体
大众传媒	广播、电视、报纸	广播、电视/有线电视、报纸	有线电视、网站	机顶盒、网站、电影、在线视频、YouTube、Facebook 与 Twitter	机顶盒、YouTube、Instagram、SnapChat、抖音
技术†	模拟（如电吉他）、电话、美国邮政系统、胶卷相机、棋牌类游戏	个人电脑、传真、电子邮件、胶卷相机、美国在线、PC 游戏	个人电脑、因特网、电子邮件、文本消息、数码相机、聊天室、单机版第一人称射击类游戏或者在线游戏	移动技术、文本消息、Facebook、Twitter、手机相机、手机 App 游戏、共享经济	移动技术、文本消息、FaceTime、Twitter、手机相机、Siri 和 Alexa，所有事情都依赖 App
特点†	愿意使用技术，但通常只与家庭成员及朋友联系	适应因特网、社交媒体和移动技术；喜欢技术但很少会对技术狂热	热衷于那些能增强自身独立性的技术，以及能改善生活的数码产品	典型的"拇指一族"：发消息、出行时匆忙地制订聚会计划；把身份信息装在手机中随身携带；崇尚简单明了、单刀直入的沟通方式	使用智能手机连接一切，Instagram，视频会面

续表

代系[*]	婴儿潮前期	婴儿潮后期	X 一代	千禧一代	"00 后"
核心价值观[§]	不随大流，追求基于个人价值和精神发展的完美生活方式	喜欢团队工作，已有稳定的工作，对公司忠诚	在经济和心理上拥有"幸存者"心态；敢于质疑权威，不轻易做出承诺；有志向，有主见；努力寻求工作、家庭与个人生活之间的平衡	在对美德和价值的追求中逐渐成熟，容易被工作任务和目标具有挑战性的组织所吸引。技术悟性高、态度积极、敢闯敢拼，用一句话概括就是"希望能在岗位上有所作为"	"00 后"是数码世界的"原住民"，他们成长于充满不确定性的世界，他们也是第一代生活在真正全球化时代的新人类，对几乎所有的技术和社交媒体都怀有天生的兴趣，他们这一代人的自主意识最强，也最具独立人格

[*] 划分代系的方法有很多种，彼此之间各不兼容。本书使用的代系划分方法整合了那些最有用的且与本章讨论的话题最一致的划分定义。

[†] Charles S. Golvin et al., "The State of Consumers and Technology: Benchmark 2009", US (Forrester Research, 2009).

[§] Dan King, "Defining a Generation: Tips for Uniting Our Multi-Generational Workforce" ;Peakon, "Working Better Together—Understanding the Experiences and Needs of a Multigenerational Workforce".

　　单纯使用年龄差异来考虑代沟问题并非完全合理。一个人的"真实"年龄不仅取决于出生时间，还取决于他的个人思想。我们都见过一些行为与年龄严重不符的人，有的"少年老成"，有的则"童心未泯"。因此，简单地以物理的出生时间来考虑代沟问题是很危险的。另外，年代特征还有继承性——每一个年代的人既会受到上一个年代的人的影响，又会对下一个年代的人产生影响，这更进一步模糊了各个年代之间的界限。

　　音乐、大众传播媒介、技术、父母行为以及父母成长的年代，这些伴随每个人成长的各种因素都会在每个人的性格和核心价值观中留下不可磨灭的烙印，每个人塑造了每个人的人格和思维方式。所以，每一代人在人格特征以及价值观上都有一定的倾向性和共通性，这与他们的实际年龄无关。

　　从表 2-4 可以看出，不同代系的人在个人成长过程中所受到的影响是截然不同的。更重要的是，他们之间迥然不同的核心价值观将会导致他们在职场上的表现也大相径庭。

- 婴儿潮一代乐观而忠诚，希望拥有稳定的事业。他们当中的许多人都是工作狂，希望能超额完成任务以促进公司及个人事业的双赢。
- X 一代有点"愤青"，他们很自立，相较于对公司的忠诚，他们更看重个人的自由发展。他们认为个人的时间不是能与他人分享的商品，更不要说受到侵占。

- 千禧一代具有个人主义倾向，但也有集体观念。他们有志向，有自信，兼具乐观、坚韧和无畏的特质。与 X 一代类似，千禧一代也认为个人时间不应受侵占——对他们而言，工作是两个周末之间的事情。
- "00 后"刚刚开始进入职场，他们被视为第一代真正意义上的"全球化数字公民"，他们的思维和价值观预示着全新的世界经济趋势。相较于千禧一代，"00 后"对传统价值观的认同感更强。

不难看出，在一间办公室里，4 代人携手并肩一同工作，如果他们的核心价值观存在严重冲突，那就会对团队造成严重破坏。事实上，人们不仅存在代沟问题，而且同一时代的不同个体之间还存在差异。因此，能否有效识别并且区别对待他们，是你能否成为优秀的管理者的关键。

2.7 个性特点

除了要对程序员的不同类型加以关注之外，你还要关注他们的个性特点、特质和习惯，这些因素都会对你的管理工作提出一系列挑战。

关于人的个性、如何对人的个性进行分类以及如何针对个性实施有的放矢的管理，学术界对此存在许多理论。在这些数量可观的理论中，Myers 和 Briggs 的贡献值得我们学习。在 1942～1962 年，他们两位构建了"个性测试"的基础理论，并提出了对个性进行分类的体系。迈尔斯-布里格斯个性类型指标（Myers-Briggs Type Indicator，MDTI）可以将 C. G. Jung（卡尔·荣格）的"心理类型理论"实用化、具体化地应用在人们的生活当中。[1]他们的工作成果在 1984 年出版的《请理解我》（*Please Understand Me*）[2]一书中得到了普及，该书以易于理解的方式全面介绍了迈尔斯-布里格斯个性类型指标。

最初，Jung 把人们区分为外向（extroversion，E）/内向（introversion，I）、感觉（sensation，S）/直觉（intuition，N）、思考（thinking，T）/感觉（feeling，F）、感知（perceiving，P）/判断（judging，J）等几个相对应的类别。值得注意的是，研究[3]表明相当一部分程序员属于 INTJ（内向/直觉/思维/判断）类型，Mickey 和 Ron 也都具有这一组个性特点。

《请理解我》这本书中有许多值得借鉴的地方，尤其是在人际关系方面。然而，用这种公式化的方法来应对不同秉性、不同性格的程序员是很危险的，我们建议

---

[1] The Myers & Briggs Foundation，MBTI Basics，Myers-Briggs 网站。

[2] David Keirsey and Marilyn Bates, *Please Understand Me: Character & Temperament Types*(B & D Books, 1984).

[3] C. Bishop-Clark and D. Wheeler, "The Myers-Briggs Personality Type and Its Relationshipto Computer Programming," *Journal of Research on Computing in Education 26*, no. 3 (Spring1994): 358-70.

你先了解公式化的个性分类，再把管理的重心聚焦在团队成员的个性化特点上。

根据自身的经验，我们在本节后续内容中给出了你在管理程序员时可能会碰到的 7 类个性化特征类型。这个清单并没有穷举，但基本上已经解释了你在管理中可能会碰到的不同个性的程序员类型，并就如何甄别给出了一些建议。

2.7.1　左脑型与右脑型

右脑理论与左脑理论源于 Roger W. Sperry（美国心理生物学家斯佩里）的工作[①]。他做的研究表明，大脑的左半球和右半球针对不同任务具有不同功能。左脑通常专用于逻辑分析任务和语言表达任务，左脑的表达能力比右脑强得多；右脑则主要专注于空间感知任务、音乐等。

如果你是一名程序员或者技术人员，你很可能属于"左脑型"，这意味着你更擅长完成语言表达与逻辑分析任务，也更理性和客观。其实你被称为"左脑为主型"更恰当，因为我们只有一个大脑，左右两个半球始终是同时工作的。因此，你既可以是"左脑型"的人，又可以成功完成非语言交流的、主要依靠直觉和想象力的任务，也就是那些主观、感性的"右脑型"倾向的任务——这些任务通常更多地与音乐家、作家、艺术家等创新型人才所从事的工作相关联。

对于一名优秀的程序员来说，强大的左脑分析能力是必不可少的。不过，与右脑相关的活动往往也同等重要，这是因为程序设计是一门非常需要创意的艺术（如第 1 章讨论的那样，程序设计更像是写小说）。事实上，我们（和其他人一样）发现，一些顶尖的程序员同时也是音乐家。Mickey 在大学一年级刚接触程序设计时就是一名专职音乐家。"我刚开始做程序设计时，就对媒体素材很有兴趣，那时我已经是一名音乐家了。音乐理论都是基于数学的，长时间的练习需要专注和纪律。我发现演奏或作曲时的创造性部分与设计并实现程序时的创造性部分非常相似。令人惊讶的是，甚至程序调试也在某些方面类似于歌曲的演奏学习——你需要一遍又一遍地演奏歌曲中的某一部分直至完全正确，这就如同反复运行程序直到它能够正确运行一样。我甚至发现自己在做程序设计的时候完全没有时间概念，这与我练吉他的情形非常相似。从那时起，尽管我还在继续演奏音乐、作曲和作词，但程序设计已变成了我的主要创新活动。"

在我们认识的众多程序员中，这样的事例并非个案。事实上，音乐俨然已经成为对候选人进行第一次面试时常问的问题。如果候选人是音乐家，那么讨论他们喜欢什么样的音乐、演奏什么样的音乐、学习的音乐理论以及音乐在他们生活中的地位，不但可以让他们表达自己的见解，而且有助于让他们在面试的开始阶

---

① 1981 年，诺贝尔生理学或医学奖分成了两份，其中一份颁发给了 Roger W. Sperry，"因为他发现了大脑半球的功能机制"，另一份颁发给了 David H. Hubel 和 Torsten N. Wiesel，"因为他们发现了视觉系统中的信息处理机制"。

段保持放松状态。成为音乐家不是成为优秀的程序员的必要条件，但我们也从来不将其视为成为优秀的程序员的障碍！

2.7.2 夜晚型与白天型

多数公司中的多数员工属于白天型人才，与他们不同，多数程序员属于夜晚型人才。他们往往在正常上班时间过了很久之后才到公司，并且在下班时间过了很久之后还在工作。当关键项目或者自己感兴趣的项目进展到中途时，他们常常还能工作到深夜。一般说来，这些很晚起床的人能给出符合甚至超出你预期的结果。所以，如果你关注的是结果，迟到就不是什么问题。此时，沟通却成了一个问题；也就是说，他们需要出席会议并交流信息。

在《编程之道》（ *The Tao of Programming* ）[1]中，Geoffrey James 讲过这样一个故事。

> 经理走到程序员们跟前说："关于工作时间，你们必须上午 9 点到，下午 5 点才能走。"听到这里，所有的程序员都很生气，有几个当场就提出辞职。
>
> 于是经理说道："好吧，只要你们能按计划完成项目，可以自己安排工作时间。"程序员们这才感到满意，从此每天中午来上班，一直干到第二天凌晨。

为了避免这样的问题，我们强烈建议你别要求夜晚型人才早上 9 点就到公司。我们的建议是，你应该设定一些希望所有人都遵守的"核心时间"，以保障团队内部最低限度的沟通时间[2]。商定好核心时间可以帮每个人节省大量的时间，也可以轻松规避团队内的沟通烦恼。注意，隔一段时间你就要重申一下核心时间，因为有些程序员会感觉到日程可以随意变化，渐渐地他们也就不会严格遵守核心时间了。

还有一个问题需要解决，那就是公司其他部门对你的团队的看法。在我们俩工作过的每个公司，我们都听到过"你的程序员怎么直到中午才来上班"这样的批评。针对这样的批评，你需要主动强调你的团队投入了多少时间，他们加班到多晚才写完并提交代码的时间。把那些最有名的夜猫子挑出来，让大家都看看他们遵循自己的工作习惯后做出的业绩。这一切都需要你主动去做，不要等到批评出现之后才被动应对。

2.7.3 "牛仔"与"农夫"

大多数程序员倾向于当"牛仔"而非"农夫"。也就是说，当问题出现时，他

---

[1] Geoffrey James, *The Tao of Programming* (Info Books, 1986). 中文版《编程之道》2006 年由电子工业出版社出版。

[2] 如果你的团队成员工作于不同的时区或在海外工作，我们也会做出该项建议。

们的第一反应是"二话不说，跳上马匹，风驰电掣到达现场"独自去解决问题。
他们常常跳过"策划"环节，最终只能得到一项"用特定的方法解决特定的问题"
的不可重复的解决方案。实际上，我们可以在标准、实践和团队之间取得更好的
平衡。

　　我们更希望软件开发工作像种地一样——农夫会有条不紊地了解地形，研究
土地的化学组成，然后才会种植、浇水、除草，最后收获丰厚的回报。可靠的、
可扩展的、可维护的软件就是这样有条不紊、稳扎稳打地开发出来的。

　　因此，你需要识别出团队中谁是"牛仔"，要让他们"霹雳火"似的作风受到
约束，因为这样得出来的解决方案可能会导致其他问题。

　　很多程序员都有"牛仔"倾向，因此你首先要做的就是在团队中营造出有条
不紊、稳扎稳打的软件开发文化：禁止"牛仔"般蛮干行为，所有的大型项目都
需要遵循系统的软件开发生命周期。

　　不过，有时候，你还真的想要一个"牛仔"而不是 "农夫"。这种情况通常
会出现在小型的、一个程序员就能完成的概念验证项目或者原型项目中。我们发
现，如果身边有一个能解决这种问题的"快枪手"，对他对你都会很有利，把你的
需求和程序员的基本个性匹配起来，双方都会开心，结果也会更好。

　　许多"牛仔"都是优秀的程序员，为了得到你期望的效果，你必须小心翼翼
地管好他们。他们享受做主角的荣耀，为此可能不惜引起纷争，所以你务必要对
他们保持密切关注，一旦有风吹草动就要断然采取措施。

　　只会做"牛仔"的程序员通常都不会在公司里待太久。他们的结局，要么是
你对他们总是自顾自地横冲直撞感到厌烦于是辞退他们，要么是他们对长期受到
限制感到压抑于是主动辞职。

2.7.4　"英雄"

　　"英雄"指的是那些勇于承担任务，然后付出超越常人努力、成功完成任务的
人。在"付出超越常人努力"方面，"英雄"与"牛仔"是相似的，但"英雄"能
够在开发流程的整体框架之下与团队一起共同获得成功。"英雄"是培养出来的，
通常会在公司的崛起中成为"超级明星"。

　　管理"英雄"的挑战在于，如果你总是期望他们付出超越常人的努力，很容
易就会毁了他们。偶尔期望一下是可以的，如果你总是这样就不好了。管理者需
要认真关心他们的福利，以"好钢用在刀刃上"的原则把他们用在最重要的活动
或者最关键的项目中。

　　Mickey 和 Ron 在从事程序设计工作的时候，常常承担难度较大的项目，并且
常常（在熬过若干通宵或者马拉松式持续工作之后）超额完成任务。为了客户和
公司的利益，不断挑战自身体力和技术的极限，这对 Mickey 和 Ron 服务过的公司

是大有裨益的：为 Kenway 和 E&S 实现了关键产品的发布；完成了里程碑式的苹果计算机产品演示，对苹果公司当时最新的计算机生产线做出了关键性的贡献；为公司储备了大量专利技术。在我们成为经理之后，这段经历让我们对"张弛有度"的保护式用人方式和"鞭打快牛"的毁灭式用人方式之间的区别洞若观火。

2.7.5 内向的人

有些团队成员是非常沉默、非常内敛的，其他成员几乎感受不到他们的存在。他们确实可以很出色地完成工作，但是对团队氛围建设几乎毫无贡献，在会议上也几乎销声匿迹。在一对一的情况下，他们可以与人交流，但是回到人群里就悄然隐形了。

如果想让他们在会议上发言，让他们充分分享自己的意见或见解，那你就要给予他们积极的支持，这样可以逐步帮助他们建立自信——自己对团队是有贡献的。你要找机会与他们交谈，当面认可他们的贡献；与他们的交流要一对一地进行；通过一些琐碎小事与他们建立起特殊的私人关系，例如分享经验或者一本书。总之，你要想方设法与他们保持密切关系。

Mickey 在 Brøderbund Software 工作的时候，曾与一位内向的技术专家共事。Mickey 和他一起玩角色扮演游戏，两人很快就建立起了良好的关系。正是 Mickey 的鼓励促使他进入游戏设计领域，并最终成了 Brøderbund Software 的游戏设计经理，后来又在其他一些公司担任游戏设计师，同时他也是一位小有名气的作家。

多年来，这样的实例屡见不鲜，对我们来说也是颇有成就感，因为我们亲眼见证了许多内向的人经过我们的鼓励之后有所成长，能够大展拳脚。

2.7.6 愤世嫉俗的人

管理者应尽量避免雇用心存极大愤懑的人。他们会通过挑拨离间和散布不满情绪来毒害整个开发团队，对组织造成严重破坏。在他们到来之前，组织内部可能没有这些负面情绪。

愤世嫉俗的人会把现实中存在的问题无限夸大、无限加剧。例如，"管理层不在乎程序设计人员可能是真的"，即使实际情况并非如此，愤世嫉俗的人也会抓住每个机会来反复强调这个论断的真实性。他们会把每一次无意的怠慢（例如公司调整了办公室冰箱中的饮料品种）说成是"管理层用来惩罚程序设计人员的密谋"。用最客气的话说，这样的言论公然罔顾事实，居心叵测。你甚至会发现自己根本无法安心外出度假，否则等你回来时会发现自己的团队已经一团乱麻、脱离正轨，甚至分崩离析。

2.7.7 "奇葩"

有些人只不过就是"奇葩"，他们粗鲁、刻薄、中毒不浅。当然，他们或许也有些可取之处。他们可能是很有才华、很有技术天赋的优秀的程序员。但他们的才华并不能匹配你雇用他们所需要付出的代价。远离他们才是解决此问题的根本。

要严格遵循"不招收'奇葩'"的法则。根据我们的经验，如果不这样做你一定会后悔。最好将该法则也扩展到针对愤世嫉俗的人和笨蛋。团队对此会非常赞赏，你的工作也会因此而轻松很多。

2.8　本章总结

本章的目的是帮助大家认识到，了解程序员并不是一项简单的任务，即使你当过程序员也不例外。我们提供多种视角就是为了帮助你找到最适合自己的方法来管理那些必须雇用的程序员。管理人是很困难的，有些最有天赋的程序员同时也是最难管理的人，这是一把"双刃剑"。

我们列出了多种个性类型供大家了解，但强烈建议大家不要简单地按这些类型对人进行分类。只有把每个人都看作是不同的个体，程序设计经理才可能获得成功。

2.9　工具

我们为团队管理提供了许多辅助工具。电子表格和 Word 文档提供了完整的示例，稍做修改即可适用于你自己的组织。大家可以在异步社区下载下列工具：

- 程序员能力级别样例；
- 各级别程序员的岗位描述样例；
- 独立合同制员工协议样例；
- 角色和排名系统。

第 **3** 章

寻找并延揽出类拔萃的程序员

程序员很多，但出类拔萃的程序员并不多。

1993 年的一份关于软件工程师的研究报告称："和普通工程师相比，那些出类拔萃的工程师往往更能顾全大局，他们偏爱行动，具有强烈的使命感；他们展示和表达出坚定的信念，在管理中充分发挥积极主动的作用，能够给予其他工程师无私的援助。"[1]

Frederick Brooks 在他的经典作品《人月神话》中列举了一项 25 年前的研究[2]，这项研究表明，在同样拥有两年工作经验和接受过类似培训的程序员当中，最好的程序员的生产力水平比最差的要高出 10 倍。研究人员初始的研究目的是想弄明白从穿孔卡片的程序设计模式跃迁到交互式程序设计时是否会带来生产效率的提高，但最后却得到个体间有关生产效率的巨大差异的惊人结果。他们发现，初始编码时间的差异是 20∶1，代码规模的差异是 5∶1，而调试时间的差异则高达 25∶1！

20 年后，Barry Boehm 所做的研究指出，最高效的软件开发人员和最低效的软件开发人员之间的效率差距拉大到了 25∶1，而他们产生的 bug 数量的差距高达 10∶1。[3]在 2000 年，Boehm 与其他合著者深化了他们的研究，将研究对象聚焦为团队，得出结论：由经验丰富的顶级程序员组成的团队，其开发效率比缺乏经验的初级程序员所组成的团队高出 5.3 倍。[4]

---

[1] Richard Turley and James Bieman, *Competencies of Exceptional and Non-Exceptional Software Engineers* (Colorado State University, 1993).

[2] H. Sackman, W. J. Erikson, and E. E. Grant, "Exploratory Experimental Studies Comparing Online and Offline Programming Performance" (*CACM*, January 1968).

[3] Barry Boehm, "Understanding and Controlling Software Costs," *IEEE Transactions on Software Engineering*, October 1988.

[4] Barry Boehm Chris Abts, A. Winsor Brown, Sunita Chulani, and Bradford Clark, *Software Cost Estimation with Cocomo II* (Addison-Wesley, 2000).

根据"个体差异"研究，优秀的程序员最高可以比平庸的程序员高出 30 倍的工作绩效。考虑到前者从来拿不到应有的报酬，所以可以说他们是软件领域中最廉价的劳动力了。

——Robert L. Glass，软件从业者、先驱、作家[1]

的确，有一些 IT 组织以"雇用普通的程序员"而著称，也确实有少数的产品公司和专业服务组织即使在没能拥有一些出类拔萃的程序员的情况下，也能有效地管理软件开发团队。然而，程序员群体的素质参差不齐也是实情。所以，毫无疑问，发现和识别优秀的程序员是一项巨大的挑战。

程序设计经理最重要的工作就是延揽出类拔萃的人。

招聘无疑是经理做出的所有决定中最难以反悔的。成功的招聘工作能促使其他环节的工作变得更容易。招聘没做好，则可能会让团队深陷长达数月的困境之中，这不仅破坏你的领导威信，引起纷争和冲突，耽误产品交付的日期，而且团队甚至整个组织的士气与动力也可能被消磨殆尽，更不用说解聘那些表现差或者不适合的员工是件多么不容易的事情了。

如果你不只是招聘程序员，还要招聘程序设计经理，请记住 Ron 在苹果公司听到的，同时也是 Mickey 亲耳听到的史蒂夫·乔布斯时常念叨的规则。

一流人才招聘一流人才，二流人才招聘三流人才。

——Steve Jobs

乔布斯的观点强调了招聘优秀的程序设计经理的重要性，因为在实施招聘工作时，他们会带来巨大的组合效应。

我们都失误过。Ron 曾经面试过一位经理，那时 Ron 从事招聘工作已经超过 10 年了。Ron 当时认为这位经理是可以为他的组织做出杰出贡献的人选："我听信了他的说辞，认为这是一个可以信赖的人。我联系了他的两位推荐人，两人与我分享的故事都表明他一直是言行一致的[2]。整个招聘组都一致建议聘用他。在那之前，我虽然曾经接手过一两个'烂苹果'，但从未亲手招聘过不合格的人选进入我的团队。直到那次，我完完全全被骗了。很快，我发现这个人言过其实，于是我迅速采取行动，与他面对面地沟通，告诉他我期待他的表现能够有所改善。在入职不到两个月的时候，当我把他叫到我的办公室准备来一次'改善或者走人'的

---

① Glass, "Frequently Forgotten Fundamental Facts about Software Engineering," *IEEE Software* 18, no. 3, (2001): 112–13.

② "你不能只言如其言，也不能只行如其行，而是需要言行一致。"这句话是旧金山格莱德纪念教堂牧师 Cecil Williams 的名言，我后来才意识到，它正是对表里如一的绝佳释义。

严肃谈话时，他主动提出自己并不能很好地融入团队，正准备发出离职信。"

这种失误时有发生，所以我们整理出以下内容以便让绝大多数招聘工作都能以"人有所值"为原则进行。

3.1 确定要招聘哪种程序员

首先，明确你想要招聘的是哪种程序员。你不仅是在招聘一个程序员，更是在寻找一个能够满足组织需求并扮演相应角色的人。

我们在第 2 章列举了如何为组织所需的各种各样的程序员编写岗位描述，但那些内容只是泛泛的描述。

对每一个具体的岗位来说，你只有明确所招聘的人员需要具备哪些技术能力、价值观、道德观以及如何使用他们，即明确他们的定位之后，才可能找到合适的填补团队空缺的程序员。

仔细评估一下，你关注的焦点是否是经验、能力以及对待工作的态度。

你需要的程序员是否具备以下特质：

- 可以指导整个团队完成各种最佳实践；
- 拥有足够聪颖的头脑，可以把最难以察觉的设计缺陷找出来；
- 拥有大局意识，能够预见你的需求将如何分解为模块和组件；
- 习惯于主动积极地行动，能很好地配合管理者。

抑或具备这些特质：

- 在短时间内能快速编写出成千上万行代码；
- 能做出对客户非常重要的原型，尽管团队的资深程序员常常会埋怨"这些都毫无用处"；
- 快速灵活、不厌其烦地执行每一个流程，并且能够在执行过程中逐步发现流程的实质。

上面提到的这些特质并不是互相排斥的，但满足前一部分特质的程序员更可能是经验丰富的老手，而满足后一部分特质的程序员则更可能是充满热情的新手。你需要对这个问题保持清醒的认识——"我需要的到底是哪种程序员"。

> 具体做事的时候，架构师要少一些，砖瓦匠要多一些。
> ——Colleen C. Barrett，美国西南航空公司董事长兼公司秘书

其次，你需要清楚地意识到，你需要的是一位全职员工，还是一位合同制员工。

你需要的是：

- 长期工作的程序员；
- 开发团队中的正式成员；

- 一个你期望通过培训可以不断成长的开发人员，他能不断学习新技能、新工具以应对需求和技术的变更。

还是：

- 当前已经拥有某项特别的开发技能，或者能熟练使用某项开发工具；
- 可以弥补一个团队的短期人力资源缺口。

如果是前者，那么你需要的是一位全职员工；如果是后者，那么你需要的是一位合同制员工。

最后，你是否会考虑身处异地的人才呢？你打算让他们搬家到工作地点工作，还是让他直接远程工作？你选择身处异地的人才，是因为从当地的人才池中无法找到需要的人才，还是因为你需要的技能比较偏门，在本地区甚至本国都找不到合适的人才？你能为人才支付搬家费用吗？你愿意管理一个成员分散在各地的分布式团队吗？

　　虽然分布式开发也是可行的，但是分布式团队的效率无法与集中团队的效率相提并论。

——Mike Cohn，敏捷开发和 Scrum 领域的精神领袖[①]

如果选择身处异地的人才，你可能需要使用电话或者视讯会议来进行部分或者全部的面试。你也可以利用全国性的会展或者行业峰会的机会来会见和招聘那些掌握了独一无二的技能的程序员。

在苹果公司工作期间，Ron 频繁地在 Applefest、MacWorld 以及 OOPSLA 会议上寻找招聘目标。有一年，在他讲完演之后，一位程序员走近他，表达他对苹果公司的兴趣，由于他当时患有咽喉炎，只能在一张 3 英寸×5 英寸（1 英寸≈2.54 厘米）的纸板上快速写写画画来表达自己的想法。这确实是一种不寻常的沟通方式，但他很快就成功被苹果公司录用了。

3.2　编写岗位描述

招聘工作开始于编写一份适用于广泛宣传的岗位描述。请记住，岗位描述的目标是吸引最大数量的合格的候选人——它就是那个岗位的一个营销广告。岗位描述应当直截了当地说明你所寻求的候选人应该具备怎样的特质，这样可以有效阻绝那些不合格的候选人；同时也要说明公司是一片广阔的天地，开放怀抱迎纳各种人才。岗位描述要有足够多有说服力的证据来表明公司的优秀，表明这个职位对于程序员来讲是一个理想的工作机会，可以着重强调职位对社会的贡献，着重强调该职位的良好职业前景以及持久存在的成就感。

[①] Mike Cohn, *Succeeding with Agile: Software Development Using Scrum* (Addison-Wesley, 2010), p. 387. 中文版《Scrum 敏捷软件开发》2010 年由清华大学出版社出版。

在一个小公司里，编写岗位描述的任务可能会落到你的头上。在中型或者大型的公司中，人力资源部门会准备好这些文件，但是你应当做好协作的准备，你甚至需要提供全部或大部分的岗位描述和需求。除非你是真正负责编写岗位描述的人并确定他们会按照你所写的内容发布，否则你最好申请参与审查环节。我们曾经见过一些职位招聘公告（其中一些出现在周日报纸的高价广告位上），由于这些招聘公告是由善意的但并不专业的非技术招聘人员编写的，它们描述得并不适当，有时候甚至是完全错误的。

如果你自己写岗位描述，可能需要参考公司内部的岗位描述。我们在第 2 章已经提供了一个示例（图 2.1），但那其实仅仅是一个开始。它既缺乏特定岗位的详细信息，也缺少能够吸引候选者的亮点信息。

你的内部岗位描述只是编写外部招聘公告的起点。你需要增补材料，让它看起来更吸引人。

例如，虽然"程序员 3"在你的组织内可能是一个合适的标题，但在对外描述岗位时，需要使用更明确的标题，以更好地描述你所寻找的候选人，需要什么样的背景和技术经验。另一个大多数找工作的人关心的关键因素是工作地点，"旧金山湾区"这个说明太广泛了。在经济环境良好时，想要尽量减少通勤时间的程序员可能会直接跳过你的岗位描述，而不愿意花费精力去弄清楚这个岗位真正的工作地点是旧金山湾区 100 多英里（1 英里≈1.6 千米）范围中的哪个地方。你应详细说明这些内容。

这样标题就会类似于：

- 入门级 Ruby on Rails 程序员——旧金山半岛；
- 有经验的全栈程序员——剑桥；
- Oracle 程序员，需要 BI 经验——南湾区（旧金山）；
- Java 架构师——丹佛；
- 支持工程师，.Net/Sharepoint——温哥华；
- 主程序员，引擎项目组，搜索技术——奥斯汀。

（最后一个标题没有指明要求精通 C++、Java 还是 Python，可能是因为你侧重于找到一个擅长算法、数据结构以及系统软件内部原理的候选人，而不在乎他所使用的语言或者所拥有的系统平台经验。）

如果每周 3 天远程办公是可能的，那么应当在岗位描述的最前面指出来，如图 3.1 所示。

我们一起来看看岗位公告的关键元素。首先是关于公司及其产品的简要概述，应当着重强调一个程序员为何会想要加入这个公司。这段话是着意于公司营销的，所以如果你不擅长写令人叹服的广告语，可以寻求销售或市场部门同事的帮助。

主程序员，.NET

旧金山/奥克兰/伯克利 ●─────────────────── 具体地址

有时需要出差（但不会太多）●──────────是否需要出差

（注意：如果需要，可以提供远程工作的机会）●────── 是否可以远程工作

具有竞争力的工资、福利和期权选项 ●────────── 不是仅靠股份

Forensic Logic 是一家初创的成长型公司，欲寻求一位高效的高级开发人员，需要拥有丰富的工作经验，能够设计、开发和规模化基于.Net 和 SQL Server 的大流量 Web 与分析程序，可以带领团队并为团队设定技术方向。

Forensic Logic 为执法机构开发基于 Web 的应用，提供保障警员安全、尽早发现犯罪倾向、进行跨部门搜索的工具。应聘成功的候选人将有机会处理超大规模的结构化与非结构化数据，并对各种关联性、地理空间、时间线和模式进行分析与可视化，开发用于破获犯罪案件的匹配和排序算法程序。本岗位能为合适的候选人提供足够大的成长空间，并能让你和非常优秀与积极的同事共事。

产品、公司和机会：很好的公司营销机会！

Forensic Logic 的文化是注重相互尊重、团队合作，共同努力创造具有前沿功能，也有与之平衡的高可用性的程序。

公司文化：更多的营销！

岗位描述

- 为现有的远程程序设计团队提供技术领导、指导和培训；
- 作为核心人员，搭建湾区的第二支开发团队；
- 发挥深厚的设计功底与杰出的编码能力，实现产品已经很多且持续增多的功能列表；
- 领导团队进行周期性的快速重构，保持应用代码的新鲜性、灵活性与重用性；
- 帮助定义团队的开发与工程最佳实践；
- 领导团队实现最佳实践。

招聘的候选人具体需要为公司做什么

技能要求

- 优秀的 Web 应用架构与设计能力；
- 迅速、干净、高效的代码实现；
- 精通微软的.Net 和 SQL Server；
- 3 年以上设计、开发和规模化基于.Net 和 SQL Server 的大流量 Web 应用的经验；
- 领导和培训其他高级或初级开发人员的能力；
- 团队合作导向：能够踊跃参与工程讨论，提出经过充分考虑的意见，同时愿意倾听、尊重和批评其他同事的意见；
- 有能力分析并改良大流量、大信息量 Web 应用的可扩展性与性能；
- 优秀的口头和书面沟通能力；
- 较强的客户同理心和较高的客户体验敏感度；
- 高度独立自主、有上进心、灵活积极、能量充沛；
- 8 年以上程序设计经验。

需要具备的具体技能

图 3.1　岗位描述样例

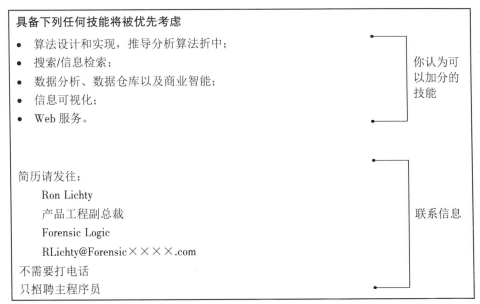

图 3.1　岗位描述样例（续）

　　接着是关于招聘的这个特定岗位的岗位描述。就招聘目标来说，这里和第 2 章一样，不过第 2 章提到的内部岗位描述显得太过简单。你希望招来的程序员创造什么样的代码、设计和架构？你需要他具备哪些特殊的技术技能和知识？你希望他有什么样的最佳实践经验？你是在寻找可以管理或指导其他程序员的人，还是在寻找可以给程序员指出技术方向的人？你需要的是一个可以同公司的商务伙伴进行合作的沟通者，一个可以把商业需求转化为技术需求，甚至直接转化成技术架构的技术专家，一个可以把商业需求总结成复杂分析算法的数学奇才，还是一个可以将商业需求组合成用户完全可以直观掌握的优秀界面的用户界面设计师？

　　现在你可以开始描述这些你需要找寻的技能了。在这里，你可以详细描述你需要的语言和平台经验，以及期望候选人达到的知识技能等级。你也应当明确指出期望候选人所拥有的领导、管理、项目管理、沟通、分析、设计、架构和编码的经验。你是希望找一个接受命令并直接编码的程序员，还是一个给出命令的程序员？你需要他有多少年的经验，什么样的受教育水平？（虽然在考虑用教育程度来预测程序员的成功这个问题上，Mickey 和 Ron 各执所见，但是我们都不推荐把学位当作硬性要求或者强制要求，也不认为缺少某个学位的程序员就一定会失败。）

　　有时候，坚持、细致和责任感会比特定的技能更加重要。在你撰写岗位描述和面试时，不要忽略了这些"软技能"。

> 我强调沟通、合作、活力和潜力。
>
> ——Mark Himelstein，工程部代理副总裁，旧金山湾区

我们可以把技能划分成"必需的"（如果候选人没有，则一定不会雇用）和"加分的"（如果候选人有，则为他加分）。

我们也要考虑到这个岗位是否需要经常出差。在岗位描述中公开这个信息，可以增大获得一个适合长期从事该岗位的员工的概率。

最后，别忘了告诉候选人你的联系方式——通常是电子邮件地址和你的 Web 地址。

3.3　沟通招聘需求

你有充足的预算招聘一个新的程序员吗？如果没有，那么你就需要想办法让管理层事先接受你需要招聘的理由。在大多数情况下，这意味着需要做一个业务提案。

首先，请透彻地思考你的需求。你是因为团队成员缺少某种特定的专业知识而需要一个新人吗？你能通过改变所使用的技术来减缓这个需求，或者使资源寻找更容易吗？由于各种应用呈现越来越混合化的趋势（程序不但已经变成由各种对象、组件、服务组成的系统，而且已经变成由多种语言组成的系统了），所以你不需要转变整个应用。几年前，我们的一个同事搞定了 Ruby 的性能扩展瓶颈，他的方法是切分出系统的关键区域并使用 Scala 重新编写它。另一个同事通过在展示层上添加 PHP Drupal 系统，解决了缺乏可扩展样式表转换语言（Extensible Stylesheet Language Transformations，XSLT）支持的瓶颈。

当你发现团队确有需求，需要补充某个技能专家的时候，你还可以在团队成员中做一个调查，分析一下他们现有的技能，运用可视化方式将团队成员现有的技能与客户、产品或市场所需要的特定技能做一个比较差距，这样可以让你的业务提案更加有说服力。

其次，也许导致团队人力资源匮乏的原因在于当前有太多的工作要完成。如果这只是一个短期的人手紧张，那你一定要特别注意——正如《人月神话》中提到的经验法则：向一个已经进度延迟的项目增加人手，只会让项目延迟更多。就算你漠视这条法则，你的管理层也一定会记得，更不用说他们还舍不得花钱雇人。

与此同时，请做好相关说明，证明你已经考虑过了除了招聘之外的所有替代方案。例如，是否可以裁剪出一个功能模块，或者将其外包给出价最低的投标人；能否把开发流程变革为敏捷开发流程，或者把基于"全量满足产品规格要求"的

管理模式变革成为"Software by Numbers"[①]管理模式，以便让开发团队集中精力、速战速决地开发出一款只包含那些回报率最高的功能的小规模产品；能否优化团队的工作流程以改善团队的工作绩效；等等。

实际情况往往是，即使全面分析了上述所有情况，你仍然会发现不得不去争取更多的人力资源。Ron 在一个公司工作时曾领导一支 30 人的软件开发团队，他发现，即使这支团队的规模已经大到占据了全公司 1/5 的员工，仍然不能完全满足客户的需求，于是他绘制了一幅全新模式的客户方组织结构图。这幅图首次以可视化方式向人们全面展示哪些客户是有影响力的客户，需要给他分配一个专职的程序员才能解决他所提出的需求。这幅图清晰地展现出，仅仅只是关注到那些有影响力的客户提出的需求，团队的人力资源就已经捉襟见肘了。另外，Ron 还收集并统计了一些数据，用于量化展示团队接收到的客户需求以及团队完成的任务总数，并绘制了趋势图以清晰展示团队任务量大幅度增长的事实。

即使做了各种分析，最终你得到的答复可能还是团队（或者部门，或者公司）的预算不允许你再增加人员。如果要招聘新人，你的团队可能需要解雇某个绩效比较差的人员。如果要为团队、项目和公司负责，你迟早会遇到这种情况：为了能够获取新的资源，你必须要做出一个艰难的决定。

3.4 招聘全职员工

如果招聘的需求被批准，那么现在你可以描述要寻找的人才是什么样子了。首先，你需要考虑要从哪里找到候选人，以及考虑招聘的花费。

如果你在一家大公司工作，那么运气足够好的话，你有可能遇到公司里另一个部门正好有一位声名远播的程序员愿意为你工作。和其他候选人一样，你可以对他表示出兴趣，然后暗中核实他的事迹、查证他的作为，保证他符合你的项目需要。

要知道，多数大公司都有一个运作成熟的流程，让员工有机会在公司内部各个部门间转岗。有的公司要求雇员必须在当前岗位上工作满一年后方可转岗；有的公司要求雇员首先要获得所在部门经理的首肯之后，才能商谈转岗事宜；有的公司管理则比较宽松，雇员可以在和你进行非正式的谈话并且在了解你这边的情况之后，再行正式申请调职（需要向人力资源部门提交　份请调表格）。他们可能需要在原部门中处理完所有遗留的工作之后才能调离。作为转岗部门的经理，你可能会面临很多限制——公司一般会有一些制度，用于防止人员一股脑地涌向"酷炫的"项目，而"平庸的"项目则面临无人可用的情况；或者，公司可能会要求

---

① Mark Denne and Jane Cleland-Huang, *Software by Numbers: Low-Risk, High-Return Development*（Prentice Hall，2003）。本书介绍了最小可市场化功能（Minimum Marketable Features，MMFs），以及基于软件永远达不到完美的理念的增量投资方法（Incremental Funding Methodology，IFM），描述了如何按照回报程度来确定项目的优先，以达到尽早自给自足的目的。

优先考虑内部候选人。这些问题只有人力资源部门可以明确回答，所以你应该去征询他们的意见。

Ron 在富士通公司工作的时候，有一次从质量保证（QA）部门中发掘了一个被埋没的有才华的测试人员。Ron 通过业务部门执行总监以及其他同事的帮助，确认这位测试人员对开发岗位的确怀有浓厚的兴趣，于是轻而易举地把他调入了自己的部门。在这次调动之后，Ron 给予了他许多指导，最终他成了一名杰出的程序员。

3.4.1　招聘工作一直在路上

招聘时，你可以在公司的网站上张贴岗位描述。除了张贴正在招聘的岗位之外，你还可以张贴一些总是需要补充新鲜血液的岗位。Mickey 说："当我在 Gracenote 工作时，我们公司的招聘广告上一直都写有招聘 Oracle 数据库开发者以及嵌入式程序员的内容。于是，即使是在没有空位的时候，我们也会持续不断地收到简历，有源源不断的候选人供我们筛选。一旦发现真正的'超级明星'程序员，我们就会找他来面试，并说服公司增加人员编制。当然，当你找到真正的'超级明星'程序员时，说服公司总是很容易的。"

当 Ron 刚刚进入 Razorfishgognsi 时，他的团队所使用的技术框架非常繁杂，唯独不用微软的技术框架。"当时，楼上有位信息系统架构师递给我一份简历，推荐一位曾经与她共事过的.Net 资深程序员。我的办公桌上甚至都没有一个专为放置微软技术框架程序员简历的文件夹。我浏览了一下简历，知道我们用不到他（当然我绝对没有预料到形势很快就发生了变化）。但我明白，如果我们将来需要一个精通 C#的程序员，那么现在这份简历绝对符合条件。这种情况显然不会经常发生，但巧合的是，几周之后，我们的一个客户就请我们帮他解决 C#应用的问题！我着实感到幸运。"

Mickey 遇到过很多次面试候选人并不符合当下空缺岗位的情形，其中一次发生在 Brøderbund Software。"当时我面试了一位程序员，他并不适合我们正在招聘的岗位，但我很喜欢他，所以一直和他保持着联系。3 年后，终于有了适合他的岗位，于是我立即聘用了他。后来，他成了公司里的一个'超级明星'，我这 3 年的耐心等待实在是非常值得。"

千万别把一次招聘看作是一次性的挑战，我们要把招聘看成是持续进行的人际关系经营过程，这样，短期内你能迅速拓展自己的人脉，长期上也能为公司的招聘工作保驾护航。所以，你应当让招聘工作一直在路上！

> 你应当一直考虑如何经营一张潜在雇员和推荐人的人际网络，与他们一直保持联系；今年你拒绝了的人，明年可能就会是一名优秀的雇员。而你认为决不会来你公司的候选人，也会有他们自己的人脉，说不定会介绍朋友来你的公司。
>
> ——Tim Dierks，曾在苹果、Google 等公司担任工程师、
> 首席技术官和工程副总裁

如果你服务于一家创业型公司，你就会发现自己的人际网络、历年积攒下的潜在候选人列表上的人选，以及你同事介绍的人，都有可能成为你的同路人。你从这些人脉里就能延揽到出类拔萃的员工，所以你必须要努力经营好自己的人际网络。

3.4.2 招聘预算

关于招聘，你需要了解的第一批事情里包括了你可以花费多少钱来寻找候选人。吸引和招聘全职员工的营销成本包括：

- 付给猎头的佣金；
- 公司内部需要一位专职招聘人员，或者需要长期聘用一位外部招聘人员的一部分人力成本；
- 如果候选人是由员工内部推荐的，那需要给员工奖金；
- 类似 LinkedIn 的在线招聘网站，需要向它们支付发布招聘广告的费用；
- 在行业峰会等特殊场合组织一次特别的招聘活动，因为峰会所讨论的专业技术主题恰恰围绕着公司所需要的岗位任职要求，此时需要支付场地费用；
- 付给远程候选人的交通费，如果你决定录用他，并且让他搬迁到公司所在地来上班，那还得包含未来的搬家费。

对任何招聘工作来说，大公司更倾向于对招聘的渠道和成本有着严格的限制，有时候它们更希望通过内部招聘或者转岗来降低招聘成本。小公司则往往为外部招聘匹配更加灵活的资源与预算。处于早期的创业型公司往往无论如何都不会给招聘工作留任何预算。

招聘时首先需要解决的是猎头问题。如果你的招聘需要非常迫切，或者迫切需要提高招聘成功的概率（特别是在当今这样一个经济高速增长的年代），那么与两三个高效能的猎头公司合作可以极大地拓展你的候选人资源池。

猎头群体里也有很多平庸之辈。聪明的猎头应该是这样的：他在和你进行很短时间的沟通之后几乎立刻就能理解你的需求，并且立刻给予你口头反馈，最后向你提供完美的候选人。

猎头的收费通常和候选人入职之后第一年的工资成比例。如果你要为特定职位招聘一个之前没有联系过的候选人，还需要加付"应急招聘"费用。以前，猎头的收费比例通常是 15%，如今已经很少低于 20% 了，25% 也是常有的事。

猎头公司无论大小，都会有自己的标准版合同，规定了候选人要求以及收取佣金的条件，包括佣金比例的上限。你在接到猎头发来的候选人简历之前，或者至迟在候选人来面试之前，请确保你的公司已经和猎头签订了招聘合同——否则，当你在费尽心血面试了 12 个人之后终于得到了一个绝佳的候选人时，公司的人力资源部门突然给你一个当头棒喝，告诉你因为猎头的招聘合同要求不符合公司的规定，你没法给候选人发出录用通知，这时你一定会心如刀绞。

猎头中也有一些居心不良的人，我们要寻求与那些诚实守信的杰出猎头合作的机会。

我们还需要小心电话骗子。这些人在看到你发出的招聘启事后，会在你吃晚饭的时候打电话过来推销地毯，推销窗帘清洗或者坏账修复业务。要是他们在你工作的时候打电话来骚扰，那更恼人。有的人会骗你说他是你的同事 Bob（或者从他听说过的你们公司员工中随意挑选了一个名字）介绍来找你的；有的人会骗你说他们手上有一个"完美的候选人"，技能背景正合你的要求，工作经历也非常完美，任何经理看到后都会冲出去马上请他来工作。另一方面，程序员们也可能会收到一些电话，对方宣称他那里有"完美的工作机会"，但实际上那并不一定存在。不久他们会发现，那些不请自来的电话里的"猎头"往往什么都不懂。

最坏的情况（比摆脱一个不停骚扰你的所谓"猎头"还要糟糕的情况）是猎头"介绍"给你的是一位你们公司已经在联系的候选人，然后猎头指责你欺骗他，并威胁要上诉以直接获取一份佣金。

想要远离这些害群之马，找到靠谱的猎头，你可以参考其他经理的推荐，至于那些不请自来的电话，只保留最基本的礼貌即可。

Ron 认为，所有不请自来的猎头打来的电话，都是可以不予理睬的。Ron 的做法很文明，他要求猎头给他发邮件。Ron 的方法屡试不爽，因为电话骗子们几乎不会发邮件，他们总是只会拿电话设局。这样做也许会有得一两个月的安宁，但过不了多久他们又会打电话骚扰你。Ron 对待电话骗子们一直都很友善（直到发现他们一直只是尝试让他不挂电话，而从不去听他告诉他们如何沟通为止）。他会告诉他们，他喜欢和猎头沟通——这句话往往真的会让他们停止自说自话——接着在一个停顿之后，他会说："但是直到我真正认识你们之前，我只想通过电子邮件来沟通。"如果他们继续用各种问题纠缠，那么对于所有问题 Ron 都会回答："我期待收到你的电子邮件。"如此交锋几个回合之后，他就会说拜拜，然后挂掉电话。

当然，不请自来的陌生拜访电话中，也确实可能有几个是真正的猎头打来的。但是，与电话骗子们不同，真正的猎头非常愿意以任何你期待的方式与你对话。你会收到他们的电子邮件、候选人信息，他们还会根据你提出的条件与你保持联络，这些真正的猎头中也会有人最终成为你优先选择的猎头。

3.4.3 招聘案例分析

2009 年年末，Meebo 的创始人之一 Elaine Wherry 创建了一个虚构的在线人物：为她的公司服务的一位 JavaScript 开发者。她为这位虚构的程序员创建了自己的个人网站、LinkedIn 档案以及 Facebook 主页。Elaine 这么做是为了能够吸引到猎头，希望这位虚构的程序员能够帮她分辨哪些是优秀的猎头。在接下来的 18 个月中，她虚构的这位程序员收到了从 180 位猎头和 195 家公司发来的电子邮件，这个过程中为她意外地揭示了关于招聘工作的玄奥无穷的秘密。

Elaine 寻找的是杰出的 JavaScript 超级程序员，目的是将自己的团队扩大一倍规模。她已经试遍了所有能想到的招聘方式：她在 Google AdWords 上投放相关广告（几乎没有效果）；在自己公司的网站上嵌入了一段佶屈聱牙的神秘代码用来指向"绝密岗位"的电子邮箱地址，希冀借此能够延揽到看得懂这些代码的人才；她还在斯坦福大学期末考试期间，在那些藏龙卧虎的教室里给每个学生的椅子上都摆放印有公司 Logo 的 T 恤；在招聘页面上设置了一个聊天控件（她认为这有效），并设计了 JavaScript 的博客谜题与宾戈游戏；在 JavaScript 技术会议中拓展人脉；开发了一个简历搜索引擎；在各种活动中讲演；参与了斯坦福大学的计算机科学课程，在学生报纸上打广告以及投放 Twitter 关键字广告。另外，她还创建了一个 JavaScript 社区——经证明这对她的招聘工作很有帮助。但是当前面所有这些措施仍然都不够奏效的时候，她终于偶然想到了创造这个虚拟程序员的点子，希望他成为一位网络世界里的"姜太公"，能够"钓到"业界最优秀的猎头来帮助她找寻和获取她需要的程序员。

最开始，她为这位虚拟程序员起了一个男士的名字，给他做了一份很绚丽的简历，还为他设计了一个精美的博客，但是前两个月"颗粒无收"。接着，Elaine 为他在 LinkedIn 上开了一份档案，接下来访者就络绎不绝了。这个故事告诉她：虽然所有的猎头和用人企业都声称他们会在广泛的范围内搜寻合适的人选，但是截至 2009 年，猎头和用人企业往往只会在 LinkedIn 上猎取目标。于是她开始努力搜寻那些没有在 LinkedIn 上注册的程序员。

接下来，她发现与她争抢心仪的程序员的公司，其实并不是 Google、亚马逊、苹果等大公司，而是一些中小型公司。于是，她开始努力让她的公司显得与众不同。

她发现，但凡是她的公司聘用过的猎头，一旦不再受合同限制，就会千方百计地挖走她的程序员。她还发现，想让顶尖的程序员们一直保持心情愉快是一件很重要但也很捉摸不定的事情——简单如免费的餐食，复杂如富有亲和力的同事以及让人感到妙趣横生的工作内容。

另外，她发现大多数猎头根本就是在打无准备之仗，很多情况下都是群发一些千篇一律的电子邮件。于是她竭尽全力要求自己的猎头做足准备才给合适的候选人对象发出邮件，从公司的使命宗旨到招聘职位的角色职责等所有细节信息一一厘清，确保猎头充分了解候选人的档案以及他们博客上的信息，确保候选人适合职位需要。这次试验让她充分意识到市面上靠谱的猎头实在是稀有之极，于是她决定要像对待奇珍异宝一样好好珍惜手上仅有的那几个好猎头。[1]

---

[1] 2011 年，Elaine Wherry 在硅谷举办了一次代码训练营。在那里她做了一场题为"打赢在线人才争夺战"（Winning the Engineering Talent War Online）的演讲，分享了她的这段经历。

3.4.4　内部推荐

虽然我们认为一旦有了招聘需求你就应当立刻着手联系猎头，但我们也认为，排名第一位的候选人来源应该是企业员工的内部推荐。对于预算有限的创业型公司而言，实质上这是他们唯一的候选人来源。所谓内部推荐，就是让组织现有的员工推荐他们的朋友和以往的同事。至今为止，我们领略过的研究都支持我们的经验：优秀的人才一定会推荐优秀的人才。内部推荐还能让你额外得到另外一位候选人对象的联系方式——这是因为，候选人通常需要提供一位以往同事的联系方式来完成背景调查工作。

　　如果你现在的员工都很快乐，他们就会推荐其他杰出的程序员给你。所以，请营造一个让员工感到关怀备至的工作环境，包括专门为程序员设计的办公室，以及其他一些福利。

　　　　　　　　　　　——Gregory Close，经理、项目经理以及创业公司创始人，

　　　　　　　　　　　　　　　　　　　　　　　　　　　　　　旧金山湾区

每当公司出现空闲岗位时，员工们都会争先恐后地推荐他们的朋友来应聘，这当然是件好事情。然而，实际情况是，人们对于是否要推荐他们的朋友这件事往往都会感到犹豫不决。不过，这个问题可以用金钱来解决。我们知道，即使付出很高数额的佣金也很难保证猎头推荐的候选人会比员工内部推荐的候选人更合适、更靠谱。所以，如果你愿意把仅仅相当于支付给猎头佣金的一半作为奖金奖励给成功内部推荐的员工（3.4.2 里讲过，猎头一般会收取经他介绍成功的候选人年薪的 20% 作为佣金。那么，如果内部推荐成功一名年薪 100 000 美元的候选人，奖励给员工的奖金应该是 10 000 美元），那么员工们一定会欣欣鼓舞，积极地进行内部推荐。虽然这看起来很合理，但实际上我们从来没有见过哪个公司的内部推荐奖金有这么高。我们也没有见到过把内部推荐奖金设定在 2000 美元或者 500 美元的效果比较研究，尽管这些数额的奖金设置都非常常见。但是有件事情我们是可以确定的，即设置内部推荐奖金肯定是有效的。

顺便提一下，公司的招聘经理不应该享有内部推荐奖金。在这一点上，在我们见过的所有案例中，对待招聘经理的方式都是一样的——他们的岗位职责就是替现有的团队吸引他人脉圈中的所有人员。招聘经理候选人在面试时，会被问及他们的程序员人脉网络是否宽广，能否从他们的人脉圈中招聘到合适的人，这样的面试并不罕见。这就是招聘经理岗位的职责要求，所以招聘经理不应该享有内部推荐奖金。

对招聘经理而言，与以往的同事、雇员保持联系是很重要的。实际上，很大一部分雇主（甚至可能是绝大多数雇主）若是知道你并没有在自己的职业生涯中与曾经共事过的优秀开发者保持密切联系，他是不会雇用你做招聘经理的。但是，要

特别注意，不要去招聘你任职过的上一家公司的开发者（就是你就职现在这家公司之前最近的那一家）。即使你没有签订竞业协议，这么做也很不好。你可以与他们保持密切联系，比如在 LinkedIn 上与你以往的同事保持着良好的友谊，让人们都知道你的行踪，让他们主动联系你，这样就够了。你也可以使用无特定目标的招聘方式，例如在你的 LinkedIn 档案上贴一个更新，或者在其他社交网络中发布你的需求。

提醒一句：虽然按常理来说，优秀的人才一定会推荐优秀的人才，但请一定要听从你自己的"直觉"。Ron 回忆道："我曾经处理过一位员工的几次内部推荐，既有美好的回忆，也有痛苦的经历。这位员工的工作表现是一流的，所以当他告诉我们他推荐的候选人比他更优秀时，我有些怀疑；但经过面试之后，我觉得她至少是个很好的候选人。后来发现，她确实非常优秀，大大出乎了我们的意料。所以当下一次有招聘需求时，这位员工又推荐了一个'甚至比我更优秀'的候选人，我对他如此信任，以致忽略了自己直觉中奇怪的感觉，推掉了另一个我的团队都喜欢、我的直觉也很喜欢的候选人，挑选了他推荐的那位。但我后来发现这一次他推荐的人员并不是那么靠谱，实际上并不能胜任工作，我的整个团队都因此蒙受了损失；在他自己决定离开公司让我不用难做之前，我整整痛苦了一个月。"经验法则：请相信你对候选人的直觉，这胜过你对推荐人的看法。

另外一个提醒是，你必须避免任人唯亲的现象。你的任务是招聘合适的人选，而不是要招聘一帮朋友。招聘的对象应该是最好的候选人。当然，这是一个主观的选择，而你是做出选择的人，你是公司内对候选人最了解的人，所以你必须要保证候选人配得上你的信任。但如果你和 位候选人有过往交情，那么就应当更加明确地告诉他，你为何最终选择了他；你应当向大家分享与这位候选人相处的经历，说明自己为何如此信心十足地认为他就是最合适的人选，尤其是当他在有竞争者的面试中表现也很优秀的时候。和平时一样，作为经理，沟通是你的"第一要务"，保持相互信任是必要的。

3.4.5 高效的招聘

从我们在纸媒上做招聘广告的经验来看，纸媒广告应该尽量少做。只有当公司有大量空缺职位需要填补时，尤其是当数量大到了可以开一场招聘会的程度时（此时也许和周边的一场技术峰会活动关联起来会更好），才适合做纸媒广告。在这种情况下，广告的焦点需要集中在如何吸引候选人去参与招聘会上。

如果时间充裕，那么提高招聘效费比的一个办法是采用分进合击的策略。

在招聘会开始两周之前，你就需要通知公司员工可以内部推荐人选。在这段时间内，你可以适当提高内部推荐的奖金额度，这样就可能节省接下来的开支。同时，在这段时间里，你需要看看自己能否从以前的关系网络中找到一些雇员和同事作为候选人。

同时将工作岗位招聘需求发布在公司的网站上，以确保求职者可以清楚地了解公司的招聘需求，在与你联系时他们就能表现得信心满满。如果你的公司使用诸如 Greenhouse 或 Lever 之类的求职者跟踪系统，你也可以通过这些工具发布岗位信息。聪明的求职者已经学会了在此类工具上设置提醒，以便及时得到适合自己的岗位信息，因此你也会发现此举可以提高招聘人选命中率。

两周之后，你需要将招聘工作移交给公司人事部门的内部招聘人员；如果他们工作出色，那么现在你收集到的简历数量可以提高到原来的 4～10 倍。同时，你也可以在一些专业团体组织的头脑风暴会议、行业峰会或者其他利用社交媒体建立的在线专家群组上发布公司的招聘需求，这些都可以扩大招聘人选命中率。

如果仍然没找到心仪的人选，你可以在一些低成本的分类网站上做广告，这样会更进一步增加你收到的简历数量。

若上述方法都没有奏效，最后的应急之法就是去找几个猎头帮你。如果他们足够专业，那么你收到的简历数量不会增加太多，但是他们提供的候选人通常都比较适合。找猎头帮忙的代价是要给他们支付一大笔佣金。如果你的组织不差钱但是时间又很紧迫，那么你可以从员工推荐起跳过中间的步骤，直接去找猎头。如果你发现请来的猎头并不能"猎取"到你所需要的候选人，他只是接二连三地给你发送并不合适的简历令你不胜其扰，那你就应当"炒掉"这个猎头。因为对你而言，一寸光阴远胜过一寸金。

3.4.6　招聘小贴士

招聘全职员工时，还要注意以下几点。

首先，由于你最重要的工作是找到合适的人才并且维系好，所以招聘部门和人力资源部门是公司所有部门中最重要的也是最需要紧密联系的。相较于其他部门，招聘部门在你的事业中扮演着举足轻重的角色。请和公司招聘部门的人员友好相处，对他们关心的事情要事无巨细，对他们反馈的信息要郑重其事。

一般情况下，招聘部门的人员很有限。雪上加霜的是，当技术岗位出现空缺的时候，因为 95% 的招聘人员并没有技术根底，所以要让他们充分理解你的岗位需求以及技能要求是非常困难的——他们可能无法真正理解你要寻找的是怎样的人，尽管他们非常善于找人。招聘部门的人员通常要么是些有点儿敏感型 HR，偶尔流露出对外面世界的向往；要么骨子里把自己视为营销人员，发自心底地渴望同事们不要再给自己贴上"HR"的字样。无论是哪种招聘人员，其实与你都是截然不同的两类人。

与这些人交朋友，应当成为你的使命：经常拜访他们，展示出你的善意；给他们带去微笑、咖啡、毛绒玩具或者零食（但注意不要给那些正在节食的招聘人员送零食）；学会用他们能听懂的语言解释你所寻找的人；对他们的孩子嘘寒问暖，对他们的爱好也兴趣盎然；帮助他们搞清楚在哪里能够找到你所寻求的候选人；和他们一起审查简历，并向他们展示简历中那些吸引你注意的词和短语（正面的、负面的都可以）。如果他们向你寻求任何帮助，请用邮件回复他们。如果他们发送简历给你审查，那么请在数小时之内回复，邮件里要带上你的评论，以及依照你的评判标准给出来的有关候选人的评价。千万不要让他们催促你。你应从各个方面支持他们的工作，做他们最好的朋友，真心实意地喜欢他们，这样他们也会喜欢你。

当你没有收到来自他们的任何消息时，绝不要假设他们是在为你而忙碌着，要主动去询问他们进展状况如何，询问有没有需要你帮忙的地方，或者是否需要提供能够帮到他们的其他信息。遵循这些建议，你会成为他们最喜欢的经理之一。

招聘部门的办公地点可能在其他地方，你可以找借口过去闲逛。Schwab 的招聘部门和公司餐厅在同一层楼，所以 Ron 经常利用午餐前后或者午茶时间去自动贩卖机买点儿零食去拜访他们。Ron 在 Razorfish 工作的时候，招聘部门就在他楼上的一个办公室，Ron 和楼上的团队建立了深厚的联系。这样做的效果显而易见，他的招聘需求都得到了应有的关注。

Mickey 的经验是卓有成效地利用合约招聘者。Micky 回忆道："当我在 Brøderbund Software 和 Gracenote 工作的时候，每当我有一堆关键岗位需要填补，我都会通过人力资源部门找来一个合约招聘者专门为这些岗位的招聘工作服务。合约招聘者的佣金很低，或者按照小时收费，这样能极大地减少招聘成本，并且由于他们只专注在关键的岗位上，所以他们的工作成效一直挺高。和程序员一样，合约招聘者遇到他们感兴趣领域的时候，他们的工作热情非常高涨。你可以和这些合约招聘者密切合作，确保他们完全理解你心目中的候选人应该是什么样的，需要掌握哪些关键技能，然后他们就会和招聘经理密切合作，直接提供高质量的候选人，整体提高招聘工作的效率。在 Brøderbund Software 工作时，我们的一位合约招聘者工作十分勤奋，为我们发掘出许多优秀的多媒体人才。他本身就对各类技术非常痴迷，常年潜伏于各大技术论坛和各种兴趣小组里，努力发掘有才能的人。几年前我在 SIGGRAPH 的贸易展销会上又看到他，他正在为英特尔（Intel）招聘 3D 图形专家，仍然执着于自己的使命。他真是一位特别的招聘专家。"

当然，如此使命必达的招聘专家实在是可遇而不可求。但是一旦遇上了，你的生活就会变得更容易，招聘工作几乎也会成为一种乐趣。

除了这些为了获取佣金来帮助你工作的合约招聘者外，还有一类猎头招聘者，不过这类人基本上不适合你的情况。无论这类常驻招聘者是否帮你找到需要的候选人，你都需要付给他们费用。常驻招聘者主要支持高级管理岗位的招聘工作，他们长于营造高级管理者的人脉网络，并从中找到候选人。有时候他们会精于秘密搜寻候选人，从而避免"某个高级职位的人要被替换啦"这样的小道消息传得满城风雨。但对于招聘程序员这个级别的人才来说，你只需要为那些找到了合适的候选人的招聘者付出佣金——往往也只用于应急。

3.5　招聘合同制员工

招聘合同制员工和招聘全职员工的方式完全不一样。

大型公司一般都会有 6～10 个专用于招聘合同制员工的"首选供应商"，按照公司要求，你需要从他们那里招聘合同制员工。其中会有一个或几个供应商被指定为"渠道"供应商；即使你自行找了一位独立顾问想要引入公司，根据公司规定，一般也需要通过这些"渠道"供应商的途径来引入，这些供应商会提供薪资管理服务，向公司收取更多的费用，足够他们在交付税费之后还能赚取提成。

如果你足够幸运，所在公司已经存在"首选供应商"机制并且强制执行，那么除非拥有其他正当理由，否则你再也不会不胜其扰了，再也不会被那些千方百计想要成为你的合同制员工招聘者的招聘代理们烦扰了。不幸的是，你最大的免费午餐和圣诞礼物的来源也随之而逝，这是因为你可能必须得抛下以往那些你一直在培育发展的合同制员工招聘代理，即使他们一直为你提供优质服务，持续不断地为你提供优秀人才（并帮你买午餐）。

如果你的公司还没有所谓"首选供应商"机制，你可以询问其他经理或者同事，看看他们有没有口碑良好的合同制员工招聘代理可以合作。

多花点儿工夫去寻找适合你的"精品"合同制员工招聘代理吧，当你需要出类拔萃的合同制员工时，你完全可以放心让他们去替你找寻。Mickey 说："我在 Gracenote 工作时，找到了一个合同制员工供应商，每当我需要某个'特长'合同制员工的时候，他们总能寻找到合适的人选。他们应当拥有一个分类非常详尽的合同制员工网络，因为他们帮我在西雅图找到过一个合同制员工，在多伦多也找到过，还找到过很多我当时正好需要的湾区本地的特定技能合同制员工。这些技能并不仅仅指程序设计技能，有一些非常奇特，例如有'日语和韩语的形态学文本匹配'（Japanese and Korean Morphological Text Matching）的经验，或者 UPnP 服务器的实现经验（当时这个技术才刚刚兴起），等等。我对他们能够迅速地回应我如此'奇葩'的合同制员工需求而感到惊诧不已。"

不论公司是否存在"首选供应商"机制，都请和一些合同制员工招聘代理保持着良好关系，因为你需要这些人把你的需求视为首要任务——当他们发掘出优秀的候选人时，最先想到就是你。

当然，你自己的人脉圈也是寻找合同制员工的最好资源。LinkedIn 让你的人脉圈时刻保持活跃度。当然它也不能真正替代你多年来精心维护、悉心培育的联系人数据库。

Mickey 不仅使用 LinkedIn 来管理和他联系最紧密的人，还使用了一个地址簿应用程序，这个程序能够存储预设字段，能够存储关键词索引的自由格式数据。他使用这个程序来维护他所有的联系人，包括那些他做梦都不会想到会邀请他进入个人 LinkedIn 圈子的人士。"这个程序一直是我用来加速招聘全职员工和合同制员工流程的秘密武器之一。"

3.6 审查简历

如果幸运顺利完成上面提到的所有招聘工作会，那么有一大批简历会向你涌来。如何从这蜂拥而来的简历中辨别出谁是潜在的"明星"呢？

阅读简历是一种艺术，你需要从别人表达的话语中找到自己的需求，需要读懂言外之意，需要前后关联。你需要在看到简历里的文字时能够想象出候选人经过了何种努力奋斗才写下了这些文字，还要深思熟虑，以清楚地辨析候选人所拥有的经验能否满足公司的岗位需求。

> 大学学历不会给我留下深刻的印象，学历不够光鲜也不会吓到我（看看史蒂夫·乔布斯和比尔·盖茨）。当一个人离开学校的时间足够长，学位就基本没有意义了。经验才是最重要的。
>
> ——Eric Muller，软件架构师、技术副总裁，旧金山湾区

在很短的时间内你就需要做出价值判断：哪些需求才是你真正需要的；一个候选人到底需要在每一项技术上拥有多少经验；他们实际参与开发过多少（以及多大规模的）应用程序才能证明他们真正拥有你所需要的技能。

> 我认为，如果候选人稍微用点儿心思，他会去阅读我们公司的官网，揣摩其中的内容，修改自己的简历和求职信以"投其所好"。而如果我去 LinkedIn 上查看他们的信息，则可以看到他们简历里列明的那些内容的实际情况。
>
> ——Bruce Rosenblum，Inera 首席执行官，Turning Point 前软件
> 开发副总裁

如果你正在寻找的技能需求十分艰深晦涩且稀有罕见，那么可供你选择的范围就会十分狭小。你必须要做出权衡：是要进一步加大你的招聘工作力度，踏破铁鞋也要找到你需要的人才；还是降低期望值，以完善员工培训计划作为替代。另外，请记住：除了培训全职员工弥补其技能缺口之外，可能还会有具备着你所需要的全部技能的合同制员工随时恭候。

> 我希望招聘文笔流畅的人才，因为在我们的工作中，有很多时间都被用来完成电子邮件、文档、计划、规格书、说明书等一系列文案工作。所以，我希望我的团队成员都可以把文档写得条理清晰，尽管这是一项很难掌握的技能。我实际上更希望看到主修英语的人士来从事程序设计工作，而不是主修数学。
>
> ——Douglas Crockford，JSON 的发明者、软件架构师、企业家[1]

---

[1] 被引用在 Peter Seibel, *Coders at Work: Reflections on the Craft of Programming* (Apress, 2009),p. 124。

当你阅读简历的时候，你可以在简历副本上记录要点，突出标注你所看中的技能和工作经历——不要在原件上写写画画，因为其他面试官也希望能够得出他们自己的结论，而不是受到你的意见的干扰。你可以在工作经历的间隙处画上箭头，以便面试的时候提问。圈出拼写错误、语法错误和马虎的格式设计，最终你可能要根据这一点来决定从两个候选人中选择哪一个（显然二者之中更认真、更细致，以至于你都不需要逐字审查的那一个更为优秀）。当你看到候选人频繁更换工作时请注意，如果你要寻找一个长期驻留在团队中的成员，那么你可能需要构想一个问题来了解他为何频繁跳槽。你在阅读简历时可以写下如下问题：

- 在这次成功的项目过程中你扮演了什么角色？
- 在这个项目中，你完成了哪一部分？
- 为什么你在这家公司工作的时间这么短？
- 对公司来说，这份工作的绩效如何？
- 实现这个技术最难的一环是什么？
- 在这个项目中，你使用了哪些技术和工具？
- 你是使用什么语言来编写这个程序的？
- 在这个项目中，你面临的最大挑战是什么？你又是如何解决的？
- 你是如何学会这项新技能的？

我努力寻觅的是那些会自动自发完成很多本职工作以外任务的人士。他们并不桎梏于学校项目或者他们之前的雇主要求他们完成的工作，他们总是充满激情，以完成了某个业余项目为乐事。我关心的是：他们是如何维护业余项目的？他们是否在其中倾注了极大精力，还是浅尝辄止之后很快就放弃了？

——Brad Fitzpatrick，LiveJournal 创始人、SixApart 首席架构师[1]

审查简历是一种技能，刚刚上岗的经理们会发现，如果有人指导他们如何审查简历，那对他们可谓雪中送炭。所以他们到处打听，寻找经验丰富、阅人无数的面试官和招聘经理们。所以，下次招聘时，你要主动询问他们是否愿意提供审查简历方面的帮助。很少有经理会拒绝这份好意，因为即使长于审查简历的人也会感觉到这是一份出力不讨好的工作，一份至为重要又至为烦琐的工作。

本章后面的"工具"部分提供了审查简历时的检查清单，希望能给你带来些许帮助。

3.7 缩小面试范围

如果经济形势不佳，可能会有大批的候选人竞争招聘岗位，数量可能会超过

---

[1] 被引用在 Peter Seibel, *Coders at Work: Reflections on the Craft of Programming* (Apress, 2009),p. 124.

公司的面试能力。同样的事情也会出现在非常热门的公司。

（面试时采用）类似 IQ 之类的测验是非常愚蠢的。

——Dave Wilson，软件架构师，旧金山湾区

缩小面试范围的办法之一是向候选人发送一个程序设计题目。你和你的团队一起讨论出一个程序设计题目，它可以测验出候选人对你们需要的技能的掌握程度。题目最好是有正确答案的，而且要求候选人在合理的时间内完成编码。你应通知候选人将他们的答案（编好的代码）发还给你，或者利用诸如 HackerRank 这类专门为此目的而设计的平台。

测试结果出来之后，你可以仅面试那些提交了正确答案的候选人，以及那些在代码中展现出你所期望的思考力、严谨的态度以及优秀的文档写作能力的候选人。

一项可供选择的建议是利用 WebEx 这类实时通信软件，或者 typewith.me、sync.in 这类网站来实施现场程序设计测试。这样，作为面试官，你可以直接远程地看到候选人的一举一动。如果你的团队采用了结对编程的开发模式，那就让团队中的一名成员与候选人结对完成测试题目。这样，在通知他们进行面对面的面试之前，你可以提前在虚拟的面试现场对候选人有一个直观的感受。

对我们来说，缩小面试范围的终极手段其实很简单：仔细筛选。

3.8 准备面试

一旦你有了看起来可能还不错的候选人，就可以准备面试了。

第一次面试应当是电话面试，目的还是筛选。通过电话面试，你将得到以下信息：

- 候选人是否仍然对这个职位感兴趣；
- 候选人是否还在面试其他公司（那些公司面试的时间安排是怎样的，候选人是否已经拿到录用通知，是否正在认真地考虑他们的邀请，何时必须做出决定）；
- 候选人心仪的工作是怎样的；
- 候选人精通的领域有哪些；
- 候选人对薪酬的期待是怎样的；
- 候选人为何寻找一份新的工作；
- 候选人何时能够开始为你工作；
- 如果公司要求必须在办公室工作，候选人是否愿意每天在住所与公司之间往返通勤。

向候选人详细询问他们以前做过的项目的相关信息，这样可以让你精准判断他们的简历是否言过其实。从他们提到的成功项目中挑选一两个出来"打破砂锅问到底"，借此来确认他们是否真的拥有你所需要的技能。

那些自命不凡的人，我不会聘用他们。曾经，有一位候选人告诉我，他每周只需要工作两天，因为在这 16 个小时内他就能完成其他人 40 个小时才能完成的事情。哦，你不用来了，谢谢。

——Bruce Rosenblum

对于任何高度专业化的技术岗位，你可能需要选择一位技术精湛的团队成员来进行第二次筛选，以检验候选人是否拥有他们声称的专业技能。

一旦你确认候选人确实可以信赖，也就是说他们符合你所有的要求，那么下一步可以着手组织一支面试团队，对第一轮面试中表现最好的 2～3 位候选人再进行一轮或多轮的面试。此项工作可以由你的团队、其他同事甚至你的老板来主持。

此时，你已经提前准备好了岗位描述（就像我们在图 3.1 中展示的那样），也已经定义了所有可用来衡量与比较各个候选人是否合格的标准。面试中，最关键的工作是需要记录每一位候选人对于每一项标准的测试结果是否合格，还要跟踪记录每一位候选人整体的能力与表现，以及与其他候选人对比的结果。很久以前，Mickey 就设计出了表 3-1 所示的电子表格来帮助他记录所有这些信息。你可以将你的要求和标准填入类似的表格里，并利用此表格来跟踪记录候选人在面试中的各项表现。

表 3-1　程序员面试记录表

主任程序员面试提纲	Bill Smith	Cathy Llu	Arnold Lai	Lucy Miller	Andy Jones
收到简历					
电话筛选					
第一轮面试					
按时到达、早到还是迟到？					
第二轮面试					
按时到达、早到还是迟到？					
学士学历（可选）					
至少 8 年程序设计经验					
第一个程序的编写时间（年份、语言）					
第一个专业程序的编写时间					
有哪些程序设计语言的经验					
有哪些数据库经验					
至少 3 年 .Net 程序设计经验					
第一个 .Net 程序的编写时间					
最近一次使用 .Net 是在什么时候					
至少 3 年 SQL Server 使用经验					

主任程序员面试提纲	Bill Smith	Cathy Llu	Arnold Lai	Lucy Miller	Andy Jones
第一个 SQL Server 程序的编写时间					
最近一次使用 SQL Server 是在什么时候，使用的是哪个版本					
Web 应用架构和设计技能					
分析和改进可扩展性与性能的能力					
扩展高流量、高信息量的 Web 应用的经验					
是行动迅速、高效可靠的程序员吗					
代码重构方面的技能					
开发和工程的最佳实践经验					
带领和指导其他开发者的经验					
可以高效地沟通工程的设计					
倾听					
评价他人的设计					
文档写作能力					
对用户体验的理解/知觉/设计感					
无形的特质					
精力					
灵活性					
自我主导能力					
聪明					
表达清晰					
热情					
融入团队					
在本公司工作的总体意愿					
算法设计、编码和设计权衡的经验					
搜索/信息检索					
分析、数据仓库以及商业智能					
信息可视化					
Web 服务					
是否需要追加寄来一封感谢邮件					

在面试开始之前，你需要制订一个策略计划，以决定面试官团队中由谁来负责测试哪些技能和素质；以及当候选人各方面的综合素质都挺不错时，将由谁来

帮助你说服候选人加入本公司（这对大家都有好处）。

整个面试官团队可能包括以下成员：

- 你自己；
- 人力资源部门/招聘部门的同事；
- 团队中担当技术负责人（Technical Leader，TL）的程序员；
- 相关团队中的将来会与新招聘来的程序员有工作交集的人员；
- 你的用户界面设计师；
- 产品经理；
- 项目经理；
- 另外一个或两个开发经理（尤其是在你对招聘工作还不太熟练的时候，其他经理的观察和反馈可以帮助你明白面试时需要了解什么，以及如何了解）；
- 其他和这个职位的程序会有协作关系的人员，如需求提出人员、产品与技术支持人员等；
- 你的领导（甚至是你领导的领导）。

Ron 在一家公司工作的时候，其 CEO 对每一个 Ron 认为可以提供录用通知的候选人都要再面试一次（只要 CEO 的旅行计划或其他事件不影响招聘的进程）。这位 CEO 的目的是认识公司的每个人，所以希望能先行接触到新进员工，认为这样形式的"接触测试"可以帮助他建立自己对招聘经理的信心，而当遇到高潜质的、多家公司都在争抢的开发人员时，他也会牺牲自己的宝贵时间施以援手，帮助招聘经理来争抢这些开发人员。

与之截然相反，Ron 在职业生涯早期曾在另一家更大规模的公司里工作，Ron 的领导（处于公司中层）赋予他全权处理招聘工作的权利，Ron 的领导并不参与任何候选人的面试。而第三家公司的作风是，不单是 Ron 的领导，甚至他领导的领导都要求被排在面试官的行列之中。你的领导可能也有类似习惯，如果他们也想加入面试官的行列，那么他们往往希望排在最后一次再去面试，因为他们中的大部分人只是想见见那些入围者。

Mickey 和 Ron 都希望面试官的人数越多越好。在招聘全职员工的时候，Ron 通常会挑选由 4～5 名面试官组成的两支团队来分别完成首轮和次轮的一对一面试，面试时间为 45～60 分钟。请在面试之前了解你的面试官对于面试时长的喜好。有些人和 Ron 的习惯类似，希望和候选人能待上一小时，不论候选人应聘的岗位是他自己的或是别的经理的；另外的一些人习惯于 30 分钟的面试，哪怕超过 5 分钟也会让他们感到不舒服。

程序员才是面试官中的关键人物。未来和新人组成团队共事的是他们，没有人比他们更懂得团队需要哪些技能与经验。但程序员的面试经验往往也是最少的，所以你需要花时间和程序员面试官一起讨论团队候选人需要给团队带来哪些技术能力，需要具备怎样的合作技巧；然后再一起制订面试时的问题列表，这样可以让候选人的能力更好地发挥出来。

　　面试官团队的每一位成员都应被安排有不同的关注点：有的面试官聚焦于候选人是否具备团队所需的各种技能；有的面试官则关注候选人分析问题和解决问题的能力，或者沟通技巧和人际交往能力；有的面试官则要对候选人简历上的疑点和疏漏保持警醒。你一定要安排面试官向候选人提出技术问题，就是那种只能用技术语言回答的问题。你可以按照候选人的每一段项目经历和在不同公司工作的经历给面试官分配关注点，这样可以确保候选人的每一段经历至少被一位面试官深入钻研；也可以按照候选人所需具备的各项资质来分配关注点，这样可以确保每一项资质要求都被至少一位面试官仔细测试过，避免每一位面试官都在问着相同问题的尴尬局面。面试官团队内部可以使用 wiki 或者其他类似的在线协作工具，让每一位面试官来认领他们最擅长或者最有兴趣的关注点。

　　精心完成上面所有工作，确保每一位面试官都准备就绪。许多公司的面试官都是在候选人走进面试会议室之前 5 分钟才阅读到候选人简历的，还有的公司的面试官甚至是在走向前台接领候选人的过程中才看到简历的。这些栖栖惶惶在仓促之际进行面试的结果不言而喻。要想面试成果累累，那就一定要精心策划、充分准备。要确保整个面试官团队都明确知悉本次招聘的需求，知道新人一旦加入将会与谁共事，以及他们会接受怎样的仕务；确保每一位面试官都对自己所要询问的细节问题了然于胸，能够利用简历上的描述引导出更深层次的问题以触及候选人的经验和背景。很少有公司会给员工做如何成为面试官的培训，然而招聘不适当的员工所产生的损失远远超过培训所花费的时间和精力。

　　在招聘程序员的时候，面试官必须要弄清楚他们的程序设计实力，要让候选人在回答问题的过程中充分展现他对程序设计的全面理解，要求他们现场完成一些程序设计和编写代码的任务。

　　最近我经历了两个足以令人引以为戒的案例，让我充分意识到要求程序员候选人在现场编写程序是多么重要。在这两个案例中，我们所遇到的候选人都被评估为 A 或者 A+ 级别，与我们寻求的目标十分匹配。他们的经验非常合适，简历中所罗列的技能也正好符合岗位要求，并且看起来人际交往能力也很不错，整体感觉是温文尔雅而又才华横溢的人才。但在接下来当我们出于惯例要求他们现场编写代码时，结果只能用"车灯下突然出现的野鹿"来形容，令人大跌眼镜。两人的表现都惨不忍睹。这简直让人难以置信，他们的代码写得如此之差，轰动了整个部门，引发了多次关于"这样的事情怎么可能发生"的讨论。我们从中得到的教训就是，一定要要求候选人现场编写代码并回答有关编码的问题，这一点不容置疑。

　　　　　　　　　　　　　　　　　　——Steve Johnson，研发副总裁

鼓励候选人带来他们的项目成果——他们以前撰写的能够展示自己实力的文档、设计或者作品的样例，或者是存放在笔记本电脑或者网络上的演示样例。

> 我一般会请候选人展示一段他最引以为豪的代码，并向我们做出讲解。这样做是为了判断他的表达能力，也就是他有效沟通的能力，这是我在招聘中最看重的技能之一。
>
> ——Douglas Crockford[1]

> 请候选人带上他们编写的源代码来参加面试。查看他们的代码，你就会知道他们是否优秀。接着要求候选人展示一个他所编写的应用程序，评估一下这个应用程序的用户体验如何。
>
> ——Dave Wilson

这么做有时候会收到意想不到的奇效。Ron 招聘到的最年轻的员工是在苹果公司，那是一个刚刚高中毕业的实习生。Ron 通过一个关联人士了解到这位年轻人能力出众，但 Ron 并不确定他的团队能否接受一个高中生。结果那位年轻的程序员带来了他的自动随机点裸眼三维立体式图[2]的样例；乍一看，图中似乎只是随机的点，但他已经充分了解了在图像中隐藏 3D 场景的技术，而且他找到了如何对程序进行反编译以创建它们的方法。当 Ron 看着他的团队成员们也睁着眼仔细观看团队墙上贴着的样例图，试图找出其中的三维场景时，他知道自己找到了一个合适的人选。

> 在面试时进行半个小时的结对编程，可以节省所有人的时间。
>
> ——David Vydra，持续交付的倡导者、TestDriven 的软件匠人

当你组织了一场半天或者一天的面试时，你需要计划好由谁来第一个迎接候选人，又由谁来送他们离开。作为招聘经理，你自己就非常适合扮演其中至少一个角色。如果担当终结者的角色，你可以趁机询问候选人对你们公司和团队的感受，并借此机会纠正他们的误解，让候选人带着对你们的正面印象离开。

Ron 也尝试过让其他值得信赖的面试官承担终结者的角色，并且要求他们如果觉得这个候选人不合适，就立马汇报。如果已经可以确认候选人并不合适，那就没有必要继续浪费候选人或者团队的时间了。

---

[1] 被引用在 Peter Seibel, *Coders at Work: Reflections on the Craft of Programming* (Apress, 2009), p. 129。

[2] 20 世纪 60 年代初期，朱列兹在美国贝尔实验室创造了用计算机产生随机点立体图（random-dot stereogram）的方法。这是一对完全由黑白点子组成的图形，看起来杂乱无章。但人们用立体镜观察时，即用左眼看左图，右眼看右图，就会看到由这些点子组成的一个正方形小方块从背景上浮现出来（图形凸起）或沉于背景之下（图形凹陷）。这种立体感知是在两张原本相同的随机点图对中，因为位置不同，即它们存在双眼视差而产生的。当用立体镜观察时，双眼视差信息由眼睛传入大脑，经过大脑的加工处理就产生了深度感知。此处原文 random-dot wall-eyed auto-stereograms 指的是它的升级版，即不需要立体镜、裸眼即可产生 3D 效果。——译者注

如果可能，带着候选人和你的团队（至少是部分成员）一起共进午餐。在这个过程中你能看到候选人与团队之间的交流互动，这对于判定候选人是否拥有充分的团队协作能力简直是无价的。

Mark Himelstein 是旧金山湾区的一位工程部代理副总裁，他要求他的面试官团队在准备面试时一定要讨论清楚以下 3 条内容：

- 我们为什么要招聘这个岗位；
- 面试中需要涉及的问题和领域（确保有人涉及基本问题）；
- 如何一致而又协调地宣传本公司。

关于如何宣传本公司，他说道："我采用角色扮演的方式培训开发者如何一致而又协调地宣传公司。我们先商量好每个人需要宣传公司的某一点，接着他们以这一点为主题向另一位同事做一个 120 秒的宣讲，展示公司在这个主题方面的优势。我会让团队提供批评和建议来帮助每个人改善宣讲效果。"

最后，为每一位候选人准备一张面试安排表，包括每一轮面试的时间、面试官及其职位，以及面试官的电子邮件地址（如果候选人想跟进）。接待人员不能把这份面试安排表往候选人面前一丢就完了，而是需要向候选人口头介绍整个面试流程和面试官，这样能够让候选人卸下心理负担，变得轻松自在，你也就能更专注地判断他是否合适。

面试相关示例请参考本章最后的"工具"部分。

3.9　面试

一定要记笔记！在面试开始之前，你一定要先做好记录准备。说出来这确实令人有些诧异，但是当一次要面试一批候选人的时候，你的记忆往往会混杂起来，如果没有记笔记，你很难将他们区分开。

在面试开始之前，花时间准备好你的问题，把它们写下来，带着问题进到面试房间里。

先与候选人做一个眼神交流（还要确保候选人敢于和你进行眼神交流）。记录下候选人肢体语言交流的表现——他们的举止如何；他们是否守时，是早到还是迟到；面试结束之后他们是否会道谢。还要记录你的团队成员、同事以及领导是如何评价候选人的。

同时也要切忌忙于记录候选人所说的内容而忘记去注意他是什么样的人。

Ron 在长期的招聘经历中养成了一个习惯：绝对不在一个没有白板的房间中进行面试。他期待候选人有意愿（甚至是渴望）站起来用白板来展示在之前的公司里他们如何面对遇到的问题，或者解释一下他们之前参与过的某些项目的架构设计，或者他们是怎样面对当前公司正在发生的问题的。这种方法可以有效分辨谁喜欢夸夸其谈，而谁又笃信躬行实践。

　　我喜欢和候选人讨论有关设计模式的问题，例如你会怎样设计一个类似纸牌游戏的程序。候选人应当能够确定所有对象的组成。例如，在 21 点游戏中需要处理的对象主要有纸牌、手和玩家，候选人应能够确定这些对象的属性及其相互关系：什么时候使用继承，什么时候使用继承与从属关系。正确答案可能不止一个，但解决的方案应当可行。在面试中，我通常愿意给出答案和指导，这样的面试看起来就不是单纯在习难了，而更像是一种对话交流。这样做的目的是了解我们能在多大程度上一起共事。

　　　　　　　　　　——Paul Ossenbruggen，人力资源资深教练

在面试中你需要为下列问题寻求答案：

* 上一份工作中哪些方面是你最喜欢的？
* 你的同事和领导怎么样？
* 请告诉我一些你和上司意见不一致的事情。
* 是什么原因促使你离开上一家公司？
* 又是什么原因吸引你来我们公司？
* 你为什么现在想要换工作？
* 对于新的工作你的期望是什么？

学会询问开放式的问题，也就是候选人不能够简单地以"是"或者"否"来回答的问题，例如：

* 告诉我关于……
* 你是如何成功做到……
* 你在……中扮演了怎样的角色？
* 如果你在那个项目中担当开发人员负责人的角色，你会有怎样不同的做法？
* 你最喜欢的最佳实践有哪些？
* 你最厉害的技术强项是哪些？
* 你最厉害的非技术强项是哪些？
* 如果把程序设计的基础想象成一个三角形，3 个顶点分别表示设计、编码和调试，那么，你最愿意花时间去钻研哪一个？
* 假设你身处于一个杠杆上，杠杆的一端是开发出艰难晦涩的算法，杠杆的另一端是开发出用户喜闻乐见的 UI 界面，请问你会把自己放在杠杆的哪个位置上？
* 想象出一条直线，其一端是领导力，另一端是自组织的团队管理方式，即所有的管理权限都由全员共享，团队中没有谁拥有"领导"的头衔。你觉得你会把自己放在这条直线上的哪个位置上？
* 你的经理如何评价你？
* 你对于寻求他人帮助是否会感到不好意思？

- 假设你身处于一个杠杆上，杠杆的一端是高度结构化的组织，即你所有的任务都要明确列出；杠杆的另一端是极端的自助化，即你必须常常在信息不全的情况下自行做出判断。你会把自己放在杠杆的哪个位置上？
- 你希望如何被管理？

下面是一些具体问题的例子：

- 回想一下以往出现过的无法在截止期限之前完成任务的情形，你是如何应对的？
- 以往的项目中，你遇到过的最有意思的问题是什么？你是如何解决的？
- 告诉我，在以前当你……
- 请给我一个可以展示你的管理风格的例子。
- 花一分钟思考你在工作中遇到很大压力的情形，并告诉我其中最大的一个。你是如何应对的？
- 你有没有遇到过需要构思一个新的解决方案的项目？告诉我当时的情形，以及你做出来的方案。
- 告诉我你曾经扮演过某种角色来帮助团队采纳某项最佳实践的例子。
- 描述一下你表现出非凡的主动性的情形。
- 你是否会同用户界面设计师（或者产品经理、商业分析师……）一起将用户需求转换成技术需求？请告诉我当时你们是怎么合作的。
- 告诉我你的经理对你或你在团队中的角色表现出愤怒的例子。你是怎么回应的？
- 回忆一下你参与过的团队，告诉我你体验最好的一次团队工作经历。是哪方面的原因促使你对那次的经历如此难忘？
- 当分配给你的任务太繁重以至于你无法应付的时候，你是怎么做的？当遇到这种情况时，你发现还要有新的任务陆续派发给你，请问你该怎么做？
- 告诉我你成功说服经理或团队采用你的方案的一次经历。
- 需要在一大群观众面前做正式演示时，你是如何应对的？告诉我你当时的感受。如果是一小队观众呢？
- 你曾经在毫无技术背景的观众面前演示过技术解决方案吗？演示的效果如何？
- 谈谈你提倡构建更好的用户体验的一次经历。
- 描述一次你需要放弃全部代码、从头开始设计并重新编码的情况。

当我不再是一名全职开发人员，当我的技能已经有些生疏的时候，如果此时让我去面试候选人，我会把重心放在基本概念上。如果连基本概念都能够难倒他们，那他们就彻底没有希望了。

——Eric Muller

想方设法地让候选人给出更多的细节。比如在简历所描述的项目中，他们扮演了什么样的角色？他们声称的那些成就是如何取得的？询问他们完成取得成就的过程中克服的最大困难，并让他们详细讲述自己的解决方案。

> 我总是发现，让候选人详细谈论他们做过的项目能够带来最精准的信息：他们的沟通是否顺畅，他们在项目过程中实际扮演了什么角色，他们能否把握全局，他们是否真正理解技术细节……
>
> ——Mark Himelstein

回忆一个曾经困扰你管理过的团队的问题，并让候选人提出解决的方案或建议。

但注意不要问封闭性的问题，尽量要问开放性的问题，给候选人足够的空间让他们可以即兴发挥。

Ron 习惯于把问题写下来，这么做的目的不仅在于可以了解候选人知道些什么，也不仅在于可以了解候选人的想法，更关键的是可以让他有机会从每一位他面试过的候选人那里学到一些东西，无论候选人曾经从事怎样的工作。"我们之所以面试这些候选人，是因为我们认为他们可以为公司带来一些收益。我的态度是弄清楚他们都知道哪些我还无从知晓的内容，并开始向他们学习。有些内容是有关技术的，有些内容是了解其他公司或经理应对挑战的方法。在开展校园招聘的时候，我们还能了解到计算机科学专业的教学现状。"

> 通过一个小时的面试，如果我还无法从一个候选人身上得到有用的信息，那基本上可以确定我会拒绝聘用他。

另外，你也可能想询问一些有关通勤或薪酬方面的关键问题。具体问题如下：

- 每天上下班从你居住的地方到我们办公室，你感觉如何？
- 你能接受怎样的出差频率（和我预见到的工作需要的出差频率相适应否）？
- 你期望的薪酬是多少？

3.10　做出决定雇用一位候选人

每一轮面试完成后，你都应当及时获取反馈。不幸的是，从我们的经验看，你很可能需要提醒（甚至是催促）你的面试官让他们向你提供反馈信息。你应当在当天，最晚第二天就去获取反馈信息，因为这时候有关面试信息的记忆还是新鲜的，并且如果你喜欢候选人，那么可以立刻采取行动，不管是通知候选人进行下一轮面试还是直接发出录用通知。

听取面试小组的集中汇报很关键：对于你来说，这是一个理解面试小组观点的机会；对于面试小组的每一位成员来说，这也是了解其他面试官对候选人不同看法的机会，有助于增强自己的面试技能。

——Phac Le Tuan，工程副总裁兼 CEO，硅谷

让你的团队去寻找候选人的一些特定指标，以及他的一些值得你警惕的表现。例如，候选人使用过很多种程序设计语言就是一个加分项。一项简单易行的经验法则是，一个程序员会的程序设计语言越多，他就越优秀。另一方面，值得警惕的表现一般包括：候选人面试时迟到，在面试中接电话，从来不尝试与面试官进行眼神交流，对之前的公司和经理提出尖锐的批评，来面试的时候对你的公司或者公司的产品一无所知，不能解释之前工作中的某一项设计机制，对你招聘的工作岗位没有表现出丝毫兴趣，没有与你分享任何让他从中有所启发的知识，面试结束之后没有跟进发一封致谢的电子邮件或留言等。

候选人的技能不仅需要满足当前的岗位需求，而且还要能在未来的岁月里持续给公司带来贡献。所以你要确保招聘来的不是一个只适合当前短期任务的程序员，否则当这个任务结束之后，他会给你带来长期的困扰，这样的困扰只能通过培训或者终止合同来解决。

谨慎权衡每个面试官反馈回来的信息。有些面试官的反馈更有价值，这是因为他们通晓技术层面的需求，或者是因为他们拥有良好的招聘直觉，还有可能因为其他各种原因。在听取反馈之前，请先考虑好不同面试官反馈的权重。

如果你有些犹豫不决，那就不要聘用他。

——Steve Burbeck，历任苹果公司、IBM、一家小批发公司、两家创业公司和一个非营利研究机构的管理者

你可以很轻易地拒绝一位不合适的候选人，但你却很难做出聘用某个人的决定。一定要让面试官团队充分意识到聘用的决定是你个人做出来的（实际上，很可能是你和你的领导以及人力资源部门商量出来的），它并非一项共识。

我们时常会遇到这种情况：你确信一位候选人是非常适合的人选，并且团队中所有的面试官都同意，仅一个人除外——这个人坚持己见，认为招聘这位候选人是一个错误的决定。你需要仔细倾听他的反馈，有可能他的反馈一针见血，但也有可能他和你的判断标准并不一致。如果你明确表示是在听取建议（而不是寻求共识），并且拿出所有的求证式倾听技巧，让他感受到意见被听取了，那么最后根据其他良好的反馈，你还是有足够的理由做出招聘的决策。但另一方面，若是那个面试官，或者整个面试官团队潜意识里都以为这次招聘的决策应该由团队一致决定，那么你绝不可能从僵局中轻松解脱出来，很可能不只是那个提出反对意

见的面试官，而是整个团队都没法保持好心情。

召集所有的面试官开一个短会是很有作用的，讨论能激发那些滞留在潜意识里的"啊哈！对了！"的想法。但是这种会议形式容易给面试官传达出他们有更多的决策权力的印象，并且在会议中公开讨论每个面试官的反馈，会让他们更难接受由你做出决定的做法。所以 Ron 现在更倾向于通过面对面交流、电子邮件或者电话等方式单独获取每个面试官的反馈。

你不仅需要学会从其他面试官那里听取意见，而且还要相信自己对所听所见的直觉。Ron 曾经在一家公司里被他的团队说服招聘了一位候选人，而他自己内心对此表达的都是"不"。由于各种错误，招聘那位候选人加入了团队，而最终她的表现十分平庸。虽然她也为项目做出了一些有用的贡献，但一直没能和团队的其他成员融洽相处，当公司情况转忧时，她就被放在了裁员列表的最前面。

Ron 在苹果公司做出了他职业生涯中的第一个招聘决策。当时苹果公司面试和招聘的节奏都有些急于求成，所以苹果公司的 CEO John Sculley 专门召集所有的经理，敦促他们要更加谨慎地招聘。至今 Ron 对此记忆犹新——Sculley 语重心长地告诫每一位经理道："请招聘那些你愿意与之并排而坐、荣辱与共的人，从明天直到明年。"

不同的组织机构都有不同的招聘惯例和风格。Steve Jobs 在 NeXT 招聘技术岗位人才的时候，要求全体面试官只有达成一致共识才能做出招聘某人的决定，即除非面试过某位候选人的所有面试官都在"赞成或反对"选项里选择"赞成"，否则他就会被刷掉。这项举措使得面试的强度无形中增大了许多，那些最终通过层层选拔筛选出来的候选人都经历了长达数小时艰苦卓绝的面试过程，包括程序设计测试、一对五面试等。这项举措最终确实造就了一支极富才华的聪明睿智的团队——但是并不怎么包容开放。所以，在招聘开始之前，一定要弄清楚你所在公司的招聘文化。

为帮助你理解其他的招聘文化，我们建议你调研一些顶级技术公司的情况，以了解他们是如何工作的。你可以尝试在 Google 上搜索"interviewing at"关键词，你会搜索到好几个不同公司的面试特点。你可以在网上轻松地搜索到一些很有意思的有关招聘过程的故事，但不要强迫自己去复制他们的做法，而应该只从故事中学习他们好的地方，警惕不好的地方，从而帮助你塑造适合自己所在公司的招聘文化。

一定要给证明人打电话。

候选人一旦确定，就需要做背景调查。你需要请候选人给你提供若干证明人的电话号码，以便你打电话进行背景调查。候选人需要至少提供两位前同事以及两位前经理的联系方式，包括电话号码和邮件地址。如果你招聘的岗位是经理级别的，那还需要增加两位前团队成员的联系方式。从每种类型的证明人中至少选择一个，打电话过去询问候选人的情况。

一般，候选人只会列出那些赞扬和推荐他们的同事。所以，除了候选人自己提供的证明人之外，你还需要添加自己的"备用渠道"证明人。你需要寻找一些随机的其他证明人，他们可以证实候选人的背景，同时也能完善你对候选人的认识。你认识的人中，有谁可能与候选人同时期在某家公司里共事过，或者询问你同事的同事。当前，最有效的捷径是到 LinkedIn 上搜索和查找与候选人共事过的人，看看是否有你认识的。

> 永远不要满足于只和候选人提供的证明人相谈。如果他们是候选人的朋友，往往不会提及他的缺点，但其实每个人都有缺点。寻找一个独立的来源——你认识的和候选人共事过或者曾经管理过他的人。
>
> ——Dave Curbow，思科用户体验架构师

人力资源部门可能会帮你做好背景调查，但是你也应当至少实施 2~3 次背景调查。在介绍完自己之后，你可以先询问证明人是何时以及如何与候选人共事的。

和面试问题类似，最好的背景调查问题也应当是开放式的，你需要知道候选人做了哪些工作，他的技能水平、团队合作能力、工作习惯、主动性、执行力、坚韧性、可靠性、是否需要监督才能完成任务，以及他的学习能力、强项与弱项，他的价值观和伦理观，等等。你可以询问具体的事例，想办法让证明人用描述式的语言，以生动形象的方式展示候选人的全貌；询问你和面试官们标记出的那些警示信息；询问他们如果在自己团队中进行排名，候选人会排在什么位置；描述你正在招聘的岗位要求，询问证明人是否觉得候选人能够胜任；询问以往的管理者是否会再次招聘这位候选人；询问以往的同事们是否乐意与候选人再度共事。

我们建议你使用证明人检查清单，我们在本章的"工具"部分提供了样例。

3.11　给候选人发出恰如其分的录用通知

给候选人发录用通知的第一条要求是保证其时效性。每过一天，候选人都会多一些发现其他组织、参加面试甚至被其他组织录用的机会。在网络招聘盛行的年代，每浪费 1 个小时都存在着风险。

不要太着急做出决定，一旦决定了就要行动迅速。

应该怎样保证发出恰如其分的录用通知呢？这源自招聘过程中我们询问的那个面试问题：你期望的薪酬是多少？

即使你居住的地方认定向候选人索问上一份工作的薪酬是合法的（目前，越来越多的地方认定此种行为非法），这类信息的可用性也不值一提。过去的薪水既不代表你和你的团队目前的价值，也不代表市场的期望。

在下列情况下，候选人上一份工作的薪酬可能偏高了：

- 在网络公司热潮的顶峰，为了吸引顶级程序员，各大公司曾不惜开出顶级工资。当泡沫破裂之后几个月再回头去看，那时的薪酬标准实在是不可思议。

在下列情况下，候选人上一份工作的薪酬可能远低于市场行情：

- 一位在互联网热潮之前受雇的程序员可能还没有来得及涨薪，那么他的薪酬和互联网热潮之时入职的程序员的薪酬简直无法同日而语；
- 对一位在挣扎在死亡线上的创业公司工作的程序员而言，他可能几年都没有涨薪了；
- 一位女性或者少数族裔程序员，可能遭受了一段时间甚至是很长一段时间的待遇歧视。

> 薪酬缩水是行业内不争的事实，但不要因此错过合适的候选人。
>
> ——Mark Himelstein

大部分候选人都知道他们上一份工作的薪酬与市场行情的比较：在互联网大潮退去的时候，他们的薪酬预期可能会低于上一份工作；在上一份工作的薪酬可能远低于市场行情的情况下，他们的预期薪酬理所当然会远高于上一家公司支付给他们的薪酬。

招聘工作甫一开始，你就应该做好心理准备：你将为这个岗位开出怎样的薪酬范围。当你向候选人询问他们的期望时，也请做好心理准备：候选人的薪酬预期是多少时才是符合你的期望的。换句话说，你对这个问题的答案得有所预期。

你收到的答复可能会超出你打算支付的工资标准，或者，你在告诉候选人你们所能提供的薪酬范围时，候选人会告诉你他的期望更高。这时你应该表现得非常坦诚："我们的基本工资确实没有那么高。我们可以提供期权、奖金机会、特别补助等，但是没法提供那么高的基本工资。"如果你在这么说之后遭到候选人的拒绝，那么你将为面试官团队节省大量的时间，也省却了很多麻烦，避免了各种虚情假意，并给自己节约了一些时间，以用于寻找其他候选人。但是请注意，虽然偶尔也确实会遇到一个对自我认知有些膨胀的候选人，但在更多的情况下这是一个信号——如果你的薪酬范围遭到候选人断然拒绝，这可能说明你正在面试的这位候选人的综合素质远超过了你的需求。另一方面，这也可能是另一种信号，表明当前的市场行情发生了你不知道的变化。如果实际情况是后者，那么接下来你会发现后面的候选人提出的薪酬预期都挺高。这时，你可能会因为失去了第一位候选人而感到懊恼不已。

薪酬并不仅仅只是一个工资数额，而应该是一个完整的薪酬包。有的候选人不愿意降低他们的基本工资，哪怕你提供了丰厚的薪酬组合——高额的期权、诱人的奖金数额，或者其他罕见的特殊福利；有些候选人则很看重这些。如果你非常期待能将候选人延揽至旗下，那就要竭尽全力突出介绍你的公司、职位、团队以及薪酬包的优势。

　　每个程序员的内心动力都不一样。

　　如果候选人不愿意告诉你他们的薪酬预期，那你可以多给他们一些时间让他们考虑考虑。在面试时，你可以先把这个话题放一放，如果之后你觉得有兴趣将他们招致旗下，届时再询问不迟。如果没有等一等再说，那你可能会直接提出一个并不恰当的录用通知——不是太低就是太高，最终也会让你自己很烦恼。不论过高还是过低，如果再要去修改，使其变成一份恰如其分的录用通知，那你就会很被动。在进展到招聘流程的下一个步骤之前，你要确保让那些慎言的候选人明确表达出他们对的预期薪酬，然后再行判断他们的预期是否是可以接受的。

　　一旦你知晓了他们的薪酬预期，而且他们的薪酬预期正好在你可以接受的范围内，并且各位面试官和证明人的反馈都让你认定可以招聘他们，这时候你就需要思考一个具体的数字，也就是薪酬包了。如果候选人的薪酬预期比较低，你可能会忍不住给他开出一个较低的薪酬。我们认为，你会为这样的决定后悔。

　　我们的建议是，你开出的薪酬数额应当和市场行情保持一致。大家最不想看到的事情大概就是：候选人（这时已经是新员工了）初来公司，发现有很多（甚至是大部分）同事的工资都高出他一大截，于是他不惜愤而离开，继续寻找新工作。如果可能，你可以向公司人力资源部门求助，和他们比对你的薪酬目标是否符合类似Radford Serveys[1]这样的业界工资调查服务的结果。Radford 和其他类似公司提供的服务，能够让你的公司与其他类似档次的公司做一个定量的比较。这样做，可以帮助你确定自己所开出的工资对于候选人来说是具备行业内的竞争力的。此项调查还能够在你想要招聘一位超过岗位薪酬预算的候选人的时候，帮你说服管理层。

　　我们建议，你开出的薪酬数额还应当与团队以及公司中现有的类似岗位的程序员的工资具有可比性。尽管你竭尽所能地告诫团队成员，要对他们的薪酬数额保持缄默，但是迟早所有人都会知道其他人的薪酬。那时候，不平等的待遇就会招致挑剔、埋怨乃至厌恶的情绪，最终导致你手下最好的员工集体"大逃亡"。

　　我宁愿多发巨额奖金，也不愿意超量发放工资。

　　　　　　　　　　　　　　　　　　　——Mark Himelstein

　　然而，有时候你不得不招入一位程序员，他的薪酬会从整体上打破团队内部的薪酬水平。虽然这么做很令人厌恶，但你仍然可能坚持这项选择，因为你非常需要那位程序员；或者，这说明团队的程序员员工薪酬水平已经普遍低于市场水平了。通过引入一个超过内部平均工资水准的员工，你就有了说服人力资源部门

① Radford 是薪酬情报领域的市场领导者。

和管理层给现有团队成员中表现最好的那些人提高工资的机会。这样的策略比较痛苦，但是有时候为了满足短期的招聘需求，这是必需的。

在一种特殊情况下，团队薪酬水平不均衡并不是多大的问题，那就是团队的成员分散于各地。因为在很多情况下，薪酬是基于不同地域的员工市场价格与当地消费水平而定的。

在某些情况下，你可能会发现：管理层或者人力资源部门强迫你给团队引入短期的合同制员工，这样做给你带来了巨大的挑战，特别是在牵涉薪酬问题的时候。合同制员工的时薪几乎总是会高于全职员工的时薪水平，甚至经常会高于薪酬和各项福利的总和。而且如果合同制员工找到某种办法让他们可以从其他途径获得医疗保险等福利（例如他们配偶的雇主给予的福利），那么这一类福利对他们而言也就没有那么大的吸引力了，将他们转化成为全职员工基本也就不可能了。此外，合同制员工的使用也经常会涉及公司层面的政策问题，税收和法律方面的问题也不可掉以轻心——通常，你只能与合同制员工签订一个固定期限的短期合同（例如 6 个月至 1 年），然后他们必须离开半年左右才有机会再次恢复合同制员工的合法身份。如果他们喜欢你、喜欢你的团队和这份工作，那么到时候他们也就会愿意和你商讨转为全职员工的可能性。

Ron 曾经遇到过一位合同制员工，这位员工希望得到高过公司内其他同级别程序员 10 000 美元的工资。而根据公司薪资体系的规定，他必须具有下一个更高程序员级别的资质才能获得如此数额的薪酬。与很多合同制员工一样，他的技能比较狭隘，非常垂直。于是，Ron 通过构造了一个薪酬包（当然需要获得 Ron 所在公司各层经理及总经理的签字认可）来达成双赢，这个薪酬包的内容包括：

- 与公司内其他同级别员工对等的工资；
- 10 000 美元额度的培训费用，这笔费用只能用于该员工在未来 12 个月内参加公司需要的相关技术培训，或者用于拓宽这位合同制员工技能组合的培训课程，这笔费用有助于拓展他的技能，让他更有价值；
- 承诺由团队中最资深的架构师做他的导师；
- 承诺在 12 个月后对他进行再次评估，如果能够达到高一级别程序员的技能要求，就给他加薪 10 000 美元。

虽然看起来很复杂，而且还得得到人力资源部门的认同以及总经理的首肯，但这种做法的确降低了 Ron 团队的人力资源成本，延长了该位合同制员工的服务年限，也激发了他努力奉献和拓展技能的积极性，给 Ron 的团队增添了高效宝贵的资源，总体花费甚至比雇用另一位合同制员工还要低廉。最终，该员工的表现证明他配得上 Ron 的这份良苦用心。

> 10 分钟后你就会忘记你给了他们什么，所以不要太担心。
>
> ——Mark Himelstein

确定了薪酬之后，Ron 有时候还会做一个自我测试。他会想象与候选人做如下一番对话："我需要一位下周一就能开始工作的人。之后再调整录用通知会很困难，所以在我去申请批准之前，我需要知晓你能接受怎样的薪酬。如果我能够在这周四之前给你一个录用通知，里面包含 x 万美元的基本工资，还有 y 美元的期权，以及最高可获得相当于基本工资 20% 的奖金，你会是否会接受并且在下周一就开始为我工作？"

诸如此类的对话场景能帮助你充分理解一份恰如其分的录用通知应该是什么样子的，还能帮你梳理一下线索：当候选人手头还握有其他公司的录用通知，或者他还去过其他公司面试时，我该怎样应对。这样的自我测试还会帮你在候选人面前树立自信：无论如何，我都会让他答应我们公司的邀约。

在制作和撰写录用通知之前，你可能要考虑一下工作开始时间。如果候选人依然在职，那么基本上可以肯定，要等到录用通知发出两周之后他才能开始为你工作。如果你的招聘时限有一定的弹性，那么你可以给候选人切换工作的空当，让他们有 1～2 周的休息时间。这样，当他们来新公司报到时，就会精神抖擞，你也会少很多麻烦。

现在，准备好发出录用通知了吗？实际上，你可以采取两种方式发出录用通知：口头通知或者书面通知。

人力资源部门通常习惯于口头通知候选人"您被我司录用了"。但是我们建议你主动申请由你自己去通知候选人。以我们的经验，如果经理自己主动申请领受这个任务，人力资源部门通常不会拒绝你。除非人力资源部门的同事是非常优秀的销售人员，否则，为了保证候选人能够接受这份邀约，我们建议还是由招聘需求部门的经理发出录用通知。这是因为你们之前在面试过程中已经结识，这种私交往往对候选人更有吸引力。（也有一种观点认为，如果你的领导愿意，可以让他来发出录用通知；通常来说，候选人都会因为公司的高层能够主动通知他们并且打电话来邀请他们加入公司而对公司印象大好。）

一旦录用通知得到了高层经理的批准，并且你在心中已经演练过与候选人对话的场景，那么你的目标就是赶快联系候选人，直接与他进行语音交谈："我有一个振奋人心的好消息。我打电话来是为了对您发出录用邀请，希望你能够加入我们的公司，接受数据库开发高级软件工程师职位。工资和我们之前谈的一样，年薪 x 万美元。你将会有 $n\%$ 的奖金机会。此外，我们还会授予你 n 美元的期权，其中的 25% 会在第一年工作后授予，之后的按月授予。除此之外，你还会得到一些非常优厚的、出乎你意料之外的、别的公司都没有的福利。请问你是否接受？我们能不能把开始工作的日期定在××？"

如果你听出候选人犹豫不决，那就尝试找到个中缘由，并且解决它。

如果你在之前就做好了充足的准备，对候选人的求职动机已经了然于胸，并且已经把它们转化成为录用通知的一部分，那么他应当会毫不犹豫地接受邀约。

但是，有些候选人总是想要挑战底线，抬高身价——尽管你已经满足了他们在此之前提出来的要求。当他们犹豫不决并且提出更多要求的时候，你不要慌张，这也是招聘过程的一部分。慢慢来，你要确定他们拒绝你提出的录用通知的真正原因。真正要求你立刻提高录用通知里的薪酬额度的事情极少。Mickey 说："在这个时候，候选人犹豫不决很少是因为金钱，通常可能是关于职位的头衔，或者是候选人在你口头说出录用通知时才突然想到的愿望。头衔、工作空间、额外的训练、参加技术大会的可能性，以及可以（至少是偶尔）在家工作的许可，这些原因在我这些年发出口头录用通知的时候都遇到过。这时的关键是停一停，让对方充分阐述他的问题，然后你再看看是否能够答应他们。"

当一位候选人要求较多的节假日时（候选人曾经的公司断然拒绝了他的这项要求），Ron 曾经承诺给候选人非正式的假期——前提是 Ron 还没有被调走，仍然是该候选人的经理。Ron 也曾经修改过一份录用通知，那是因为候选人刚刚收到了来自其他公司的邀约，为此 Ron 不惜重新走了一遍审批流程。Ron 还答应过每周远程工作两三天是完全可以接受的（当然，前提是候选人沟通能力很强，工作效率很高而且随叫随到）。Ron 还答应过一位优秀的候选人，考虑到"火车+自行车"的上下班通勤方式，他每天晚到一个小时也是完全可以的。Ron 还处理过关于小孩抚养的问题，允诺员工一旦孩子生病能够灵活请假。Ron 还向候选人保证过这份工作并非死路一条，向候选人解释未来公司可以提供的调岗和晋升的机会。

很多候选人会要求用几天甚至一周的时间来考虑你发出的录用通知。这种情况的最终结果往往都不是你期待的那样，但这样做也是合情合理的。你要让候选人提前知晓他们能有多长时间的考虑期。一旦你明确了这个期限，最好把它写在录用通知的文本中，作为候选人的应答截止期。在这段时间里，你还是要保持与候选人的联系。

你可以邀请那些正在犹豫是否接受录用通知的候选人参加你们团队的活动，介绍他们给你的团队成员认识，让他们感受到亲如家人的团队氛围，仿佛他们已然就是团队的一员。如果可能，可以请公司的一位高层管理者（CEO、CTO 或者工程副总裁）特地给候选人打一个电话，与候选人联系一下并借此机会宣传公司、介绍岗位。通常，这通电话可以向候选人充分展示这份工作在公司的战略地位，以及这份工作将如何融入公司的整体战略目标，借此来让候选人充分认识到为何你提供给他们的录用通知是他们今生遇到的最好的机遇！

我们建议你把上述这些办法都尝试一遍，只有在它们统统无效的情况下才去考虑以提高薪酬待遇的方式来修改录用通知。如果你能想出任何一个不会让现有员工感到不公的创意办法，请一定要去尝试一下。通常来说，最容易的办法就是在入职时发放一次性奖金。这种一次性的奖金可以有效地处理薪酬问题，而且不会产生有关内部公平的问题，但这也不一定能解决根本问题（初始薪酬太低）。这种情况下，你可能会陷入僵局，候选人可能最终并不会接受你的邀约。你需要明确为了达成这次招聘，你到底能够让步多少。你要坚守底线，就算这样有失去一名潜在员工的风险。有时候，你也只能感叹你们有缘无分，任由他随风而逝。

候选人可能还会提出有关福利方面的问题，这些问题应当交给人力资源部门去应对。他们远比你更加了解那些错综复杂的细节（以及候选人会问到的各种问题），这一点你永远也做不到。请确保你给出的每一项福利待遇信息都包含了在线链接，并且可以通过网络访问得到。

录用通知的文本通常由人力资源部门编写，内容包含薪资和福利信息，录用通知的有效期限，建议的员工报到时间。你一定要复制一份，最好能在发送出去之前审核无误。录用通知中应当附带一份公司与员工之间的保密协议（其中包括一份保密协定和一份关于任何在工作期间做出的发明创造的所有权属于公司的警示）、各种表单，以及其他可以表明公司确实是一个非常适合工作的地方的附件文档。

3.12　持续跟进，直到候选人答应入职

通过快递向候选人发送一份签名的录用通知，并让他们签名回复，这样的方式足以体现公司对候选人的重视程度。通常，在发送快递之前，公司已经通过电子邮件的形式给候选人发送了录用通知，因此快递这一步看起来似乎是多此一举。然而，你最好用这种方式向候选人传达你需要他们给出加入公司的承诺，并且你的公司并不会"偷工减料"。

由于快递都有跟踪信息，你可以利用快递的跟踪信息来决定何时展开跟进行动，向候选人询问他们是否收到录用通知（你其实可以获知快递是否送达的信息），并且确定你们之间再也没有其他障碍了。利用这个机会，你确定候选人对他们口头接受的这个职位是否真正感到兴奋。持续跟进，直到你的录用通知被最终接受（或者拒绝）。

第4章会详细描述在候选人接受录用通知之后的跟进行动。

3.13　本章总结

招聘是程序设计经理最重要的工作，或者至少是最重要的工作之一。它需要足够的关注和周详的计划。和做项目一样，如果没有提前做好需求分析，你很难收到预想的效果。实际上，对于关键的岗位，或者在招聘旺季，你确实需要把招聘工作当作一个项目来做，为每一个步骤设置一个时限：寻找候选人，对他们进行电话筛选，推动招聘进展或者拒绝他们，进行面对面的面试，做出决定，以及发出录用通知。你可以利用你的团队和人际关系网，找出那些符合要求的候选人。你要慎重选择面试官团队，为面试官团队的每一个人分配相应的任务（即面试目

标)，并确保他们充分知晓你是多么期盼他们能找到最优秀的候选人。

请牢记：虽然具体的某项招聘活动往往是一种短期行为，但招聘新人这项工作应当是你工作中不可缺少的一部分，需要常常保证它处于"开启"的状态。

3.14　工具

我们准备了一系列可以帮助你管理团队的工具。这些电子表格和 Word 文档提供了完整的示例，你可以很轻松地将它们修改为适合自己组织的文档。异步社区可以下载下列工具：

- 岗位描述样例；
- 审查简历时的检查清单；
- 筛选候选人的电子表格；
- 面试日程表样例；
- 面试问题列表样例；
- 面试总结样例；
- 证明人检查清单；
- 招聘检查清单。

第 *4* 章

帮助新员工顺利入职

做好新员工的入职工作非常重要。这是一个向新员工表达你对他们非常看重的机会，同时也能向他们展示你的组织管理与运行状况平稳良好。

在新员工入职的前几天，你可以帮他们定下工作基调，对他们建立预期，向他们介绍公司文化，并带他们融入组织与团队。这些准备工作对任何类型的新员工都很必要，对那些入职后很快就会沉浸在思考与代码之中的程序员尤为重要。这是你给他们留下良好的第一印象的唯一机会，尽你所能做好，力争超出他们的预期！实际上，这并不需要太多的策划，你只要能对他们的加入表达出兴奋之情，并为此做好足够的准备就可以了。

如果招聘的新员工采用远程工作的方式，你还需要另外做出一些安排。Mickey喜欢让远程工作的新员工飞到总部度过入职的第一天，这样做虽然公司花费较多，但这会是一个绝佳的开端。

如果你决定让新员工在远程办公室办理入职流程，那么也要通过电话、网络电话（VoIP）、电话会议、视频会议或者语音聊天等沟通方式来传达你对他的期望。同时你要让远程办公室的办公人员接待并欢迎新员工入职，引导他们完成入职手续。

合同制员工的入职过程则完全不同。合同制员工只是临时帮手，所以不需要对他们灌输公司的文化和基调，也不用进行工作引导，更不需要对他们进行着眼于长期目标的培训，只需确保他们能够圆满完成合同中承诺的事情即可。你可以向他们解释工作目标和期望，分配任务，分发工具，分配办公空间，介绍团队以及其他同事，解释清楚如何结算工资，然后他们就可以开工了！

4.1 引导新员工尽早入职

新员工入职应当从新员工接受录用通知的那一刻算起。你可以打电话向他们表示祝贺，欢迎他们加入团队，也可以安排团队其他成员向他们表示祝贺。

此时，新员工已经签署好录用通知书，并决定加入公司；但他们也可能像那些甫一买房就感到后悔的人士一样，开始感到后悔。他们可能会质疑自己的选择，担忧前途。他们手上可能还握有第二份录用通知（甚至是第三份或第四份）。其他公司的招聘经理可能仍然时不时打电话给他们，尝试使用各种手段来说服他们跳槽。而更大的威胁是，如果他们此时仍在前一家公司上班，那么他们的经理肯定会千方百计地打听他们跳槽的动机，并且想方设法地挽留他们。

这种事情在新员工签署并寄回了录用通知以后仍然时有发生，Ron 对此深有体会。他在创业公司 mFactory 工作时曾经招聘过一位新员工，这位新员工向原公司领导提出离职的时候立刻引起了轩然大波，领导对他做出各种承诺，不遗余力地想要挽留他。作为创业公司，Ron 当然会向新员工描绘一幅充满机遇与回报的愿景，但原来的雇主肯定会大肆渲染创业公司前途灰暗的风险。Ron 一直不知道新员工已经另作他想，直到原本定好入职上班的那天早上，他打来电话说，经过这段时间的慎重考虑之后，他还是感觉加入创业公司的风险实在太大了。

本书的两位作者也曾多次费尽心思，挽留打算辞职的关键技术岗位人员。对于很多员工来说，这种努力可能是徒劳无功的，但有时确实也能够扳回来，而且往往并不用承诺提高薪资待遇就可以实现。挽留提出辞职员工的办法有很多：可以赋予他们新的职责，给他们调换项目，或者更换他们的经理，增加培训；对于已经深陷超负荷工作泥潭的技术专家，可以帮他们延揽合作伙伴或助理，这些方法都是有效的。然而，当你的角色转换成为亟待新员工加入的管理者时，那你也应当预料到：那位令你充满期盼的新员工，他现在的领导也可能正在做着同样的事！

　　在接受录用通知和入职之间的这段时间里，与新员工保持"温馨而又熟络"的联系是至关重要的，但这段时间最好不要超过两周。这期间你可以邀请他们共进晚餐，主动给他们打电话，邀请他们参加团队会议，甚至可以开始给他们安排工作任务了。

　　　　　　　　　　　　——Mark Himelstein，工程部代理副总裁，硅谷

你可以给新员工打 1～3 次电话，就像朋友间的问候那样，也可以请同事打，让新员工感受到公司对他们的关怀和重视。找个借口打电话并不是什么麻烦事。问问他需要什么协助，以保障他们在入职第一天就能进入高效工作状态。向未来的新员工介绍公司可以给他们配备什么样的办公用计算机与软件，询问新员工有什么特殊需求：如果新员工个子挺高的，那么他需要升降桌椅吗？或者新员工个子不太高，那么他需要脚凳吗？需要其他的人体工学设备吗？有些人士不用耳机就没法打电话，需要给他们提供头戴式耳机吗？需要哪些特殊软件以

使工作更有条理、效率更高？是否需要选择不同类型的办公室？此外，还可以与他们沟通入职首日的报到时间，谁会去接待他们，入职第一天的日程表以及入职介绍的相关内容。

如果新员工的主动性够强，他可能会直接询问自己需要为马上到来的工作着手做哪些准备。这时不要一下子给他们发送太多信息、分派太多任务，那样会压垮他们。你只要做些基本指导就好，以帮助他们熟悉环境、激发他们对新工作的兴趣为目标。理想情况下，分配的任务刚好足以令他们思考一下新项目的架构即可。

对了，一定要把公司人力资源部门要求的需要员工填写的那些信息文档包发给他们，让他们在家时就填写妥当，因为他们在家里更方便查找个人信息，能够更高效地完成这类文档（他们可以按照自己的节奏来完成，而不必迎合公司的时间约束）。这样在入职的时候，除了少量几个有疑问的地方，他们带来的就是一份已经基本填写妥当的资料。

4.2　为新员工的到来做好准备

在大多数公司里，项目经理一般都要负责为新员工寻找工位，或者至少需要提出申请。请着重考虑团队现有人员的座位，让新员工与自己性格比较搭配的老员工坐在一起。另外还要考虑新员工的代码职责，以及团队领导、技术领导和架构师的位置。

新员工的计算机配置很可能也需要你来指定，以便他们更好地完成团队任务。你需要明白这些资源的申请流程，明白需要多长时间能够准备妥当，以便在新员工到来之时计算机及其配置就能够到位，并且已然安装就绪并能够正常运行。

同样地，下列琐事你也要提前着手准备，保证新员工在报到的第一天就可以开始工作：

- 电子邮件地址、网络访问、服务器账号以及访问权限；
- 在帮新员工申请好电子邮件地址之后，还需要把他的地址添加到各级别的邮件列表中，包括团队级别、部门级别直至组织级别；
- 你还要在日历系统中安排好会议邀请列表，在公司的员工通信录中加上新员工的信息；
- 提前准备，保证新员工报到的时候他的工卡是可以使用的；
- 准备好新员工用来收取纸质邮件的邮箱。

如果你们公司没有正式的"伙伴"引导计划，你可以自行创建一个——挑选一位员工成为新员工的"入职伙伴"，在新员工入职时由他负责带领新员工访问团队其他成员、办公室邻居、其他团队同事以及管理团队，并将新员工介绍给大家。Ron 在 Razorfish 工作的时候，曾经设计出一个供新员工使用的联系人列表，上面列出了新员工在报到时需要拜会的所有同事，包括高级技术人员、初级技术人员以及人力资源部门、行政部门和 IT 部门人员。这份列表可以交给入职伙伴保管，由他带领新员工逐一拜见，并在联系人列表上打钩确认。联系人列表上还列有上述所有人员的电话号码，以便新员工在日后可以方便地与他们联系。

除非办公室的空间非常狭小，否则你还需要安排一位员工带领新员工参观办公室，指明各种办公室里相关设施的位置，包括卫生间、紧急出口、灭火器（Ron 真的遇到过员工计算机自燃的事故）、零食、文印间、储藏柜，以及咖啡/茶和休息区。如果你们公司没有专职的办公室主任，那么入职伙伴将会提供所有的指引。

考虑是否还需要为新员工分配一位长期的职业导师。资深程序员或软件架构师可以帮助新员工找到成长的方向，给予他们推进自己的职业生涯发展的建议。职业导师最好是面试时与新员工沟通良好的面试官，或是对比新员工的专长能够弥补其缺点的资深员工。

在为新员工选择合适的入职伙伴与职业导师时，你还要询问入职伙伴或者职业导师们的意愿，确保他们确实有空。首先要确保新员工的入职伙伴在新员工入职的当天没有繁重的工作，或是正好计划要去牙医那里看蛀牙，否则"伙伴"引导计划就不会有任何效果。被选中的入职伙伴或者职业导师如果对他们的角色并没有表现出足够的热情，那你就得挑选其他人。要确保他们熟悉自己所要扮演的角色：需要带领新员工去哪几个地方，职业导师最初（和接下来）需要与新员工交流什么，等等。

4.3　第一天必须要做的事

现在，花几分钟时间思考一下如何帮助新员工顺利地渡过第一天。创建一个类似于图 4.1 所示的清单，确保所有必需的事情都能顺利完成。

你是否已经为新员工准备好硬件设备、软件许可证书、登录权限和密码？若因为你或者团队的准备不足，导致新员工在报到首日连最基本的任务都无法完成，那感觉实在是太糟糕了。即使公司里有专职人员负责解决这些问题，我们仍然建议你反复检查一下，以确保所有的准备工作就绪。Ron 在 Razorfish 欢迎新员工时，使用的是彩色的入职安排日程表，图 4.2 所示为黑白版本，这个日程表文件也可以在本章的"工具"部分找到。在 Razorfish，入职的开始时间总是上午 9 点，从来没有变过。这个时间直接写到了录用通知里，以便告知新员工。人力资源部门人员会准备好入职安排日程表，提醒那些常常埋身于大型技术咨询项目之中的开发经理们，拿出必要的时间去思考在新员工到来时自己需要做好哪些准备。

清单
新员工：
_____

☐ 填写"新员工"文件材料
☐ 指定入职伙伴：_____
☐ 指定职业导师：_____
☐ 参观办公室
☐ 向同事介绍新员工
☐ 是否分配好电子邮件和社交媒体的账号密码？
　　☐ 电子邮件规范（发送，抄送，密送，邮件列表）
☐ 加入邮件列表
　　☐ 向他解释如何使用团队的邮件列表、在线聊天工具等
☐ 检查日历和会议邀请
　　☐ 邀请他参加必需的会议、一对一会面和团队聚会
☐ 打印机
☐ 代码管理工具、IDE 以及其他工具的授权码（如果有必要）
☐ 内部网访问
　　☐ 个人网站 www.intranet.company.com/personnel
　　☐ 公共目录 /File/Public/xx_Department
☐ 互联网访问
　　☐ 是否只能用于业务用途？
　　☐ 是否允许听流媒体音乐或者看流媒体视频？
　　☐ 是否允许下载（音乐或应用程序）？
☐ 建立初始目标：
　　1. _____
　　2. _____
　　3. _____
　　4. _____
　　5. _____
☐ 描述必需的报告格式（如状态报告等）
☐ 确定一周一次或一月一次的例会
☐ "演讲"
　　☐ 这是一场马拉松
　　☐ 团队合作是我们的企业价值理念
　　☐ 客户满意度
　　☐ 咨询礼仪
　　☐ 我们的其他价值理念
　　☐ 加入这样一个优秀的团队
　　☐ 加入这样一个拥有辉煌历史的团队（示例）
☐ 创建一个"自我介绍"消息，发送给上级领导和团队成员
　　☐ 取出一张照片或者拍一张照片
　　☐ 获取并记录个人电子邮件地址、家庭住址和手机号
　　☐ 记录新员工的技能，加入知识库里
☐ 安排他参加的入职介绍会

图 4.1　首日准备清单

Ron Lichty的新员工Bob的入职安排日程表	
上午9:00	与Ron Lichty会面 Ron的办公室
上午9:30	参观公司设施，由办公室主任Susan带领 在大厅见面
上午10:00	由Dennis进行IT培训 Ron的办公室
上午10:30	与Gary进行人力资源培训 "我们生活的时代"会议室 请带上你的新员工材料夹和一支笔
上午11:00	与职业发展经理John Smith会面 John的办公室
下午12:00	由入职伙伴Jill Miller陪同共进午餐 餐厅待定——公司请客
下午1:30	和第一个项目的同事Arun Nguyen见面 Arun的工位
下午2:00	与客户端开发同事Johnny Arnold见面 Johnny的工位
下午2:30	与"最佳实践小组"负责人Jim Starr见面 Jim的工位
下午3:00	与商业合伙人Chris Barnstable见面 Chris的办公室
下午4:00	由财务人员Jack进行时间管理培训 Jack的办公室

图 4.2　入职安排日程表样例

永远不要低估新员工报到当天各项充满仪式感的迎接工作的重要性。Mickey回忆起当他在 Gracenote 东京办公室工作时，他招聘了一位曾为索尼公司工作过多年的新员工："决定离开索尼，对他来说可是一项重大决定，所以他渴望被当作新公司的一位重要成员。不幸的是，入职第一天的上午，Gracenote 东京办公室的招聘经理和总经理必须在外进行客户访问，接待他的是办公室经理，这令他非常失望。入职时没有得到恰如其分的欢迎，这件事情困扰了他好几个月，甚至导致严重的问题，以至于我要花费很长的时间才能帮助他摆脱困扰。"

Razorfish 的首日安排通常以部门经理或者招聘经理主持的半小时左右的欢迎会作为开始。其余的日程安排每项大多也是半个小时，包括：

- 由入职伙伴带领新员工参观办公室，重点是做一轮介绍；
- 新员工的直接经理与新员工沟通团队的目标；
- 由办公室经理带领参观公司的各项设施，包括洗手间、办公用品、文印区域、打印机和传真机位置、会议室分布、冷水机、咖啡机（及其使用方法）、零食贩卖机、休息室、安全提醒信息、防火通道以及其他重要位置；

- IT 人员检查新员工的计算机、打印机、网络、电子邮件和网络配置，指导进行语音信箱和 VPN 相关的操作，并做其他问题解答；
- 人力资源部门人员向新员工解释公司的福利，协助新员工完成在报到后几天内必须要完成的文档填写工作，特别是保密协议；
- 与团队成员见面，包括部门经理、项目经理和产品经理，指定其中一位团队成员为新员工演示如何登录服务器（最好能在新员工自己的计算机上演示），如何在文件系统中找到团队、部门和公司的关键资料；展示公司和部门的内部网，以及团队成员与其他同事们的个人信息、照片和目录；
- 与入职伙伴或职业导师共进午餐，时间在一个半小时左右，团队其他成员也应该在本周晚些时候与新员工共进午餐，需要对入职伙伴或职业导师明确指出午餐由公司买单，并在必要时提醒他们如何报销餐费；
- 组织一位或数位高层管理者代表公司欢迎新员工加入。

整个过程都要精心安排，你需要对新员工入职首日所有接待与会面者的名单深思熟虑、精挑细选并仔细确认，还要与他们中的每一位反复强调：要想方设法地展示公司、部门、团队和项目的风采。所有这些安排都紧紧围绕着以下目标：

- 让新员工感受到关怀备至，让他们感觉加入了一个非常特别的团队与公司；
- 帮助新员工了解项目的重要性，并让他们对自己在其中扮演的角色（即分配的任务）产生高度的责任感；
- 向新员工传递公司的文化和愿景；
- 让新员工建立起"该公司的管理严谨有序"的印象；
- 帮助新员工融入整个团队；
- 帮助新员工在短时间内就可以高效率地展开工作。

对程序员所需的特殊设备需求不可掉以轻心：高版本的系统、大尺寸显示器、许可证、登录权限和密码、网络访问权限、本地访问路径等。

特别注意，满足程序员的设备需求并不只是留给新员工的特权。在 Brøderbund Software 中，Mickey 专门设置了"程序设计部门 IT 专家"岗位，这个岗位的主要责任就是确保程序设计部门内部的任何硬件或软件的需求都能迅速得到解决，任何硬件或软件的问题都能立即处理，并不需要上升到公司 IT 部门的人员，因为他们通常几小时或几天内迟迟不见动静。部门的 IT 专家同时也兼任代码管理员，确保任何有关源代码版本的问题也能迅速得到处理。"IT 专家的目标很简单，他的工作就是消除阻碍程序设计人员的任何障碍……如果为了解决问题他需要租一辆推土机，我也会认可。"

4.4　向新员工介绍公司

在新员工入职后的一周之内（理想情况下应该是入职当天或者第二天），你需要请一位高级经理为新员工做介绍，利用这个机会向他介绍以下内容：

- 公司的使命、愿景和价值观；
- 部门的绩效衡量指标；
- 公司历史及其产品、服务和商业模式；
- 公司产品的架构与技术路线的概述；
- 公司的重要里程碑；
- 组织概述，使用全公司的组织结构图，显示新员工在其中所处的位置（包括他刚刚会见过的周围同事的位置）。

介绍完毕后，你可以让新员工写几段简短的个人信息和过往的经历，也可以在采访过新员工之后自行撰写。在为新员工制作欢迎消息的时候，你可以附加上他们的照片，并发送给全部门、区域分部或全公司。欢迎邮件中需要附上新员工的电话号码、位置、电子邮件地址，并恳请收到电子邮件的各位同事也做一个简单的自我介绍，包括电话号码、位置、电子邮件地址。

图 4.3 展示了 Mickey 用过的一份欢迎消息样例。

Mickey Mantle
发送时间：2009 年 6 月 9 日，星期四，下午 12:50
发送给：所有员工
主题：请大家欢迎 Alice×××入职 Gracenote

Alice 以软件工程师身份业已入职我公司，加入"音乐系统"项目，与 Paul、Megha 和 Jean-Claude 一起共事。Alice 有语言学和程序设计专业背景，去年毕业于斯坦福大学。Alice 就坐在厨房附近的程序设计区，所以当你经过的时候，请稍作停留并进行自我介绍，代表我们公司欢迎她的到来。

——Mickey

以下是她的自我介绍。

大家好，我是 Alice，很高兴能在 Gracenote 工作。和这里的许多同事一样，我非常热爱音乐，并对使用创新方式管理各种数字音频文件的系统很感兴趣。我大约一年前毕业于斯坦福大学，获取了语言符号系统专业的学士学位。之后，我曾在 Oracle 工作过一段时间。我喜欢语言学、巨人棒球队、红酒以及城里的各种演出，还时不时玩一下高尔夫球。我坐在程序设计区南侧、厨房旁边的工位上，欢迎大家随时来参观我隔间的空白墙壁。

图 4.3 欢迎消息样例

4.5 确保新员工成功融入团队

为了帮助新员工迅速融入团队，在新公司成功开启职业生涯的新篇章，你需要做下面 3 件事：
- 以可以迅速完成的任务作为他们在新公司的崭新开端；
- 让他们和可以充当导师角色的团队成员坐在一起；
- 确保他们可以立即访问所有的相关文档。

要让新员工成功融入团队其实很简单，做到以下两点就够了：

（1）入职第一天将他分配到一个项目中，从而促使新员工快速熟悉公司的源代码控制机制和开发实践等。

（2）最好让新员工承担这个项目的测试工作，这样他可以站在用户应用的角度了解产品。脱离产品应用的工程师往往只会纸上谈兵。

——Dirk Bester，工程副总裁，旧金山湾区

通知项目经理或项目团队领导准备好与团队新成员见面，并且讨论以下话题：
- 项目的愿景和目标，如果项目团队的宗旨更为重要或者与惯例有所不同，那就再加上项目团队的宗旨；
- 项目的关键干系人，以及他们参与项目的程度和优先级；
- 项目团队使用的软件开发方法；
- 项目团队采用的最佳实践和工作惯例；
- 项目团队使用的软件开发工具；
- 项目当前的进展；
- 其他可以帮助团队新成员更快融入团队的细节。

为了确保新员工成功迈出第一步，你需要帮助他们尽快融入团队，适应新的工作。实现这个目标的好方法是设计一个场景，让新员工和他的队友们密切合作，给他分配一项可以快速完成的任务（让他尽快为团队做出贡献），帮助他获得成就感。

入职是非常重要的。除了提供培训、确定导师等常规操作，我通常会让新员工迅速完成一些小任务以获得成就感。如果不这么做，即使是经验丰富的人也会因为挫败感而早早陷入倦怠状态。而如果我这么做了，新员工会感觉自信满满，并且迅速在团队其他成员那里建立起自己的影响力。

——Mark Himelstein

当 Mickey 将一位新来的数据库开发人员安排在他导师旁边时，获得了非常好的成效。新员工一旦遇到问题，最适合解答这些问题的导师就在身旁。很快，这位新员工迅速为项目做出了重要而又积极的贡献，他的表现远远高于预期。由于这一次的成功经验，在这之后，Mickey 对每一位新员工安排工位的时候都如法炮制。为此，Gracenote 改造了工程部门的办公环境，引入了"协作空间"（内装有沙发、用于演示的平板电视、用于非正式会议和工作会话的落地白板墙），从而有

效满足了这一需求。

在苹果公司，Ron 用来帮助新员工成功融入团队的办法是放置一个供全体团队成员共享的糖果罐。在他开始负责招聘工作之后，在每一位新员工入职后的第一个月，他都会把糖果罐放在新员工的工位上。"新员工入职之后通常会阅读代码，设置其开发环境和工具，尝试其各种改动与想法。而团队其他成员过来拿糖果的时候，不但不会打扰他，反而会给予新员工向老员工求助的机会。为了确保糖果罐的效果，我还专门制定了一项规则：老员工每次来拿糖果时，因为'入侵'了新员工的工作空间，所以必须要'免费'回答新员工一个问题，这样新员工遇到问题时就可以无惧向经验丰富的队友们求教了。"

在咨询机构中，想了解每位新员工所独有的工具集合与技术栈是一项挑战。在 Razorfish，Ron 设计了一份"技能与经验普查汇总表"（Skills and Experience Census），要求每位新员工在入职的第一天就要填写。这样，Ron 就可以根据项目需求来匹配开发人员。（见本章"工具"部分中的汇总表样例。）

我们两人都发现，使用 wiki 来构建部门、项目与团队的知识库，对团队来说有着举足轻重的作用。而对新员工来说，wiki 就是一个随手可得的信息宝库，可以帮助他们的工作迅速进入正轨，还能给他们提供一个为团队立即做出贡献的机会：充实 wiki 里的内容。即使是在小公司，沟通中也常常潜藏着形形色色的缩略词、暗号与"段子"，wiki 恰恰就是新员工们破解这些行话的傍身利器。

4.6　对新员工最初的预期

新员工的经理应当向他们交代清楚他们将在团队中扮演的角色、在项目中担负的职责，以及获取成功所需要做出的必要准备。所以，你需要：

- 为每一位新员工建立行动计划，从而促使他们参与自己的第一个任务；
- 明确新员工在试用期间所需要交付的成果。

为新员工分配的第一个任务通常包括：

- 建立开发环境的本地副本，建立一个免遭非法攻击的沙箱；
- 安装开发工具；
- 加载工作代码；
- 编译代码；
- 检查结果，并与团队正式版本的结果做对比，确保新员工从正确的位置下载最新的源代码，确保工具与沙箱的配置和团队使用的环境相一致。

Ron 回忆道："当我在苹果公司为 post-System-7 Finder 团队的新员工分配任务时，当时我们的系统非常混乱，以至于新员工花了一周时间才理清所有头绪从而成功构建出整个 Finder 工程并通过验证。因此我给新员工的第二项任务就是优化这个过程，以保证能够明显缩短下一位新员工为此耗费的时间。同样，我也为后来的每一位新员工分配了同样的任务。3 年后，新员工入职时完成下载源代码和工具并构建和验证整个工程的任务只需不到 30 分钟。"

你也应当在第一天就和新员工进行"谈话"，讲清楚你对他的所有期望，解释现有团队中每位成员的角色，以及你希望新员工承担的职责。你需要给这位新员工一个只要努力就可以实现的目标和愿景，重申你对新员工职业发展、培训与晋升的承诺，提醒新员工在入职前签署的保密协议的重要性。

在最初的试用期要处处留心。

第一天，最初的几天，第一周，第一个月……

帮他们组队，阅读他们的代码；最重要的，是尊重他们。

——Steve Burbeck，历任苹果公司、IBM、一家小批发公司、两家创业公司和一个非营利研究机构的管理者

我们向团队新员工提出的期望通常包括以下内容：

- 新员工是团队的一分子，是团队组织和行动的一部分；
- 新员工需要遵守核心工作时间，恪守团队必要的工作进度表，确保大家的工作时间有足够的重叠，能够在一起有效协作；
- 我们期望团队成员间能够友好相处、同舟共济，我们希望团队成员互相尊重、互信互谅、团结协作、群策群力、积极主动，我们希望每个人都能够发挥自己的力量，为团队构建一个安全和谐的工作环境，让每个人可以畅所欲言，无惧不健康的竞争；
- 我们期望新员工能在工作中自己做决定，期望新员工在做决定的过程中主动与其他人沟通；
- 远程办公的新员工必须和坐在办公室的队友一样准时进入工作状态（也许更加应当如此），我们期望他们能让队友、其他同事和经理随时知道如何联络到他们，并不断鼓励他们这样做；
- 我们期望新员工能够进行更多的互动，更加投入地参与员工会议。

另外，就像 Mickey 经常告诉新员工那样：实施一个项目应该像跑马拉松一样，你必须设定一个恰到好处的节奏，然后才有希望在最后阶段冲刺并一举到达终点。

关于公司、部门、管理层以及公司的核心价值观等，我们也会谈及以下几点：

- 公司的核心价值观如何具体地运用到团队中，以及它对个人的意义；
- 如果我们（或我们的领导）期望得到一份状态报告，那么我们应该明确安排在哪一天提交（例如每周五下班前），必须包含哪些细节，必须使用什么样的格式。

以下是需要与新员工沟通的有关流程方面的事项：

- 团队已确立的软件开发生命周期，以及如何跟踪和报告项目进度；

- 如果要求记录工时，那么该如何记录；
- 年假审批和其他请假的流程；
- 报销政策（我们通常会在沟通之后补充一封电子邮件，里面包含相关的表单或者在线流程的网页地址）；
- 绩效考核流程是怎样的，多久进行一次，如何评判，绩效考核的作用等；
- 新员工的工作日历和需要参加的会议—包括你设定的日历和其他人设定的日历；
- 订购商务名片；
- 申请公司信用卡；
- 电话会议流程。

向新员工表述你的承诺：

- 支持并帮助新员工的职业发展，沟通好期望，让他们明白每位员工都需要为自己的成长负责；
- 帮新员工获取完成工作所必需的工具。

对我来说，新程序员带来的最大挑战是如何评估他们，并找到让他们为组织做出有效贡献的方式。我总会遇到的一个大的挑战是如何掌握管控的尺度。对于有些程序员，只需要为他们规划大的方向即可，因为他们会自己决定该如何开展工作，你只需要按照目标进行管理即可，言传身教的贴身管理反而会降低他们的工作效率。而对另一些程序员来说，你必须保持一个较近甚至很近的控制距离，亦步亦趋，紧盯他们完成一个又一个短期任务。特别需要注意的是，许多程序员都认为他们可以做到自我管理，但实际上有些人做不到这一点。

——Joel West，克莱蒙特学院凯克应用生命科学研究所创新与
企业管理专业教授，曾在加州做过程序员、管理者和企业家

与新员工沟通完最初预期之后，你可以再开展一次没有跟踪监控的会议，以确保本次沟通没有遗漏。

在后续的会面中，如果你发现新员工出现任何无法达到预期的苗头，请即刻提出问题并尝试解决这些问题。本书第 5 章详细描述了如何评估员工的绩效，第 7 章详细描述了如何激励你的员工，但请牢记工作中要防微杜渐，不要酿成"千里之堤，溃于蚁穴"的灾难。

4.7   本章总结

新员工接受录用通知之后并不意味着招聘工作已然结束。聪明的管理者会继

续跟进，精心呵护他们的新员工，直到他们入职，以避免发生新员工"下单后悔"的事故。他们也会预料到新员工的前经理会尝试"挽救"他们，从而采取相应行动，保障新员工顺利加入团队。

新员工报到后，最初的几天至几周至关重要，需要确保新员工富有成效、心情愉快，从而达到你的预期。这段时间需要确保新员工遇到的所有问题得到有效沟通和解决，保证新员工快速融入团队并接受团队的文化。

4.8　工具

我们为你准备了一些工具来帮助新员工顺利入职。这些电子表格和 Word 文档提供了完整的示例，你可以很轻松地将它们修改为适合自己组织的文档。异步社区可以下载下列工具：

- 招聘跟进检查清单；
- 新员工需要会面的人员清单；
- 联系人清单样例——关键队友；
- 如果你是新员工的入职伙伴，该做什么；
- 如果你是新员工的职业导师，该做什么；
- 首日准备清单；
- 入职安排日程表样例；
- 欢迎消息样例；
- 开发人员技能与经验普查汇总表样例；
- 技能组合和能力——一个组织的仪表盘。

第 **5** 章

成为高效的程序设计经理：向下管理

本书到现在为止，展示的内容还都只是铺垫，目的是引出我们希望表达的核心内容：如何在日常工作中卓有成效地管理程序员。因为大部分组织的架构都采用垂直型，所以我们可以将这部分核心内容按照与程序设计经理的位置关系划分为 4 个部分：

- 向下管理；
- 向上管理；
- 对外管理；
- 自我管理。

在这些内容里，我们将分别讨论如何管理好你的下属、你的上司、组织内外的其他人士以及你自己。第 6 章会涉及后面 3 个话题，它们也是对如何成为高效的程序设计经理大有裨益的要素。本章将聚焦于讨论向下管理。

作为程序设计领域的一线管理者，你的大部分时间都花费在向下管理上，这包括如何高效地管理你的直接下属与间接下属。而其中如何激励你的下属至关重要，所以我们会用整个第 7 章来讨论这个话题。本章接下来所要讨论的向下管理主要聚焦于成为高效的程序设计经理需要具备的所有"硬"技巧，包括你需要做什么以及如何去做。

5.1 赢得技术层面的尊重

Scott Adams 在《呆伯特》（*Dilbert*）系列漫画里创造了一个尖头发老板（Pointy-Haired Boss，或者按照程序员的说法，叫 PHB）的形象，对每一位程序设计经理的声誉造成了永久性的污辱。尖头发老板是一个丑角，往好了说他是不学无术，往坏了说他简直是恶贯满盈。我们不需要细细讨论呆伯特是个怎样的形象，而是需要仔细了解他不会做什么，这样才能洞悉呆伯特的同事们所尊重的到底是什么。

呆伯特之所以不受人尊重，是因为他不理解（或者说不愿意去理解）下属们在做什么，并且每时每刻皆是如此。多年服务于技术组织的经验告诉我们，那些不愿意深入理解程序员的程序设计经理们在尝试对开发团队或项目进行管理、指导或者下达命令时，通常会把事情搞得一塌糊涂。而真正能够达到深入理解程序员这一境界的程序设计经理少之又少，更别说要求这些不是程序员的经理了。

有效管理程序员最重要、最关键的因素（没有之一），就是获取你管理的下属和同僚来自技术层面的尊重[1]。如果没有获得这种尊重，那么你的每一次管理行动都会遭遇直接拒绝或者消极怠工。也正是因为这个原因，那些不懂得程序员的经理（没有在其职业生涯的某个时期做过程序员），才会觉得有效管理程序员是极端困难的。很多技术性的领域都有类似的情况，但在程序员的世界中这一点表现得尤为突出[2]。要想赢得技术层面的尊重，关键因素包括：

- 理解计算机程序设计的艺术；
- 拥有良好的工作履历；
- 做出过值得称道的技术贡献；
- 追逐技术潮流的最前沿；
- 成为一个技术社区或者专业组织的活跃成员；
- 展现出不菲的个人价值。

要了解程序员，你首先需要深入理解他们使用的工具、流程以及程序设计的艺术[3]。你对这些理解得越深入透彻，在与下属程序员进行技术性对话时你的参与能力也就越强大，越容易获得他们的尊重。微软的一个程序架构师曾经这么评述比尔·盖茨："盖茨最喜欢和他的程序员一起对程序进行抽丝剥茧的分析，一直细致到比特和字节的层级。在有关技术的讨论中，他可以轻而易举地抓住重点并且轻而易举地占据上风，所以他可以轻而易举地赢得技术人员的尊重。"[4]

---

[1] 来自 Benjamin Artz、Amanda Goodall，以及 Andrew J. Oswald 的一项研究——"如果你的领导可以做你的工作，那么你为工作感到快乐的可能性更高"。发表于哈佛商业评论，2016-12-29。这项研究随机调查了分布在美国和英国的约 35 000 名职员。研究者得出的结论是："高能力的领导是对员工的工作满意度产生最大影响的源泉。就连我们（研究者）自己都对测量结果感到大吃一惊。例如，在美国，多数受访者认为'领导对技术驾轻就熟'对员工工作满意度的影响甚至超过了薪酬（即使薪酬确实很高）。"

[2] 在任何其他职业中，我们都没有看到类似呆伯特这样的人物，他会如此尖锐地批评他的经理，可能只有在军队里例外。

[3] Donald E. Knuth, *The Art of Computer Programming*, *Volume 1, Fundamental Algorithms*, Third Edition (Addison-Wesley, 1997); *Volume 2, Seminumerical Algorithms*, Third Edition (Addison-Wesley, 1997); *Volume 3, Sorting and Searching* Second Edition (Addison-Wesley, 1998); *Volume 4, Combinatorial Algorithms, Part 1* (Addison-Wesley, 2011); *Volume 5, Syntactic Algorithms* (Addison-Wesley, forthcoming). 你应该把这些书摆放在办公室的显著位置上。

[4] Paul Maritz, Microsoft program architect, *Playboy* magazine profile of Bill Gates, 1991.

上述赢得技术层面的尊重的各种因素是一个整体，它们组合在一起生动地阐释了为何从公司或组织外部"空降"的程序设计经理们难以高效地履行管理职责。所以，当你考虑从外部"空降"管理程序设计团队的人才时，一定要确保候选人拥有一系列"信用证明"（也就是在软件开发行业中拥有良好的而且是被证明真实可靠的履历），如此才可确保团队对他萌生足够的尊重。

有很多种方法可以构建出令人信服的"信用证明"，其中最简单易行的莫过于将组织内一位众望所归的杰出程序员或技术主管提拔为经理。这么做虽然也会面临一些挑战，但是杰出的程序员本身已经受人敬仰，赢得了他的同僚或未来治下的团队成员的尊重，有助于他去培养一种基于尊重的优秀的团队文化。锦上添花的是，杰出的程序员能够深入理解技术以及与其他经理们非常熟络本身就是一大优势，因为他可以把这种理解传递给团队。

另一种厚植声望从而赢得技术层面尊重的方法，就是管理者本人曾经开发或管理过一些自己管理的程序员们熟悉的项目或产品。

Mickey 的管理生涯就是这样起步的。起先，在 E&S 工作时，他通过管理 Picture System 图形库项目成了公司的核心员工。接下来，他被提升为产品经理，负责开发公司的下一代图形产品，当他在 E&S 的工作业绩得到广泛认可之后，他加入了 Pixar[①]。从那时候起，Ron 因为拥有在 E&S 和 Pixar 的技术工作履历而一直受到尊重。

Ron 在苹果公司中管理岗位的"信用证明"，始于他为新兴的 65816 微处理器共同编写了权威的汇编语言参考指南。当苹果公司选择使用 65816 微处理器作为 Mac 与 Apple II 的混合产品（Apple IIGS）的核心语言时，Ron 被招聘来编写 IIGS 的动画渲染程序，并在全世界的每一个苹果商店里向人们展示。被招聘来的时候 Ron 还只是一位系统软件方面的开发工程师，在 Apple IIGS 方面的卓越贡献使得他不断得到提升，他先是管理 Apple II 的开发，然后全面掌管 Macintosh 在 UI 方面的开发工作。随后，开发过著名的屏幕保护程序 After Dark 的 Berkeley Systems 邀请他去担当娱乐产品的工程总监。这份工作为他接下来在另外两家娱乐软件公司都赢得了软件开发总监一级的职位（以及与 Mickey 相遇并共事的机会）。

Pixar 和苹果这两家公司对于 Mickey 和 Ron 来说是重要的"信用证明"。只要努力，任何人的职业生涯都可能得到有效改善和提升。作为职业生涯管理的一个重要方面，每一位程序员或者程序设计经理都应当努力去追寻可以做出技术贡献的机会，借此从众人中脱颖而出，创造属于你的传奇。这件事情其实很简单，可以是在一个开源项目中做出贡献，也可以是在博客文章中分享你的经验，只要找

---

① Pixar 及其前身 Lucasfilm，都是 E&S 的 3D 图形系统的深度用户。Pixar 开创性的动画《顽皮跳跳灯》就是 John Lassiter 使用 E&S 的 3D 图形补充创作的。

到适合你的方法就好。

深度参与相关技术社团或者组织，对你增添"信用证明"是大有裨益的。我们强烈推荐你加入 ACM / IEEE 这两个职业组织，不论参与程度如何，它们都能给你带来一定程度的技术信誉。这两个组织的长期成员能赢得更大程度的技术层面的尊重。参加这些组织的年度技术会议和本地分部的聚会，你可以与前沿技术保持接触，有效开拓个人职业生涯，成功拓展自己的职业人脉圈。

其他赢得技术层面尊重的方法还包括获得高级别的技术学历；考取职业认证；撰写技术论文；创建开源的、商用的或者共享的软件；申请专利；写书；创建自己的网站；创业；创建自己的博客；在一个技术社区中成为一名"众所周知"的贡献者；发明一个算法，如 Page Rank 算法、Warnock 算法）；构造一个定律（如摩尔定律）；等等。

Ron 在掌管苹果 Macintosh 环境下 Finder（苹果公司 UI 系统，中文名为"访达"）产品的开发团队期间，开发了在 Macintosh 上运行的共享提醒程序 Birthdays 和 Such。在探索 Mac UI 程序设计的一个特别困难的领域的最佳编码实践中，他发现苹果公司的文档有错误，于是编写了两份苹果技术笔记，让苹果公司的开发人员更容易地解决问题，少走弯路。由于历经重重艰难困苦，他和他的技术主管进行了一次深入的探讨，在讨论中他们打开了 Finder 的源代码，发现 Finder 居然也弄错了。这样的活动可以帮助你赢得团队成员对你的技术层面的尊重和敬仰。

不论通过以上何种方式厚植你的技术声望，一定要确保团队成员对此深入了解。一定要在简历上展示出你的技术实力，并在招聘过程中确保技术人员知晓你的技术实力。不要害羞，要想方设法地让你的成就家喻户晓，广为人知。下面是一些简单易行的建议：将学历和各种资历证书展示出来（这也是为什么医生们在他们的办公室里挂满证书的原因）；在墙上挂上你获得的专利证书；将发表过你写的文章的杂志的封面装帧并挂起来；维护你的个人网站，展示你在职业生涯中各项成就的细节。

Mickey 有个屡试不爽的做法：将所有名片陈列出来，如图 5.1 所示。他在办公室里陈列着这些名片，并且在面试过程中向未来员工展示它们，确保他们知晓 Mickey 在漫长的职业生涯中担当过哪些职责、取得过怎样的成就。Micky 长长的名片列表的第一张是他凭着对名片原始布局的点滴记忆重新复制的，原件早已阙如。这张名片如此珍贵，是因为那上面醒目地标记着 Micky"系统程序员"的头衔。其他名片上记录着他从"系统程序员"一步一步稳扎稳打，一直晋升到高级研发副总裁的职业生涯之路。

这些方法都是为了赢得来自下属的技术层面的尊重而做出的霸气外露的尝试。这些行动确实能让你平添威望。你不仅需要竭尽全力赢得这种尊重，而且还要在与下属的日常交流中不断强化这种尊重。

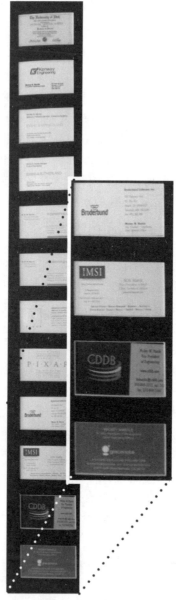

图 5.1　Mickey 的名片展示

在对前沿技术的认知和理解上比你的下属和同僚保持领先一步的优势，也是
建立和维护他们对你的技术层面的尊重的一种重要方法。在多家公司工作的时候，
尽管 Mickey 毫无疑问是全公司最年长的员工，但是他仍然努力保持自己对新技术
的敏感度，努力超越那些自认为无所不通的"少壮派"们。虽然想要做到在全部
技术细节上都能够遥遥领先几乎是海市蜃楼般的幻想，但是 Mickey 发现，在一些
重大技术和重要的趋势上保持超人一步的优势并不那么困难。Ron 和 Mickey 都保

持着仔细阅读精选的电子通信杂志①、网站以及期刊②的习惯；定期参加特定的技术会议；通过早餐、午餐、晚餐、电子邮件、线上讨论组以及临时的会议与技术人脉圈中的朋友进行交流。

他们全面了解技术趋势和技术大局，对于其中看起来很有应用价值或者特别有趣的部分进行深入钻研，并通过电子邮件向下属分享其中的精华。在每月部门会议或者公司级别的定期会议中，他们还会向更大的圈子分享这些内容。通过这些方式，他们可以不断地培育下属与同僚对他们技术层面的尊重。

对前沿技术及其宏观的发展前景了如指掌，对其中具有举足轻重的地位或者令人感到饶有趣味的内容进行深入研究，利用电子邮件或者月度部门会议、公司级会议等与各级员工展开广泛交流，分享自己精挑细选的内容……综合运用上述各种方法，Ron 和 Micky 从多方面、多角度赢得了下属和同僚的技术层面的尊重。

Mickey 是 ACM、IEEE 以及 IGDA（International Game Development Association，国际游戏开发者协会）的资深会员，所以他能够紧跟技术发展趋势，及时获取有益信息。通常，在游戏开发领域，新技术、新方法从提出到大规模应用要经历 3～5 年光景，所以他一直保持着对游戏开发领域的高度关注，一有机会就会去参加行业年度会议。每年他还要参加在拉斯维加斯举行的国际消费类电子展（the Consumer Electronics Show，CES），几乎从不落空。在 CES 大会上，来自世界各地的顶级技术公司会展示最新的消费类新锐产品和尖端技术（及其发展趋势）。

Ron 参与创立了 SVForum 软件架构师特别兴趣组（Special Interest Group，SIG），并在其中担任联合组长一职达 5 年之久，他还担任了东湾创新联盟软件开发最佳实践特别兴趣组（East Bay Innovation Group's Software Development Best Practices SIG）的联合组长、技术特别兴趣组（Technologies SIG）的联合组长。目前，他还是硅谷工程领导社区的联合主席（the Silicon Valley Engineering Leadership Community）。这些特别兴趣组不但可以令他在前沿技术方面保持领先地位，还帮助他及时了解各种新锐架构、前沿技术以及先进的管理方法，攫取其中的精华。

为了赢得团队成员的尊重，你还要格外注重日常沟通交流中许多看似微不足道的东西，如诚信、公正、信任、支持和鼓励，以及宽严相济、刚柔并举。这些内容将会在第 7 章和第 8 章中讨论，这两章的内容主要集中在如何激励员工，如何在软件开发团队中建立和谐美好的文化氛围。

---

① 举例：*Code Project Daily Insider* 就是一份相当不错的免费电子通信杂志，你可以在线订阅。这份杂志每天刊载的时事都包含有与业务、编程、科学技术相关的重要话题。对于任何程序员来说，它都是一个大有裨益的资源。然而，如今优秀的电子通信杂志琳琅满目，真正的问题是我们只能挑选其中的一小部分坚持精读。

② Mickey 和 Ron 都是 *Wired*（《连线》）杂志的忠实读者（想要了解娱乐前线乃至广泛话题的趋势，这份杂志绝对值得推荐），也是 ACM、IEEE 期刊以及许多商业和管理杂志的忠实粉丝。然而，当心"贪多嚼不烂"，想要挤出时间来阅读和消化所有可用的和有价值的东西是不可能的！

本节所讨论的真正核心议题其实在于：身为技术团队的管理者，一定要竭尽所能成为一名能够充分赢得下属尊重的技术带头人，不仅要在技术上保持领先，还要展现出强有力的个人魅力，让你的下属发自内心地尊重你。

然而，你仅仅只是赢得技术层面的尊重还远远不够，要想管好程序员以及程序员团队，你要做的还有很多。

5.2 招聘出类拔萃的程序员

出类拔萃的技术人员总是惺惺相惜的。所以，拥有锻造一支优秀技术团队的能力是让你从技术层面赢得尊重的核心。我们两个人都喜欢说："我们工作中最重要的部分就是确保延揽到合适的人才。"如果能够延请到出类拔萃的程序员，那么其他部分的工作都会变得轻而易举。如果请来的程序员都不如人意，那么通常你也就没有时间去处理其他的工作了，因为这些不省心的程序员总是惹出层出不穷的麻烦，让你应接不暇，分身乏术。我们在第 3 章中已经详细讨论过这个问题，在此就不再赘述了。但请一定确保把"延揽到合适的人才"当作你最重要的任务。

5.3 锤炼现有的团队，强化他们的技能

很多团队实质上全都是由资质平平的程序员组成的——他们做事本分得体，能够胜任本职工作，但是并不出众。我们也都有过从前任经理手里接手这样的团队的经历。你生活的地区可能本来就罕有出类拔萃的程序员；或者因为公司预算的限制，无法达到优秀程序员的薪资要求。你需要带领这支团队去维护或改进老旧无趣的系统，而面对这样的工作，即使是优秀的程序员也会感到枯燥乏味甚至崩溃抓狂。有时候，我们虽然一直苦苦渴求给团队增添一两位优秀的程序员，但往往几年都找不到合适的人选；这通常是因为你的公司有些衰落了，或者整个经济形势较为严峻。在大环境停滞不前的时代，招聘新员工并非你唯一重要的任务。

无论你当前的工作重心是否是为团队增添精英成员，你都需要时刻思考如何强化团队的战斗力——如何有效推动团队的持续改进工作，如何提升团队的能力。无论采用何种方式，你所有工作的出发点都将是深入了解不同类型的程序员，以有的放矢的方式有效地管理他们。本书第 2 章中讨论了程序员的不同类型，本书第 7 章将讨论激励他们的方法。现在，让我们来深入讨论一下如何管理他们。

5.3.1 因人制宜，因人施"管"

多年的经验使我们确信每一位程序员的个性都是独特的，从管理方式上对不同类型的程序员区别对待，真正做到因人制宜，因人施"管"，这会让你的管理工

作更加成功。

例如，系统程序员/架构师往往是团队中的"大亨"——他们脾气暴躁，目中无人。这个群体中个人成就的差别也是最大的。少数几位"杰出的系统程序员"能够以一种优美典雅而又简洁易懂的设计来构建一个大型的复杂系统，这类优秀的系统设计往往能让其他所有程序员的工作轻松惬意。他一个人的工作就能给团队带来巨大的效益。

Mickey 回忆道，他在 Brøderbund Software 中就遇到过这样一位卓尔不群的系统程序员。

这位程序员创建了一个系统，支持 Brøderbund Software 的几乎所有多媒体产品的跨平台开发（支持多种版本的 Windows 和 macOS）。这个系统把各种操作系统和硬件平台上有关音频、图形和动画等纷繁复杂的底层问题都封装了起来，把应用程序员从各式各样的棘手问题中解放了出来。这个系统还成功解决了由于不同硬件（如 300 MHz 和 900 MHz 的处理器，以及 16X 与 64X 的 CD-ROM 驱动器）的性能差别所导致的问题。他将这个系统命名为'穷凶极恶应用编写工具包'（Most heinous applications writing kit，Mohawk）。当然这样的命名并不是说使用这个工具包会带来多么大的恐慌，而是说一旦你在使用中遇到了问题，就不得不去面对他，而问题本身将是非常恐怖、难以解决的！

"在帮助应用程序员解决了这个问题以后，他还开发了一种用于创建面向页面的动画故事书的系统，该系统功能强大但本身无须编程，而是以使用具有有限功能的交互式脚本的方式，将动画制作人、音效师和技术人员有机协同起来，以多快好省的方式创作各种动画故事书。这些动画故事书在商业上大获成功，以至于后来 Brøderbund Software 和 Random House 出版社合资组建了一家公司，为 Mercer Mayer、Marc Brown、Dr Seuss 等著名的儿童书出版商制作了大批动画故事书。[①]

"Brøderbund Software 在 20 世纪 90 年代的早中期之所以能够大获成功，我认为归根结底在于这位堪称栋梁之材的系统程序员的卓越贡献。这样说并没有贬低其他 Brøderbund Software 的员工（包括很多才华横溢的设计师、美术师、动画设计师、音效设计师、产品经理、程序员等）所做出的杰出贡献的意思，但是这位系统程序员所做出的卓越贡献让所有其他人的工作都变得事半功倍，让他们交付的产品更加美轮美奂。

"但是，那些曾经与他直接共过事的同事，则不会对与他共事的那段时光留下美好印象。他有时候十分傲慢，并且防备心理十足，这让那些发现他的系统有问题的人感觉十分难以接受，除非有确凿证据证明确实是他的错误，否则他一定不会去修正问题——即使对他而言修正问题往往十分迅速且不费吹灰之力。

"因为他是向我汇报的（有时候是直接汇报），所以我也感受过这种痛苦。但

---

① 有关此"动画故事书制作引擎"的细节，请参见刊载于 *Computer Graphics World* 杂志上的文章"Digital Archeology"。

我意识到他是有真才实学的，所以我对他的各种努力给予了优厚的奖励。虽然在我看来，给他的奖励一直未能足以报偿他为公司所创造的累累价值，但也算不错了。当然，在奖励他的同时，我也做了一定的平衡——敦促他可以不用那么暴躁。最终，我的所有努力获得了丰厚的回报。"

Dave Cutler 也是一位具有传奇色彩的系统程序员，在跨越两个世纪长达 50 年的职业生涯中，他的贡献可谓彪炳千古。在 20 世纪 70 年代，他为 Digital Equipment Corporation 开发了 RSX-11M 和 VMS 操作系统；他是 Windows NT（Windows NT 是 1993 年以后历代 Windows 的基础）开发团队中的核心角色；他还主持开发了 Microsoft Azure 云操作系统和 Xbox One 的虚拟机管理程序，此项成就使 console 控制台的应用远远超过了最初的游戏领域。

这样的天之骄子堪比那些一代宗师级的钢琴家、建筑师和诗人。因此，我们相信给予这些非同凡响的系统程序员足够广阔的舞台，供其挥洒自己的才华是必要的。要想做到这一点，往往还得需要基于对他们巨大的信任，不要试图监控和督导他们的工作。那些"大神"级的系统程序员担纲的项目，往往并不需要设定"必要的"及"充分的"需求分析评审与进度规划工作，更遑论详细规划的里程碑。所以如果管理者在这种项目上花费了大量精力，那纯粹就是画蛇添足。从长期看，这些可遇而不可求的杰出人才几乎不会辜负你给予他们的充分信任。他们总是能够保证交付成果，虽然很少按时完成，或者很少在预算范围之内完成。但是，假以时日，他们交付的成果所带来的价值将大大超过他们花费的时间和金钱。

应用程序员往往要比系统程序员更容易管理，即他们往往要比系统程序员更容易相处，而且他们的编码进度也往往更容易被观察到。这是因为大部分应用程序都有某种形式的界面（UI 或者对外接口），这使得管理者可以通过界面准确地评估开发工作的进展状况。我们的经验表明，应用程序员想要获得成功，通常需要能够深入理解最终用户的诉求，想方设法让他们对最终用户的需求保持高度敏感，这样你在管理的过程中就不会遇到太多问题。

数据库程序员比其他类型的程序员更加难以捉摸，部分原因源自与他们沟通所使用的特殊模式：数据库模式、数据表、SQL 语句。要想高效有序地管理好数据库程序员，你需要帮助他们建立与计算机科学家一样的思维方式，而并非只是一些用 SQL 语句逐列逐行访问数据表的"爬虫"。

我们的经验表明，现代数据库系统与底层硬件已经是层层抽象隔离了，这会导致数据库程序员疏于掌控那些可以让关系型数据库运行更轻巧、更迅捷的优化技巧。这些技巧通常都是数据库管理员（Database Administrator，DBA）们需要掌握的，但我们相信数据库程序员也应当考虑如何优化数据库的问题。我们常常听到这样的论述："当今的硬件如此高效、高速，不需要考虑性能优化了。"对于小规模程序来说，这个论述确实无可厚非，但对于那些对于可扩展性要求很高的大型数据库以及生产用系统而言，却是需要从一开始就仔细考虑周全有关性能优化

（以及如何有效利用目标生产环境所部署的硬件系统的相关设计）的问题。

Ron 回忆道，他曾经在 Forensic Logic 遇到过一个问题：生产环境的数据库需要在性能方面提升一个数量级才能有效运行，简单的 DBA 调优很难达成数量级的提升。于是 Ron 询问并且引导他的数据库程序员，能否使用汇编语言通过驻留在内存里的程序直接访问数组（而不是使用 SQL 语句的方式来解决性能问题）——Ron 曾经成功使用这种方法显著地提升了系统的运行性能。当这位数据库程序员听到还有这种方式后，惊讶地叫了出来："啊！你帮助我跳出了固有的思维模式！"

另一个发生在 Gracenote 的案例也能佐证数据库程序员常常陷入"盒内思维"。当时的问题是：系统需要从内容合作商那里接收海量元数据内容（例如唱片公司的信息）并进行匹配，这项工作让数据库团队一直压力重重，几乎不堪重负。Mickey 回忆道："我们有数十个持续不断更新内容的信息源，合作厂商会持续不断地更新内容，所有这些更新必须都要在 Gracenote 庞大的元数据数据库中迅速匹配。这个过程需要海量的文本匹配操作，而且这种文本匹配并不是'精确匹配'，因为同样的元数据可以有多种截然不同的表达方式——例如'甲壳虫乐队'可能会被表述为'乐队，甲壳虫'，也可能会被错误地拼写为'夹克虫'"。

"数据库程序员在如何'精确匹配'文本上耗费了大量的时间和精力。他们不断尝试各种优化文本匹配的算法，仍然无法达到他们预想的效果——获得一个数量级左右的性能提升。解决这个问题最终采用的是'盒外思维'的解决方案——把文本匹配的逻辑整体移出数据库管理系统，放到专用的服务器上进行。在定制化的文本匹配系统上针对此问题量身定制了自定义算法，完美地实现了提高性能的效果。然而，这个解决方案是我强加给数据库程序员的，并非他们自己想到的。"

和那些卓尔不群的系统程序员一样，杰出的数据库程序员也要对数据库管理系统运行的操作系统了如指掌，尤其要关注 CPU 和硬件、存放数据库管理系统文件的大规模文件存储系统、数据库管理系统读取文件存储的连接方法，以及其他组成数据库管理系统的运行环境的所有细节信息。

Mickey 回忆道，当他在 Gracenote 工作时，一次升级行为导致了长达数月都无法解决的严重问题，原因恰恰就是在升级开始之前没有充分确定文件存储系统的各种细节。

"和大多数为了提高性能或负载能力而做出的升级类似，这次 Gracenote 升级了它的网络文件存储系统。按照预先的估计，升级之后该系统的在线负载量可以获得大规模提升，该系统的总体性能也会得到很好的优化。当该系统测试完毕刚刚开始上线时，一切看起来都很正常，调优之后的负载能力也和预期的一样。然而，当所有数据库管理系统的应用都加载并运行起来以后，该系统的总体性能比原先那个被替换掉的旧文件存储系统下降了很多。即使在咨询了系统集成商、系统生产商以及硬件系统提供商（Sun 和 Net App）以后也不得其法，我们实在是不知所措。在随后的几个月里，各种各样的测试都做过了，但性能降低的原因一直没有被找到。

"最后，终于有一位系统程序员发现新的文件系统的原生文件块大小对于 Sun 服务器的虚拟内存页面来说是'非最优'的，这项偏差导致数据从文件存储系统向内存传输的时候产生了延迟。这一项微妙的参数设定对整个系统的总体性能产生了严重的影响。"

虽然这只是个极端的例子，但它也反映出数据库系统运行环境的各种细枝末节即使出现"失之毫厘"的错误，也可能导致数据库系统总体性能和运行效率受到巨大的影响。如今，愿意去广泛而又深入学习数据库管理系统的各种子系统的数据库程序员实在是凤毛麟角。

要鼓励你的数据库程序员对相关技术探求透彻、深入精微。对于那些屈指可数的既能理解数据库管理系统技术又具备出色系统程序设计能力的程序员，请给予重奖。这一点对于基于云的数据库系统也同等重要！

（UI 和 Web 程序员）在本质上与其他程序员类似，但是他们往往要使用高阶的编程语言和工具来完成开发工作。这使得他们不会那么深入钻研技术，反而更为依赖他们所使用的工具的性能。换句话说，他们常常被所使用的工具"绑架"了。比起前面讨论过的其他类型的程序员，UI 和 Web 程序员必须要面对更大量的迭代开发和修改工作。这意味着，你必须确保 UI 和 Web 程序员拥有足够的耐心，能够接受尚不完善的需求，并不断充实和丰富这些不完善的需求，而后通过持续迭代和修改以快速适应不断变化的最终用户需求。

Ron 回忆道："在苹果公司，我会使用新闻报纸的布局作为比喻来讲述 UI 设计的真谛。当我还是一名新闻记者和小报编辑的时候，我和一位版面设计师共事，他会小心翼翼地拼贴报纸的版面。但是一旦我们两个人中的一个认为当前的版面布局不够引人入胜时，他会毫不犹豫地把所有东西都撕下来，并重新开始设计。"优秀的 UI 和 Web 程序员也必须具备同样挑剔的眼光，能够一眼发现界面上任何不妥的地方；还得具备自我否定的精神以及雷厉风行的作风；无论是在用户测试的时候，还是在产品经理指出要采用另外一种方式的时候，都能够有勇气完全推倒重来。

上述所有类型的程序员都有一个共同点：杰出的程序员的工作效率可能比他们的同事高出一个数量级乃至更多。不管是我们自己的经历（如之前描述的 Brøderbund Software 的系统程序员）还是放眼整个行业，无数的事例都可以充分证明杰出的程序员在对付各种疑难杂症时，表现得是多么出神入化。

但是，如果你的团队里全部都是出类拔萃的程序员，我猜你也不愿意管理这支团队。出类拔萃的程序员需要一群能干的程序员来配合工作，这些能干的程序员会完成日常的开发工作，实现计划好的系统和产品。这一点和橄榄球运动类似，一支克敌制胜的橄榄球队中必须要有那些负责阻挡和抢断的队员，而一支能征惯战的软件开发团队的核心则是那些能干的程序员。

不论项目如何组织，管理程序员都不会是轻松惬意的工作。项目的进展状况往往难以识别，因为有关项目进度的可视化工作实在是得之不易。雪上加霜的是，即使进展状况可以做到可视化，你能洞察清楚的往往也只是整个项目的冰山一角。所以你只能依赖一些间接因素来洞悉项目的进展状况：团队成员提交的状态报告、项目进度表、项目的基本度量项以及口头汇报。最高效的管理者身边不会缺少敢于直言不讳的员工，他会告诉管理者自己还有哪些工作没有完成，并且会主动求助于管理者，而无须管理者的提醒和催促。最高效的管理者往往也都是坦诚直率的人，允许员工说出自己的想法，愿意认真倾听员工的想法，在员工需要帮助的时候从不缺席。

5.3.2 引导

管理者的一个重要工作就是引导各项工作走向正轨。这就意味着管理者需要随时随地保证团队成员之间，以及团队与团队之间沟通顺畅。这还意味着管理者需要尽早发现前进道路上的阻碍，找到移除阻碍的办法：通常是让一个程序员开始或者结束一个任务。

引导的目的在于让事情完成，而并不在于如何完成。有些管理者喜欢事无巨细、越俎代庖，此举偶然为之无可厚非。但是，管理者要想最大化地利用好自己的时间，发挥好自己的技能，就要引导程序员自己做出正确的决定，而不应该替他做决定。这样做既可以帮助下属培养技能、积累经验、建立自信，还能获得那些具体执行决定的员工的认同。

如果你发现自己经常需要下达具体的命令，那就说明你还没能充分利用好你的管理技能，或者没能赋予下属足够的权力。作为管理者，你必须指出大方向，然后做好充分的检查以确保下属做出正确的决定并能实现目标。你要及早检查下属做出的重要决定，否则在你想要插手介入或者中途修正的时候，下属很可能已经做了很多无用功。Ron 的一位在 Socialtext 开发团队工作的同事，总结了成为一名杰出管理者的精髓，其具体内容如下：

普通的管理者能够在目标无法达到时，发现阻碍目标达成的障碍并且想方设法地消除它们。优秀的管理者则技高一筹，他们能够提前预知障碍，并且在它们产生实质性危害从而导致目标无法实现之前就消除它们。杰出的管理者则在整个处理过程中表现得举重若轻。

——Tony Bowden，Socialtext

5.3.3 仪表盘

高层经理们拥有的仪表盘工具能够帮助他们监视业务的整体运营情况，包括销售、服务和财务。但是，很少有人专注于开发用于管理软件开发工作的仪表盘。幸运的是，当前已经出现了这种类型的工具，它们可以帮助软件开发团队的管理者们自动收集和组合他们所需的有关编程工作进展的信息。如果你使用 Git 作为源代码控制工具，你可以尝试使用诸如 GitPrime 这类工具，它们可以自动为你提供所辖团队工作状况的全景视图，包括计算各位团队成员的代码贡献、管理请求和工作单，以及其他工作模式。

你应关注这类工具。它们的售价往往高得离谱，即使对于大型团队来说也是高不可攀。幸运的是，大部分工具都有免费试用版本。

5.3.4　保护团队

程序设计经理必须要学会的最重要的一课，就是如何保护好自己的团队成员，使其免受组织中每日泛滥不绝的各种问题、争议和所谓"机会"的干扰。在大型公司和政府组织中，深谙官僚主义之道的办公室政治高手可以通过各种文书工作来缓和或者应对每天面临的各种请求和问题，从而缓解对团队成员的影响。然而，在小型公司和组织中，各类纷扰此起彼伏，让团队成员不胜其扰——销售人员提交的真伪难辨的各种表单，客户发起的喋喋不休的争议，以及高层管理者时不时提出来的猝不及防的各种想法……这时，你可能就是团队里唯一的防线。

若要让一支程序设计团队一直保持富有成效的工作状态，你就必须保证团队能够从这一股股的"泥石流"中幸免。作为他们的经理，你必须要挺身而出，亲力亲为，去理解、评估、讨论、协商、推迟、记录，直至最后同意或拒绝去处理这些问题。这是你重要的工作职责。如果你让你的下属或者是你信赖的副手淹没在这些芜杂琐碎事情的洪流之中，那你就会大大降低他们的程序设计工作效率。

做一个抑制噪声的消声器。

——Joes Kleinschmidt, Obindo 首席执行官、Leverage Software
前首席技术官

当然，为了妥善处理有些难题，你可能还是需要某些下属的协助。注意，这么做的时候一定要谨慎选择。我们的经验表明，在处理那些所谓的问题、争议和"机会"的早期，很少需要"完善而又妥帖"的技术解决方案，实际上往往有一个基本的技术可行性评估即可。所以，这样的难题往往开头并不需要牵扯到你的员工。你可以冒着一定的风险先给出一个答案，当然一定要追加一条注释：为了保险起见，需要开展进一步的技术研究工作。

一般地，你会发现，只有少数重要的事项会占据优先级排列顺序的顶端，而其他的事项则不那么重要。请对那些顶级优先级的事项多加关注。随着时间的流逝，你必须学会分辨哪些事项才是真正重要的，这样你才能妥善处理好这些事项，而不是把精力浪费在其他细枝末节的事项上。

　　保护好你的员工，不要让他们把宝贵的时间浪费在那些鸡毛蒜皮的琐事上。保护好你的团队，保持轻松愉快的团队工作氛围，让他们免于受到那些流言蜚语的袭扰（项目变更，公司被收购、重组，或者公司要裁员），这些谣言会干扰团队成员的情绪，容易让他们变得疑神疑鬼、不寒而栗，进而导致生产效率严重下降。

　　你还需要让你的员工知晓：为了保护好他们，使他们免于淹没在繁杂的琐碎事情之中，你都做出了怎样的努力。透漏这方面的信息可以通过非正式的方式，例如在与员工聊天的过程中不经意地流露出来，又或者将刻意细选出来的一部分流言在某次会议上与员工分享。Mickey 在 Gracenote 工作的时候特别规定，每月部门例会（与会者都是直接或间接向他汇报的技术员工）的最后一项议题为"热门流言"。Ron 在苹果公司和 Schwab 这些容易在重要时刻滋生流言蜚语的组织里也做过类似的事。

　　Mickey 回忆道："有时候，我会利用'热门流言'的时间来向团队传达近期客户提出的问题、请求、机会或者讨论。我会根据不同的客户或具体的机会类型来选择话题。在分享这些热门流言时，我其实在努力做好两件事：一方面是让团队成员了解到除了团队的事情之外，还有很多正在发生的其他相关事宜；另一方面也是间接地提醒他们，正是因为我做出的缓冲处理，才使得如潮水般涌入团队的客户需求并没有给他们带来太大的困扰和冲击。让你的员工知道这两件事情对他们是有好处的。"

　　如此有效地保护团队，以及让他们知晓你就是他们的"保护神"，将让你赢得相应的声望。正如 Ron 所说的那样："为你的团队撑起一把保护伞，即使他们认为自己身上一直是干燥的而且天气一直是晴朗的。实际上，当他们发现周围都是大雨滂沱而自己却免受雨淋之苦时，他们会对你充满感激之情。"

　　你对团队的另一重保护是要避免他们受来自组织内其他部门或个人的不当沟通方式的困扰。如果让这样的沟通穿透了你的"防护盾"，那就会产生破坏性的效果——严重削弱员工士气。有关努力保护你的团队，让他们免于受这种沟通的侵扰的内容会在第 8 章中详细讨论。

　　你还必须要对团队提供第三重保护：保障他们免于遭受开发部门之外的同事或者部门的抨击。市场、销售和财务部门的管理者（甚至是高管）以及他们的员工都有可能抨击软件开发项目及其成员，这样的事情屡见不鲜。这种抨击往往并没有充足的事实根据。有些是出于善意的批评，有些则完全是恶意攻讦，甚至可能包括人身攻击。我们的建议是你要对此保持高度警惕，防止这类事情发生。当这类事情发生的时候，你可以当场或者私下对那个恶意抨击的人直面相告：他的行为是不恰当的，对此你无法容忍。

　　提出疑问与揭露短处的界限往往不明确，但是恶意抨击的行为则十分明显，因为它背后往往都是自私的动机。对于这些抨击，你不要有丝毫犹豫，直截了当地站出来保护你的员工。你会获得同僚的尊重，最终你的员工也会知道你曾经多么勇敢地站出来保护他们，于是他们的眼中满满都是对你的尊重与崇敬。

5.4   绩效考核和改进

管理者最重要的职责之一就是给员工的绩效做出反馈，并且持续提升员工的绩效。每日绩效反馈，每季度、每年度的绩效考核，以及每月或每季度的绩效目标设定等，这些都是很好的工具，可以帮助你出色地完成绩效考核和改进工作。

成为卓越的代名词。很多人其实并不能适应需要卓越素质的环境。

——Steve Jobs

5.4.1   设立目标

这里有一个改善个人绩效的简单易行的方法，而且几乎对每个人都奏效：与你的员工达成共识，设定一系列必须达到的目标、必须完成的任务，并且指定完成的时间；接下来定期审查这些任务的进展状况。虽然大部分目标都可以以季度或者年度的时间间隔来评估（年度目标通常更加泛泛，而季度目标则更有针对性），但对于许多程序员来说，按季度设定绩效目标的时间间隔都太漫长了。按周、双周或者月度设定目标看起来更加切实可行，尤其对于有些程序员而言。

目标可以设立得泛泛一些（例如提高编码技巧），但如果想要绩效改进更为明显，那就需要将其设计得更为量化（例如在 4 月底之前完成模块××，并保证代码质量达到可以进行代码复审的程度）。目标的可测性越高，管理者和团队成员在评估进展状况的时候就越轻松。

确保团队理解你并不只是评估他们"做了哪些事情"，你还要评估他们"是如何完成的"……这里所说的"如何"，包括工作透明度高、代码简洁有效、重视文档化工作以及尊重他人。

——Marilson Campos，工程副总裁，旧金山湾区

设计一个简单易用的表单来设定和评估个人绩效，可以保证绩效考核的执行、监控和评估工作都会简单易行。Mickey 在 Gracenote 工作时，长年使用一个电子表单来跟踪季度绩效目标。他在表单中对每一项事务都会标定一个数值（完成的百分比），以便于对其进行跟踪监控，而总体评分就是各项事务评分的汇总。图 5.2 展示了一个通用版本的绩效考核框架，它也收录在本章后面的"工具"部分中。

给新员工设立绩效目标尤为重要。大部分公司的新员工都有一段试用期（通常是合同开始后 90～180 天），公司借此详细评估新员工的工作表现。如果新员工

	A	B	C	D	E	F	G
1							
2	员工姓名：	名字		工资（美元）：	80,000		
3				年度奖金（美元）：	$8,000		
4	头衔：	职位（如：高级系统程序员）		年薪总数（美元）：	$88,000		
5				资金（%）：	10%		
6	经理：	领导的名字					
7	季度/年份：	Q1 2011					
8							
13	评审意见：			评审经理签名：			
18	季度个人目标			占全部目标的%	完成%	结果描述	
19	个人绩效目标：	{最大的5个}				个人目标的结果	
20				100%	0%		
21	目标1：	目标1描述		25%	0%		
22		在这里详述目标1					
25	目标2：	目标2描述		25%	0%		
26		在这里详述目标2					
29	目标3：	目标3描述		20%	0%		
30		在这里详述目标3					
32	目标4：	目标4描述		15%	0%		
33		在这里详述目标4					
35	目标5：	目标5描述		15%	0%		
36		在这里详述目标5					

图 5.2　绩效目标表格

表现得不好，则可以马上同他解除合同，无须经过绩效改进过程，也无须考虑公司的合同终止政策（与正式员工解除合同的流程规定往往非常严格）。为此，管理者需要与新员工一起面对面制订一系列完整清晰、可测量的试用期工作目标，以评估新员工入职后试用期的表现。管理者最重要的职责就是招聘到合适的人选，因此，迅速、干净、利落地清除不合适的人员也同等重要。你在漫长的职业生涯中不可避免地会有看走眼的时候，请有效利用试用期清除掉不合适的人员。

小心！把员工的绩效目标和奖金关联起来不一定是个好主意。有关激励理论的研究表明，和通行的想法相反，在软件开发团队这样需要创造性劳动的环境里，奖金会降低员工的工作效率。

自 20 世纪 70 年代以来，涉及成人和儿童的研究都表明，条件性奖励（如果你能做到这些，就能得到某个奖励）会衰减员工工作的乐趣，因而会耗散掉员工工作的内在动力。奖金额度越大，员工的表现就越差。不仅如此，奖金会让员工的视野变得狭窄，往往只适用于那些机械化的劳作（例如把螺母上到螺栓上），而对于那些启发式、复杂度高、概念性的工作（例如程序设计）是没有效果的，而且奖金导致的短视效应反倒会拖长寻找解决方案的时间。

程序员面对的是复杂任务的挑战，工作的动力应该是自制力、精通业务而带来的自豪感、目标感、紧迫感、受到赞美时的成就感，以及其他正面反馈（反馈是针对付出的努力和采用的方法，而不是针对结果）。"自我驱动的人们通常要比那些寻求奖金的人们成就更大，"Daniel Pink 在他的极富启发性的畅销书 *Drive: The SurprisingTruth about What Motivates Us*[1]中如是说，"当人们只能被奖金驱动时，那就是他们最缺乏驱动力的时刻。"

我们的经验表明，对于程序员来说，金钱很少成为真正的动力。一次性的现金奖励可以激发程序员集中精力完成某个关键的工程。但在其他时候，如果这种奖励变成了程序员预期之中的东西，那其他所有能够促使他们做出卓越努力的驱动力都会丧失殆尽。Pink 已经向我们证明，需要尽力限制使用条件性奖励的次数，更多地使用意料之外的奖励。管理者需要尽力帮助团队，让他们找到适合自己的自我驱动力。

关于设立绩效目标，还有一点值得一提：为员工设立清晰的绩效目标，可以催生明确的绩效评估方法，当你向领导汇报或者与公司其他人员沟通时，你就可以更加清晰、有条理。

5.4.2　绩效评估

几乎每一位程序员都渴望看到管理者对他们绩效的反馈。管理者对他们的表

---

[1] Daniel Pink, *Drive: The Surprising Truth about What Motivates Us* (Riverhead Books, 2009). 中文版《驱动力》2012 年由中国人民大学出版社出版。

现进行反馈的最简单易行的办法莫过于每天在办公室里走上一圈，或每周与下属来一次面对面的交流，让团队成员们知道你对他们最近完成的工作的看法。

但是，这样非正式的沟通并不能替代定期的（至少每年一次）、正式的、详细的、形成书面文件的绩效评估。*Good Boss, Bad Boss*[1]一书的作者 Robert Sutton 声称："如果绩效评估是一种药物，那么它无法通过美国食品药品监督管理局（Food and Drug Administration，FDA）的批准，因为它大概有一半的概率能让事情变得更好，但还有一半的概率会让事情变得更糟。"尽管如此，大多数大型组织都要求进行绩效评估。我们两位都发现，程序员渴望一个书面形式的绩效评估结果，而这种评估可以成为鼓励优异表现、制止不当行为与结果的优良载体。另外，正式的绩效评估还能保留一份书面记录，当员工的绩效出现问题、需要启动绩效改进计划时，这份记录的作用就体现出来了。

对下属的绩效定期进行评估并反馈给下属，这是程序设计经理仅次于招聘到合适的人选的重要职责。但是，这往往也是最难以按时保质完成的任务。

如果年度绩效评估工作不能按时完成，这将是对管理者个人威望的最大损害。一整年，你都在不停敲打、催促团队成员"按时完成工作"，但到年底的时候你却告诉他们"我很忙，没有时间按时完成你们的绩效评估工作"。无论你在忙些什么，都不是在忙于管理他们，所以只要这句话说出来，那就只能迫使他们认为你并不在乎他们。下一年若还想激励他们努力工作，那你只能自求多福了。

——Tim Swihart，苹果计算机工程总监

有一样东西可以帮你做好绩效评估：一个不仅你自己喜欢用，而且深受下属们爱戴的、一目了然的绩效评估系统。构建一个良好的绩效评估系统需要考量以下 3 个因素。

1. 采用年度绩效评估模式

绩效评估的日期一般由公司或者组织决定。通常，该日期会设置为员工本人入职的周年日期，或者他们上一次调薪的周年日期。因为某些调薪活动（如升职）并非发生在周年日期，所以年度绩效评估的日期会从最初入职的周年日期或者上一轮调薪之后的周年日期调整为新的日期。

2. 采用固定日期绩效评估模式

把绩效评估的日期设置为员工入职日期或者上一轮调薪的周年日期是有缺陷

---

[1] Robert I. Sutton, *Good Boss, Bad Boss: How to Be the Best...and Learn from the Worst* (Business Plus/ Hachette Book Group,2010). 中文版《好老板，坏老板》2011 年由天下远见出版股份有限公司出版。

的——不同员工的绩效评估的日期分散在一年之中的不同日期上。所以，你必须：

- 在每一位员工绩效评估的日期到来的时候，你要分出时间来进行绩效评估；
- 若想公平评估每个人的绩效，还要考虑到预估绩效和对比当前还没有完成绩效评估的其他下属员工。

因为这两个问题都很棘手，所以很多组织都采用固定日期绩效评估模式，将全公司内所有员工的绩效评估工作都放在同一时间进行。

固定日期绩效评估往往能使经理们更轻松、更优质地完成评估工作、交付评估结果。组织当然希望管理者能够多花一些时间去准备妥当所有的评估工作，所以你可以安排多一些时间。而在前述年度绩效评估模式下，能这么做的机会微乎其微。再加上你可以在同一时间内评估所有直接下属的绩效，这样更容易保证公正公平。我们强烈推荐采用固定日期绩效评估模式，每当我们所在的组织还没有采用这种模式时，我们都会建议组织采用[1]。

3. 通用的绩效考核流程

不论如何安排绩效评估的日期，绩效考核流程通常都是一样的：

- 向被考核的员工征询自上一轮绩效考核之后，迄今为止对自己绩效表现的自我评价；
- 准备一份综合评估材料，向被考核员工的同事征询自上一轮绩效考核之后，迄今为止该员工的绩效表现；
- 综合员工的自我评价以及同事环评的结论，再结合你对该员工的评价，写好考核材料；
- 请你的主管审核并给出意见，如果你认为其意见合理，就将其纳入考核结果中；
- 将初步拟定的正式绩效考核结果发给员工，请他进行复查，同时请他做好与你进行绩效面谈的准备；或者，你也可以先不把结果发送给员工，等到绩效面谈的时候当面交给他，这样可以保证关于考核的任何问题都可以立即得到讨论，不至于造成任何误解；当然，有些员工更愿意在绩效面谈之前有一段时间来消化绩效考核的初步结果，而有些经理对此也乐观其成；
- 与每一位被考核的员工进行面谈，将绩效考核结果交给他，与他一起讨论其中的内容，同时你还可以与该员工一起讨论其他你认为应当细细讨论的内容，或者员工提出的有待进一步讨论的内容；

---

[1] 创业型企业如果遇到现金流紧张、财力不足的问题，可以不使用固定日期绩效评估模式。因为如果采用这一模式，那么所有员工的工资调整都会集中在同一时期，这会引起公司财务负担突然暴增的弊端。此时公司管理层的回应可能是暂时冻结调薪，不会把所有员工的工资调整同时完成。如果采用年度绩效评估模式，员工的绩效评估不会集中在某一时段，只会引起小幅度的薪资成本增加，并不会带来太大的压力，也不会触发公司管理层的负面回应。所以，固定日期绩效评估模式更适用于那些规模更大、业务模式更为成熟的组织。

- 让员工签署考核结果，必要时允许员工添加任何他认为适当的附加评注；
- 将考核结果与薪资调整意见一起发给人力资源部门，以便做后续跟进。

如果你有一套内容翔实的应用于绩效考核的文档模板，那么完成绩效考核会事半功倍。通常，这套模板应由公司的人力资源部门提供，包括需要你填写的表格，涉及关键绩效指标的问卷，以及填写实际绩效考核结果的模板。如果公司人力资源部门已经采用了在线绩效考核系统，那就要恭喜你了，整个绩效考核过程都会变得多快好省。如果公司还没有相关系统，那么你可以考虑投资购买一套，并将其用于企业内部。[①]

组织成熟度有强弱，人力资源部门的工作效率有高低，人力资源部门的人员对程序设计的理解程度也是参差不齐，所以人力资源部门制定的绩效考核框架也良莠不齐。

Brøderbund Software 的人力资源部门堪称典范，即使如此，程序设计经理们仍然觉得人力资源部门给出的绩效考核框架非常不适合他们，"绩效指标和我们想要评估的有关程序员的真实表现相去甚远"。所以，Mickey 联合程序设计部门的每一位总监一起，创建了一套新的框架，它总体上与人力资源部门提供的框架类似，但是大幅改善了绩效指标，以使其更加适应对程序员的考核要求与目标。

后来，Micky 又进一步改善了这个框架，并以此为基础为 Gracenote 的程序员定制了一套绩效考核框架。你可以在本章后面的"工具"中找到专用于程序员的绩效考核框架的通用模板。

除非你管理的是外部员工（即使管理外部员工有时也得遵循下列原则），否则你在绩效考核中需要遵循的最为重要的原则就是：给予更多的正面评价，而不是负面评价。《好老板，坏老板》一书的作者 Robert Sutton 声称："对于每个负面的评价，你需要给出 5 个正面的信息才能抵消其消极影响。"

给予更多的正面评价，而不是负面评价。

——Robert Sutton

但同时你也要把 Steve Jobs 的这条忠告牢记于心：

我的工作不是对人们宽容，而是要让他们变得更为优秀。

——Steve Jobs

按时完成一位下属的绩效考核工作，并且做到有理有据，这是你的一项重要成就。每完成一位下属的绩效考核工作，你完全可以自我表扬一次，除了被评估者本人，你的领导和其他人往往会低估这项成就，但是被评估者会对此感激不尽，他们会对你留下深刻的印象——这是一个优秀的管理者。

----

① Capterra 网站列出了许多目前常见的绩效考核系统软件。

　　注意：不用对合同制员工实施绩效考核。

　　不用对那些临时雇用的合同制员工实施绩效考核，因为他们就是为了完成某一个特定的任务或项目而签约的临时工，做完工作直接拿钱走人。你可以随时将他们遣送回家，每次向他们支付报酬的时候其实就相当于一次小型的绩效考核。所以，请密切关注你手下所有的合同制员工。如果他们表现不错，能够有效达成他们的里程碑并成功交付成果，那你可以继续留用他们，对他们口头或者书面鼓励一下即可。一旦发现他们在工作中有任何不妥的迹象，那你就直接解聘，或者给他们一段很短的时间（最多一两周）来改善工作绩效。他们必须要"讨你喜欢"，持续不断地成功交付工作成果，这样才能被继续留用。一般地，你已经为他们的专业知识和工作经验支付了相应的费用，包括为了享有依照合同规定的"随时解雇"权利支付了额外费用，所以不要因为"立刻解聘他们"感到内疚。作为合同制员工，他们对这份工作的特殊性心知肚明。

　　对于那些有着深度合作关系的独立顾问，慢慢地你会想要给予他们全职员工的待遇。但是，请注意有些州立法律和联邦法律会禁止你像雇用全职员工一样长期雇用合同制员工，大多数公司也有"禁止雇用独立顾问超过 6 个月而仍不转为全职员工"的规定。之前有很多判例表明，雇用合同制员工超过一定时间之后，你必须补偿其福利待遇以及其他补偿金。所以，你一定要对 "招聘合同制员工的20 条规定"[1]中，有关全职员工与合同制员工之间的区别了如指掌，理解透彻。

　　通过中介服务，公司招聘合同制员工通常可以避免被强制要求给予其正式员工待遇的问题。这样招聘到的合同制员工是和中介服务公司签约的，你只需要支付咨询费用，并将其中一部分作为工资支付给合同制员工。有很多中介服务公司很乐意提供长期合约服务。这些中介服务公司可能因为提供中介服务而要求比直接招聘独立合同制员工更高的费用（通常高 20%或更多）。对很多有招聘需求的公司来说，这种做法是可以接受的，因为可以让他们绕开直接雇用独立制合同制员工可能产生的问题。

　　所以，在雇用合同制员工以避免人员编制增加的时候，你一定要小心谨慎。本书后面有一节会讨论可能影响到此事项决策的人员组成结构方面的考量要素以及人员配置事宜。

　　还有一个需要注意的特殊情况是海外合同。很多公司现在都保有大量的印度、中国、东欧以及其他国家和地区的技术人员资源池。这些公司通过一家以"专属"方式提供技术资源的公司与这些海外技术人员签约。所谓"专属"，就是说这些海

---

[1] 美国国家税务局（Internal Revenue Service，IRS）使用 20 个标准问题作为指导，用来判定一个人是全时合同制员工还是全职员工。如果你雇用的合同制员工没法满足其中大部分问题的设问，就要面临必须给予他全职员工待遇的法律风险。这对你来说是一个潜在的问题。关于判定一个人是独立合同制员工还是全职员工的指导条文，包含在美国国家税务局税法 15-A《雇主附加税收指南》（IRS Publication 15-A，*Employer's Supplemental Tax Guide*）条文中。

外技术人员专门为你工作，并且只接受你的管理，他们就与你公司的员工一样。很多这样的海外合同都包含有这一个条款：经双方协商同意，在某个时间段之内，这些海外技术人员可以成为你所在公司的全职员工（相关费用经由双方协商达成一致）。

在海外合同中，合同关系要尽量简单化，以方便你将海外技术人员收录到组织中。仅时区、距离和文化方面的隔阂就已经相当深了，更遑论把他们当作合同制员工对待时遭遇的各种人为障碍。这些海外技术人员的绩效考核可能要由当地的管理层来实施但是请不要错过为这些海外技术人员的绩效考核提供重要的输入信息的机会。毕竟，实际支付工资的人是你，因此在评价谁表现好、谁表现差的时候你要拥有发言权。你要确保自己知晓这些海外技术人员的绩效考核的进展状况（不管是采用年度绩效评估模式还是固定日期绩效评估模式），并且一定要给他们的经理和他们本人及时提供反馈。

5.4.3 清楚何时止损

我们确信，对于那些绩效太差或者对组织有破坏性影响的员工，你一定要不讲情面地解雇他们。但是，除罕见个案外，处理绩效不良的员工的方法并非当机立断地直接解雇他们。

我们需要遵照正式流程来解雇员工，首先要给当事人一个机会以扭转局面。但如果一切都很明朗，他们确实无法胜任工作，无法达到最低绩效要求，那么你就应当尽快采取行动解雇他们，不要优柔寡断。

Ron 从管理教练 Marty Brounstein 那里学到了"矫正干预过程"，这是 Marty 与绩效堪忧的员工打交道的第一步，他为此还专门写了一本书[①]。

干预工作会耗费管理者的大量时间，比其他任何工作耗费的时间都要多，这包括大量的准备工作、绩效改善会议以及后续行动。但是，Marty 在书中写道（我们两人的经验也可以进一步佐证）：如果干预措施做得好，问题员工要么一举扭转绩效颓势（绩效改善计划的效果立竿见影），要么干脆辞职（或者被解雇），绝不拖泥带水。

Marty 在他的著作里详细描述了该过程，正如他对 Ron 所说的那样：整个干预工作是一个解决问题的过程，而不是为了责备，也不是为了开会而开会。为了做好干预工作，你需要准备好以下 3 方面的内容：

- 问题描述，正在发生的问题是什么——注意这里只需要表述客观事实，而不需要解释和分析；
- 问题导致的不利影响，问题对团队工作效率/团队成员产生的不利影响是什么——注意要尊重事实、符合逻辑，不能臆断；

---

① Marty Brounstein, *Handling the Difficult Employee: Solving Performance Problems* (Crisp Publications, 1993).

- 必须达到的标准或目标，即期望员工达成的绩效目标——注意这里只需要描述"目标是什么"，把寻求"如何达成"的途径留待与员工一起面对面讨论，一起共同探寻。

做完这一系列准备工作，你就可以高效且清晰地描述问题及其影响，并设定明确的改善目标与期望。如此，你可以将大部分时间都用在与员工的面对面交流以寻求问题的解决方案上。Ron 发现，准备工作中最具挑战性的部分是要真实确认问题的不利影响，并对它们进行详细描述。同时，"到底有多严重的影响"也是需要重点关注的方面。员工会为自己的行为百般辩解，声称自己的出发点是好的；所以判定影响有多严重必须要基于客观真实的数据。

与问题员工面对面的会议可能要长达数小时之久，因为你一旦列出所有对他们不利的事实，你就得直面他们的各种情绪宣泄，还得仔细倾听他们的各种借口、各种解释，耐心观看他们为了能够大事化小、小事化了所做出的各种努力。你得花费大量时间才能让他们认清事实。一旦他们不得不承认事实，那你就该着手和他们一起讨论改善计划了——改善计划的内容不仅要包含如何消除不良绩效表现，还得包含如何让团队其他成员认可改善效果。千万不要忘了：该计划必须包括定期跟踪的时间、频率和方式。

这项工作任重道远，但 Ron 的经历和感受与 Marty 在书中的描述高度吻合——绩效不良的员工要么转身辞职，要么切实改善了自己的绩效。

对待绩效不良的员工，你应该当断则断，不要瞻前顾后。绩效很差的员工则是组织内的害群之马，他们浪费你的预算，让你宝贵的资源打了水漂。其他人一旦看到他们如此差劲的表现，也会变得失去动力、意志消沉或者同流合污，你身为经理的威信也会丧失殆尽。绩效不良的员工无法完成安排给他们的任务，会拖累整个项目的进度，甚至连累项目组的每个人，对这些员工的抱怨也会占据团队会议的大量时间。因此不论如何，对待绩效不良的员工，你必须快刀斩乱麻。

　　管理者必须要对组织和所有下属负责，不能无原则地迁就那些在重要工作中表现得很差的个人，否则就是姑息养奸。

——Peter Drucker

除了极少数员工无法认清现实，沉浸在"我的表现非常优异（或者至少还能胜任）"的幻境中外，大多数无法胜任工作的员工老早就知道他们的表现很差劲。他们每天早起上班直至每晚躺下睡觉都一直背负着这个沉重的负担。对大多数人来说，负担如此沉重以至于无法忍受。所以，当你最终选择对他们坦诚相告并实际开始解除合同的时候，这些员工往往还会体会到卸下负担的轻松与解脱。很多人在那一刹那间就会选择径直离开，也有些人会选择再努力一次以改善绩效。一旦启动了员工个人的绩效改善计划，那你一定要定期（甚至是经常）与这个员工会面，及时跟进并审查改善效果。

当解除合同成为唯一的选择时，你可以请求公司的人力资源部门介入，准备好最终的文书以及最后一次薪水。接下来，你就要与员工会面，会面时间通常是在某个周一而非周五，因为这样你会有一整周时间与其余的员工充分沟通，确保他们的消息渠道畅通，了解到公司与那位员工解除合同的过程是如此人道，并且当下也没有其他的裁员行动了（即使可能还会有）。

5.4.4 裁退清单

当你与需要被裁退的员工会面时，一份准备妥帖的检查清单会派上用场。在这种场合下，人们通常都会变得非常情绪化，至少所有人都会感到很不舒服。此时，这份清单能够清晰地指明你们的任务——双方一起核对这份清单，只要完成这份清单上开列的所有事项，大家都可以解脱了。

在每个组织里，这份清单的内容不尽相同。如果你的组织还没有定义这样的清单，你可以参考本章"工具"部分所提供的员工离职与裁退清单。你可以逐项检查清单的内容，然后按照自己的需求做出裁减。

5.5 人员组成结构方面的考量要素

现在，我们要做一件不同寻常的事情：思考我们在此处所提到的"人员组成结构方面的考量要素"到底是什么。无论如何，仔细评估可以用来构造团队（或者重组团队）的各种类型的人员组成结构及其优缺点还是大有裨益的。通常，采纳何种组织结构的决策不会授权给程序设计经理，你只能接受组织已经做出的决定。不过，即使如此，你也可以想方设法地对高层管理者施加积极影响。而且，只要你获得的权力足够大，你就可以直接决策自己的团队采用哪种组织结构，以最大化提升团队的工作成效。

有时候，组织结构的变动都是很小幅度的，而组织的规模会随着时间的推移缓慢增长。大规模的组织结构调整通常需要高层管理者同意，甚至是由他们操刀执行。我们强烈建议你在策划较大规模的组织结构调整之前，一定要先获得高层管理者首肯，并且与你的领导和同僚非正式地探讨过其中的细节（即以低调的方式事先讨论）。否则，你做出的任何调整将来都有可能"反噬"你。

举一个例子：如果你刚开始实施敏捷方法，那你可以选择在一个项目组内尝试运行；如果你想要让敏捷方法大获成功，那你必须赢得整个组织上下一致的支持，特别是获得来自最高层管理者的支持。

5.5.1 人员配置

在传统模式下，程序设计团队都是由在同一地点或者相近地域工作的全职员工组成，同事们朝夕相处。但是最近几十年，这种模式发生了很大变革，合同制员工逐渐登上舞台。而在过去的 20 年中，随着各大公司大规模地录用海外技术人员，这种变革走向了快车道。Internet 大行其道，Web 支撑的远程通信能力飞速提升，这些颠覆性技术的全面应用，促使全职员工和远程办公的全职员工或者合同制员工组合在一起，形成了所谓"虚拟办公室"。我们将在接下来的几节中讨论多种类型的人员配置方案，然后再讨论如何应用这些方案，以构造出一个精巧的组织。

1. 全职员工 VS 合同制员工

几乎每家公司最重要的资产都是它的智力资本，即那些头脑中装载着该公司所有关键信息和技术诀窍的全职员工们。全职员工所享受的福利待遇通常会比兼职员工和合同制员工多得多，如带薪假期、病假、医疗保险、牙科和眼科保险、社保和退休金计划、股票期权，以及更为可靠的工作保障。大部分程序员都渴望找到一份尽善尽美的全职工作：既能享受丰厚的福利待遇，又能体味工作中的乐趣或者是刺激。现在，很多程序员在待遇要求上又额外增加了工作地域以及工作时间灵活度方面的要求。

要想成为全职员工并且享有上述所有这些福利待遇，那难度可太大了，这导致很多经验丰富的程序员变成了"雇佣兵"，坦然接受成为合同制员工所遇到的各种问题。这些问题中最严重的几个包括：需要持续不断地工作，需要自行负担额外税费，要自行准备好福利待遇，以及放弃股票期权与带薪假期。

从公司的角度来说，公司仿佛一直都有技术人才需求，以填补全职员工人手不足的缺口。如果你的预算充足，那么可靠的独立合同工就是最好（且唯一）的补充力量。由于公司对短期聘用合同制员工与录用全职员工的预算通常是截然不同的，所以有时候就算是人员招聘计划被冻结了，引入合同制员工也很容易获得批准。

Mickey 在他工作过的每一家公司中都最大限度地利用了合同制员工的优势："我使用合同制员工以满足对特殊技能和经验的短期需求，满足重要项目对某些关键岗位的急迫要求。有效利用合同制员工可以快速高效地响应人员需求，否则我就无法及时解决公司或者项目的燃眉之急。"Mickey 的电子地址簿中装着过去所有员工、关系人、其他熟人以及招聘代理机构的名片，这些人士都可以帮助他在短时间内快速填补关键职位空缺。为此，Mickey 还专门留心建立了关系网，并与他曾经共事过的人们刻意保持联系。

LinkedIn 是一个很有用的网络服务工具，Mickey 和 Ron 借助它与为数众多的旧识保持联系。但是即使如此，LinkedIn 也不能够替代你精心维护的电子地址簿，那上面不但有曾经与你共事过的人们的姓名、电话号码、电子邮箱地址，而且还有关于他们的能力素养以及看家本领的标注。

Mickey 至今仍在使用 CardScan 电子地址簿程序来记录他所有的联系人（个人关系、商业伙伴和专家同行），以及他期待在未来某个时刻可以去联系和会面的人才。这个电子地址簿可以直接扫描收集到的纸质名片，自动识别其中的字符，自动建立数据字段和索引。功能强大的 CardScan 电子地址簿成了 Mickey 高效管理的一件秘密武器。Ron 也使用了类似的 Mac 版电子地址簿，现在叫作 iData，他用了有差不多 30 年。Outlook 如今也实现了很多类似的功能，并且有插件可以实现诸如扫描名片之类的额外功能。还有些人热衷于使用微软的 OneNote 和基于 Web 的 Evernote（印象笔记）。

我们强烈建议你建立并维护一个独立顾问与合同制员工的人才资源池，以备不时之需。这个资源池应当包括过去的同事、以往公司的朋友、那些你可能不认识但也许有用的人，甚至还可以包括那些被拒绝了的求职者——那些看起来不错但你最终并没有聘用的人。

Mickey 在 Gracenote 的同事们有很多都被他作为潜在对象放在电子地址簿里，后来也确实有人被 Mickey 请来作为合同制员工。他们在证明了自己能力不凡，展示出他们为公司的良久贡献之后，还可以转为全职员工。

不过，即使精心维护了电子地址簿，你也不一定能够在短时间内找到充足的人员来满足你对合同制员工的需求。为了弥补这一空缺，我们也会转而求助于一些神通广大的合同制员工招聘代理机构。市面上有很多这样的代理机构，所以我们建议你一定要货比三家，在深入调研市场之后找到一两家这样的代理机构，并与它们建立彼此互信的长期合作关系、以备不时之需。一般，你可以与这样的代理机构提前签订合同并做出相应安排，以使录用合同制员工的过程更为轻松便捷。他们可以帮你预先审查候选人，确保只有那些真正符合要求的人才会被送到你面前面试。与代理机构合作的次数越多，该代理机构就越了解你的风格与需求，一旦你们建立起固定且有效的合作模式之后，你们之间的合作一定会简洁高效。

在向代理机构寻求帮助之前，你一定要确保已经仔细考量过你的人才需求，这需要你定制一份"岗位描述"。这份岗位描述与我们在第 3 章讨论过的内容类似，除了存在一些细微区别——你需要删除掉有关长期工作职责的部分，只需要关注当前的技术技能和经验要求。你的第一要务是要精雕细刻一份岗位描述，不要把你和代理机构的时间都浪费要澄清招聘需求上。

当你录用一名全职员工时，通常需要投入大量时间和精力向他们介绍公司的相关情况，包括通用技术和专业技能。而对待合同制员工你则不必如此，即使需要也不必如此麻烦。

无论任何时候，你都应当确保团队中有一定比例的合同制员工投入短期的关键项目上。如果实际情况并非如此，那可能你非常幸运，还没有遇到需要合同制员工施以援手的项目。当然，这也可能表明你这位管理者还不够积极主动，没能在不影响自己全职员工的前提下有效回应关键项目的需求。

2. 内部员工 VS 海外合同制员工

被指派来加入你项目组工作的人员全部身处国内，这是最容易管理的组织类型。为了有效完成工作，你可以使用现有人员，也可以自己挑选人员。无论他们是全职员工还是合同制员工，都可能和你说着同样的语言（大部分情况下），并且遵照相同的时间表开展工作。尽管有些人可能在异地办公，还有的人在家办公，但是，通常在你为员工设定的数个小时的"核心时间"里，你可以安排大多数团队成员召开面对面或者虚拟在线会议。

尽管每个人的目标不尽相同，但是如果团队成员都同处国内，那么大家通常都有同一个目标，拥有共通的愿景。所有人都身处同一个团队之中，所以你能够激励团队以"众人划桨开大船"的方式为团队的共同目标而努力奋斗。

一旦团队内增添了海外合同制员工，那么这种动态平衡就有可能被打破。一方面，这种模式有可能让团队效率变得更高，最显而易见的原因是通过跨时区工作来延长工作时间；但另一方面，我们的经验也表明，管理者需要花费更多的时间和精力来管理海外合同制员工，才能让他们像国内员工一样卓有成效地展开工作。事实上，如果你能让他们的工作效率达到国内员工的 70% 就已经值得庆幸了，这往往需要你付出大量精力。

如何应对审查和挑选海外合同制员工的挑战已然超出了本书讨论的范畴，一线程序设计经理们不应该背负管理外包合作伙伴关系的责任。然而，理解国内技术人员与海外技术人员之间的差异，确实值得我们在讨论人员组成结构方面时好好斟酌一番。

吸纳海外合同制员工加入程序设计工作通常是大公司整体运营计划的一部分，而不仅仅只是一个程序设计部门的事情。通常情况下，你会收到来自高层管理者的命令，他们要求雇用海外合同制员工以节约公司成本，增强开发能力，扩大业务规模，或者提升公司为海外客户交付软件的能力。

然而，吸纳海外合同制员工加入团队往往会导致很多问题，如时差、距离、文化差异与目标差异。当前，美国海外合同制员工的处所地主要集中在印度、中国、俄罗斯、东欧、东南亚①，这些国家和地区通常都是上述 3 方面问题的高发地。

（1）时差。这些地区与北美通常有 6～13 小时的时差（具体数值取决于你身处何地，以及你的海外合同制员工身处何地）。这意味着当你真正需要和他们交谈的时候，要么是你，要么是他们，总有一方会感到很不方便。从概念上讲，如果所有的沟通都可以通过电子邮件完成，那时差本身不会带来多大的问题；但仍然存在一个时效性的问题，因为邮件每往来一次往往已经过去一天。这种情况会迫

---

① 雇用来自加拿大、中美洲和南美洲的海外合同制员工可能会在一定程度上减少时差与文化差异方面的问题，但总体上这些问题仍然可能在某种程度上存在。

使你和海外合同制员工加班到深夜，或者清晨就起来上班，以确保双方的时间有足够的重叠来进行有效的沟通。

（2）**距离**。你需要找到一个有效的机制来缓解远距离造成的隔膜，保证他们工作热情饱满。例如偶尔召开一次面对面的会议，频繁使用视频或语音会议，日常都通过电子邮件或者即时通信软件进行沟通。Mickey 尝试过使用视频会议来解决距离的问题。虽然他对当今通信设备的发展[1]叹为观止，但他仍然确信没有哪种技术手段可以完全替代面对面的会议。"多年来，我一直对一次面对面的会议带来的变化感到无比诧异。即使只是面对面对视交流也能建立起某种亲和关系，当然其他面对面的社交手段更为奏效，如共进晚餐、品酒赏乐、卡拉 OK 等。每当这种社交活动结束之后，沟通效果都会有大幅度的改善。"

如果你真的打算建立海外开发团队，我们强烈建议你为技术人员彼此之间的交流活动规划出足够充足的时间。这通常需要几周的时间才能建立有效的沟通机制，加快信息传递与交换的速度。

虽然商务航空差旅的开销很高，但对于全球化的团队来说这是必要的。
——Erran Carmel，美利坚大学信息技术学教授[2]

分布式项目应增加差旅费用的预算。

——Mike Cohn[3]

（3）**文化差异**。文化差异是另一个没有简单答案的复杂问题。这个问题的核心是，由特定语言和特定国家（有时是地区）而导致的特定行为筑成了难以克服的沟通障碍。印度能够在海外外包领域遥遥领先的原因之一是印度大部分受过教育的人士的第二语言就是英语。相比较而言，在中国、俄罗斯、东欧和东南亚等国家和地区，英语纯熟的人士不如印度多，这促使印度籍合作伙伴成为更好的选择。尽管如此，因为口音差异，我们与印度籍合作伙伴之间其实依然存在一些语言障碍。雪上加霜的是，在中国、俄罗斯、东欧、东南亚等国家和地区，即使拥有出色的翻译，口头或非口头沟通和文化交流也仍然存在极大困难。在很多文化中，技术人员都有一种倾向，表面看上去他们已经理解问题了，但事后发现他们明显没有听懂。在印度，左右摇头表示同意，上下点头表示反对，这种与西方文化习惯截然相反的肢体语言进一步加剧了沟通隔阂。与海外技术人员进行口头或非口头沟通，比与国内技术人员进行的沟通困难许多倍。

（4）**目标差异**。此外，不管将工作任务外包给哪一个合作伙伴，你都还有一

---

[1] Skype 现在已经变得惊人地高效，而且还是免费的！新一代的多人网络视频交互会议设备非常实惠高效，而且还拥有强大的视频与音频功能。

[2] Erran Carmel, *Global Software Teams* (Prentice Hall, 1998), p.157.

[3] Mike Cohn, *Succeeding with Agile: Software Development Using Scrum* (Addison-Wesley, 2010), p. 368.

个无法回避的问题：外包人员和你的团队目标不同。大多数外包人员更感兴趣的是他们的职业发展，而不是为你的项目交付成果。在海外外包行业，合同制员工往往根据工作的年限与服务过的公司数量来决定岗位晋升资格，而不是根据工作任务的交付成果与交付质量。[①]随着各类技术头衔的泛滥，相对比较年轻的技术人员往往也能轻松获得架构师的职位，其他职位也都存在着类似的贬值。[②]

时差、距离、文化差异和目标差异的问题，以及为了确保有效沟通而在你和海外合同制员工身上增加的额外负担，意味着在享受使用海外合同制员工的便利之前，你不得不对他们投入大量的时间和精力——你要确保他们清楚知晓你希望他们使用哪种工具与流程，并且做好需要花费两倍或更多的时间来澄清工作要求和规范的准备。对于那些不怎么关键的任务和项目，往往需要历经长时间的过渡期、大量的投资后，才能看到回报，对此你得做好充分的思想准备。而对于关键项目，如果你期望在短时间内就有所收获，则存在很高的风险。

Mickey 曾与来自印度、俄罗斯、东欧和加拿大的海外开发团队合作过，也曾与来自中国、日本和韩国的合作伙伴和客户共事过。他的经验是：吸纳海外合同制员工必须是一项慎之又慎的决策，除非能够确定有重要的战略优势（而不仅仅是成本效益），否则不要考虑投资大量的时间和精力将工作任务外包给海外开发团队。

　　如果你需要和一支海外开发团队合作，你可以去找一位来自该国家的值得信赖的同事帮助你理解海外开发团队的民族文化对他们的程序设计实践有何影响。实在找不到人时，在线的资源也可以。特别注意在他们的文化中，提问与回答的方式是什么，职业道德要求和工作动机有哪些，以及如何才能与海外开发团队合作愉快。这样，你才可以缩短与海外开发团队的磨合期。

5.5.2 组织

你的员工包括全职员工与合同制员工，组合在一起形成你的团队。全职员工与合同制员工的搭配，本地员工与远程员工的比例、总数，以及需要完成的项目数量等因素，共同决定了你如何搭建你的程序设计团队。下面我们讨论一下搭建程序设计团队的几种方式。

1. 集中办公的团队 VS 虚拟团队

如今，大量的软件开发工作是由虚拟团队完成的；而在以前，团队中所有成员都是就近工作，集中在一个办公地点上班。

---

① 根据我们的经验，海外合同制员工的背景参考几乎无法得到可靠的验证。

② Mike Cohn, *Succeeding with Agile: Software Development Using Scrum* (Addison-Wesley, 2010), p. 368.

　　Internet 以其种类繁多的沟通和协同办公工具推动了虚拟团队渐成潮流。高速连接的广域网（Wide Area Network，WAN）、电子邮件、即时通信工具、网络电话、wiki、博客、微博、分布式源代码控制系统、项目控制中心、分布式缺陷跟踪系统、共享"白板"等支持远程办公的工具琳琅满目，虚拟团队变得流行。

　　虚拟团队可以让招聘工作变得更加容易：在自己的家里，或者在几乎任何地方都可以办公，能够作为团队的一分子与其他成员共享团队愿景与目标，虚拟团队中的职位的吸引力是很强大的。对你而言，这意味着可以构建一个海量的人才池，其中一部分人才还会因为居住在生活成本与薪资水平较为低廉的地区而相对降低对薪酬的要求。虚拟团队的概念对程序员的吸引力如此巨大，你可以采用此种方式延揽到那些其他环境下可能永远也无法企及的顶尖人才。

　　然而，管理虚拟团队也会产生一系列问题，其中许多问题都与管理海外合同制员工遇到的挑战类似。虽然时差和文化差异也会增加管理虚拟团队的难度，但是我们更应该关注的问题是距离。

　　在办公室环境中，信息交流、共享和交换的速度与数量是虚拟团队达不到的。而当团队成员分散各地的时候，即使彼此之间的距离并不远，沟通环境也会变糟。团队成员分布在同一栋楼的不同楼层，或者同一个园区内的不同建筑时，沟通都会受到很大阻碍。随着两人之间距离的不断增加，他们之间的沟通信息量会急剧减少——如果分布在不同的国家，那基本上是微乎其微了。

　　采用虚拟团队模式，你必须提供有效的沟通渠道，以弥补因为距离而产生的非正式信息交流方面的隔膜。你可以坚持采用更为正式的沟通方式，并鼓励使用wiki、博客和论坛来讨论技术（以及其他）话题，从而在一定程度上弥补这方面的损失。

　　然而，即使采用了一系列的信息沟通方式作为补偿，仍然需要付出更大的努力来确保沟通正常进行和保障虚拟团队取得成功。

　　在 Socialtext，虚拟技术团队是一种常态，Ron 经常是唯一一位于总部的可以与最高管理层进行频繁沟通的技术专家。为了有效缓解虚拟团队的沟通问题，Socialtext 为每位程序设计团队成员制订了季度旅行预算计划，让他们可以面访同事；还规定了一项制度——每半年举办一次时间长达一周的开发人员大会，让团队成员进行现场交流，克服因为分散的开发环境而造成的沟通障碍。

　　没有什么方式能够替代面对面的沟通，当项目处于关键时间节点上时尤为如此。

　　　　　　　　　　——Ade Miller，微软模式与实践小组的开发经理[1]

　　虽然差旅方面的预算不是那么宽裕，Check Point 仍然坚持认为不能将没有按

---

[1] Ade Miller, "Distributed Agile Development at Microsoft patterns & practices"（2008-10），p.10.

计划完成项目和产品开发任务的原因归咎于距离。Check Point 是一家总部位于以色列的公司，办公室分布在欧洲和北美洲，一旦有需要，该公司会特意组建虚拟团队。

在 Forensic Logic，所有的开发团队都聚集温哥华集中办公，但所有的管理都在美国加利福尼亚州，所以 Ron 发现他需要飞到加拿大进行为期两天的密集会议以确保产品开发任务与计划同步，特别是使所有相关人员对此都理解一致。一个新项目刚开始进行策划的时候，是最重要的关键时间节点，所有相关人员全都会临时集中在一起完成策划。

另外，Ron 发现当出现底层设计问题时，往往召开一个 1~2 小时的一对一 Skype 通话（即使没有白板）就可以让彼此深入探讨设计方面究竟出了什么导致系统性能急剧下降的问题，直至找出其他方法以解决问题。在通信渠道有限的情况下，每个人的意见都至关重要。

其实，员工在地理上并非相隔遥远时也能够深刻体会到虚拟团队的问题。即使只是允许员工每周在家工作一天或者几天时间，也会给你的管理带来额外的挑战。

如今，大多数代码都是团队合作共同开发的。Ron 曾多次体验过，团队因为不好意思给在家办公的同事打电话而导致工作停滞不前。这促使他制定了一项特殊措施：员工如果想要在家办公，那他必须做到每天都主动发消息给同事，阐明当同事遇到问题时可以直接打电话给他（而不是等待他发消息或者打电话来，或者直到他进到办公室）。在家办公的员工必须保证自己可以随时被联系到，否则这种特权立刻会被取消。即使如此，只要团队内有远程办公出现，哪怕明确制定了鼓励措施，团队成员之间的沟通仍然会大幅减少——在大多数情况下，紧急且重要的沟通还是能够切实得到保障的。

有明确规定的保障直接沟通的措施，有随时可以被联系到的承诺，按理说在家办公的员工受到的干扰应该比在公司工作时少，所以他们的工作效率应该大幅提升才是。然而，事与愿违，对于某些人来说，在家工作时的各种干扰与诱惑远高于在公司工作——更有甚者，总有那么一批人在家工作时钻了监管宽松的空子。

> 团队成员之间相隔越远，沟通方式就应该更为正式、更为明确。
>
> ——Ted Young，GuideWire 开发经理/敏捷教练

虚拟团队要想成功，首先需要解决的问题就是如何使用正式明确的沟通手段（当然也会为此付出高昂的代价）以保证团队高效工作。电子邮件和即时通信工具在一定程度上能够缓解远程办公遭遇的问题，却并不能完全消除它们。有时候，人们错误地认为有了电子邮件和即时通信工具就能够保障沟通顺畅，然而实际情况往往并非如此，这种错误的认知还会导致问题恶化。Ron 发现，当问题的复杂

度提升之后，语音通信的效果会高于文字通信。诚然，当前的视频会议系统正在努力改善远程沟通的效果，但它还是没能解决许多沟通问题。

我们建议你与所有的远程办公的成员定期展开面对面的互动和沟通，要么让他们来访问你（以及其他与你集中在同一地点工作的同事），要么是你和团队的其他同事去访问他们。Mickey 要求所有远程办公的成员至少每季度或者每半年要来公司访问一次，并定期参加视频会议，而电子邮件和即时通信交流更是必需的。

独自工作的程序员可能会因为精力集中而提高生产率；然而，因此而增加的沟通成本也将成为公司必须承受的沉重负担。

最后，决定虚拟团队是否可行的因素还是要归结于每个员工的个性特点（因人而异），以及他们所承担的任务类型。作为程序设计经理，无论你的员工采用何种方式工作，你都需要保证他们持续高效地工作，而且当效果不好的时候要能够被快速纠正。

2. 程序设计团队——小型团队 VS 大型团队

大多数程序设计项目都需要由一支程序设计团队来完成，团队通常就是以协作方式一起工作的一群人，目标就是完成期望的任务。以我们的经验，理想的程序设计团队一般应由 2～3 位程序员组成。两三位程序员组成的小型团队（特别是其中的部分成员还是意志坚定、身经百战的程序员）往往可以完成令人叹为观止的项目。一支小型团队即使是部分成员相对缺乏经验，往往也能够创造奇迹。我们的经验表明，由两位程序员组成的团队尤为高效。

敏捷方法推崇高效能的"结对编程"方式：两位程序员共用一台显示器和一个键盘。Ron 在 Socialtext 工作时，有位程序员同事就是结对编程的忠实拥趸。当他从物理上的结对编程开发模式转换为虚拟结对编程之后，他欣喜若狂。转换之后，他当即不再需要蜷缩着与人共享同一台显示器与同一个键盘，而是使用"Skype + 一个共享的编译环境"，他真正体会到了结对编程、通力协作带来的高效率。有时，与他结对的队友还喜欢使用 Dvorak 键盘布局，通过虚拟配对，团队成员无论是单枪匹马还是并肩作战，都能保证高效率。这位程序员讲道："在这种分布式模式下，我们每个人都在使我们效率最高的环境中工作！"

为什么小型团队的效率如此之高？

经验表明，一支小型团队可以集中办公，即通常身处同一办公室。敏捷团队的规模往往更大一些，但也往往基于同样的原因而提倡集中办公原则。

在当今的虚拟办公环境中，小型团队也可以通过"头戴式耳机 + 全天参与远程 VoIP 会议"的方式达到与集中办公类似的效果。

高效的小型团队会在所有成员之间无差别地共享所有信息。他们坚持做到在遇到问题时能够立即回答，当发生设计难题时马上解决，并互相提供调试相关的建议与帮助。在遇到问题寻求人帮助的时候，他们不需要浪费时间在流程步骤与信息的来往循环上。他们彼此承诺：有问必答绝不拖延，设计难题必定解决，遇到 Bug 群策群力。在小型团队中，向他人发出求助信息绝对不会遭遇无人理睬的情况。

随着团队人数的增加，沟通会变得越发困难，沟通互动变得越发碎片化。这样会逐渐导致更多的错误假设，也会导致许多在小型团队中可以有效规避的错误步调。

不幸的是，很多程序设计项目的规模都太大了，以至于小型团队无法完成。我们都曾经管理过需要几十位甚至更多程序员实施人海战术的项目，他们没有办法齐聚在同一间办公室工作，办公距离甚至超出了步行可以到达的距离。如此大规模的项目需要更为严格的项目计划、更为结构化的沟通方式、更为详尽的文档，以及集成程度更高的系统测试。

　　大型团队（29 人）产生的代码缺陷大约是小型团队（3 个人）的 6 倍，这显然会浪费大量成本。同时，为了达成同样效果的交付成果，大型团队大约平均只比小型团队少用了 12 天时间。这确实是一个令人震惊的发现，不过它与我个人超过 35 年的项目经验观察到的现象一致。

　　　　　　　　　　　　　　　　　　　——Phillip Armour，资深行业专家[1]

如果你要开始管理一个大型软件项目，你应该在身边放一本 Frederick Brooks 的《人月神话》。这是一本关于如何管理大型项目的具有开创性意义的图书，书中所闪耀的智慧之光时至今日依然璀璨夺目，就像最初 Brooks 在 1975 年第一次写下关于自己创建 OS/360（IBM 的第一个大规模操作系统）时的经验一样。

把大型程序设计项目分割成几支，由在同一地点办公的小型团队协作完成，这样做的收益更大。尽可能地把小型团队聚集在一起，让他们专注于完成明确定义的交付成果，你的整个项目肯定会从中受益。

　　小型团队比大型团队更高效……完成同样大小的项目，5～7 人的团队所花费的时间最短。

　　　　　　　　　　　　　　　　　　　　　　　　——Mike Cohn[2]

3. 管理大型组织

管理大型组织会面临严峻的挑战，大型组织的管理者通常都关注于如何管理好其他管理者，而不只是管理好程序员。

你可能晋升到一个管理其他人（也包括其他管理者）的职位，但更常见的情

----

① Phillip Armour, "Privacy and Security in Highly Dynamic Systems", *Communications of the ACM* 49, no. 9 , (September 2006): 16.

② Mike Cohn, *Succeeding with Agile: Software Development Using Scrum* (Addison-Wesley, 2010), p. 181.

况是，你的团队规模不断扩张，直至超出你的管理能力范围。那时，你将需要提拔一名你的员工或者从外部聘用他人来帮助你管理团队。

管理大型组织是一个更为传统的管理问题。解决这个问题的书已经浩如烟海，所以我们在此不做深入讨论，只提供一些关于如何招聘管理者以及如何给管理者授权的建议。

招聘经理与招聘普通员工类似，但前者风险更高，因为招聘来的经理需要与组织中的更多人打交道。如果你考虑从外部招聘经理，那么你必须引入更多人参与招聘过程，即需要所有的相关人员与部门参与招聘过程。除了自己团队的相关成员，还得包括你的上司以及其他相关部门中可能会与这个新经理打交道的人，如产品经理、程序或项目经理及 QA 经理等。你需要安排他们担当面试官，并征求他们的面试反馈意见，将结果记录在电子表格或其他工具中，用于跟踪面试结果。

在面试来自公司外部的经理候选人时，你要做的最重要的事情之一就是了解这些经理候选人是否能够与团队内不同个性的成员和谐相处，容忍他们的各种"怪癖"，以便成功交付项目。这一点其实在面试时无法有效评估，你能从面试问题中了解到的只是这些经理候选人如何看待自己作为经理的角色。你必须做好背景调查工作，与这些经理候选人提供的证明人充分沟通，确保他们切实拥有管理程序员的能力，拥有成功交付项目的经验。

另外，如果可能的话，找到曾经与这些经理候选人一起共事或者做过他们下属的人，了解一下他们是如何看待经理候选人在以上两个方面的表现的。这些"影子证明人"提供的事实往往更能揭示真相。招聘经理兹事体大，不可以不细查，所以你要尽可能找到"影子证明人"，深入调查挖掘，这么做的好处多多。LinkedIn 的出现大大简化了寻找"影子证明人"的工作，但是如果你仍然无法找到任何可靠的"影子证明人"，你可以从已知的证明人着手再做进一步的调查。有时从一位证明人那里经多次调查所获取的信息比一次调查要多得多。他们知道你对此是严肃认真的，想要诚心诚意寻求他们的帮助，于是他们也会对你真诚以待。Mickey 就曾经以"成功搭讪"证明人而出名，在做背景调查时，他往往可以找到共同认识的人或者其他"影子证明人"，借此帮助他深挖候选人的各项背景。

如果从内部提拔管理者，那么在提拔之前，你应该事先对他能否做好管理工作做到心中有数。好消息是，从外部选拔管理者的大部分原则同样适用于内部提拔。虽然背景调查不那么重要了，但严格的面试过程仍然至关重要。在你想要提拔自己喜欢的团队成员时，非常容易忽视他的局限与缺点。所以你应该尽量遵循正式的面试流程，以获得对候选人更加客观、更加全面的评价——如果没有别的方法来确保候选人就是理想的提拔人选，这就是最好的方法。

有关招聘经理的最后一项注意事项是，一般来说，优秀的程序员能够转变成为杰出的管理者的概率非常低。对于那些德才兼备，并且有意愿成为高效管理者的程序员，我们应当努力发掘、鼓励和培养。随着组织的不断发展壮大，他们能够产生积极的示范作用。以我们 40 多年来在许多组织中管理软件开发团队的经验来看，我们从来没有遇到过杰出的技术管理人才过剩的情况。

一方面，招聘一两位经理，你就有机会将部分管理工作授权给他们。我们都知道一些初级开发经理将工作委托给程序员的事例，但是，我们认为这是一种浪费人才的情况，除非你正在培养你的程序员成为管理者。另一方面，在团队内再设置一位经理，即给自己增添了一位合作伙伴，他和你的工作任务相似，你可以将自己手头的部分工作交给他来做。

出于工作任务相似的原因，再设置一位经理意味着你将面临新的挑战：要给他授权工作，你首先必须愿意放手——你必须接受和你不同的处理任务的风格。你得明白，你不能期望每个人都以同样的方式来实施管理，你任命的经理在实施管理工作时有自己独特的风格与方法。重要的是结果，而不是方法。有一些事情你必须坚持，但这通常都是基本的领导力素质问题，而不会是具体的管理方法问题。

你要确保结构化定义管理责任与职权范围。你应允许新经理犯错误，但一定要保证错误的严重性并不大，不会是代价高昂的大错。和对待其他普通员工一样，你要对他进行管理和督导，着重帮助你的经理解决他提出的问题，引导他越过迷宫一样的组织雷区，把你当初学到的并被证明行之有效的经验传授给他。

通过上述恰当授权的过程，在一定程度上你将获得解放，你可以后退一步，让自己有更多的时间从战略层面上思考组织、团队、目标、问题和项目。只有通过恰当充分的授权，你才有可能晋升为更高层次的管理者，为组织做出更多贡献。

5.5.3　职能化程序设计团队

组织规模的不断扩张，你治下的程序设计团队就可能会被分割成多支职能化程序设计团队，每一支职能化程序设计团队专门从事某个领域的开发工作，如嵌入式或物联网程序设计团队、系统程序设计团队、应用程序设计团队、数据库程序设计团队等。这种做法有助于将"志趣相投"的程序员聚集在一起，让他们彼此之间互帮互助，在一定程度上实现自我管理。团队中经验丰富的程序员还可以为其他人提供技术指导。

技术指导工作并不包括那些典型的管理职能，如招聘、解雇、工资、补偿，以及绩效相关的问题。技术指导工作包括确保以合适的方式开发程序、重视设计工作、在团队内导入并实施最佳实践，以及关注调试与测试工作的细节。当然，丰富的经验对于解决高难度设计问题、迎击程序调试方面的挑战是必不可少的。

这也正是职能化程序设计团队能够为组织贡献的巨大价值。

职能化程序设计团队可以将人才集中起来解决棘手的问题，这种组织结构更易于管理、更有利于"集中力量办大事"。在 Gracenote，Mickey 治下有 3 支职能化程序设计团队，它们分别为：

- UNIX 系统程序设计团队；
- 客户端程序设计团队；
- 数据库程序设计团队。

"随着时间的推移，我的程序设计团队成长为 3 支不同的程序设计团队。这些团队的经理都是经验最丰富的、最优秀的程序员，他们都成长为了优秀的经理。他们 3 个经理仍然都从事着程序设计工作，尽管实际上他们每人每天只能拿出一小部分时间从事程序设计工作。"

职能化程序设计团队可以借由自然演化适时而生，这也说明了它的有效性和普适性。所谓"物以类聚，人以群分"，这是一项古老的经验法则，我们服务过的每一个组织莫不如是。即使某个组织建立了跨职能团队，"人以群分"的现象依然会出现。Mickey 说："在 Brøderbund Software，我们将应用程序设计团队打散，组建了一系列专注于特定细分市场（包括游戏、效率应用、教育应用等）的跨职能团队。但是，即使是在这些小型跨职能团队中，应用程序员仍然倾向于坐在一起，并最终演变成为一支支职能化程序设计团队。尤其令我惊讶的是，其演变成职能化程序设计团队的速度实在是太快了。"

许多公司已经倾向于使用扁平化结构来重构他们的组织，即组织内有许多支程序设计团队，每支团队都由一位技术负责人管理，所有这些团队都向程序设计经理或总监汇报工作。这种方法倾向于将重要的管理职责下放给技术负责人。技术负责人通常并不想成为管理者；而且，他们经常被鼓励（不管是暗示还是明说）更多关注技术问题而非人员问题。

虽然技术负责人可以成功担负起这些职责，但我们相信，随着这种扁平化组织的逐渐成熟，他们将深受人员问题之苦。这些问题超出了技术负责人的处理能力，他们无法妥善处理；这些问题也无法被他们的经理有效处理，因为向经理报告的团队数量太多了，他们无暇顾及。

所以，我们的建议是：扁平化组织可能会在一定的时段内行之有效，但是会不可避免地会遇到一些难题，而这些难题必须要得到妥善的解决。

5.5.4　跨职能团队

一个项目不仅仅需要单支程序设计团队参与，通常还需要所有的程序设计团队共同协作，另外还要加上其他职能部门。例如，为 Schwab 创建的第一个用 Java 编写的在线投资工具，不仅涉及 Java 客户端和服务器组，而且涉及中间件、主机、变更管理、发布管理、信息安全、企业架构和控制台、网络、测试服务、数据中心生产服务、数据中心运营、UNIX 设计和工程、数据建模、数据库服务、企业数据的解决方案，以及性能工程。Ron 回忆道："仅仅跟踪这些所有的技术细节，也需要一个一流的技术项目经理。"

在 Brøderbund Software，即使开发多媒体产品也通常需要引入超过 7 支不同的职能化程序设计团队："开发多媒体产品，不仅会涉及系统程序设计、应用程序设计、动画、艺术、声音设计、QA 以及产品管理部门，还会涉及产品市场、市场营销、销售、技术支持、生产和其他部门。要建立这样一个跨职能团队，确保沟通顺畅、迅速清除各种障碍，需要为每一个项目都配备一名或多名全职的助理产品经理。"

管理这样的跨职能团队通常需要运用被称为"矩阵型管理"的方式，这意味着团队每位成员都有其各自隶属的职能化程序设计团队（如前所述的应用程序设计团队），但是为了完成某个特定的项目，他们被"临时"分配到了一个矩阵式的团队中。这种方式能够在项目人事配备方面保持最大的灵活性，因为团队成员可以隶属于一支以上的团队——虽然最理想的状态仍然是团队成员主要为单一项目工作。

但是，管理"重度矩阵型"团队是一项挑战，因为实际管理项目的人（通常被称为项目经理或程序设计经理）并不直接领导团队成员，而只能通过绩效考核或者调整薪酬等方式来间接影响他们。当团队成员都很优秀时，这通常不是一个问题；而当团队成员表现欠佳时，采用什么管理方式则可能成为令程序设计经理头疼不已的问题。这个问题通常被认为是因为有责任但无权力。

在 Brøderbund Software，跨职能项目方式衍生出了层出不穷的问题，以至于公司不得不通过重新调整组织架构来解决这一问题。Mickey 回忆道："职能部门的规模不断扩大，那些采用重度矩阵型的项目变得越来越难管理，俨然已是管理者的噩梦。为了解决这个问题，公司将人员重组为多个'工作室'，每一个工作室对应一个主要的职能领域，工作室的人力资源是专有的，他们都向工作室经理汇报工作。由于工作室经理直接负责团队成员的绩效考核与薪资调整，因此他们可以自由分配资源。

"虽然工作室能够更加直接地控制项目和团队成员，但这一做法并非没有代价。在 Brøderbund Software 将人员重组为多个工作室之后，新的问题又出现了——处于同一智能领域的程序员（如数据库程序员）逐渐与他们的同行失去了联系，经验共享变得越来越困难。随着时间的推移，工作室还出现了很多重复的工作。"

伴随着组织规模的扩张或萎缩，组织结构在职能型、跨职能和以产品为中心等各种模式之间不断跳转腾挪。这其实是很常见的。跨职能团队在一段时间内可以有效支撑企业的业务发展，但是不知不觉，"人以群分"的倾向会再次出现，进而催生迷你型职能团队。最终，大规模的职能化程序设计团队又会卷土重来。这是一个不断来回摆动的钟摆，很少能够实现尽善尽美。

5.5.5　敏捷团队

当一个公司开始拥抱敏捷方法的时候，公司会将其开发团队重组为具有自我领导力的，在理想情况下位于同一地点的、跨职能的团队。敏捷团队的价值观、原则、角色分派以及相关实践，有助于减少前述因为采用矩阵型或者跨职能团队而导致的问题。

程序设计经理在管理职能化程序设计团队方面扮演着至关重要的角色。在敏捷环境下，他们的某些职责几乎完全相同，有些则截然不同。有关敏捷团队的组织方式以及管理者所要扮演的角色，请参见第 10 章。

5.6　对功能失调的组织进行故障诊断

你需要借助那些可以帮助你识别组织出现功能失调苗头的"矿井里的金丝雀"（canaries in the coal mine）[1]。其中一种常见的你需要警惕的信号是肆无忌惮的冷嘲热讽。冷嘲热讽会滋生负面情绪，你应当立即对其实施"快刀斩乱麻"式的处理。

你还需要确定问题的根本原因。列出冷嘲热讽中涉及的焦点问题，它往往可以帮助你找到组织功能失调的核心。然后，你必须退一步，以"鸟瞰"的方式评估所有问题并确定需要解决哪些问题，以及如何解决它们。

没有杰出的团队，就做不出杰出的软件，而大多数开发团队都像一个支离破碎的家庭。

——Jim McCarthy，*Dynamics of Software Development* 作者之一[2]

很多组织的功能失调问题都十分难以解决，远远超过了你的能力范围。最常见的例子包括：

- 管理层强加的不现实的程序设计或产品计划；
- 向客户推荐还没有完成（或者还没有开始，甚至还没有计划）的产品，导致很多客户的期望根本无法达到；
- 没有质量保证——预算不足或者压根就不重视测试。

---

[1] 19 世纪时，煤矿工人常常在矿洞里放置一只金丝雀，因为它对瓦斯极其敏感。在当时采矿设备相对简陋的条件下，工人们每次下井都会带上一只金丝雀作为"瓦斯检测指标"，以便在危险状况下紧急撤离。——译者注

[2] Paul Roberts，"Drop and Code Me Twenty!"（*Fast Company*, 1996-12-31）。

　　为了解决这些问题，你唯一的希望是争取到管理层适当的支持。在这个过程中，其实你能做的事情往往十分有限：教育、传播、鼓动、请求。如果这些方式都不奏效，你需要不厌其烦地去打扰管理层，直到问题得到根本性解决。

　　而对于那些相对而言比较局部化的问题，你可以跟踪记录它们，但是不要麻木不仁地被动接受现实。局部化的问题包括：

- 开发项目缺乏足够的设计；
- 错误的程序设计实践此起彼伏；
- 程序员拒绝按照大家已达成共识的软件开发流程行动（或者显示出被动抗拒的态度）。

　　所有这些问题都还处于控制范围之内，你并不需要呈报任何上级批准或者需要其他人的帮助来解决。你只要确保你的员工都理解这些问题必须被加以处理，并且在他们还没有处理好的时候做好跟进。

　　对于那些阻碍你解决组织功能失调问题的程序员（不论是主动的还是被动的），你都要"痛下狠手"——通常来说，这意味着你需要开除他们。

5.7　交付成果和庆祝胜利

　　记住你做这一切的初心：为了交付优秀的成果。而当团队真的达成这一目标时，你一定要找时间向你的团队发送祝贺电子邮件以表示感谢。如果可能的话，你要把这封电子邮件抄送给整个组织，特别是组织中的重要人物，与他们分享团队的成功。

　　人们经常因为他们认为合理的原因而拒绝改变，即使这些原因并不符合组织的目标。所以，识别、奖励和庆祝团队的成绩是至关重要的。

　　　　——Rosabeth Moss Kanter，哈佛商学院商学教授、作家、演说家和顾问

　　与此同时，你还需要对团队的成功表示祝贺！这种庆祝活动并不需要特别奢华，但必须要与众不同。你一定要参加团队的庆功活动，如果可以，你甚至要自己操办庆功活动。庆祝成功的好方法包括：挑选一个周五下午，安排"欢乐时光"活动以感谢团队的努力；在当地酒吧请整个团队小酌一杯；团队午餐会；赠送精挑细选的感谢礼物；等等。

5.8　本章总结

　　虽然做好向下管理的挑战很大，但如果能做好，你个人以及你的职业生涯都

会因此获益。杰出的程序设计经理永远供不应求，如果你能把管理工作做好，辉煌的职业生涯就指日可待。

要想做好向下管理，关键是要确保赢得员工对你的技术层面的尊重；延请杰出的程序员，并根据他们独特的个人情况进行个性化管理；给他们以协助，给他们以保护；经常提供正面积极的反馈——这是每年至少一次的正式绩效评估的一部分；确保他们组成的团队能够有效适应当前的任务，能够完美匹配员工的组成结构。本章的内容是根据我们在职业生涯中获得的经验编写的，我们确信它将会对你有所帮助。

时刻准备好辛勤工作，祝你好运。

5.9 工具

我们准备了一些能够辅助你管理好员工的工具。这些电子表格和 Word 文档提供了完整的示例，你可以很轻松地将它们修改为适合自己组织的文档。异步社区可以下载下列工具：

- 绩效考核框架模板；
- 季度目标工作手册；
- 员工离职与裁退清单；
- 状态报告样例；
- 培训日志。

第 **6** 章

成为高效的程序设计经理：向上管理、对外管理以及自我管理

第 5 章探讨了程序设计经理的首要的和最重要的任务——向下管理。本章接着讨论成为真正高效的程序设计经理必须要完成的其他任务：

- 向上管理；
- 对外管理；
- 自我管理。

这几个话题将分别讨论如何管理你的领导，如何管理部门内外的同级经理们，以及如何管理你自己。你的领导和同级同事并不直接向你汇报，他们有自己的工作计划，可能与你的工作还有冲突；他们可能不会尊重你，甚至都不知道你姓甚名谁，所以不能用管理团队的方式去管理他们。对外管理为你可以扬名于公司之外提供了殊为难得的机会；而自我管理则是一份需要你不断拥抱、不断精进的全天候的工作。

6.1 向上管理

向上管理是指如何有效管理你的领导以及你领导的领导。为此，你还需要弄清楚如何向他们汇报、如何与他们沟通，以及何时何地你要采取何种行动才能让他们认为你是一位高效而成功的程序设计经理。

管理你的领导乍一看似乎是一件匪夷所思的事情，但实际上成功地管理好你的领导可能比管理好你的团队更为重要，至少对你个人而言是这样。这背后的原因在于，成功并不只在于你做了什么，更需考虑别人会如何看待你所取得的成果：现实中，外在认知往往比实际的行动更为重要。

> 组织中最重要的领导人（没有之一）就是你的直接领导。
>
> ——Jim Kouzes，领导力演说家以及 *The Leadership Challenge* 一书的作者之一[1]

> 你尽可以把别人对你的看法当作是真实的，至少在那些持有该看法的人眼中，这些都是真实的。
>
> ——Joe Folkman，博士，心理学、领导力及变化领域图书的作者及专家[2]

6.1.1 了解你的领导

向上管理始于了解你的领导，了解他们是哪种类型的人：技术型、销售或市场型、财务型，抑或是其他类型？是关注大局型还是注重细节型？什么样的问题最令他们敏感？

如何向上管理取决于你能否正确了解你的领导，以及其他你可能间接或隐式汇报的高层管理者。如果你是向工程副总裁汇报工作，那么沟通和汇报则可能更偏向技术性内容；如果你是向首席执行官或者产品副总裁汇报工作，那么你的汇报可能就要减少技术性内容，而应适当提升信息的明确性，也许还要多加一些与产品相关的内容。除此之外，你的领导级别越高，你的报告就要越发精简，更加注重大局——更少细节，更大格局；更少文字，更多项目符号。

更为关键的是，你需要清醒审慎地评估如何高效地与你的领导进行沟通。即使是向他们询问"你想要什么"这样简单的问题，也可能会因为沟通不当而向他们传达出错误或者主次颠倒的信息；而领导们也可能会因为自我评估的偏差而错失他们真正想要的东西。所以你应当（而且必须）一直采用迭代方式不断优化沟通效果，不断调整沟通的信息量。有的事情需要长篇大论才能有效澄清，而有的事情浓缩为寥寥数语才是上上之选。

Mickey 回忆道："当我在 Brøderbund Software 工作时，有很多年我都要向公司的一位联合创始人汇报工作。他最初是做技术的，现在成了 CEO。所以他对我们所有的技术型项目都饶有兴趣，公司的每一件产品在发布之前他都要自己测试。可以想象，不管是书面报告还是电子邮件，我和他之间的沟通自然都是选择使用技术型语言。后来，一位来自卡夫食品有限公司的专精于品牌运营的经理人接替他担任了 CEO。你可以想象，他对技术细节毫无兴趣，对技术开发

---

[1] James M. Kouzes and Barry Z. Posner, *The Leadership Challenge,* 4th edition (Jossey-Bass, 2007). 中文版《领导力》(第 4 版) 2009 年由电子工业出版社出版。目前的最新版是第 6 版《领导力——如何在组织中成就卓越》，2018 年由电子工业出版社出版。

[2] Joe Folkman, *Turning Feedback into Change!* (Novations Group, 1996), p. 7.

工作的进展状况也漠不关心。于是，我的汇报内容和汇报风格都发生了翻天覆地的变化。"

> 你不必喜欢或者崇拜你的领导，也不必憎恨他。但你必须管理他，让他成为你事业进步、职业发展与个人成功的助力源泉。
>
> ——Peter Drucker，管理学领袖[1]

你的领导是否想要和你进行定期的一对一会议？或者，更为重要的是，当你为了保证畅通的沟通渠道而提议定期召开一对一会议时，你的领导是否接受？有些领导会坚持要求进行一对一会议，以了解当前的工作进展和存在的问题，但也有些领导不喜欢开会。你最好根据自己和领导的实际情况评估哪种方式更为恰当。

你的领导的核心职责是什么？你要考虑如何为他们的事业成功做出贡献，甚至可以以你领导的名义完成其中的一至数个任务——不管是先斩后奏还是毛遂自荐，义无反顾地挑战这些艰难的任务吧。

另外一件重要的事情是评估你的领导的个性特征。虽然这可能是个敏感的话题，但透彻了解你领导的个性特征可以帮助你决定如何采取某些行动。例如，有些领导想要成为整个组织对外的"喉舌"（Ron 和 Mickey 知道很多符合这种特征的 CTO 和 CEO）。一旦你发现自己的领导也是如此，那就应当有意避开公开发表演讲的机会，除非是你的领导主动要求你这么做。如果你也想去发表公开演讲，那你可自愿帮他做一两次 PPT，在得到他的允许之后你才可以登台侃侃而谈，否则你将可能在很多很小的事情上都遇到莫名其妙的阻碍。当你明白个人的个性特征如何影响你领导的行动之后，你就可以更加小心谨慎地挑选和决定哪些事情应当努力去做，哪些事情应当竭力避免。

6.1.2　准备好沟通材料

在上一章里我们谈道：你要让你的团队成员知道，为了减少对他们工作的打扰，你在幕后做了很多工作，这一点非常重要。同样地，你也需要让你的领导知道，你为他们分担了很多工作。这意味着他们需要了解，在没有他们的指导或参与下，通常你能处理好哪些类型的事情。注意：领导不必知晓那些事情的细节。细节可以在领导有需要的时候再向他们详细汇报。随着时间的流逝，你和你要汇报的人总会对你的能力以及你的职权边界达成某种共识。然后，你可能会减少一些关于常规活动的汇报，多一些关于非常规活动或者相关问题的汇报。不过，在一开始的时候，你确实需要事无巨细地向领导和盘托出。

---

[1] Peter Drucker, *The Practice of Management* (Harper & Row, 1954). 最新版中文版《管理的实践》2018 年由机械工业出版社出版。

你需要做出迅捷、清晰、主动的沟通。组织结构图上比你高阶的领导都在忙于企业运营。他们需要收集及时准确的信息，才能更高效地做好他们的工作。特别是在各种问题慢慢滋生的时候，及时准确的信息尤为重要！想想看，你的工程副总裁、首席执行官、市场代表等领导对着客户、投资商、媒体侃侃而谈"项目的进展一切顺利"，而实际上项目此时正在延期或者无法交付重要功能，或者在质量方面面临严重的风险……那会是怎样一种灾难啊。在事情进展不顺利的时候及时站出来说实话的确很难，但也难能可贵。

——Tim Swihart，苹果计算机工程总监

汇报的内容有一两页就足够了，如果需要汇报更多细节信息，你可以添加附录。你应当定期向你的领导汇报，不要有任何疏漏。请在汇报提交截止日期之前就做好汇报，当你外出公干或者没时间来准备汇报的时候，要将它交代给你的下属来完成。没有什么能比定期汇报更能够赢得领导对你的信心了。

请注意，其他人可能会查看你沟通的信息，所以你要始终如一地保证汇报的专业度，避免汇报内容有任何负面的评论，因为负面评论总会通过某种方式传到你并不希望听到它的人耳中。有时候，口头沟通比书面报告效果更好。在如今"电子邮件处处留痕"的时代，与其在电子邮件或者书面文档中留下负面的评价，还不如直接拿起电话或者走进领导办公室去面对面沟通负面的话题。

沟通的另一个重要方面是精心设计和完美展示 PPT 文档。请一定要设法掌握设计精美的 PPT 文档的艺术。高效的程序设计经理必须能够进行高效的沟通，在如今这个时代，能够做出精彩纷呈的 PPT 文档是一项宝贵的技能。你一定要能沉下心来仔细构思，精心设计出令人过目不忘的 PPT 文档。观看你 PPT 文档的人数越多（或者观众的影响力越强），你为此投入的时间也要越多，这样最终的沟通才会富有成效。

市面上有很多关于如何发表公开演讲与如何高效沟通的课程。必要时，你可以去学习一门这样的课程。如果课程内容能够帮助你有效提升沟通能力，那么花在这门课上的时间就是物超所值。切记，汇报时不要只是对着 PPT 照本宣科。PPT 的功能是总结你的讲述内容，它应当只是帮助别人理解你讲述重点的工具。

用来准备 PPT 的时间，应当与观看它的观众（直接观看或者间接观看）的职位高低成正比。

6.1.3　了解你领导的领导

要想获得成功，不能只是做好自己的本职工作，还要帮助你的领导获得成功。虽然忽略本节的内容，你也可能获得成功，但是接受本节的理念，你可能会让自己更加成功。

人类的天性要求我们要回报那些帮助我们完成任务的人。所以，你应该了解

如何才能帮助你的领导获得成功。为此，你需要了解你领导的领导是如何评判你的领导的。如此，你才能知晓你需要做些什么才能帮助你的领导获得成功。

从本质上讲，这些问题更偏向于长期战略，而非短期战术。所以，你要清楚你领导的工作目标通常包含以下哪些内容：

- 改善质量；
- 按时交付；
- 创新；
- 其他关于产品的目标；
- 汇报问题；
- 合作伙伴关系；
- 收入/支出。

首先，你要找到那些对他至关重要的事情，然后你就可以主动尝试选择其中的一至数件来尽情施展自己的才华。问问你的领导，你怎样做才能给予他帮助，或者自己先采取一些试探性的行动，观察一下领导的反应，如果能够获得领导的鼓励，那就继续行动以扩大战果。通常，在你采取主动的行动之后，总能得到一些反馈——领导会指导你如何做好下一步工作。注意，在没有得到这种鼓励之前，不要表现得过于鲁莽，否则你的行为会招致领导的反感，并在未来受到某种程度的回击——让领导误以为你在谋求提升或是谋求将他取而代之，这肯定是你最不愿留给领导的印象。

6.1.4　时机

领导什么时候想要听你的汇报？在每周例会之前为他提供及时有效的信息是至关重要的，而会议结束一天之后才提供的信息可就是"明日黄花"了。

同样，在预算周期切换之前提供及时的反馈，可以让你的领导（以及你自己）在来年（或下一个预算周期）更轻松自如一些。如果信息提供得太晚，部门可能会遭遇严重的问题。

审慎思考时机问题，恰当的时机几乎和好运气一样重要。请记住，电影工作室之所以一定要挑选特定的时间发布新电影，原因一定是非常合理的：一部电影发布的时机，甚至决定了它能否获得奥斯卡金像奖。同样，请仔细考量沟通时间，以及何时才是交付成果、完成原型或者做好演示的最佳时机。你要明确公司召开重要会议的时间点，以及公司做出重要决策的时间点。为一个重要的董事会会议准备一份演示文稿，对你和你的团队而言都是至关重要的。机不可失，时不再来，错过这一个好机会，你可能要再等上6个月。

永远不要低估黄金时机的价值！

6.1.5　成为模范员工

如今，在忙碌的职场，做好本职工作往往是我们唯一关注的事情。然而，要想成为模范员工，除了做好本职工作以外，你还有很多事情需要做。下面是几条成为模范员工的秘诀，至少在你的直属领导眼里，这些秘诀应该很有效。

第一，要维持"免维护"（low maintenance）状态，也就是说，不要把每一个问题都带到你的领导那里寻求解决方案。你要仔细地甄别你的问题，只把那些真正重要的问题拿去寻求领导的帮助。当然，尽可能自己解决问题永远都是上善之选。另外，你还要摒弃只给领导带去问题的做法，向他提交问题的同时，你最好配附几套备选的解决方案。即使你没有特别妥帖的解决方案（或者没有找到最好的），也会让领导觉得你已经做好了自己的功课，找他只是为了寻求他的建议和忠告，而不是直接把问题抛给他。

Ron 的一位老板曾经教导他：每次上报问题的时候，一定要给领导提供 3 种选择——3 种潜在的解决方案供领导遴选。尽管你可能认为只有两种备选方案，但事实上你总能找到第三种备选方案；正是因为你没有深入思考问题，或者没有左右关联问题，所以才会阻碍你向领导提出至少 3 种备选方案。

按照 Ron 的经验，只提供两种备选方案往往会挑起"非此即彼"的争论。事物往往并非"非黑即白"似的零和博弈，提供 3 种选择往往会触发对问题的公开讨论，让所有涉身其中的人都有机会参与寻找最佳解决方案。在大部分情况下，这种做法都会奏效。

第二，要勇于承担责任，不要把责任推给别人，特别是你的团队成员。

> 与其费尽心机地对元凶穷追不舍，不如揽下所有责任，坦诚相告"我就是罪魁祸首"。
>
> ——Tim Swihart

第三，毛遂自荐，主动施以援手。有些时候，你的领导会被各种各样的棘手问题困扰，这时候如果你有能力，不妨主动提出"我帮你对付那一个（或者那几个）问题吧"。例如，在 Schwab，Ron 的领导在 1 年之内更换了 3 位 QA 经理，当他发现领导正为这事人伤脑筋的时候，Ron 主动提出由自己兼职管理 QA 部门 6 个月时间（在管理好自己部门的同时），以使领导有充裕的时间考虑清楚组织与管理 QA 部门的长期策略。

第四，要学会给人带来惊喜与欢乐。你可以了解哪些事情与你的领导利害相关，并找到办法超水平地解决这些问题、完成这些任务，甚至超过领导的预期，令他对你刮目相看。有时候做到这一点其实并不需要付出太多。

> 低调做人，高调做事。

6.1.6   小结

和其他任何活动比起来，如何有效地向上管理可能对一个管理人员的职业发展道路影响最为剧烈。你可以卓有成效地管理好你的团队，成功地交付项目，但如果没有领导为你保驾护航，你的职业前途必定坎坷。也许看起来并不那么显而易见，然而你的薪水、奖金、期权、津贴的多寡，乃至于晋升机会的大小，其实都是由一系列管理层闭门会议决定的，有时甚至就是你的领导自己决定的。

所以你一定要主动做好向上管理，这样你才可能得到更多的职业回报。你付出的只是时间与精力，但能得到的却远远超出付出。

最后，向上管理本身也有直接的回报：当你在努力做好向上管理时，其实就是以"润物细无声"的方式努力加固与高层领导的关系。其中的某位领导可能会成为你的好友，并在你今后的职业生涯中一直陪伴你、支持你。

6.2   对外管理

对外管理指的是如何有效地管理身处部门之外的同级经理和其他同事。对外管理还涉及对组织外部关系的管理，例如管理技术供应商、非技术供应商、合作伙伴、竞争对手以及行业中有影响力的人士。对外管理是管理好自己职业生涯的至关重要的一环。就像出色地完成项目管理任务并成功交付项目一样，跳出舒适区域、接触公司内外各色人等也能够促进你职业生涯的发展，甚至可能作用更大。

6.2.1   与部门内的人合作

与部门内的人友好合作是非常关键的。如果你连最亲密的工作伙伴都不能与之和谐相处，又如何能够与组织内的其他同事成功合作呢？

融洽的部门内合作氛围，能够让你领导的工作更为轻松，因为你能自行解决很多的部门内部事务，而不必惊动你的领导。和谐的部门内部合作还能够消弭很多问题和争论，加速项目的进度，团队也不必经受锱铢必较、互相攻讦之苦。融洽的部门内部合作还能将你和你的同级同事紧密联系在一起，你们之间可以坦诚地探讨问题、分享解决方案、相互安慰、相互鼓励。

融洽的合作氛围可以表现为团队成员互相帮助，不遗余力地对同伴遭遇的问题提供支持、共享资源和培训、守望相助。团队成员都视彼此为最亲密的伙伴、最可靠的帮手，他们愿意帮助对方获得成功。如果你在这个组织中的时间足够长，那么你的同事很可能会成为你最亲密的朋友。你要珍重这种关系，竭力呵护好这种关系。

6.2.2 了解其他部门

程序设计和产品研发人员常常低估财务和营销部门的贡献。然而，了解其他部门做什么，重视他们和他们的贡献，这一点非常重要。你要一直确保自己真正欣赏其他部门的贡献，因为不论怎么看，他们的贡献都和你的部门同等重要。

当你被延请或提拔成为程序设计经理时，请仔细研究公司的组织结构图，找到各个职能部门的主管，想办法让自己逐一了解他们以及了解其他各部门中与你同级的经理。请他们吃午饭，或者偶尔停下来与他们聊聊天。提前维系好跨部门的纽带关系是很有必要的，当你需要向他们发出求助时，你会更加容易获得他们的积极响应。

跨部门的纽带关系不仅能帮助你自己，也是促进不同部门团队之间双向协作的重要途径。例如，当 Ron 发现 Socialtext 在某个技术会议上派发的营销材料太过泛泛之后，他邀请他们的营销总监共进午餐，席间 Ron 向他建议：可以在产品推广活动中增加技术人员的参与，避免在其他技术会议上再发生派发定位不准的宣传材料的错误，同时还能增进各个部门之间的联系让他们共同协作，携手实现技术会议上的营销目标。

下面列出的这些部门的主管，你都要想方设法地增进了解，或者至少了解其中与你同级的经理，括号里还列出了你可能需要参与其中的事项：

- 财务（发票、付款、工资、奖金、期权、预算、计划外采购事项）；
- 采购（采购请求、供应商资质、对供应商的及时付款、紧急采购事项）；
- 法律（合同、知识产权、兼并、收购）；
- 人力资源（雇用、解雇、问题员工管理、员工问题管理、绩效评估、内部和外部薪酬公平、实习、招聘全职员工与合同制员工）；
- 营销（市场研究、客户画像、展会、公司通信、新闻发布、营销担保、销售业绩提成）；
- 销售（客户反馈、客户问题、客户产品特性机会、客户联络、客户渠道）；
- 技术支持（关键客户问题、客户反馈、趋势、悬而未决的问题）。

正如上文所述，重要的是提前建立好跨部门的纽带关系，不要等到有求于人的时候才去套近乎。你应该想方设法，甚至使用超出常规的办法去建立良好的协作关系。除了直接约见他们之外，你还可以尝试通过下面这些非正式的活动来结识他们：

- 跨职能培训（一起培训可以形成强大的情感纽带）；
- 一起出差，比如参加会议、拜访客户；
- 组织内的社交活动（公司会议、公司聚会、垒球和保龄球小组、啤酒狂欢会、在当地酒吧畅饮等)；

- 非正式午餐；
- 周五下午的啤酒聚会。

如今，很多地方每周五下午的啤酒聚会已然失宠，非正式的接触因而变得困难重重。Ron 回忆他当年在苹果公司的时候："周五下午的啤酒聚会为我们提供了一个在很短的时间内建立广泛联系的机会。我发现，有时候我花一周时间都联系不上的人，在啤酒聚会的一两个小时里就可以与他侃侃而谈！"

同样地，Mickey 也深情地回忆了 Brøderbund Software 周五下午的啤酒聚会："所有人在下午 4 点 30 分时聚在一起吃薯片、蔬菜、蘸酱，一起共饮一大桶啤酒。在 5 点 30 分啤酒喝光的时候，大部分的员工都会离开。啤酒聚会为大家提供了一个非正式的交流场合，我可以和公司几乎所有人士把酒言欢，广泛了解他们的生活以及他们的工作内容。"

周五下午的啤酒聚会失宠的原因是不断高涨的公众批评，认为公司开办的这个活动会导致酒后驾车问题。不幸的是，当公司更为重视风险管控而逐渐取消这一重要的社交活动时，就如同倒洗澡水时连着孩子一起倒掉了。

如果条件允许，你可以想办法在团队内重现周五下午的啤酒聚会活动。例如，举办部门"欢乐时光"聚会活动，庆祝重要里程碑达成或者新版本发布；组织大家在周五下班后或者其他特殊日子到当地酒吧聚会；请团队到别致的地方小酌一杯；如果有来自外地的新成员加入团队，可以找来专业厨师举办巧克力火锅派对。更重要的是要扩大人员邀请范围，邀请部门之外的人来参加这些活动，这有利于增进跨部门沟通。你可以在组织内部寻找其他人成为"同路人"，让他们分担组织这些娱乐活动的工作。

尽力知晓公司里每个人的名字，在小规模的组织中做到这一点很容易，但随着公司规模的扩大，在超过 100 人的公司里想要做到这一点就是一项挑战了。有必要研究一套欢迎仪式，让所有人都能知道每个人的名字；努力去了解每一个人，热情欢迎他们加入公司。此举只会花费很少一部分精力，但是将会获得巨大的回报。当公司人数达到 250 人时，你仍要继续努力认识每一个人。总有一个时刻你会无法跟上公司规模扩大的速度，但还是要努力认识更多的人，争取比其他任何人都认识得多。我们认识一些大型组织的管理人员，他们利用"抽认卡程序"作为辅助记忆的工具，他们不仅了解自己组织中的每个人，而且了解临近组织中的每个人。

最后，在跨部门活动中，你要尽可能成为一位领导者而非跟随者。主动参与将会提升你在整个组织中的形象，帮助你在很多看不见的方面取得成功。你在这些活动中花的时间将会带给你巨大的回报，因为它们可以有效提高你的工作执行能力。

6.2.3　有效利用重要的职能部门，获得他们的支持和协助

除了管理好程序员之外，你可能还需要担负起其他类型的管理职责，你在这些工作上的表现会被纳入对你的绩效考核范围之内，组织也会对此提供支持。这些职责包括：

- 人力资源管理；
- 预算和费用管理；
- 在法律部门的协助下，处理合同和协议纠纷问题。

作为一名经理，你必须学会利用这些职能部门——人力资源部门、财务部门和法务部门的支持，让他们帮助你完成上述任务。许多程序员对这些部门持怀疑态度，然而，作为一名经理，你必须学会利用他们来推进自己的工作。

1.　人力资源部门

在前文讨论创建和交付可靠的绩效考核的文档模板时我们提到过，你应该让人力资源部门成为你的助手和伙伴。实际上，优秀的人力资源部门的作用远远不止于此，它可以在许多方面令你如虎添翼。我们强烈建议你与人力资源部门成员建立良好的关系，这样当你碰到有关人力资源方面的难题时，你就可以向他们当面讨教，请他们为你出谋划策。在我们的职业生涯中，我们遇到过优秀的人力资源部门成员，也碰到过平庸的人力资源部门成员，甚至还遇到过尸位素餐的人力资源部门成员。不管怎样，与人力资源部门建立起来的良好人际关系，一直都是帮助我们实现高效管理的宝贵财富。

在有些组织的管理体制下，人力资源部门必须要执行近乎严苛的薪酬和晋升制度。在这种情形下，与人力资源部门成员一起找出如何为你的员工争取利益最大化是有必要的。在必要的时候，即使是最严格的制度也可以有一定程度的灵活度。与人力资源部门成员一起规划有关人事变动的事宜，可以帮助你在相对不佳的处境中得到更好的结果。

在遇到诸如极端严峻的绩效问题、骚扰、人际关系问题以及其他类型的员工问题时，人力资源部门成员可以是你绝佳的求助与咨询对象。他们还可以帮你安排（有时还会赞助）团队建设活动。

一个优秀的人力资源部门会关心组织内员工的情绪，关心每个人的感受——特别是员工因付出而受到适当赞赏或奖励时的感受。当你需要以奖金、非现金奖励或者其他方式激励你的团队时，他们是你的主要资源，或者至少是能够帮到你的盟友；在你苦苦思索别开生面的激励方式时，他们也能帮你出谋划策。

Mickey 回忆说："在 Brøderbund Software，我们有一个极其出色的人力资源副总裁，她是我共事过的人当中最好的人力资源管理者。她帮助公司制定了每年审

核所有员工薪酬的正式流程，建立了一个能让整个组织内部的不公平问题得到有效解决的系统。公司的高级管理层开会讨论不同职位之间是否平等时，每个人都有机会来为他们的观点辩护。这个程序①让我清楚地意识到，与其他部门特别是人力资源部门建立长期战略同盟关系是至关重要的事情。"

人力资源部门成员在预测人员需求方面也能为你提供很大的帮助。虽然明确定义的人员需求通常是由你的领导提出的，但是人力资源部门有责任帮助他们实现人员增长方面的需求。确保人力资源部门成员知晓你当前的和未来的人员需求，通常可以让你更容易地获得这些资源。如果你没有竭尽所能地利用所有的途径去争取你需要的资源，那么你的努力很可能会付之东流。

尽力结识人力资源部门的关键成员，他们能在你困难的时候对你施以援手，并在你个人职业发展方面为你出谋划策。作为前程序员，你可能会对此感到惊讶，因为你曾经对人力资源部门那样怀疑，甚至保有敌意。部分原因可能是"呆伯特"系列漫画给程序设计经理留下的阴影——这部漫画集塑造了一位"邪恶的人力资源主管"Ratbert，他可能败坏了人力资源部门的好名声。也正因为如此，人力资源部门成员一直想要尽力摆脱被扣上的这顶"邪恶的人力资源主管"的大帽子，正如你迫切想要摆脱"呆伯特"漫画里"尖头发上司"的污名一样。你可以打人力资源部门这张牌，让他们帮助你推进计划、实现目标。

2. 财务部门

大多数财务部门的职责是监控预算和跟踪支出。不过，事实上，除了技术部门平时看到的这两样内容之外，他们还要负责更多的事情，如支付账单、收集应付款项、跟踪收入和管理工资等。

财务部门是大多数程序设计经理最讨厌的部门。然而，许多程序设计经理都有一笔显式的（或者隐含的）预算，想要成功完成程序设计团队管理工作，就必须精心打好这笔预算的算盘。即使在那些现金最充裕，利润和预算资金几乎可以随意流动的公司，知道如何管理这项预算也是很重要的。

在开始的时候，每个人都会谈论范围、预算和时间表，但到最后，就没有人真正关心这些东西了。他们唯一关心的是人们喜不喜欢你的软件。这是你唯一真正需要管控的标准。

——Joseph Kleinschmidt, Leverage Software 首席技术官兼联合创始人

大多数程序设计经理在首次接触预算控制的时候，都没有意识到程序设计部

---

① Brøderbund Software 的人力资源部门称此程序为"纸牌游戏"，因为所有的职位信息都写在 3 英寸×5 英寸（1 英寸≈2.54 厘米）的索引卡片上，它们被平摊在桌面上，大家都可以清晰地看到排名的变化。这个过程非常有效、公平，尽管 Mickey 并不总能得到他想要的结果。

门内部只有极少数几个预算项是必要的，剩下的所有其他预算项其实都无关紧要。不要把时间和精力浪费在不重要的预算项上。

下列几个预算项是大多数程序设计经理必须要关注的。

（1）人员编制。

一个典型的程序设计部门大约有 90% 的预算都是花在人员编制及分配的管理费用（即福利、办公空间、IT 设备，以及每份工资"负担"的开销）上的。你需要确保为将来可能需要的员工分配足够的预算，并且需要基于当前业界整体的工资水平来计算工资预算、预测可能出现的工资调整——记住，我们在前面讲过，如果你招聘到合适的人才，其余的工作将会容易得多。一次招聘活动如果推迟 4～6 周，就可能对一个中等规模的部门造成巨大影响。我们的经验表明，招聘到合适的候选人所需的时间几乎总是长于计划的时间，所以你还需要腾出一些资金额度去解决其他预算问题。以上就是你作为一名程序设计经理需要掌控的薪资与附属开销的所有问题。

（2）独立顾问和合同制员工。

你要确保拥有一笔聘请外协人员的预算，在无法招聘到合适人选的时候，可以使用这笔预算延请独立顾问或者合同制员工来帮助你渡过危机。Mickey 一直使用原本用于填补空缺职位的预算去聘请独立顾问和合同制员工，以帮助团队完成一些如果不能有效补充人手就难以完成的小型项目。

（3）设备和工具。

许多程序设计经理并不担心设备方面的预算。与薪资成本相比，台式机的支出显得微不足道。另外还有这样一种情况：在新员工报到的时候你总是要同时考虑薪资预算和配置设备。综合上述原因，一些程序设计经理习惯于将设备预算划分到附属开销中。但是如果你的组织非常在意设备的"实际成本"与"预计成本"是否相匹配，那么你就要确保在做预算的时候，留出足够的资金用于每两到三年一次的设备翻新。在设备预算紧张时，Mickey 和 Ron 都会选择把最新最好的设备分配给那些产出最佳的程序员，将旧设备重新分配给其他专业程序员（他们认为这是一种升级），你可以将这种做法视为一项最佳实践。

努力掌握设备资产管理和折旧计算的会计规律。除非是最便宜的设备，否则大多数公司都会将它计入资产。也就是说，他们将这个资产减记分摊到好几年，从资产负债表中扣除支出，而计入折旧成本——即设备在本年度的支出部分，从而尽量减少该资产对每一会计年的计数影响。有些公司还允许通过复杂的税收和会计规则将某些开发支出计入资产成本。

公司的财务部门应该负责决策是否将设备和开发成本计入资产成本，并决定计入的方式。与财务部门结成联盟后，仅是利用这个技巧，就能让你在预算不变的情况下，将更多资金花在全职员工或合同制员工身上。

相反，那些现金充裕的公司则经常性地尽可能增加开销，以尽快将这些支出从资产负债表中撤出，并把收到的每一块钱都尽快计入收入。如果你的公司属于这种类型，那么可以忽视前面讨论的所有关于资产化的内容。在这种情形下，你可以尽量要求购置任何可能会提高工作效率和减少新项目、新产品开发时间的工具设备。

（4）出差和培训。

在传统型公司里，如果你需要做差旅预算，那么要尽量做得保守些；在软件公司则不需要太担心，因为大多数程序设计团队并不需要员工经常性地出差。

但是对于全球化组织，差旅预算就必须要严格审计和周密计划了。例如，Socialtext 的开发团队分布在 3 个洲，所以公司按每个程序员每季度 1 000 美元的额度来制订差旅预算（这是 2007 年的政策，显而易见，当前应该有好几千美元了），以保证每个程序员都可以参加季度会议，进行面对面的交互——这比传统组织中能够给予程序员的差旅预算要高得多。同样，如果想要确保外包项目成功，你就要让团队成员有定期坐飞机、聚在一起面对面讨论工作的机会，并且要让经理“飞来飞去”地评估与协调多个团队。

对于大多数程序设计经理来说，剩下的预算项意义都很小，甚至可以忽略不计。

一般来说，部门越大，预算和跟踪预算的工作就越重要。大多数预算需要按月进行跟踪，每个季度进行清算和审计。在大多数组织中，每个月的小差异（超出预算或预算不足）可以忽略，但必须保证每个季度末的差异为正或是接近于零。

你可能已经觉察到了，我们更喜欢在定下总体花销的情况下，在各个开支线之间灵活地运用资金。例如，临时收紧招聘全职员工方面的预算，将节省下来的额度用于引进更多的合同制员工；或者减少差旅费用，增加培训费用。这种方式在部分组织中是允许的，但其他组织对预算项之间的资金转移则控制得比较严格。

在很多（但远非全部）组织中，如果你的预算差额为正（花费少于预算），那么你可以把结余转到下一季度的预算中使用。同样地，负差额可能也会结转，这意味着你要对本季度的花销精打细算，以弥补上个季度的亏空。

然而，当财务年度结束的时候，通常要求程序设计经理预报下一财务年度的预算，并要求清收本年度所有的预算项，这常常导致产生“不用就没了”的心态，以至于在年底常常发生不适当的突击消费。对此，我们还是建议你不要仅仅为了用完预算而过度开销，哪怕有可能会因为本财务年度的预算没有花完而被削减下一财务年度的预算。即使在那些采用“不用就没了”的方式处理年度预算的公司，这个建议同样适用。

学习使用金融界的行话（金融界和技术界很像，有大量的缩略词和适用于特定场合的规则），有助于你与财务部门进行顺畅的沟通。Mickey 曾经参加过一个为期两天的迷你 MBA 课程，这个课程帮助他消除了先前在与财务部门的沟通中困扰他的大部分疑惑。Mickey 建议你也去找一门这样的课程。但如果你的职业生涯规划让你一直专注在程序设计经理这条路上，那么我们建议你不用真的去选择攻读 MBA 学位[①]。

3. 法务部门

你可能没怎么接触过法务部门，但即使是在没有内部法律顾问的小公司，出现法律相关问题的时候，你也需要对该问题高度重视、深刻理解和即刻处理。大多数公司都要求新员工签订知识产权协议以及保密协议。知识产权协议（基本上）是把员工在公司任职期间开发的全部知识产权都归为公司所有，而保密协议则要求员工对从创意到代码的很大范围内的信息履行保密义务。如果出现问题或遇到其他特殊情况，你可能会要求你的第一联系人去联系法务部门，但作为一个高效的程序设计经理，你应当主动了解法务部门并向他们寻求指导、说明和许可建议。当与法务部门建立起紧密的联系之后，你会发现法务部门有时也会向你寻求建议。作为程序设计经理，你需要特别关注的领域包括：

- 合同和许可证；
- 开源软件许可证；
- 专利及其他知识产权问题。

6.2.4 管理跨公司关系

大多数程序设计经理的工作重点是管理他们治下的一至数个程序设计团队，但他们还有可能需要管理外部技术人员，以及管理与其他外部公司的关系，包括：

- 客户；
- 技术提供商；
- 技术创新者和工作方式的颠覆者；
- 工具提供商；
- 标准委员会；
- 行业协会；
- 专业组织；
- 大学教育工作者；
- 本地关系。

作为程序设计经理，你可能不需要主动去管理以上内容中的某些或者大部分关系（它们中的大部分将由公司或组织的高层管理者来管理，其他很多将由其他部门来管理），但即使它们不归你管，你也应该了解它们，并主动参与其中一部分

---

① 看起来我们对于攻读 MBA 学位的建议非常负面，但我们确实未曾见到获取 MBA 学位对从事技术管理工作有很大的帮助。在 Brøderbund Software，如果候选人的简历中写着"拥有 MBA 学位"，那么在报到时，他时常会被公司的业务部门警告："不要在下车伊始就批评这个指责那个。"注意这还只是代表了业务部门对 MBA 学位的看法，更遑论技术部门……

关系的管理，特别是那些可以直接影响你和你的团队的关系。

1. 客户

会见公司的客户，是你所承担的最重要的职责之一。约见那些与你利益攸关的客户，结识他们组织中的关键技术专家和决策者，这对你和公司都有好处。

> 客户可以炒掉公司里的任何一个人，上自董事长下到员工——他们只需把钱付给其他公司即可。

> ——Sam Walton，沃尔玛创始人

与客户建立稳固的关系对我们的职业生涯会产生持久的影响。Mickey 在 E&S 的一个客户后来成为他的雇主，另外一个客户在创立 Pixar 时招募了他。很多客户都成了我们几十年的密友，成为我们个人生活中的重要组成部分。

2. 技术提供商

我们认为，大体上每位程序设计经理都需要关注团队所应用的关键技术，并在它们更新了版本时做到与时俱进。对大部分人来说，技术提供商中最具代表性的例子就是微软：微软的 Windows 平台和 Visual Studio 套件今天仍然对当今软件开发的许多领域影响深远，微软的云服务在成熟度、功能范围以及可用性方面也在不断提升。与之类似，苹果公司的 macOS、iOS 以及不断改进的各种开发工具，Google 的 Android 及其编程框架和语言，亚马逊的 AWS，以及其他形形色色的平台、技术和框架，显然都可归为此类。数据库系统、编译器和 IDE 也是如此。

而如何处理这些信息，则需要具体情况具体分析。如果你的产品必须要有最新的平台版本支持，那你就必须积极主动地与技术提供商建立联系，积极跟踪他们的技术路线图，规划与之匹配的开发进度表。例如，为了参与平台的早期 Beta 测试，你需要提前准备好开发人员，准备好代码。

但是，新兴的平台也可能会令你的团队心生旁骛。也许，你的团队，仅仅只需要保证版本前后的兼容性即可，除此并不需要了解更多，除非该项技术在其他人群或者你的客户群体那里得到普及。在这种情况下，过早地把时间浪费在评估新版本技术、确定新版本对自己产品或组织的影响上，不仅得不偿失，甚至还有节外生枝之虞。在跟踪掌握这些技术的同时，你还要防范新技术带来的"海妖的诱惑"[①]，避免让你的程序员轻易分心。

---

① "海妖的诱惑"指"塞壬之歌"（the siren song）。塞壬（Siren）又译作西壬，别名阿刻罗伊得斯，古希腊神话中半人半鸟的怪物。她坐在一片花丛里，唱着蛊惑人心的歌，甜美的歌声把过往的船只引向该岛，然后撞上礁石、船毁人亡。过往的海员和船只都因受到迷惑而走向毁灭，无一幸免。荷马史诗下部《奥德赛》中有详细记载。此处比喻新技术带给技术人员的难以抵御的诱惑，使其流连其中而忘了正事。——译者注

　　Mickey 在选择评估新技术时格外小心,他常用欧比旺·克诺比①的形象来帮助解释为什么不必费心费力地对有些技术进行评估。他常常引用欧比旺的口头禅"小心原力的黑暗面"来形容那些熬心费力、苦苦钻研但不会对组织、对团队有明显贡献的新技术——除了能够满足技术提供商对找到新客户的渴望。他也常常用这句话来告诫他的程序员和 CEO,不要贪大求洋,不要被那些华而不实的新奇技术所诱惑。

　　如果一项技术真的很重要,你很快就会知道你是否需要采用它。所谓"大浪淘沙",很多技术只会慢慢消逝,你会暗自庆幸自己没有花费宝贵的资源去评估它们。

　　在 sprint(迭代)的最后阶段或者产品发布前的最后一步,千万不要改变编译器或者 IDE,也不要升级到新版本。

3. 技术创新者和工作方式的颠覆者

　　关键技术的创新者会对你的开发工作产生极大的影响。英特尔或者 Nvidia 的新一代芯片可能会主导你最终要完成的工作。对于 Web 应用程序开发团队的工作来说,新的开发语言和框架是具有颠覆性的,迫使他们不得不接纳一个或多个新工具,这常令他们如坐针毡。

　　团队到底采用哪 种编程语言和框架的抉择不可草率,它更应该是公司战略路线图和流程的一部分,而不应由某个程序设计经理个人拍板。换句话说,如果你拥有某项新技术应用经验(不管是你本人拥有,还是你治下的团队成员已经帮你评估过了),你可能会在有关此类决策的战略讨论之中得到发言权,这可以令你的事业更进一步。

　　确保审慎抉择采用哪种新技术,不要让你的员工替你做决定,因为这些决定会对你的公司或组织产生深远的影响。

　　做好准备,积极接受或拒绝那些技术创新者和工作方式的颠覆者。

　　"改变等于机会"和"谨防变化"是创新和颠覆工作方式的阴阳两面。

4. 工具提供商

　　作为程序设计经理,你可能是受团队使用的开发工具(如源代码控制系统、编译器、IDE 和项目管理工具)影响最大的人。你应该时刻致力于开发或者购买新工具,以帮助你和你的团队卓有成效地展开工作。与这些工具提供商培养良好

---

① 欧比旺·克诺比(Obi-Wan Kenobi),电影《星球大战》中的大师级绝地武士。在《星球大战》剧情中,欧比旺的徒弟安纳金·天行者无法抵御黑暗面的诱惑,演化成为黑暗尊主达斯·维德的身份,对绝地武士和幼徒们进行了残酷的屠杀,给银河系带来了可怕的后果。本书的作者之一 Micky 在此引用欧比旺的口头禅"小心原力的黑暗面,"是为了告诫大家小心新技术的诱惑。——译者注

的合作关系，他们会提供专业的技术支持甚至用免费的产品来鼓励你使用工具。他们还能提供优质的社交机会，甚至成为你的朋友。

Mickey 曾在团队中引入了一款静态代码分析器，以帮助团队提升产品的交付质量。"它帮助我们识别出了所开发的嵌入式软件中成百上千的潜在缺陷。然而这个工具不是由我团队里的技术人员发现的，这让我很失望，因为他们才应该是最积极搜索可以提高工作效率的新工具的人。相反地，这是我在一次展销会中寻找可以帮助我们提高工作成效、提升新产品和服务质量的工具时，无意中发现的。"

锁定这个工具之后，Mickey 找到他的一位总监并对该工具进行了评估，推荐并购置了这款相对昂贵的工具。在团队中推广使用后，许多员工从中受益。工具提供商对 Mickey 的团队提供了大量的帮助和支持，几乎没有对 Mickey 的员工产生额外的影响，这对完成评估工作是至关重要的。这次合作给了 Mickey 更好地了解工具提供商的机会，Mickey 的团队最终也成为工具提供商的一个成功案例，Mickey 本人也对案例的总结提供了支持。Mickey 的全部下属也对他在技术方面的专长刮目相看，对他的行业经验钦佩有加。Mickey 的那位总监也充分利用这次曝光机会收获了好评无数，因为最初是他推动了该工具的评估与推广工作。

除此之外，你还要留意那些能够帮助你更好地管理团队的工具。例如，GetLighthouse 就是一个能够有效帮助你管理与员工的一对一会议的工具。简捷易用的工具能够促使团队的沟通更为顺畅，从而达到鼓舞士气和提高生产力的作用。

5. 标准委员会

参与标准委员会可以拓宽你的人际关系网，增加你的辩论和社交技巧；还可以提升你的行业地位，有效拓展你的社交网络；但它也考验着你的耐性，分散了你的注意力（影响到你的核心职责），而且还要收费。

在新技术的推广应用中，标准是至关重要的。一般地，制定标准的工作由委员会和工作组来承担。后者由个人以及公司和组织的代表组成，他们都对该项技术拥有浓厚的兴趣，而且也拥有足够的专业知识。

通常，标准委员会的会议都在具有国际吸引力的地区召开，而且还会在世界各地范围内挑选，这么做可能是为了作为一种福利吸引和鼓励人们参与标准委员会的工作。成为标准委员会的成员之后，你需要定期参加会议，从而可以去一些在其他情况下永远找不到时间或机会去参观的地方游览。虽然会议本身可能比较辛苦，但通常都伴随有工作聚餐和社交旅行，你也有机会去会见那些有趣的、有影响力的人士。这正是拓展人脉网络的最佳方式。

但是，制定标准的工作本身是极具挑战性的，因为这需要许多人在一起起草、审查、讨论、辩论、争论、投票，需要群策群力。很多人对这样的事情乐此不疲，而有些人则对这种环境憎恨厌恶。不管你的倾向如何，你可能都会想要在你职业生涯中的某一个阶段考虑参与其中的某个标准委员会。

Mickey 曾在一个美国国家标准协会（American National Standards Institute ANSI）中工作过，当时认识的几个人直到现在仍是他的好朋友。他讨厌在委员会工作，但他坚信在委员会工作的各种益处值得他花时间投入其中。

6. 行业协会

行业协会与标准委员会相似，但组织结构和运行方式通常没有那么正式，他们的工作产品也不需要通过审查和符合公众意见。此外，你可能无法取得参与资格。行业与行业之间不尽相同，有的行业协会并不允许技术人员加入，有的行业协会你可能需要游说或参加竞选才能加入。不要害羞，加入合适的行业协会可能会成为改变你人生的重大事件：你会获得很多出差和社交的机会，有效拓展人脉，同时又不需要像在标准委员会里那样辛苦劳累地工作。

7. 专业组织

软件开发人员可以参加的专业组织很多，包括美国计算机协会（一个程序员的专业组织）、电气和电子工程师协会，以及国际游戏开发者协会等，所有这些组织都有专门的出版物并会定期召开会议，值得你花些时间参与其中。

除了阅读他们的出版物以及参加他们主办的学术或商务会议之外，你还可以志愿加入这些组织，提高参与度。他们都需要志愿者，而且和标准委员会与行业协会类似，他们也提供出差机会，你能与那些在其他情况下永远遇不到的人聚在一起，在日常工作场所之外为了一个共同的目标而努力奋斗，从而结下终身友谊。

在 Pixar，ACM 计算机图形学特殊兴趣组 SIGGRAPH 及其年度会议为 Pixar 提供了一个展示公司技术实力和产品功能的机会，也是 Pixar 招聘新人、建立人脉的重要场所。Mickey 回忆道："许多 Pixar 的技术人员都是 SIGGRAPH 的志愿者，还有一些人因技术贡献而被 SIGGRAPH 授予杰出荣誉奖。对 Pixar 及其员工来说，这是一个重要的专业社区。"

自 1978 年以来，Mickey 几乎每年都要参加 SIGGRAPH 的会议，即使到了今天，他所在公司研发的产品已经与前沿的计算机图形学没有直接关系了，他还是会继续定期参加。对 Mickey 来说，每次参加 SIGGRAPH 会议都是建立人脉、巩固友谊的机会，他将此视为自己生命中的一个重要组成部分。

为苹果公司效力的时候，Ron 就已经开始出席由 SIGCHI 举办的会议，包括该组织在旧金山湾区分会举办的每月定期会议。SIGCHI 是 ACM 专注于人机界面研究的特殊兴趣小组，专注于优化用户体验。许多苹果公司的员工都参与进来并成为 SIGCHI 社区的一股重要力量。

我们鼓励你去找寻一个与自己感兴趣的内容方向一致的专业组织，并坚定勇敢地迈向它。无论是出席会议，还是成为志愿者，你都会收获多多：扩大自己在专业领域内的朋友圈，开阔自己的视野，在个人发展和专业精进方面收获意外之喜。

8. 大学教育工作者

无论你在哪里，你总会遇到供职于某所大学的研究人员和教育工作者，你要尽自己所能结识他们。与计算机科学和信息技术相关的大学教育工作者可以给你提供建议，为你答疑解惑。更重要的是，他们可以向你推荐学生（同时也可以向学生推荐你），这可是招聘应届生和新员工的重要来源。想维护好这些关系，花费的工夫可能要比偶尔在一起共进午餐（当然是由你请客）或者隔三岔五发一封邮件要多一些，但它可以帮你拓展社交网络和朋友圈。这是一种长期投资，你可以收获巨额回报。

你也可以与当地的教育机构建立更正式的关系。几年前，Mickey 的公司 Gracenote 与加利福尼亚大学伯克利分校合作，开办了国际文凭课程，此项开创性的合作项目给每位国际学生提供了 3～4 个月的实习机会。通过合作，Gracenote 为一批又一批的学生提供了源源不断的实习机会，而反过来，来自世界各地的学生也为 Gracenote 带来了精彩纷呈的异国风情，帮助 Gracenote 改进它的音乐和视频元数据。实习期间，同学们积极主动地学习了很多知识；回国后，他们当然成了 Gracenote 及其产品的传播者。

与当地教育机构合作的机会无限多，只要你肯花时间，你就有可能获得几倍于自己时间投资的回报。

9. 本地关系

抓住每一个能够与本地技术人才结缘的机会。为达到此目的，你可以参加本地组织的聚会和会议，参加展会，甚至可以从那些曾经递过简历的人中挑选一些你感兴趣的候选人，邀请他来与你面谈，即使当下你还没法雇用他们。你可以保留他们的简历，将他们按照产品经理、嵌入式程序员、系统程序员这样的人员类型进行分组。努力成为一名高效发掘长期人才的招聘达人，也许有一天你能用得上那些人才。

> 你的力量总是和名片盒的厚度以及为其花费的时间直接成正比。坦白地说，我认识的最有影响力的人，都拥有最佳的人脉网络——他们总是"认识任何地方的任何人"，并且很可能刚和他们中的某些人共进过午餐。
>
> ——Tom Peters[1]

Gracenote 中的拥有举足轻重地位的许多技术人员与公司的第一次接触，都是因为 Mickey 打电话邀请他们"过来聊聊天"。聊天之后，Mickey 再邀请他们有空

---

[1] Tom Peters, *The Pursuit of Wow!* (Vintage Books, 1994), p. 36. 中文版《追求卓越·个人成长版》2006 年由中信出版社出版。

聚聚、共进午饭、继续交流。在随后的几个月中，Gracenote 一有岗位空缺就能从中延请到合适的人。在 Brøderbund Software，Mickey 有一次是和某位程序员初次聊天之后两年才聘请他。

与 Ron 一起在最佳实践特别兴趣组（Best Practices SIG）担任联合主席的 Mark Friedman 曾经创办过一家咨询公司，公司里的骨干成员都是出席过最佳实践特别兴趣组会议的人。在其中的一次会议上，他特还特意邀请了 Ron 来参加，就本书中的话题指导一位创业公司的工程副总裁，帮助他以更轻松便利的方式管理自己的团队。结果不仅改变了创业公司的工作方式，还显著提升了团队士气，改进了团队绩效。

请记住，永远都不要放弃任何与技术专长人士接触的机会。你要主动联系他们，与他们见面、和他们攀谈，把他们记在心头。你要用文件夹把他们的简历分类保存起来，维护一个联系人电子地址簿。你要灵活运用 LinkedIn，有效利用任何可以帮助你发掘人才和结识人才的工具。

Ron 除了在旧金山湾区的软件开发最佳实践（Software Development Best Practices）、工程领导（Engineering Leadership）、新兴技术（Emerging Technology）和软件架构（Software Architecture）等特别兴趣组担任联合主席之外，还会定期参加敏捷实施方面的聚会，以及咨询顾问、软件和产品管理者们的沙龙或者专题会议。这不仅能让他与时俱进、与新兴的技术和方法时刻保持联系不脱节，而且能让他有机会建立起一个卓有成效的人才网络，既可以在未来和他们一起合作，也可以从中招聘人才。

6.2.5　小结

对外管理是高效的程序设计经理必须具备的一项重要能力，虽然对外管理的工作与管理程序员的工作之间并没有多大联系，但它却对你的长期职业发展大有裨益。这些额外付出的努力并不会让我们直接得到类似员工开发的可交付产品那样立刻看得见的回报，但会在公司内外铸就四通八达的人际关系和专业人才网络，能够使你的招聘工作更为便捷。所有这些叠加在一起会对你的员工产生巨大影响，也会有效改善项目的实施过程，提升产品交付质量。

6.3　自我管理

最难管理的人从来都是自己。我们每个人都善于文过饰非——忽视自己糟糕的习惯、差劲的行事风格，以及对其他人而言无法容忍的行为举止。要想卓有成效地管理自己，首先就要实事求是地评估自己的行为习惯和行事风格，然后找出那些你想要改进的方面，最后切实履行你的改善计划。你需要真实客观地评价自己的如下几个方面：

- 个人风格；
- 时间管理能力（优先级管理）；
- 沟通管理能力；
- 管理实践；
- 跟踪管理能力；
- 虚心好学、处处请教的能力。

6.3.1　个人风格

个人风格即你的行为举止，是一个需要仔细斟酌的重要事项。个人风格是由很多因素决定的，包括你的外表和衣着、你工作的努力程度、你是否守时、你的行为举止（包括个人行为和职场行为）、你是否把员工当作具有独立人格的"人"而不仅仅是程序员，以及各种其他因素。我们认为，最为重要的是要选择好自己的本色风格，如有必要，再做一些细微的调整以改善个人风格。下面是我们两位的成功示例。

1. 得体的外观

老话说得好："人靠衣裳马靠鞍。"如果你看起来邋遢懒散，那么你就必须刻意采取更多措施去克服你的领导以及其他高层管理者与你互动时产生的负面看法。（你的团队可能不会像你的同级或上级那样敏感。）

不过，衣冠齐楚也可能带来负面效应。如果你的着装明显比你的员工华丽光鲜（例如，你每天西装领带，而你的团队成员却穿着 T 恤），那这可能会人为制造你与他们沟通时的障碍。

我们建议在外观方面应尽量平衡，既要防止与团队成员格格不入，也要穿着得体，给你的领导留下深刻印象。Mickey 在上大学的时候就已经选择好了自己的着装风格。"我上大学时和大多数同学一样，一条李维斯（Levi's）的 501 版牛仔裤打天下，脚上是一双粗皮牛仔靴。但我同时也是一位专业的吉他教师，每周都要为几十位学生授课。所以作为折中，我最终选择穿着 501 版牛仔裤、粗皮牛仔靴，但上身是干净整洁、熨烫平整的西装衬衫。后来我把这套装束作为自己的'制服'，它陪我度过了我的大部分职业生涯。

"有时候，出于工作需要，我必须要每天西装革履、衣着光鲜，但那真的不是我的风格，我可不习惯长期这样子。当然，我肯定也有必要要穿西装打领带的时候，例如在访问日本的时候，我必须要这么着装，但这种情况并不多见。我上一份为大公司服务的工作是担任 Gracenote 研发部门的高级副总裁，我与同级和上级相处的时间，与我同员工相处的时间一样多，甚至还要多一些。很遗憾，在那间公司里我必须要穿着正式一些，要与我的 501 版牛仔裤和粗皮牛仔靴说声'对不起'了。

"即使如此，每当我和自己的员工在一起的时候，我还是会穿 501 版牛仔裤和粗皮牛仔靴，而且养成了星期五着便装的习惯——用夏威夷衬衫替代西装衬衫，但即使是夏威夷衬衫，也总是干净和平整的！"

Mickey 确信这种"中庸路线"能够帮助他同时与同级和下级保持高效的联系。这个方法已经帮了他 40 多年。

当然，你的风格还需要取决于你的工作单位，以及你所在公司或组织的工作文化。在 20 世纪 70 年代至 80 年代，IBM 要求员工穿白衬衫、打领带。但在如今的美国，大多数高科技创业公司和组织都对着装没有了特别规定，所以你尽可以选择适合自己的风格。

但保持良好的个人卫生习惯是必需的，这一点绝不能妥协。

2. 职业道德

职业道德是你可以有所选择的东西，我们的经验表明，那些拥有良好的职业道德操守的人往往是最成功的。许多经理和主管们一致认同"第一个上班、最后一个离开"是最好的工作方法。而在以信奉"职业道德第一"著称的日本，直到最近这都是所有经理的行动指南。

Mickey 和 Ron 也认同这样的观念，并且在自己的职业生涯中一直身体力行。然而，你仅仅只做到"第一个上班、最后一个离开"是远远不够的，还必须要以身作则，成为团队表率。这意味着，永远不要要求团队去做连你自己都不愿意做的事。

在如今这个 7×24 小时都要保持沟通的时代，你其实从没有真正离开过办公室；你（非常不幸地）一直都处于工作状态，所以以身作则才是最好的方式。确保你在所有的实践行动中一直都是你的员工的典范，包括早到、晚退、（如有必要时）全天候待命、准时开会、为讨论做好充足准备、随时随地表现出自己的专业度、哪怕是微不足道的事情也要对你的员工和团队说"谢谢"，以及其他能够彰显自己职业道德的方式。

无论你愿不愿意，都要以身作则。

——Jateen Parekh，Jelli Crowdsourced Radio 的创始人兼首席技术官

成为员工的表率对他们影响很大，本书第 7 章有关激励员工的内容中会就这个主题展开更深层次的讨论。

3. 了解你的员工

管理者的管理风格大致可以分为两种：高冷且刻意与员工保持距离；亲切随和并与员工打成一片。但在现实中，如果走向极端，这两种管理风格都不会有好

的结果。

我们建议当你刚开始接触管理的时候，不妨遵照更为正式的方式。这是因为如果想要成功管理团队，你就不能只与团队打成一片。当然，太过正式与冷漠也会导致你与团队疏远，让你无法了解团队。对待员工你必须要坦诚相待、平易近人，这样你的员工在遇到问题时才会愿意向你求助，不管他们是你的直接下属还是间接下属。

如果一名团队成员在你不太方便的时间来找你谈话，那请先把手头的工作放下，专心与他交流，因为他可能想要鼓足勇气告诉你一件大事。我发现，如果这名"不速之客"平常不善言辞，那他尤其可能会有大事向你汇报。谈话的内容可能很简单，如无法获取到完成任务所需的信息；也可能很重大，如即将离婚、心爱的人去世或者其他对他个人产生重大打击的事情……这些事情对你精心安排的时间表都会产生重大的影响。如果你的团队成员知道自己来访的时候能得到你的最高优先级待遇，那么当遇到很棘手、很麻烦的事情时，他们都来找你倾诉的可能性就更大了。

——Tim Swihart

最佳途径是找机会了解你的员工。记住他们初入公司的日期（他们加入公司的周年纪念日）；了解他们来自哪里，何时回乡探望家人（通过与对方谈论他们的家乡，可以更多地了解他们）；探知他们配偶或者伴侣的名字，他们有几个孩子（如果有的话）；知道他们开什么样的车，他们想要哪种车；了解他们想去度假的地方，有什么爱好……这些事情是你应该弄清楚的，能够帮助你更透彻地了解你的员工。你对他们了解得越透彻，他们对你也就会越坦诚，越愿意对你敞开心扉谈论任何事情。

本书第 7 章有关激励员工的内容会就这个主题展开更深层次的讨论。

重要的是，你要有意识地去思考自己的管理风格是什么，你想要培养出怎样的管理风格。想做到这一点当然需要锲而不舍、水滴石穿，但是做到之后，它对于帮助你成为成功的程序设计经理是至关重要的。

6.3.2　时间管理能力（优先级管理）

你最重要的资产就是时间。"寸金难买寸光阴"，你要珍惜时间，同时，要慷慨给予那些真正需要关注的人或事时间。找对方法来管理好时间，你的生活才会过得舒心惬意。

不要把时间消耗在细小琐碎的日常事务中。

——David Dibble，Schwab 执行副总裁

有效管理时间的关键是建立一个积极正向、精密准确的日程表。Outlook、Google 日历以及其他集体或个人日历工具都能使这项任务变得简单易行，但同时它们也会让一些事情变得更加复杂。Mickey 使用日历管理生活中所有的约会、会议和活动。他把所有工作项和私人项都载入了日历，但他并不会受制于自己的日历。换句话说，他会委托别人查看或重新安排自己的日程，但并不会把接受会议邀请的权力委托给别人。有些人将自己的日历完全委托给助理，这么做等同于把掌控自己生活的权力也委托给了别人，所以通常只有在找到真正切合自己处理优先级习惯的助理之后，他们才会这样做。

建立一个精密准确、允许他人查看的日历，你可以通过日常生活的点点滴滴展示出自己出色的计划和管理能力。你要坚持按时参加会议、出席约会；确保准时结束会议；不向任何拖沓冗长的会议风格妥协。

Mickey 为了确保准时出席会议，把办公室里的时钟、汽车的时钟以及手表都调快了 7 分钟。尽管他知道自己把时钟调快了 7 分钟，但这样的缓冲能够让他走被前一个会议耽误了几分钟的情况下还能准时出席（大部分）会议。

一个精密准确的时间管理工具一定包含有一份按照优先级排列的待办事项列表。创建一份待办事项列表，可以让你随时随地对待完成的事项保持清醒认识，这是提高时间管理能力的重要一环。每天都创建一份新的待办事项列表，创建的方式可以是检查前一个列表并划去已完成的事项；也可以自己新建一份。你没必要费心去按某种顺序排列代办事项，但如果一天之中有新任务出现，或是你回想起之前忘记加入的事项，一定要将它加入列表中，然后再给列表中的事项设置优先级。

> 每多用一个小时来制订计划，就能少浪费一天的时间和精力。
> ——Steve McConnell, Construx Software 首席执行官兼首席软件工程师，《代码大全》和《快速软件开发》的作者[1]

尝试认识"紧急"和"重要"的区别，它可以帮助你优化待办事项列表。

- **紧急的**（urgent）——形容词，形势所逼，必须立即采取行动，或关注的、势在必行的、紧迫的。例如，一件紧急的事（an urgent matter）。
- **重要的**（important）——形容词，意义重大或后果影响巨大。例如，世界历史上一个重要的事件（an important event in world history）。

我们希望在你的待办事项列表上，几乎每件事不是紧急的就是重要的，或者两者兼而有之。设置待办事项优先级的关键是：找出那些既不紧急也不重要的事项，把它们从列表中划去；找到那些既紧急又重要的事项，优先处理，然后再去做剩下的那些或紧急或重要的事项，这时候就需要你竭尽所能给它们设置合适的

① Steve McConnell, *Code Complete, Second Edition*(Microsoft Press, 2007)，中文版《代码大全（第二版）》2006 年由电子工业出版社出版；*Rapid Development: Taming Wild Software Schedules*（Microsoft Press, 1996）。

优先级。优先处理既紧急又重要的事项是关键；我们常常把紧急的事项看作是重要的，反而耽误了解决重要的事项。图 6.1 中，既紧急又重要的事项被归到了"现在就做"那一类里。

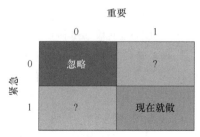

图 6.1   紧急/重要事项列表

Mickey 习惯于把自己的待办事项列表放在电子表格中，以便能快速打印，并很容易地添加或删除事项。使用优先级排序的方式，可以把列表里的待办事项按照优先级从最高到最低排列，这样可以让列表中各个事项的优先等级一目了然，优先级最高的事项自然可以得到优先处理。

大多数成功人士都坚持列出待办事项列表。这件事应该成为你生活中不可分割的一部分。你会发现，每天管理你的待办事项列表能够让你活力满满、成就感满满。

6.3.3   沟通管理能力

技术的进步为沟通创造了许多捷径，常常令我们应接不暇。现今，电子邮件、短信、Slack、"永远在线"的手机、博客、微博、Skype、Instagram、LinkedIn、Facebook，以及其他各种沟通方式早已渗入我们的生活。在几年前，这一切都是不可想象的。我们已经成为铺天盖地而来的各种沟通方式的奴隶，而这些沟通方式似乎降低了我们的整体生活品质。许多人，尤其是伴随着"永远在线"的信息弹幕长大的年轻人，都沉湎于此、难以自拔，其严重程度从 Twitter 或 Facebook 中断服务时引起的骚动和社会"动荡"中可见一斑。

要想成为一名高效的管理者，你必须创建有效的机制来合理管控如洪水般涌来的各种信息，不能让它反噬你。

阻碍你达到专心致志状态的最大敌人就是计算机中层出不穷的打扰人的技术……让即时通信软件一直运行，就和办公桌上悬挂一个大大的"来打扰我吧"的牌子一样。

——Cory Doctorow，科幻作家[1]

----

[1] Cory Doctorow（科利·多克托罗），出生于加拿大渥太华，著名科幻小说作家，代表作《我，机器人》（*I, Robot*），这段引文出自他的小说 *Context* (Tachyon Publications, 2011)。——译者注

  这可不是一项轻松的任务，对此我们也没有万全之策，不然我们就去写一本关于如何消除干扰的书了（一定会很畅销的）。不过，要想实现高效的管理，以下几件事情是必不可少的。

  （1）你必须制定一个切实可行的方法和流程来管理你的工作电子邮件（你收到的大多数电子邮件都必须及时回应），并且也需要确立管理电子日历的方法和界限。

  （2）你不能让接二连三的电子邮件分散自己的注意力，影响到你去管理员工和项目等其他重要工作。电子邮件消息新到时的"叮"声容易让人产生紧迫感，但实际上它很可能并不重要。你要保持专注力，专心于重要的事情。

  根本不存在可以在短期内改善产品的办法……你唯一能改变的就是有效工作的时间比例……所以你需要在避免浪费时间这一点上全身心投入。

——Tom Demarco[①]

  （3）别人打电话或发短信给你时，你不必一定答复或回应，特别是那些千方百计博取你注意力的人。如果你学不会拒绝，猎头们每天都可能占用你一个小时或更多的时间。如果碰巧接到了不认识也不需要认识的人士打来的电话，请尽快摆脱他们（有必要的话可以直接挂断）。这样做没关系，因为他们在占用你的时间！第一次做经理时，学习掌控好你的时间是至关重要的。

  （4）出席会议或者在其他需要专心致志的时刻，不要让电话或短信转移你的注意力。把手机设置成震动模式，这样你可以悄悄地查看是否有紧急电话打进来而不会扰乱会议。在会议上，我们很少接听电话，除非是紧急的电话或者是重要人物打来的，其他的电话直接转到语音信箱即可。在那些需要非常专注、中断就会导致分心（有时只有我们自己）的会议中，我们会关闭电话。

  （5）设置沟通边界，设置贴合实际的期望值。如今，人们期盼自己的所有问题都能得到他人的即刻回应，所以你必须设置沟通的边界条件，并确保这些边界对与你共事的人（以及在你的个人生活中与你相处的人）是切实可行的。Mickey通常是在每天工作开始和结束的时候才去处理电子邮件。即使时间充裕，他也不会立即回复每一封电子邮件。这样，发件人对 Micky 回应速度的期望就不会过高。当然，在工作中他也会监视收件箱，对于那些重要的信息他会及时回复，但大部分的信息和会议邀请，他都会在好几个小时内置之不理。

  （6）如果你的助理能力超群，你可以委托他来管理会议议程。日历系统允许你指定代理人来访问你的日历。你可以设置这些代理人的访问级别，例如只允许查看，或者同时允许查看和编辑日程。这样做，助理就能够为你量身定制日程和时间表了。

[①] Tom Demarco，美国人，技术分析师、股市拐点指标创建者、Market Studies 总裁。他是当前美国技术分析领域两位最有名的大师之一。这段引文出自 Demarco 的著作 *The Deadline: A Novel about Project Management* 第 79 页。

为了个人隐私以及保留对个人生活的控制权，我们强烈建议你不要让助理管理你的个人事务，你可以通过软件设置对其隐藏个人事务。不要把你的生活交给别人去打理。

（7）仔细规划你的时间，减少需求，减少信息洪流对你造成的冲击。每周和每天都要检查你的日程表，确保留出足够的时间去做你必须要做的工作。你日历上的空闲时间通常都会被各种会议霸占，但有些会议你确实不需要出席。你要仔细遴选出需要出席的会议，不要一被邀请就接受。你应该反复同邀请你出席会议的人确认——"真的需要我去参加吗？"。Micky 每天都会打印出自己当天和第二天的日程安排（使用双面打印以方便浏览），用它来控制好自己的时间。临时才发出邀请的会议 Micky 是不会去理会的，除非邀请者本人联系并且确认 Micky 必须要出席。这项措施实施起来似乎有些问题，但实际上它有助于让不懂会议礼仪的人们明白什么才是正确的会议邀请方式。

（8）倡导建立恰当的电子邮件礼仪，并且身体力行。我们的生活每天都充斥着大量的电子邮件，如果倡导建立适当的电子邮件礼仪，部分邮件（甚至大部分）都可以消失。努力推动建立全组织范围内公认的电子邮件礼仪，帮助其他人学会合情合理地使用电子邮件，以避免电子邮件泛滥成灾。本章后面的"工具"部分提供了一组电子邮件礼仪样本和会议规划指南样本。图 6.2 是一些良好电子邮件礼仪的准则示例。

电子邮件

发电子邮件是正确的途径吗？

- 有时候，电话或者面对面交流可能更合适。

内容清晰明确，抓住要点。

- 主题行一定要有意义。在主题行中，要使用准确的语句描述你的主题和目的。一封电子邮件引发的会话线程（电子邮件+电子邮件的回复+回复的回复……）可能会很长，要根据情况适当更新电子邮件主题。
- 要向收件人明确指出，收到电子邮件需要发表意见还是仅供参考即可——特别是在需要收件人做出行动或者决策的时候。

恰当使用 To（收件）、CC（抄送）和 BCC（密送）。

- "收件"对象应当是需要对电子邮件内容采取行动的人，"抄送"对象则只需要知晓电子邮件的内容。
- 使用"密送"时要非常小心。将一封已发送的电子邮件转发给本打算"密送"的人可能更安全。

避免过度使用全部回复。

- 如果信息是发送给一个通信组列表的，那么请考虑是否真的需要列表中的每个人都查看你的回复。
- 减少会话线程，只把电子邮件发送给适当的人；使用通信组列表并不一定是最合适的。保证主题鲜明。

图 6.2 电子邮件礼仪准则示例

- 确保你的电子邮件内容与电子邮件主题行的主题相一致。
- 在一个会话线程中坚持一个主题。
- 如果主题变化，则需要开启一个新的会话线程，并另起一个新的主题。

避免冗长的电子邮件会话线程。
- 如果电子邮件会话线程已经达到往复 3 次以上，最好打电话或召开会议来讨论这个主题。
- 当转发电子邮件会话线程给新的收件人或外部收件人时，一定要小心，因为其中可能会有一些你不希望每个人都看到的内容。

图 6.2　电子邮件礼仪准则示例（续）

管理日常生活中信息泛滥的技术还有许多，关键是你要有意识地去尝试用各种方式有效管控这些信息，使信息不至于泛滥成灾。不能让它控制你，你必须要去控制它。

6.3.4　管理实践

为了实施高效的管理，你必须制定一套对你和你的员工都行之有效的、可以让工作更加卓有成效的管理实践准则。以我们的经验，这主要是指在一对一的交流或者团队环境之下，如何进行有效的沟通。下面讨论的就是我们发现的行之有效的管理实践准则。你可以参考这些准则，但是一定要谨慎地思考哪些才是适用于你所处的环境的，从而量体裁衣地制定属于自己的管理实践准则，进而虔诚地践行这些准则。

想要成为一名高效的管理者，你必须首先成为一个高效的沟通者。高效的沟通者往往都是优秀的倾听者。人们一般都想要被人倾听，你的员工也是如此。如果你不听他们在说什么，那么毫无疑问，他们不会开心。

智慧就是您此生从聆听而非说话中所得到的奖赏。

——亚里士多德

这意味着你需要掌握良好的倾听技巧，完善自己的倾听技巧。关于这个主题的图书、课程和研讨多如牛毛，你可以（在任何谈话中）遵循以下几点简单的操作实践，有效提高自己的倾听技巧。

1. 关注对方

令人惊奇的是，很少有人真正遵循这个简单的实践。放下你的手机或平板电脑，停止处理电子邮件，坐下来凝视说话的人。

沟通中最大的问题，就是误以为自己已经在沟通。

——George Bernard Shaw

用眼神交流，仔细聆听对方在说什么（并思考他们呈现的信息）。注意，信息并不局限于他们的话语，还包括他们的姿势、身体语言、情感或专注的程度。留意上述一切信息。语言之外的这些线索往往最能说明问题。

2. 反馈型倾听

这是指在倾听完对方所说的内容之后，重述或者重释你听到的内容，以确定你的理解正确。这个办法通常需要先找到对方叙述独白过程中的信息点，再说类似于"现在我说一下我的理解，你是说部件 x 需要配件 y 才能正常运行？"的内容。

和大部分阅读本书的读者一样，我们两位都出身于程序员。程序员并不以沟通能力见长，而且外人常常还用类似这样的段子来讽刺程序员："外向型程序员和内向型程序员有什么区别？当你和外向型程序员谈话时，他会盯着你的鞋子，而内向型程序员只会盯着自己的鞋子。"我们确信你一定可以做到更好！

3. 突破沟通障碍

谈话时隔着办公桌（或者隔着其他任何东西）会令人感到不快。有时这种做法非常有效，例如当你想要给某人来个"下马威"的时候，或者你想要解雇某人的时候。但是，如果你是想与人进行有效沟通，那么请你站起来，离开自己的办公桌，和他们坐在一起，将椅子转向正对着或者稍微侧对着他们的方向。这样做有两个好处：一是这个动作的潜台词是"在你这里我倾注了自己全部的注意力，我在倾听"，从形式上消除沟通的障碍；二是暗示对方"让我们一起来想想办法"，或者"让我们一起解决这个问题"。

Mickey 和 Ron 一贯身体力行这一实践。当 Mickey 在他的办公室里与员工进行一对一的交流时，他都会与员工并排而坐。同样地，在他面试候选人的时候，他也都会尽量靠近候选人，与他面对面坐着。一位后来加入 Gracenote 的候选人告诉 Mickey，促使他决定加入这家公司的一个主要原因就是 Mickey 在最初面试他的时候绕过办公桌坐在了他旁边。他认为，这个简单的动作让他感受到了率真和意气相投，这是他想要为这家公司工作的主要原因。由此可见，一个简单的行动可以产生多么深远的影响啊！

4. 要事为先

许多人认为管理是自上而下的，管理者具有权威的地位，也就是说，他们处在金字塔的顶端，成为"一山之王"。与此相反，我们建议你把自己看作金字塔的底部，而你的员工在顶端。你的员工和他们做的工作才是真正重要的。

欲先民，必以身后之。①

——老子

　　这种观点就是我们所说的"倒金字塔"——做实际工作的人在金字塔的顶端，那些管理他们的人在金字塔的底部。金字塔顶端的人将困扰他们的问题委托给底部的管理者来解决。因此尊重和欣赏那些在金字塔顶端的人就是你自然要做的事情。你要充分认识到"是他们把责任委托给我，而不是我去驱使他们干活"，你要授权给下属，正确认识管理工作的真实定位。

看似他们为你工作，实则你为他们工作。

——古老的日本谚语

　　将图6.3所示的"倒金字塔"传递给员工，会带给他们很强的视觉冲击效果。在解释经理的角色时你可以经常性地使用它——不光是要传达给那些直接向你报告的人，还要传达给所有间接向你报告的人。

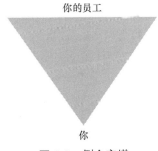

图6.3　倒金字塔

　　当然，"要事为先"原则并不仅仅限于与员工的交流。你要确保自己总是在做真正重要的、长远来看将会产生重大影响的事情，而不仅仅局限于短期的事情。今时今地你要做的事情越来越多，你必须要遴选和着力解决重要的问题。你要有意识地选择重要的事情，并把不重要的事情放到一边。

　　即使经验最丰富的经理也要经常面对招聘，如果你有招聘的需求，就应当把它放到待办事项列表的顶部。如果你真的需要请人来帮你做好事情，那么招聘进度延迟得越久，你需要等待的时间也就越长。所以，还会有比这个更重要的事吗？然而，当你被各种各样的会议、分配给你的任务、需要完成的报告以及其他各种各样日常型事务缠身的时候，填补空缺职位的工作太容易被其他活动所湮没。你应当把招聘这样的事项设置为首要任务，并且每天都要花一些时间在这上面。

────────────

①意思是想要领导民众前进，必须要把民众的利益摆在自己的前面。语出自《老子》第66章。——译者注

5. 每日精进

即使每天你只能完成一项重要任务，那么到年底你也能完成 365 项重要任务（或者是 260 项，如果你只在工作日才完成一项重要任务）。每天制订一个待办事项列表，尽可能完成更多项任务，体会每完成一项任务时的成就感。待办事项列表一项一项逐渐减少直到最终清零的过程会让你乐在其中，哪怕任务是因为客观原因被取消掉的！为自己每天取得的成就鼓掌，夜晚时分为自己斟上一杯美酒，品味你的小小胜利。

6. 成为解决方案的一部分，而不是问题的一部分

我们常常发现自己陷入了某种无厘头的困境之中，其原因可能是委派给你处理的问题现在已经成为你的沉重负担，或是你发现自己"好心做了坏事"，导致问题变得更加混乱了。出现这种状况时，你一定要后退一步，评估形势，判断是否需要对问题果断放手，或者勇敢放弃你原先认为可以有效解决问题的方法。通常你会发现，在不经意间另一个解决方案已经慢慢浮现。

然而，偶尔成为问题的一部分也不失为一件好事。例如，Mickey 在某家公司供职的时候，CEO 曾不断要求他按照商议好的进度表交付项目。然而，总还是会有一两个项目出现超时，这是因为 Mickey 总要制订一份非常紧凑的进度表。他一直有一个理念：在大多数软件开发项目中，工作进度总是跟随着分配的任务时间进行的，如果设定进度表时不够激进，工作进度就一定会拖沓，这会导致更大的问题——可能没法儿交付关键的成果。

于是，在这种情况下，Mickey 总是故意制造"麻烦"，而不去选择成为解决方案的一部分。他多次向 CEO 说明："在这里我选择成为问题的一部分，我制订的进度表一定会非常激进，即使会出现项目延迟的现象。"Mickey 告诉他的 CEO："如果我制订出来的进度表能够确保项目可以完成，那么我计划的完成时间你肯定不会接受。根据我的个人经验，人们总是有多少时间就拖多少时间，总是会拖到最后才能完成。所以我总是鼓励制订最激进的进度表，虽然这样可能会导致项目延迟，但却能使项目在尽可能短的时间内完成。"

所以实际上你要考虑的是更大的问题：给项目制订进度表时，是选择冗余度比较高、预留时间比较宽裕更好；还是偶尔有延迟、但更接近最佳时间更好？Mickey 有意识地选择了后者，并且用实际行动捍卫他的理念，不惜成为问题（好的问题）的一部分，而不是一个糟糕的解决方案的一部分。这样的解释通常都能说动对方。

这里（以及大部分问题中）的关键是，做决定时要经过深思熟虑，不要在不知不觉中成为问题的一部分！通常情况下，你应该成为解决方案而不是问题的一部分。成为问题的一部分是很少见的，对此你应格外小心谨慎。

6.3.5　跟踪管理能力

在"时间管理能力（优先级管理）"一节中我们讨论过，每天都制订一个待办事项列表通常都是时间管理中最关键的部分。然而，跟踪管理（即跟踪你应该做完的事）和时间管理一样重要。跟踪管理通常是一位经理的大部分工作。"这个任务完成了吗？如果没有，为什么没有？什么时候可以完成？"对于那些向你汇报工作的下属，这些都是他们司空见惯的问题，但对你却是重要的问题。

正如我们前面讨论过的，不是所有的事项都必须要完成。我们讨论过重要事项和紧急事项，以及推迟一些紧急但不重要的事项实际上还可能令它们自行消失。当你能够合理地做到这些的时候，它确实是一项很好的策略。但不管事项的重要性如何，你的确需要一些方法来确保那些需要完成的事项切实完成。

关于如何跟踪事项的部署与完成情况，我们的建议主要有以下 3 种。

1.　待办事项列表

前面提到过，待办事项列表是 Ron 和 Mickey 在日常生活中为确保重要的事情按时完成而采用的最主要的工具。每天早上都要准备好待办事项列表，一项工作任务完成时就从中划去它。有些日历程序提供了电子版本的待办事项列表，能够日复一日自动跟进任务的完成情况。这对有些人来说可真是个高效的工具。Ron 使用的是 TextEdit 日历清单，它简单实用，还带有优先级设定功能。无论你使用哪种工具，都要每天坚持使用它。

Mickey 多年以来一直在坚持做好一件事，他发现这是一个特别有效的方法。当要开启一天的生活时，他会泡在装满热水的浴缸中，花 15～20 分钟思考下前一天（或前几天）的收获，然后规划一下当天需要完成的重要事情。虽然这种思考并不总是与工作息息相关，但常常与工作有着千丝万缕的联系。多年来，这个"早起思考"的习惯一直帮助他保持理智、清醒的头脑。当没办法做到的时候（不管出于什么原因，如出差或者很早的晨会），他会非常想念它。Ron 的习惯是在早起淋浴时思考。这种思考通常能让你想起当天必须完成的两三件事情，并且将其记在心头。这是个好习惯。不过，因为在装满热水的浴缸中或淋浴中把想法写下来是很困难的，所以，作为配合，在我们到达办公室后（周末时是在家里），要做的第一件事就是回顾昨天的待办事项列表，然后对照今天在"早起思考"中记录的"心头事"，制订一个新的待办事项列表。

这些日常惯例对我们很有效，但你需要找到适合自己的日常惯例。

我们遇到过很多技术人员，他们把 David Allen 在 *Getting Things Done*[1] 一书中讲到的方法作为一种正式的方法和个人效率工具集。不管你使用哪种方法和工具，

---

[1] David Allen, *Getting Things Done* (Penguin Books, 2002). 中文版《尽管去做》2003 年 9 月由中信出版社出版。

只要你能让它们成为你的日常惯例，让它们为你服务就好。

2. 行动项列表

行动项列表和待办事项列表相似，但是通常在格式上更为正式，而且是规模更大的流程的一部分。例如，在 Gracenote，在大部分管理层会议和项目会议上都会确定一位专门的记录员，由记录员负责记录需要采取的行动项，然后在会后分配到人。当会议再度召开时，第一步就是审查这些行动项，记录每一项行动的进展状态，直到彻底结束该项行动。

> 没有记录的会议，就是一个从没有召开过的会议。
> ——Natalie DeJarlais，应用程序开发总监，旧金山湾区

如果人们足够重视，行动项列表可以成为一种极好的跟进方法，用于确保工作按时完成。它通常需要管理层的支持和来自同级的压力才能奏效。那些不能按时跟进他们名下的行动项的员工，你应该在季度或年度绩效考核中对他们进行一对一的训诫，直到他们做出改善。

3. 提醒事项

大多数日历程序还带有自动提醒功能，允许你为日后的某天设置一个提醒，不仅可以提醒自己，你还可以提醒其他人。Mickey 的一些员工（都是直接面对客户的员工）经常使用这些提醒，从而确保他们从开发人员（或者直接从 Mickey）那里及时得到后续进展状况的通报。Mickey 说："在 Gracenote，有专业团队负责管理针对我们客户的售后关系，他们会持续提出需要跟进并解决的事项。他们使用许多工具，对于重要事项和紧急事项，通常会为后续需要回应的人设置一个提醒。由于只有重要事项和紧急事项才会被设置提醒，所以当你看到一个弹出提醒时，你就知道必须马上解决这个问题。这个方法非常有效。"

6.3.6　虚心好学、处处请教的能力

要想当好经理，你需要持续学习。所以，你可以为自己寻找一至数位导师。如果你对那些非常成功的人士做一项抽样调查，你很可能发现他们中的许多人都拥有一位或者数位导师。在他们的人生道路上，导师对他们的帮助很大，正是导师的谆谆教导促使他们成为成功人士。

关于如何发掘导师、如何拜师学艺的图书数不胜数，关键是你需要寻找到一位自己尊重有加的、为人和蔼可亲的人士，向他求教自己在管理团队的过程中碰到的疑难问题，请他为自己的职业发展指明道路。你想去虚心求教的人未必有空，所以必须要持之以恒，坚持不懈地为自己找到一至数位导师，让他们指导你成长，伴你同行。

你可以直接开口明言求教。不过，其实有时你也不一定要那么直接。许多故事中都有这样的桥段：一位初窥管理门径的年轻人，在寻找到一位身经百战的资深管理人士作为导师后迅速崛起。例如《星球大战》里的安纳金·天行者寻找到欧比旺·克诺比作为自己的导师，学会了如何掌控"原力"，从而成为一代传奇绝地武士。这种史诗般的故事时常出现在神话和传说中。

隐性指导虽然并不像电影中那么富有传奇性，却更为普遍。隐性指导通常是同事关系的副产品，或是坚持不懈寻求指导人士的偶然所得。Ron 在自己的职业生涯中，每当在面试时遇到可塑之才，总是会在招聘工作完成之后常常联系他，提议非正式的聚餐并初步建立友谊，之后通过常相来往或者偶尔聚会建立深厚的友谊。事实上，Ron 与 Mickey 就是通过一次面试互相结识，后来发展成持续多年的朋友的，这才有了本书的问世。

寻求导师的关键在于随时做好抓住机遇的准备，所以你要时刻保持主动。

我们的建议是寻找那些令你肃然起敬、可以在你的生活和事业上给予你指导的人，然后以某种正式或者非正式的方式接近他们。

同时，我们衷心希望本书能够成为你"永远在线"的导师。本章和整本书中包含的建议、个人心得和逸闻轶事，都像你可以从一位值得信赖的导师那里得到的启迪。你可以经常重读"自我管理"这一节，并在遇到问题时，使用目录访问本书的部分内容作为参考。作为一名管理者，我们已经在书中讨论了很多我们认为重要的话题。衷心希望本书能够帮到你！

6.3.7 小结

人们往往到最后才会想起自己，就像把收入用于支付其他一切事物之后，才会想起来为自己存下那么一点点。人们往往也是在做完了所有的管理工作之后，才会把注意力转向自己的职业发展和个人自律。

花些时间和精力实施有效的自我管理，可以让你从日常工作中获得巨大的回报。本节的几个话题都是对于实施高效自我管理的各种建议，但你仍需要花时间去反思（可能还要从你尊重的导师那里收集他们的反馈），从而识别出真正适合你的方式。

花些时间去做好自我管理吧；每周推拒一次约会，留出一小时给自己，或者可以与导师一起，积极致力于改善自己的风格，改善自己的时间管理、优先级管理和沟通方式，养成时刻跟进的习惯。

这可能是你在一周中花费的最为划算的一小时。

6.4 本章总结

本章对于需要经营自己职业生涯的管理者来说非常重要。罕有管理者能够仅凭管理下属程序员的技能（这些是本书中其他章节的重点）就在企业中得到提拔。在做好向下管理工作的同时，向上管理、对外管理以及自我管理将让你变得出类拔萃，帮助你成为一位更高效的程序设计经理，帮助你获得足够的高光时刻、人脉网络以及影响力，有效提升自己的职业发展潜力。

6.5　工具

我们准备了两个工具来帮助你做好自我管理。文档中提供的示例可以很容易地应用于你自己的团队。异步社区可以下载下列工具：

- 电子邮件礼仪样本；
- 会议规划指南样本。

经验法则与至理名言

　　我们都是通过合理运用经验法则与至理名言来实施管理工作的。有时，这些经验法则与至理名言是我们总结出来的——在历经千辛万苦而取得成功的经历中萃取出来的经验，或者在遭遇失败时总结出来的深刻教训。有时候，经验和教训显而易见，可以用一条短语或一个句子言简意赅地表达出来；有时则需要对复杂的现象进行抽丝剥茧的分析，提炼出其中的精髓。

　　最早收集整理著名格言、谚语和经验法则的出版物之一是 Benjamin Franklin 的传世之作——*Poor Richar's Almanack*①。差不多在同时，Thomas Fuller 在 1732 年也出版了自己的谚语图书，其中包括脍炙人口的那句"小洞不补，大洞吃苦"，这条经验法则对每个人的日常生活都大有裨益。

　　其实，我们在成长过程中学到的那些经验法则与至理名言不仅适用于生活，同样也适用于软件开发管理工作。尽管代码也许是这个世界上最容易修改、可塑性最强的事务，但还是有不少程序设计经理仍然笃信"三思而后行"的原则。以下我们收录的都是一些比程序设计这个职业出现得早得多、古老而又隽永，并且同样适用于程序设计工作的经验法则与至理名言。

　　三思而后行。

——传统法则

　　这可能是最简单明了的经验法则与至理名言了。我们中的大多数人都曾经违背过这个法则，然后又为此而后悔不已。但我们为此而痛心疾首的程度恐怕都比不上那些目睹"火星气候探测者号"飞行器解体的空间科学家们——"火星气候探测者号"的设计系统是基于公制单位的，然而地面控制系统向其发送轨道数据时使用的却是英制单位。

　　聪明的方法可以起到事半功倍的效果。

——传统法则

　　有时，愚蠢的做法已经根深蒂固，人们对此熟视无睹。你需要充分营造学习

---

① 中文版《穷查理年鉴》2013 年由机械工业出版社出版。这是美国开国之父之一的本杰明·富兰克林（1706—1790 年）假借"理查德·桑德斯"之名撰写的一部箴言集，内容涉及识人读心、待人处世、成功人生、稳固爱情、幸福生活等生活哲学。这本书在出版后的两个世纪里被翻印了无数次，还被翻译成多国语言传播到众多国家，被封为经典图书畅销至今。

的氛围并引入聪明的方法。

明知他卑鄙无耻，就不要把他逼入绝境。

——传统法则

由此得出的结论是：不要让别人陷入绝境，须知困兽犹斗。应用于公司场景时，该法则很简单：不要让你的下属陷入困境，不要让你的同事陷入困境，特别是在任何情况下，都不要让你的上级陷入困境！

不要无事生非，插手那些并没有烦到你的事情。

——传统法则

胡乱调整已经能够运行的代码，会出现许多意想不到的问题。

与猪打闹玩耍，肯定会被弄脏。

——传统法则

这是"明知他卑鄙无耻，就不要把他逼入绝境"的推论。

及早保存，经常保存。

——学到的常识

这条法则一直很受推崇，尤其是在运行 Beta 软件或者任何东西的第一个版本时。

有些法则是我们在成长过程中习得的，有些则来自经理和同事们的忠告。后者更加接近于我们自身的经历，或许更能促使我们产生共鸣，是我们能够绕过艰难险阻、避免重蹈覆辙的金玉良言。

我们把这些忠告分为两种类型：

- 经验法则——千锤百炼的经验之谈，可以指导工作取得成功；
- 至理名言——简明扼要的深刻洞见，可以用作行动和思想的指南。

长期以来，本书两位作者各自收集了各种经验法则与至理名言来帮助自己理解和管理程序员，后来更是开始合作一起收集和整理。这些经验法则与至理名言有的来自我们读到的出版物，有的来自我们的领导和同事，有的是名人名言，有的则是我们自己的经验所得。本书列出的许多经验法则与至理名言都是众所周知、广为流传的。例如，"少说，多做"，这句话最初应该与程序设计工作没有什么关系，但现在也已被不少程序设计经理引用。有些经验法则与至理名言的知名度要低一些，但它们都是彼此相关的。

希望这些经验法则与至理名言能够在你充分理解后对你有效管理程序员与团队有所帮助。

管理中面临的挑战

管理人员必须能解决问题。

——Andy Grove，原英特尔董事长兼首席执行官[①]

我曾无数次向手下编程团队的经理和总监们灌输过 Andy Grove 的这番话。在遇到问题时，优秀的程序设计经理不能仅仅"指出问题"，虽然在需要时可以随时来找我，但他们应该能在没有我参与或者缺乏高级管理层指示的情况下找出解决问题的方法。

管理工作是与人打交道，其任务是使员工能够协同工作、扬长避短。

——Peter Drucker[②]

Peter Drucker（彼得·德鲁克）生于 1909 年，被誉为"现代管理学之父"。他创造了知识型员工的概念，并预测了当今信息社会的兴起及社会对终身学习的需求。

多年前的一位经理给出过如下的职场忠告：当你加入一家新公司时，要挑一个比较棘手的难题（其他人尽量回避的）来加以解决。这样不但可以使你快速积累经验，而且还能为你赢得成为一名卓有成效的开发者和影响者所必需的信誉和尊重。

——Dave Smith，敏捷软件开发教练

人们讨厌变革，但是喜欢改良。

——Terry Pearce，*Leading Out Loud* 书的作者

人们讨厌变革，也不喜欢安于现状。

——Emily R. Speer，运行官

仅仅响应变革是不够的，我们必须成为变革的领导者，否则就会落伍。

——Pollyanna Pixton，ALN（Agile Leadership Network）联合创始人[③]

[①] 释义自 Andrew S. Grove, *High-Output Management* (Vintage Books, 1995).

[②] Peter Drucker, "Management as Social Function and Liberal Art", in *The Essential Drucker* (Harper Business, 2001), p. 10.

[③] Spoken at BayALN, the Bay Area chapter, January 2007.

如果不去尝试射门，你将百分之百无法得分。

——Wayne Gretzky，冰球巨星

在我的职业生涯中，我一共错失了 9 000 多次投篮，输掉了近 300 场比赛。有 26 场比赛，我被委以一投绝杀的重任然而却投篮不进。我不断地遭遇失败，这就是我为什么能够成功的原因。

——Michael Jordan，篮球巨星[①]

坦白承认自己就是罪人，是制止"猎巫行动"（witch hunt）式迫害行动的最快办法。

——Tim Swihart，苹果计算机工程总监

如果你知道愤怒的人们正在掘地三尺追根究底的问题是你（或者你的团队）惹的祸，那你就主动站出来，直截了当地解释一下存在什么问题、出现问题的原因以及你为解决问题采取了哪些对策。在职场上出现这种大规模"抓捕"行动的原因，往往是由于管理者在情况变得糟糕时无法得到直接回复。如果你能够及时向他们提供信息，说明问题出在哪里、正在采取哪些措施以最大限度地降低问题再度发生的可能性，他们就能对问题的影响做出准确的评估。

不要把时间都耗在烦琐的日常事务中。

——David Dibble，Schwab 和 Yahoo 执行副总裁，First Data 首席信息官

David 的这句话是讲给他自己的管理团队听的，意思是说经理们需要去做"真正的"工作。那些看似紧急的工作（电子邮件、会议、日常事务）很容易就把一整天的时间都浪费掉，只有在有计划、有策略地安排好自己的时间的情况下，管理者才能避免这种情况的发生。

每多用一个小时来制订计划，你就能少浪费一天的时间和精力。

——Steve McConnell，ConstruxSoftware 首席执行官兼首席软件工程师，《代码大全》和《快速软件开发》的作者[②]

事事最高优先级，等于无事最高优先级。

——Sheila Brady，苹果公司前系统软件程序设计经理

[①] 被引用在 *Guideposts*（2002.08.）。

[②] Steve McConnell, *Software Project Survival Guide* (Microsoft Press, 1998), p. 36. 中文版《软件项目生存指南》2003 年由清华大学出版社出版。

当 Sheila 在苹果公司跟我分享这项心得的那一刹那，我意识到自己面前矗立着一位聪明睿智的智者，她让我第一次认识到了经验法则的力量。不会为事情设置优先级是阻碍我们这些开发人员成长的暗礁险滩，学会如何设置优先次序至关重要。

设置优先级。有时候，越是紧急的事情，越不能着急。

——Phac Le Tuan，工程副总裁兼首席执行官，旧金山湾区

PaceWorks 的董事长兼首席执行官 Phac 解释道："当被意想不到的问题打个措手不及时，工程师们（通常）倾向于立刻将其解决以彰显自己的能力，却将实际上应该优先考虑的事情抛到脑后。明智的做法（当然也是难能可贵的处事逻辑）应该是不要急于处理新出现的问题，先后退一步，仔细分辨它的实际优先级。"

千里之行，始于足下。即便迈出的每一步都步履蹒跚，但只要坚持下去就能走完全程。

——匿名

我非常赞同把问题拆解为若干个小步骤来各个击破的做法。尽管你可能会因为没能立即全面解决一个大问题而遭受诘责，但依我的经验来看，强行处理超出自己能力范围的事所带来的风险更为凶险。这里所谓的"若干个小步骤"类似于敏捷开发方法中的冲刺：一方面，待完成任务的规模大小恰好可以让每个人都有事可做；另一方面，任务足够小，能够不断地快速迭代冲刺，每一轮迭代的变化都能够让你厘清下一轮迭代中需要优先关注的问题，以及下一轮迭代中最容易解决的问题（理想的情况是两者同时厘清）。

不要好高骛远，妄图一下子蒸干海洋。

——Schwab 常提及的法则

它警示我们：在任何情况下都不要指望一口气解决所有问题，那是绝对不可能的。

不要有意外！

——Karin Hardison，软件开发总监

这条经验法则的认可度非常高，每一位我们尊重的经理都将其奉为圭臬。你一定要让你的下属充分认识到及早向你发出风险预警的重要性，当然你对自己的经理也要这样做。

一图顶千文。

——John Warnock，Adobe Systems 的联合创始人

我在 E&S 曾与 John 在一个项目里共事。每当遇到问题时我都会溜进他的办公室，而每次他都会反复实践这条经验法则——我们会在白板上简明扼要地勾勒出问题，然后尝试一起找出解决方案。不管遇到什么问题，首要的事情都是画一张图。从那时起我就发现，正如 John 的经验法则所说，如果你不能用一张图来描述清楚某个问题，那你大概率就没有理解这个问题。

随意找一组智力正常的成年人咨询如何减肥，得到的建议往往都是"少吃多动"之类的有关控制饮食的建议。这就是常识，对吧？这确实是常识，但却不是人们的习惯做法。我想起了不久前跟某高管的一段对话。我们当时讨论的话题是：是什么原因促使公司启动的项目总量总是近两倍于现有人力资源的最大承载能力（实际上多数公司都这么做）。重要的项目永远缺人手，而许多员工又同时在多个项目中有任务，这样来回切换任务会导致其效率下降 60%。产品由于缺乏计划、不能集中力量而延迟发布就是板上钉钉的事了，就算能如期发布，也会遗留严重的质量问题。企业领导为什么不把那些最不重要、最不紧急的项目砍掉或者暂停一下呢？他们为什么要固执己见地把宝贵的资源像撒胡椒面一样地分散到那么多的项目当中呢？"集中兵力、各个击破"的常识为什么总是不能得到切实执行呢？[①]

——Kimberly Wiefling，
领导力与程序设计管理领域的咨询顾问

以上感言出自 Kimberly 的文章 "Common sense is not common practice"。

"往返 3 次法则"：在一次讨论当中，双方交换意见/见解的次数应被限定在 3 次。使用"往返 3 次法则"可以避免没完没了的争论。

——Electronic Brokerage Technology，Schwab

有这样一个现象，它对所有团队管理者而言可谓是家喻户晓，那就是两位技术专家总会陷入唇枪舌剑的争论之中，而且没完没了。在 Schwab，如下做法有效地阻止了这类现象的蔓延——仔细观察只有两人参与的讨论，当他们每个人都讲过 3 次之后就终止他们的对话，让第三个人接着讲。

榜样并非最重要的可以对其他人产生影响的方法，而是唯一的方法。

——Albert Schweitzer（阿尔贝特·施韦泽）
（德国学者、人道主义者、诺贝尔和平奖获得者，1875~1965 年）

[①] Kimberly Wiefling, "Why Common Sense is NOT Common Practice," (Wiefling Consulting).

不管你愿不愿意，都要以身作则。

——Jateen Parekh，Jelli Crowdsourced Radio 的创始人兼首席技术官[1]

如果你是一名担负有管理员工责任的经理，那么你的员工比你手头正在做的任何事情都重要得多。

——Tim Swihart

Tim 指出："如果一名团队成员在你不太方便的时间来找你谈话，那请先把手头的工作放下，专心跟他交流，因为他可能想要鼓足勇气告诉你一件大事。我发现，如果这位'不速之客'平常不善言辞，那他尤其可能会有大事向你汇报。谈话的内容可能很简单，比如无法获取到完成任务所需的信息；也可能很重大，比如即将离婚、心爱的人去世或者其他对他个人产生重大打击的事情……这些事情对你精心安排的时间表都会产生重大的影响。如果你的团队成员知道自己来访的时候能得到你的最高优先级待遇，那么当遇到很棘手、很麻烦的事情时，他们都来找你倾诉的可能性就更大了。"

小心谨慎筑丰功伟业；粗心大意成覆舟之戒。

——Phac Le Tuan

Phac 特别指出："首先，我们需要精准地辨识自己对哪些信息还是懵懂的（需要对其一探究竟），这样才能树立信心，达成原先看似无法企及的目标。然而，顶尖团队所能犯的最致命的错误往往都源自盲目自信、对错误的信息一叶障目。我们常常会在无意中忽视盲目自信的危害，所以我们应当始终保持谦虚谨慎的作风（参见'西班牙无敌舰队[2]'的故事）。"

够用就行。

——Adam Osborne，作家、出版人、计算机设计师、Osborne 创始人[3]

这与本书中引用的伏尔泰的名言"完美是优秀的敌人"是一个意思。程序员往往容易走向两种极端：要么很快就"完成"任务，然后把包袱甩给其他人；要么不停地完善、完善、再完善，但总是做不完。Scrum 是关于持续交付的过程。在这个过程中，产品负责人（Product Owner，PO）决定何时开始交付价值。

---

[1] 此句摘自 Jateen 于 2011 年 1 月在 SVForum 的 Engineering Leadership SIG 上发表的题为 "Lessons Learned on the Journey from Engineer to Company Founder" 的演讲。
[2] 西班牙无敌舰队（英语 Spanish Armada，西班牙语 Grande y Felicísima Armada），是西班牙于 16 世纪晚期组建的海上舰队，全盛时该舰队拥有千余艘舰船，横行于地中海和大西洋。在英西战争中，该舰队作为西班牙打击英国的主力，先后 5 次发动针对英国的远征行动，均无果而终，大部分都是受恶劣天气影响而失败。此处使用"西班牙无敌舰队"比喻因盲目自大而遭受惨败。——译者注
[3] Kurt 于 2009 年 5 月 9 日在 WordPress 网站上写的博客。

大声赞美；轻声责备。

——俄罗斯的"凯瑟琳大帝"①

如果管理者总是通过主导谈话内容来达成共识，那么他最终得到的不是一个团队，而只是一群受胁迫的人。

——Jim Nisbet, HighWire and Loggly 首席技术官

大多数团队都不是真正的团队，而仅仅是每个人与领导的个人关系的集合。每个人都在与其他人争夺权力、荣誉和地位。

——Douglas McGregor, 麻省理工学院斯隆商学院教授②

麦格雷戈是管理和激励的 X-Y 理论模型的创立者。

行为总是围绕着度量指标转。

——Jim Highsmith, 敏捷大师③

他指出"所有的度量指标都是有缺陷的，会导致与预期相反的结果"，因此，最好的做法是为评价的内容准备一套指标。

受到表彰的消防员会随身带着火柴。

——Kimberly Wiefling

Wiefling 指出："想要控制疾病不扩散，就不要表彰携带病毒的人。我们应该找到那些能够未雨绸缪、预防风险、执行力突出，能够冷静有效地从挫折中恢复而不张扬、不炫耀的人。对于这样的日常英雄，可以给他们发一份星巴克礼券之类的小惊喜，同时让他们下午 3 点提前下班回家，陪孩子共度一段欢乐时光。"

沟通再多也不算多。

——Ron Lichty

凡是我没有参与的工作（也就是分配给其他人的工作）都是轻而易举的工作。

——David Wylie, SolutionsIQ 特聘经理人④

---

① "凯瑟琳大帝"一般是指俄罗斯罗曼诺夫王朝的第十二位沙皇叶卡捷琳娜二世（1729～1796 年）。她是俄罗斯历史上唯一一位被冠以"大帝"称号的女沙皇，在位期间治国有方、功绩显赫，使当时的俄罗斯成为名副其实的欧洲第一强国。

② 被引用在 Mike Cohn, *Succeeding with Agile: Software Development Using Scrum* (Addison-Wesley, 2010), p. 175.

③ 被分享在 "the Bay Area chapter of the Agile LeadershipNetwork" (BayALN , 2010.02.16).

④ 被分享在 Agile in Action Road Show (2010.03).

David 指出，人们常常觉得自己的工作充满挑战和艰辛，但却不能理解其他团队为什么不能完成他们自己的任务，因为别人的任务看起来总是比自己的任务简单得多。

工程经理不是那么好当的：既要充分沟通，又要排除干扰。

——Emilio Rojas，软件开发者、经理及工程绩效教练

没有什么比建立新秩序更困难、更徒劳无功、更为危险的了。因为旧秩序的受益者全都是变革的反对者，只有那些可能从新秩序中受益的人才会勉强支持变革……

——Niccolo Machiavelli[①]

员工在工作中获得的工资、津贴和福利越多，其创造力越容易受到抑制，在工作中的表现也越不理想。有效的薪酬数额和付薪方式应该能让员工在很大程度上忘记薪酬，而把注意力集中于工作本身。下面是常用的 3 种关键方法：确保内部及外部的公平性；薪酬比业界平均水平高一点点；如果要采用绩效考核方法来衡量工作表现，那就应注意放宽范围，采用相对比较的方式并减少暗箱操作的可能。

——Daniel H. Pink，作家[②]

我的职责是竭尽所能为员工支付更高的工资，而不是搜肠刮肚去琢磨怎样才能少付工资。

——M. W. Mantle

薪酬是一个复杂的函数，它不仅仅由工资组成，还包括其他一些重要的内容，如工作内容、工作伙伴、是否会用到一些新技术、是否有助于改变世界等。

——M. W. Mantle

招聘员工时，我通常会询问他们对薪酬的期望。通常，我得到的答复都是一个工资数目，有时是工资数目加上股票期权。我常常说就像每个人都是独特的，薪酬实际上是由下面这个复杂的公式决定的。

薪酬 $= i \times$ 工资 $+ j \times$ 股票期权 $+ k \times$ 福利 $+ l \times$ 与谁共事 $+ m \times$ 工作地点 $+ n \times$ 做什么 $+ \cdots$

每一个变量（即工资、股票期权、福利等）前面都有一个与其关联的系数（即 i，j，k 等），系数的取值影响着计算的结果。每个人都应该考虑对自己来说哪些

------

① Niccolò Machiavelli, *The Prince* (1532).

② Daniel Pink, *Drive: The Surprising Truth about What Motivates Us*.

因素比较重要、有多重要，然后在 0 到 1 之间为系数取值。由此将引出一项具有广泛意义的讨论：到底什么才是真正重要的因素？结论往往并非工资，这样一来，实际提供的工资就不那么富有竞争力了。

制定下属的工资表时，要假想它是可以贴到办公室门外来公示的。

——M. W. Mantle

从我当上经理的那一天起，在薪酬方面我就一直努力争取做到下属的工资表都可以贴在我办公室的门外，即我需要努力让那些被公认为最优秀的员工拿到最高的薪酬。当然，我不可能真的把员工的工资表贴到办公室门外，因为不公平总是存在的，请参见下一条经验法则。

工资不公平的现象总是存在的。

——M. W. Mantle

我知道，工资不公平的现象总是存在的，我管理程序员的方法是通过长期的努力逐步消除这种不公平现象。具体做法是：逐步加大那些表现卓越的优秀员工的工资增幅，而降低那些高收入低产出员工的工资增幅，甚至降到零、降到负值。这也是我刚开始管理程序员时要学习的最艰难的一课。只有在我理解了工资不公平现象总是存在的，而我的职责正是逐步消除这种不公平时，我的工作才变得轻松一些。

招聘时，薪酬方面的讨价还价是无法避免的事情，但请不要因此而错过合适的候选人。

我宁愿多发奖金，也不愿意多发工资。

10 分钟后你就会忘记你给了他们什么，所以不要太担心。

——Mark Himelstein

一流的招聘人员少之又少，所以要视你的招聘团队为无价之宝。

——Elaine Wherry，Meebo 的联合创始人[1]

如果你现有的员工都很快乐，他们一定会推荐杰出的人才给你。所以，请营造一个让员工感到满意舒心的工作环境——包括专门为程序员设计的办公室，优秀的领导力，以及其他一些额外的福利待遇。

——Gregory Close，经理、项目经理以及创业公司创始人，

旧金山湾区

---

[1] 以上感言出自 Elaine Wherry 在 2011 年的一次代码训练营上发表的题为 "Winning the Engineering Talent War Online" 的演讲（2011-10-09）。

将招聘也视为一个项目，给每一件事务都规定好时间期限：

- 24 小时内电话通知候选人是否通过初选；
- 48 小时内安排面试；
- 面试后 24 小时内告知最终结果。

——Mark Himelstein

对申请我大学母校的高中生进行面试。通过这种方式，我招到了一批出类拔萃的暑期实习生。

——Bruce Rosenblum，Inera 首席执行官，Turning Point 前软件开发副总裁

尽早、尽量多招收一些实习生。他们相对廉价，而且充满活力。

——Mark Himelstein

Mark 指出："我经常招收一批刚刚毕业的、技能不够全面的大学生担当实习生。我对他们进行培训，作为交换，他们为我做一年的 QA[①]测试工作。"

软件开发团队需要源源不断地引入新人以保持创造力和活力，但是其速度应该保持在每3～4年引入1名新人。

——Richard Hackman，哈佛教授、团队工作专家以及 *Diane Coutu*（《哈佛商业评论》)[②]资深编辑

招聘两个"还不错"的员工，效果远远不如招聘一个杰出的员工。

——Tim Dierks，曾在苹果、Google 等公司担任工程师、首席技术官和工程副总裁

一流人才招聘一流人才，二流人才招聘三流人才。

——Steve Jobs

1986 年，Pixar 从 Lucasfilm 中分离出来，乔布斯担任首席执行官。此后不久，他在 Pixar 的一次管理层会议上分享了这一条带有哲学意义的管理经验，同时强调了招聘正确的员工（一流人才）的重要性。因为一旦把二流人才招进来，对企业

[①] QA，英文全称为 Quality Assurance，译为质量保证。通常，在国内的软件企业中，存在着职责定义完全不同的两种 QA：其一是承担组织内研发管理流程的定义、维护、监督与改进等工作的 QA；其二是承担测试任务，特别是黑盒测试的 QA（白盒测试的职责通常由开发人员自行承担）。综合上下文判断，这里所指的应该是后一种 QA。——译者注

[②] 引自《哈佛商业评论》（2009 年 5 月期），第 98～105 页；同时也被《Scrum 敏捷软件开发》（*Succeeding with Agile*）一书引用（p. 209–210）。

的危害远远超过招错了一个人所需要付出的代价。

招聘中的挑战在于，每个人都有其来历。你必须搞清楚这一点。应聘者的背景可能会增加管理者与其谈判的难度。

——Mark Friedman，GreenAxle Solutions 首席执行官

Mark 是旧金山湾区东部创新组（East Bay Innovation Group）最佳实践 SIG 的创始人，他补充道："如果应聘者刚刚参与过一个被取消的项目，他们可能还会有愤愤不平、怀才不遇的心态。他们也有可能来自一支优秀的团队，但是工作方式与你完全不同。他们可能对事事都要质疑，细枝末节也不放过。他们做过的项目可能屡遭失败。你总是需要搞清楚所有这些问题。"

我经常寻找那些会自动、自发完成大量除本职工作以外的工作的人。上学时，他们并不只是做好老师要求的项目；工作后，他们不仅完成雇主要求他们做好的事情。他们对某种东西充满激情，利用业余时间完成一些兼职项目。他们是如何让自己保持激情四射的状态的？他们对待兼职项目是严肃认真的吗？不会只是浅尝辄止而后弃之脑后了吧？

——Brad Fitzpatrick，LiveJournal 创始人，Six Apart 首席架构师[1]

请允许我来抛砖引玉：不要面试那些做不到善始善终的人，永远不要。证书和学位算不上是成就，完成一项拥有真实用户的真正项目才算。如今，Google 应用引擎（Google App Engine）和亚马逊 Web 服务（Amazon Web Services）都提供了多种免费网络服务架构，而注册为安卓开发人员并且在安卓市场上发布一个应用程序的总开销也只有 25 美元。因此，如果程序员没有做出来自己的网站、应用或者服务，就无法豪气冲天地指着它们说："看，这个，这个，还有这个，全都是我做的！"他们应该羞于启齿。

——Jon Evans，作家、记者、探险家、软件开发者、
TechCrunch 专栏作家[2]

招聘那种纯粹为了好玩，而用自己的时间开发东西的人。

——Dave Wilson，软件架构师，旧金山湾区

大学学历不会给我留下深刻的印象，学历不够光鲜也不会吓到我（看看史蒂夫·乔布斯和比尔·盖茨）。当一个人离开学校的时间足够长，学位就基本没有意义了。经验才是最重要的。

——Eric Muller，软件架构师、技术副总裁，旧金山湾区

------

[1] 被引用在 Peter Seibel, *Coders at Work: Reflections on the Craft of Programming* (Apress, 2009), p. 77.

[2] Jon Evans，"Why The New Guy Can't Code",(TechCrunch, 2011-05-07).

那些自命不凡的人，我不会聘用他们。曾经，有一位候选人告诉我，他每周只需要工作两天，因为在这 16 个小时内他就能完成其他人 40 个小时才能完成的事情。哦，你不用来了，谢谢。

——Bruce Rosenblum

招聘多名谦逊踏实、能融入团队、寻求稳定职业发展的开发人员，远远好过招聘一名在面试中表现得野心勃勃又有浓重防备心理的所谓"明星"开发人员。

——Jerry Cheng，雅虎移动工程经理

Jerry 指出："首先，开发人员很难改变多年养成的习惯去适应新的体系，因此招聘谦逊踏实的开发人员很重要，他们不会故步自封，愿意随需应变。其次，现在的开发人员跳槽的情况太频繁了。培养开发人员熟悉新体系需要时间，如果他们甫一学成就跳槽他往，那这时间就花得太不值得了。任何体系都会因为开发人员的频繁流动而逐渐崩溃的，因此我希望招聘那些寻求稳定职业发展的开发人员。"

我强调沟通、合作、活力、潜力。

——Mark Himelstein

下面这个面试问题很重要，尽管它与技术没有直接关系，但它适用于每位候选人：

工作之余你会去做哪些好玩的事情？

——Paul Melmon

工程副总裁 Paul Melmon 特别在他团队中强调：在面试中要向每一位候选人提这个问题。他认为这样有助于发掘蕴含在候选人内心的各式各样的激情。当他发现程序员对生活中的某些方面充满激情时，他的习惯是将他们的激情转移到对产品的精益求精和对程序的精雕细琢上。他渴望自己的团队对工作充满激情。

我喜欢和候选人讨论有关设计模式的问题，例如你会怎样设计一个类似纸牌游戏的程序。候选人应当能够确定程序中的所有对象。例如，在 21 点游戏中需要处理的对象主要有纸牌、手和玩家，候选人应当能够确定这些对象的属性及其相互关系：什么时候使用继承，什么时候使用继承与从属关系。正确答案可能不止一个，但解决的方案应当可行。在面试中，我通常愿意给出答案和指导，这样的面试看起来就不是单纯在习难了，而更像是一种对话交流。这样做的目的是了解我们能在多大程度上一起共事。

——Paul Ossenbruggen，人力资源资深教练

在面试开发人员时，了解他们的想法是至关重要的。我一般会把面试安排在有白板的房间，目的是先让程序员谈谈如何解决问题，然后请他们起身到白板上演示给我看。我想知道我们能否一起共事，想知道他们能否在讲解的过程中激发我的兴趣，并让我沉浸其中。

让应聘者告诉你，你的公司可以在哪些方面做得比现在更好。

——Dave Wilson

我希望招聘文笔流畅的人才，因为在我们的工作中，有很多时间都被用来完成电子邮件、文档、计划、规格书、说明书等一系列文案工作。所以，我希望我的团队成员都可以把文档写得条理清晰，尽管这是一项很难掌握的技能。我实际上更希望看到主修英语的人士来从事程序设计工作，而不是主修数学。

——Douglas Crockford，JSON 的发明者、软件架构师、企业家

在面试时进行半个小时的结对编程，可以节省所有人的时间。

——David Vydra

David 在其职业生涯的不同时间点，分别提倡过敏捷实践、模式和测试驱动的开发。

我一般会请候选人展示一段他最引以为豪的代码，并向我们做出讲解。这样做是为了判断他的表达能力，也就是他有效沟通的能力，这是我在招聘中最看重的技能之一。

——Douglas Crockford[1]

请候选人带上他们编写的源代码来参加面试。查看他们的代码，你就会知道他们是否优秀。接着要求候选人展示一个他所编写的应用程序，评估一下这个应用程序的用户体验如何。

——Dave Wilson

（面试时采用）类似 IQ 测验之类的形式是非常愚蠢的。

——Dave Wilson

面试小组不宜过大，不要超过 4 个人：3 个你信任的人，还有就是你自己（经理）。如果 4 个人还不能形成统一意见，那就不要聘用该候选人。参加面试会浪费候选人的时间，所以面试小组的人员越多，面试效

---

① 被引用在 Peter Seibel, *Coders at Work: Reflections on the Craft of Programming* (Apress, 2009), p. 129.

果不理想的可能性就越大，你可能会因此失去一位优秀的候选人。

——Mark Himelstein

对于刚刚大学毕业的应聘者，安排两个人面试就行了：一位开发人员，一位经理。

——Mark Himelstein

对于资历较深或者经理级别的应聘者，如果他们想在入职前与更多的人交流，那也没问题。不过你要跟小组成员讲清楚，这已经不是面试了，而是向应聘者介绍你们的岗位。

——Mark Himelstein

听取面试小组的集中汇报很关键：对于你来说，这是一个理解面试小组观点的机会；对于面试小组的每一位成员来说，这也是了解其他面试官对候选人不同看法的机会，有助于增强自己的面试技能。

——Phac Lc Tuan

（面试小组）每位成员都有权发表意见，但最后应由一个人拍板。

——John-Alistair George，研发副总裁，旧金山湾区

给证明人打电话。这听起来很简单，但这种最佳做法往往被忽视。

——Gregory Close

永远不要满足于只和候选人提供的证明人相谈。如果他们是候选人的朋友，往往不会提及他的缺点，但其实每个人都有缺点。寻找一个独立的来源——你认识的和候选人共事过或者曾经管理过他的人。

——Dave Curbow，思科用户体验架构师

Dave 指出，虽然作为一条经验法则，这句话实在太长了，但"它是我从教训中学到的经验"。

我认为，一名优秀的候选人会阅读我公司的网站，并根据其中的内容修改甚至重写自己的简历和求职信。所以，在 LinkedIn 上查看他们的信息才能找到他们简历中那些内容的实际情况。

——Bruce Rosenblum

优秀的主管要拥有足够的判断力，会挑选出能达成自己目标的优秀人选；要拥有足够的自制力，在下属沉浸在工作当中时不会瞎指挥。

——Theodore Roosevelt

觉得招聘专业人士的成本太高了？请在雇到业余人士之后再做决定吧。

——Red Adair

如果你有些犹豫不决，那就不要聘用他。

——Steve Burbeck，曾在苹果公司和IBM任管理者

Steve 不仅在一家小型批发公司（10人规模）和两家创业公司管理、雇用过开发人员，还在苹果公司领导过工具产品的开发，在IBM北卡罗来纳州分部领导过研究工作。其中那两家创业公司，一家在解散之前规模增加至大约70人，另一家是三四十人规模的非营利研究机构。

在接受录用通知和入职之间的这段时间里，与新员工保持"温馨而又熟络"的联系是至关重要的，但这段时间最好不要超过两周。这期间你可以邀请他们共进晚餐，主动给他们打电话，邀请他们参加团队会议，甚至可以开始给他们安排工作任务了。

——Mark Himelstein

只要可能，就要在聘用合同里面加上3个月的"试用期"。这样你就不会被迫接受不合适的人了。

——Gregory Close

在最初的试用期要处处留心。

第一天，最初的几天，第一周，第一个月……

帮他们组队，阅读他们的代码；最重要的，是尊重他们。

——Steve Burbeck

要让新员工成功融入团队其实很简单，做到以下两点就够了：

（1）入职第一天将他分配到一个项目中，从而促使新员工快速熟悉公司的源代码控制机制和开发实践等。

（2）最好让新员工承担这个项目的测试工作，这样他可以站在用户应用的角度了解产品。脱离产品应用的工程师往往只会纸上谈兵。

——Dirk Bester，工程副总裁，旧金山湾区

入职是非常重要的。除了提供培训、确定导师等常规操作，我通常会让新员工迅速完成一些小任务以获得成就感。如果不这么做，即使是经验丰富的人也会因为挫败感而早早陷入倦怠状态。而如果我这么做了，新员

工会感觉自信满满，并且迅速在团队其他成员那里建立起自己的影响力。

——Mark Himelstein

对我来说，新程序员带来的最大挑战是如何评估他们，并找到让他们为组织做出有效贡献的方式。我总会遇到的一个大的挑战是如何掌握管控的尺度。对于有些程序员，只需要为他们规划大的方向即可，因为他们会自己决定该如何开展工作，你只需要按照目标进行管理即可，言传身教的贴身管理反而会降低他们的工作效率。而对另一些程序员来说，你必须保持一个较近甚至很近的控制距离，亦步亦趋，紧盯他们完成一个又一个短期任务。特别需要注意的是，许多程序员都认为他们可以做到自我管理，但实际上有些人做不到这一点。

——Joel West，克莱蒙特学院凯克应用生命科学研究所创新与
企业管理专业教授，曾在加州做过程序员、管理者和企业家

应对复杂问题最重要的因素并非程序员所使用的工具和技术，而是程序员自身的职业素养。

——Robert L. Glass，软件从业者、先驱、作家[1]

问题的复杂度每增加 10%，软件解决方案的复杂度就会相应地增加 100%。这不是一个可以通过努力改变的条件（尽管想方设法降低复杂度总是我们期待的），而是一个基本事实。

——Robert L. Glass[2]

Robert 是 Elsevier 的 *Journal of Systems and Software* 的编辑，*The Software Practitioner* 的出版人和编辑。

在软件开发组织中，需要进行预算管理的只有工资、资本开支、培训和差旅费用，其他的都是小零碎，不值一提。

——Ron Lichty

David Eyes 是我的朋友，也是我工作的第一家公司的老板，跟我合写过一本书。他供职苹果公司时，首次使用"小零碎"（mouse nuts）这个词来指代那些对个人来说也许很多，但对公司的部门预算来说其实是微不足道的预算数额。我先后在多家公司管理过预算，只是在加入 Schwab 之后，才从一位财务分析师那里得知哪些东西需要忽略、哪些东西真正需要关注。是的，其他方面只需要寻找预算严重异常的情况并了

---

① Glass, "Frequently Forgotten Fundamental Facts about Software Engineering", p 112-113.

② Glass, "Frequently Forgotten Fundamental Facts about Software Engineering".

解原因即可。但当所有的数值都加到一起之后，只有工资（包括合同制员工和独立顾问）、资本开支、培训和差旅的开销比较大。经济形势下行时，你需要缩减这些支出；经济形势向好时，你可以增加这些支出。另外，不同部门的底线可以有所不同。

口头约定一文不值。

——Sam Goldwyn 法则

需求工程主要是一种沟通行为，令人惊奇的是，哪怕是一点点地理上的隔阂都会严重影响沟通的效率。

——Karl E. Wiegers，Process Impact 首席顾问[1]

Karl 特别提到，由于日常缺乏交流，需求问题得不到澄清和完善，"会导致远程开发人员更多地依靠猜测来工作，而且开发缓慢、频繁返工"。

距离越远，沟通就应越正式。

——Martin Fowler，软件开发、敏捷、UML 和模式专家[2]

团队成员之间相隔越远，沟通就应越正式、越直截了当。

——Ted Young，GuideWirE 开发经理/敏捷教练[3]

在电话会议开始时先随便聊聊本地新闻，这是个好习惯。带有地方特色的信息（政治、体育、天气）可以让电话两端的人都觉得自己的生活范围更为宽广。

——Martin Fowler[4]

永远不要低估近距离沟通的价值。

——M. W. Mantle

E&S 的创始人 Dave Evans 曾告诉我："人与人之间沟通的效果，在国内与距离的平方成反比；而如果跨越了国界，就与距离的立方成反比。"我发现这条经验法则是正确的。我见过太多因为对方不在身边而沟通失败的例子。距离越远（从楼上、楼下到相邻的两栋楼、相邻的时区乃至世界的另一端），沟通越困难。如果跨越了国界，那么由于时差、语言、口音以及文化差异等的影响，

[1] *Dr. Dobb's Journal* (2007-09), p 20.

[2] Martin Fowler, "Using an Agile Software Process with Offshore Development," in Cohn, *Succeeding with Agile: Software Development Using Scrum*, p.373.

[3] 被分享在 Agile Open Space（2010-02-26）。

[4] Martin Fowler, "Using an Agile Software Process with Offshore Development," in Cohn, *Succeeding with Agile: Software Development Using Scrum*, p.376.

沟通中的障碍往往愈加难以逾越。

没有什么方式能够替代面对面的沟通，当项目处于关键时间节点上时尤为如此。

——Ade Miller，微软模式与实践小组首席项目经理[1]

我管理过世界各地的程序设计团队，各家公司在视频会议和电话会议相关的设备与服务方面投入巨大。但我仍坚信自己的基本经验法则：两个人只有面对面地坐下来，通过眼对眼的交谈才能保证沟通中没有障碍。我坚持要求要去实地拜访海外开发团队里的主要人员，并且要在他们那里待上一段时间。拜访越早执行效果越好。做到这一点从来都不容易，但一旦做到了，事情也就没那么困难了！

在同等条件下，处于同一地点的团队的表现总是优于分散的团队。
——Mike Cohn，敏捷开发和 Scrum 业界的思想领袖[2]

虚拟团队的绩效、满意度和投入产出比都明显低于集中办公团队。虚拟团队似乎只在承诺、士气和绩效较低上有优势。

——Emmeline de Pillis 和 Kimberly Furumo，
夏威夷大学管理学教授[3]

Scrum 开发模式实际上可以帮助地理上分散的团队取得与集中办公团队相接近的绩效。

——Mike Cohn[4]

Mike 列举了 Scrum 开发模式为外包项目带来的种种好处，包括可视化程度更好，在每一个冲刺结束时都可以看到显著的成果；每一个冲刺完成后都可以调整工作任务优先级；沟通更频繁顺畅；强调质量和测试自动化；增进知识传递，尤其是促进使用结对编程方式的开发人员之间的知识传递。

---

[1] Ade Miller, "Distributed Agile Development at Microsoft Patterns & Practices," in Cohn, *Succeeding with Agile: Software Development Using Scrum*, p.368.

[2] Mike Cohn, *Succeeding with Agile: Software Development Using Scrum* (Pearson, 2015), p.355. 该项研究成果最早由 Narayan Ramasubbu 与 Rajesh Krishna Balan 在第 6 届欧洲软件工程大会（*6th Joint Meeting of the European Software Engineering Conference*）上发表的题为 "Globally Distributed Software Development Project Performance:An Empirical Analysis" 的演讲中公开发布，并收录于 *ACM SIGSOFT Symposium on the Foundations of Software Engineering*,pp. 125-134。

[3] Emmeline de Pillis and Kimberly Furumo, "Counting the Cost of Virtual Teams," *Communications of the ACM*, 2007.12, p93-95. Cohn 在 *Succeeding with Agile*（《Scrum 敏捷软件开发》）一书中引用，第 387 页。

[4] Mike Cohn, *Succeeding with Agile: Software Development Using Scrum* (Addison-Wesley, 2010), p.355.

虽然商务航空差旅的开销很高，但对于全球化的团队来说这是必要的。

——Erran Carmel，美利坚大学教授，研究方向为技术工作的全球化[1]

分布式项目应增加差旅费的预算。

——Mike Cohn[2]

除非你公司的规模发展到已经足够大，在目前这个员工来源国已经可以立足，否则就不要去海外发展！

——Mike Westerfield，Byte Works 创始人，新墨西哥州个人计算机和移动开发工具生产者

全球化开发的最佳实践——我们发现了许多能够有效改善沟通的实践，其中包括：

● 相比于本地同事的请求，要更积极地响应外地同事的请求，此举有助于建立位于不同工作场所之间员工们的互信；

● 在每个工作场所都设置联络员，有效增进各地之间的沟通；

● 确立回复电子邮件和语音邮件消息的规范；

● 及早安排工作场所之间的差旅——只有不同工作场所的员工会面之后，一切才会运转良好。

——David Atkins、Mark Handel、James Herbsleb、Audris Mockus、Dewayne Perry 和 Graham Wills[3]

美国有句谚语："吱吱响的轮子先上油。"而日本人（由于文化的差异）则笃信"突出来的钉子先挨敲！"

——M. W. Mantle

---

[1] Erran Carmel, *Global Software Teams* (Prentice Hall, 1998), p. 157. Cohn 在 *Succeeding with Agile*: *Software Development Using Scrum* 一书中引用，第 368 页。

[2] Mike Cohn, *Succeeding with Agile: Software Development Using Scrum* (Addison-Wesley, 2010), p.368.

[3] Atkins et al., "Global Software Development: The Bell Labs Collaboratory"（俄勒冈大学计算机与信息科学网站）。

人员管理

相信你的感觉，年轻的 Luke。原力将与你同在。

——Obi-Wan Kenobi，《星球大战》中的绝地大师

我们给许多管理者及程序员提出过建议，请他们认真倾听自己的直觉，因为直觉往往都是正确的。年纪越大，我就越后悔以前没有听从自己的直觉。如果程序员能够信任自己的直觉，那么他们通常都能对该做什么做出正确的判断。

问责不是微管理。

——Mark Himelstein

Mark 是 *100 Questions to Ask Your Software Organization*[①]的作者，这句话是他在 2006 年东湾创新组的最佳实践 SIG 会议中说的。我们一直都讨厌被微管理（micromanage），因此在行使管理职责时都尽量避免微管理。然而，难点在于如何分清微管理和让员工保有责任心之间的界限，放弃微管理并不意味着放弃问责。

信任，但不放弃验证工作。

——Ronald Reagan[②]

这是弗拉基米尔·列宁经常引用的一句俄罗斯谚语的英译版本。里根总统在冷战期间提到苏联时，时常引用这句话。也许正是因为此政治背景，所以直到另一位工程副总裁经常引用这句话来描述他的团队管理策略时，我才开始关注到这句话。我发现这句至理名言恰如其分地描述了我理想中的管理风格：完全不使用微管理方式，但也要进行足够多的检验核实工作，这样我才能评估所采取的充分授权方式是否恰当。

造成延迟和混乱的最主要的原因之一，就是允许一个主管直接管理过多的下属。

——V. A. Graicunas

Graicunas 是 20 世纪初期的管理顾问，也是第一个从数学上对管理任务加重

------

① Mark I. Himelstein, *100 Questions to Ask Your Software Organization* (Infinity Publishing, 2005).
② 罗纳德·里根，（1911~2004 年），第 40 任美国总统。——译者注

所对应的复杂度进行分析的人。Graicunas 指出，随着控制范围的扩大，管理者与下属的交互次数（以及由此产生的督导所要消耗的时间）呈几何级数增长。他的公式考虑到了管理者与下属、下属与下属，以及管理者与所有下属组合之间的交互，并且假定花在督导工作上面的时间与交互的次数成正比。他指出，假设一个管理者有 4 名直接下属，那么当给他增加第 5 名直接下属时，他的团队的工作成果可以增加 20%，但是沟通交互的次数则将会从 44 增加到 100——增加了约 127%！管理 8 名直接下属则需要 1 080 次交互，管理 12 名直接下属需要高达 24 564 次交互！Graicunas 建议一个管理者最多管理 5 名直接下属，最好是 4 名。

坚持采用一对一会议的管理者会发现，自己才是时间管理效率最高、管理效果最好的管理者之一。

——Johanna Rothman 和 Esther Derby[1]

这句话与我们自身的经验相吻合。

一对一沟通：这是最有效的管理工具，没有之一。

——Mark Horstman 和 Michael Auzenne，Manager Tools LLC（一家管理咨询公司）的联合创始人[2]

管理者的任务是充分发挥员工的长处，同时限制员工的缺点，使其不至于影响工作。这也完全适用于管理者的上级和下级。

——Peter Drucker[3]

木工学徒可能只需要一把锤子、一把锯，而顶尖的木工师傅则会使用到众多精密工具。同样，在计算机程序设计工作中，针对复杂的实际应用也需要复杂的工具，并且只有不断地实践应用这些工具，才能培养出所需的技能。

——Robert L. Kruse[4]

Malcom Gladwell 在他的文章 "Outliers: The Story of Success" 中报道了 K. Anders Ericsson、Ralf Th. Krampe 和 Clemens Tesch-Romer 的一项研究，结论是要精通任何领域（无论是音乐、程序设计、艺术还是高尔夫球），都至少需要 10 000 个小

---

[1] Johanna Rothman and Esther Derby, *Behind Closed Doors: Secrets of Great Management* (Pragmatic Bookshelf, 2005).

[2] "the single most effective management tool part 1" (Manager Tools 网站，2005.07).

[3] Peter Drucker, *Managing for the Future: The 1990s and Beyond* (Penguin Books, 1992).

[4] Robert L. Kruse, *Data Structures and Program Design, Second Edition* (Prentice Hall, 1987).

时的刻苦练习。

> 团队要用到的工具，团队自己去选择。
>
> ——Lisa Crispin，*Agile Testing* 一书的作者之一[1]

Lisa 坚持认为，管理者不应该亲自选择并强制团队使用某个工具。2011 年 3 月，她在湾区敏捷领导力网络（Bay Area Agile Leadership Network，BayALN）演讲时，再次阐述了这一观点。

> 要使程序员达到最高的生产效率，需要为其配置一间安静的私人办公室，一台性能卓越的计算机，无限量供应的饮料，20～22℃的室温，没有眩光的显示器，一把舒适得让人感觉不到的椅子，一位能帮他们取信、订阅手册和购买图书的管理员，一位能确保因特网畅通自如的系统管理员，一位能发现他们发现不了的 bug 的测试人员，一位能使他们的程序界面好看的美工，一支能找到目标客户的市场团队，一支能确保目标客户购买产品的销售团队，一批富有耐心、能帮助客户配置好产品、能帮程序员理解哪些问题引发了客户拨打技术支持电话的技术支持人员，以及一系列其他的支持和管理职能部门。通常，上述所有的开销加起来，约占公司总支出的 80%。
>
> ——Joel Spolsky[2]

Joel Spolsky 是 Fog Creek Software（一家纽约公司，这家公司的实践证明，在给予程序员优厚待遇的同时，公司仍然可以获得高额利益）的联合创始人。他的博客富有广泛影响力。

> 优秀的程序员都是小心谨慎的人，即使在横穿单行道时都要朝两边看看。
>
> ——Doug Linder

> 顶尖的程序员都是音乐家。
>
> ——Patrick Hanratty

这是 Patrick 在 20 世纪 80 年代初期的一次访谈中提到的。Patrick 是 CAD 程序工具 Anvil 的缔造者。他的办公室里有一架立式钢琴。

---

[1] Lisa Crispin and Janet Gregory, *Agile Testing: A Practical Guide for Testers and Agile Teams* (Addison-Wesley, 2009). 中文版《敏捷软件测试：测试人员与敏捷团队的实践指南》2010 年由清华大学出版社出版。

[2] Joel Spolsky, "The Development Abstraction Layer" (Joel on Software, 2006-04-11).

计算机科学教育不能使人成为专家级的程序员，这就与研习如何使用画笔和颜料不能使人成为大师级画家一样。

——Eric S. Raymond，因特网开发者，*The Cathedral & the Bazaar: Musings on Linux and Open Source* 的作者[1]

所有的程序员都是乐观主义者。或许是因为软件开发这种现代"魔术"对那些笃信完美结局和仙女教母的人士尤其具有吸引力；或许其他人都已因为在开发过程中遇到的众多挫折而远离这个行业，留下来的都是一些习惯于关注最终结果的人；又或许只是因为计算机行业还很年轻、程序员更年轻，而年轻人总是乐观的。无论是什么样的选择过程，结果都是毋庸置疑的——程序员都是乐观主义者，他们的想法通常是"这一次它（系统）肯定能运行"，或者"我刚刚发现的肯定是最后一个 bug"。

——Frederick P. Brooks Jr.[2]

（管理）程序员的麻烦在于，你永远都搞不清程序员在做什么，而当你终于搞清楚时却为时已晚。

——Seymour Cray，Cray Research 创始人、Cray 超级计算机的设计者[3]

与程序员结婚就如同养了一只猫。你与它说话时，你永远都无法弄清楚它是否在听你说话，更不要说有没有领会你的话。

——匿名

优秀的农夫会不管他种的庄稼吗？
优秀的老师会忽视自己的学生，哪怕是最笨的那一个吗？
优秀的父亲会让一个孩子挨饿吗？
优秀的程序员会拒绝维护他编写的代码吗？

——Geoffrey James[4]

在描述书呆子的心态方面，没有人能超过 Stephenson。在赛博朋克

---

[1] "Top 50 Programming Quotes of All Time" (Junauza 网站, 2010-12).

[2] SoftwareQuotes 网站。

[3] SoftwareQuotes 网站。

[4] Geoffrey James, *The Tao of Programming* (Info Books, 1986), p.83.

科幻小说运动[①]（cyberpunk science-fiction movement）中，Stephenson[②]的前辈们（例如 William Gibson[③]、Bruce Sterling[④]等作家）笔下的黑客都是像 James Deans 一样身穿皮衣、喜怒无常的。而 Stephenson 则写出了黑客们真实的思想和行为——愣头愣脑、不修边幅的"直男"，自言自语、喋喋不休的话痨，沉湎于逻辑思维的人，人们看他们就像看疯子一样。

——Steven Levy[⑤]

如果你给某人一个程序，那么你会令他郁闷一天；如果你教他如何编写程序，那么你会令他郁闷终身。

——Roedy Green，加拿大程序员/顾问

Roedy Green 最为出名的是维护 Java 的术语表，以及他写的那篇半开玩笑的文章 "How to Write Unmaintainable Code"，据说该文已经成为某些大学课程的必读内容。

人类都热衷于提升事务的复杂度，程序员尤其如此。

——Russ Daniels，惠普（HP）工程副总裁

2001 年，在 Rational Software 为管理者举办的一次宴会上，Russ 与我分享了这句话。我觉得这句话说得太对了，一针见血，于是便记了下来。

温伯格第二定律：如果工程师使用程序员写程序的方法盖房子，但凡自然界出现第一只啄木鸟，我们的文明就该毁灭了。

——Gerald Weinberg[⑥]

---

① 赛博朋克（Cyberpunk）是"控制论"（Cybernetics）与"朋克"（Punk）的结合词，又称数字朋克、赛伯朋克、电脑朋克、网络朋克。其背景大都为"低端生活与高等科技的结合"（combination of low-life and high tech），通常拥有先进的科学技术，再以一定程度崩坏的社会结构做对比；故事框架通常是社会秩序受到政府或财团或秘密组织的高度控制，而主角利用其中的漏洞做出了某种突破。早期赛博朋克的故事主要聚焦于外太空，现在的赛博朋克的故事情节通常围绕黑客、人工智能及大型企业之间的矛盾而展开，背景设在不远的将来一个不得人心、令人恐惧的假想社群或社会，与理想社会相反的地球上。——译者注

② Neal Stephenson（尼尔·斯蒂芬森）最重要的作品之一《雪崩》出版于 1992 年，此书奠定了他在赛博朋克的宗师地位。——译者注

③ "赛博朋克之父"，他创作的《神经漫游者》在 1984 年出版后引起了前所未有的轰动，并引发了世界性的赛博朋克文学运动。——译者注

④ 美国著名科幻小说作家，赛博朋克科幻流派的定义者兼旗手。Sterling 的名气主要来自他作为赛博朋克理论发言人的角色。他在电视、报刊等传统媒体上不停地露面，宣传赛博朋克的理论和作品，对推动赛博朋克的发展起了很大作用。——译者注

⑤ Steven Levy 对 Neal Stephenson 的作品 *Cryptonomicon*（中文版《编码宝典》2017 年由新星出版社出版）做出的评论，发表于 *Newsweek*（《新闻周刊》），1999-05-10。

⑥ Gerald Weinberg（杰拉尔德·温伯格）是软件领域最著名的专家之一，美国计算机名人堂代表人物，在软件与系统领域已经工作了 45 年。1997 年，因其在软件领域的杰出贡献，温伯格被美国计算机博物馆的计算机名人堂选为首批 5 位成员之一。他著有《程序开发心理学》《成为技术领导者》《系统化思维导论》等 30 多本著作。*Secrets of Consulting* 的中文版《咨询的奥秘》2004 年由清华大学出版社出版。——译者注

Gerald Weinberg 是计算机程序员心理学的先驱者、著名作家和软件顾问，撰写了 *Computer Information Systems* 和 *Secrets of Consulting*。

外向型程序员和内向型程序员有什么区别？当你和外向型程序员谈话时，他会盯着你的鞋子，而内向型程序员只会盯着自己的鞋子。

　　　　　　　——David Pollak，Scala 语言的开源、Lift 框架的提出者[1]

这是我们俩以前听过的一个笑话。

真正的程序员才不会朝九晚五呢。如果你在早上 9 点看到了"真正的"程序员，那是因为他们一夜没睡。

　　　　　　　——Tom Van Vleck，20 世纪 60 年代入行的程序员

（深夜是）最没有压力的时间……我觉得更放松……在白天总会有一些琐事找上门来……夜里，我会觉得这是属于我自己的时间，因为其他人都睡了，所以我窃取到了这段时间。没有噪声，没有干扰。

　　　　　　　——Brad Fitzpatrick[2]

计算机程序员是他独自负责的那个宇宙的创造者。计算机程序可以创造出几乎无限复杂的宇宙。

　　　　　　　——Joseph Weizenbaum

Joseph Weizenbaum 从 1952 年开始研究模拟计算机，后来成了麻省理工学院计算机科学系的教授。他最广为人知的贡献是在 1966 年写出的 ELIZA 程序，该程序由一个名为 DOCTOR 的脚本驱动，是用他自己发明的 SLIP（Symmetric List Processor，对称列表处理机）语言编写的。许多与 ELIZA 交谈过的用户都觉得他们是在与一位富有同情心的心理学家对话。ELIZA 的对话风格是 Weizenbaum 基于 Carl Rogers[3]用于促进病人和理疗师沟通的开放式问题而设计的。该程序使用了自然语言和模式匹配来确定其回答内容。20 世纪 70 年代后期出现了微型计算机，ELIZA 经过移植，又成了那些平台上最早、最常用的程序之一。

管理高级程序员就像是在放牧一群猫。

　　　　　　　——Dave Platt，程序员

----

[1] 在东湾区创新组（East Bay Innovation Group）的最佳实践 SIG 上发表的演讲，2008。

[2] 被引用在 Peter Seibel, *Coders at Work: Reflections on the Craft of Programming* (Apress, 2009), p 74–75.

[3] Carl Rogers（卡尔·罗杰斯，1902~1987 年），美国心理学家，人本主义心理学的主要代表人物之一。他从事心理咨询和治疗的实践与研究，主张"以当事人为中心"的心理治疗方法，首创非指导性治疗（案主中心治疗），强调人具备自我调整以恢复心理健康的能力。——译者注

每个人都可以被传授雕刻技艺：但对米开朗琪罗来说，能教给他的是怎样能够不去雕刻。杰出的程序员也是如此。

——Alan J. Perlis，耶鲁大学①

根据"个体差异"的研究，优秀的程序员最高可以比平庸的程序员高出 30 倍的工作绩效。考虑到前者从来拿不到应有的报酬，所以可以说他们是软件领域中最廉价的劳动力了。

——Robert L. Glass②

Robert 是 *Journal of Systems and Software* 的编辑，以及 *The Software Practitioner* 的出版人和编辑。

程序员宁愿站在别人的脚趾上，也不愿站在别人的肩膀上。

——未知来源

在过去的 10 年中，我在某个地方听说过这句话并产生了共鸣。

Bill Joy 是他所处的时代中首屈一指的程序员。Unix 的免费的伯克利版本中，有很多代码都是他写的，早期因特网的一些关键基础也是他设计的，他还为 Java 语言的设计贡献了力量。他是 Sun 的联合-创始人，离开 Sun 之后他曾想写一本书。不过，2003 年他对《纽约时报》（*New York Times*）说，他已经把这件事搁置了。因为他觉得，写东西给编译器解释或者写东西给计算机执行都是很简单的，而写东西给人看就实在太难了。他说："用代码写程序，计算机会告诉你它是否理解了你的意思；而写出能被人理解的散文就要困难多了。"

——Scott Rosenberg③

为计算机准备程序的过程引人入胜，这不仅是因为可以从中获得经济上的回报和科学上的成就，关键是这是一种与写诗或作曲很相似的美学体验。

——Donald Knuth④

---

① Alan J. Perlis, "Epigrams in Programming," *ACM SIGPLAN*, 1982-09, Epigram #35.

② Glass, "Frequently Forgotten Fundamental Facts about Software Engineering".

③ Scott Rosenberg, *Dreaming in Code: Two Dozen Programmers, Three Years, 4,732 Bugs, and One Quest for Transcendent Software* (Crown, 2007), p. 299. 中文版《梦断代码》2008 年由电子工业出版社出版。

④ Donald Knuth, *The Art of Computer Programming, Vol. 1: Fundamental Algorithms* (Addison-Wesley, 1968), vol. 1, p. v.

Knuth 因 *The Art of Computer Programming*（《计算机程序设计艺术》）一书而广受赞誉，他不止一次地在书中提到了"程序设计的美感"。我觉得从撰写文章、图形设计到程序设计是一种升华，这也是我在 20 世纪 80 年代早期与文稿编辑发生激烈争论的根源，他竭力反对我在作品中描述自己的真实经历。

大多数优秀的程序员从事程序设计工作并非为了工资，也不是为了受万人敬仰，纯粹就是因为程序设计很有趣。

——Linus Torvalds，Linux 的发明人[1]

计算机程序设计妙趣横生，其乐无穷。与音乐一样，它也是天赋异禀与勤学苦练相结合的产物。与绘画一样，它也可以有多种发展方向——商业、艺术以及纯娱乐。众所周知，程序员的工作时间很长，但很少有人将其归因于狂热的创造力。程序员们在周末、假期甚至吃饭的时候都在讨论软件开发，并不是因为他们缺乏想象力，而是因为其他人看不懂他们想象中的那个世界。

——Larry O'Brien 和 Bruce Eckel[2]

合同制员工有点像是问题家庭里的暂住客，在问题解决之后你才可以离开。

——John Anderson[3]

John 曾是 OSAF（Mitch Kapor 的开源应用基金会）的系统架构师。Scott Rosenberg 在引用 John 的这句话前做了如下评述："最近他已成为一名广受推崇的独立顾问，常应邀帮助企业解决棘手的技术问题。"

对于不能胜任工作的合同制员工，要毫不犹豫地与他解除合同。

——Ron Lichty

假设你雇用了一位合同制员工，他不能给出你期望的结果。如果他是全职员工，你可能会（或者说应该）训练、指导他，用鼓励或者责备的方式尝试着去解决问题，甚至重设你的期望值。但是，与合同制员工签署的合同允许你随时解雇他们，最多额外支付两周的报酬（理想情况下连这都不用支付）。这也是我们在特定条件下、特定岗位上聘用合同制员工而不用全职员工的主要原因。纠结之处在于，合同制员工往往只能在部分领域达到你想要的结果——所以，你是该将就凑

----

[1] "Top 50 Programming Quotes of All Time"（Junauza 网站，2010-12）。

[2] Larry O'Brien 和 Bruce Eckel 是 *Thinking in C#*（Prentice Hall, 2002）的两位作者。——译者注

[3] 被引用在 Scott Rosenberg, *Dreaming in Code: Two Dozen Programmers, Three Years, 4,732 Bugs, and One Quest for Transcendent Software*（Crown, 2007），p 63。

合，还是该另请高明呢？根据我的经验，让不称职的合同制员工打道回府，再重新找一个更为合适的，几乎总是没错的。

我们有两只耳朵、一张嘴，请按这个比例来使用它们。

——Kimberly Wiefling

这句话我是从 Kimberly Wiefling 那里听来的，不过它在数千年前就已经有了。Epictetus（埃皮克提图）是罗马的奴隶（出生于希腊），也是斯多葛（Scot）学派的哲学家（公元 55—公元 135 年）。他说过："我们有两只耳朵、一张嘴，所以我们应该多听少说。"

保持简单——不要把事情过度复杂化。

认真倾听，多提问题。

对自己从事的工作保持一份自豪感。

客观看待一切事物。

反复进行沟通——组织中出现的最大问题之一就是缺少沟通。

学会合作。

学会有效辩论、理性沟通——不论输赢，找出正确途径才是正解。

——David Dibble

Dibble 通过 2002 年出版的 *Charles Schwab Architecture*，向 Schwab 的架构师和开发人员阐述了他所在的组织中软件架构的经验法则。

如果放任不管，员工很快就会偏离项目目标。好的项目领导几乎每天都和员工交谈："你做了什么？为什么？有效吗？"

——Dave Wilson

做一个噪声的消声器。

——Joe Kleinschmidt, Leverage Software 首席技术官兼联合创始人

大多数产品的开发环境都比较嘈杂，这就需要一名既能传递信息又能滤除干扰的优秀程序设计经理，他必须确保团队成员保持专心致志的工作状态。

你愿意为此而赌上自己的职业前途吗？

——Claudia Brenner，产品经理、设计帅

这是 Claudia Brenner 在 IBM 时学会提出的一个关键问题。她说："通过这个问题，你能判断出程序员是否真正相信他刚与你说过的话。"

如果你至少有 6 个月没有看自己的代码了，那它与别人写的代码已经没什么区别了。

——伊格尔森定律

文档，文档，文档！

不断测试，如影随形。

——匿名

你可以不遵循标准，但必须知道为什么要有标准，而且能明确说明标准。

——Robert Marshall，Schwab 副总裁

建立标准是很重要的，但我们同时也要看到，只有极少数的标准是必须遵守、不可违逆的。那么，如何判断哪些是例外情况呢？在 Schwab 这样的《财富》500 强公司中，应该会有一个管理委员会来设定例外政策（如果事前未设定，那就事后设定），这样不管是否有正式的管理方案，必须要遵守哪些政策都已明确了。想要打破标准的开发人员和团队，必须证明他们了解标准，并且对标准有足够深刻的理解，能够讲清楚为什么这些标准不能用于某种具体情况。

判断你的设计是否已臻完美的标准不是不能再增加任何东西，而是不能再删减任何东西。

——Antoine de Saint-Exupéry[1]

软件架构就是一系列的有关设计的决策，这些决策一旦出错，就可能会导致你的项目被取消。

——Eoin Woods

Eoin 是软件架构师，也是 *Software Systems Architecture: Working With Stakeholders Using Viewpoints and Perspectives*[2] 一书的作者之一。

设计第一，编码第二。

——匿名

编写代码的时候不能"各人自扫门前雪"。

——Allen Holub，程序员、作家、教育家、顾问

---

[1] Antoine de Saint-Exupéry, *Wind, Sand and Stars* (1939). 安托万·德·圣埃克苏佩里（1900~1944 年），法国作家、飞行员，1944 年获得"法兰西烈士"称号；儿童小说《小王子》是他的经典代表作。——译者注

[2] 中文版《软件系统架构：使用视点和视角与利益相关者合作（第 2 版）》2013 年由机械工业出版社出版。

这是 Allen 在 *Enough Rope to Shoot Yourself in the Foot*[①]一书中给出的一条经验法则。它是 Jim McCarthy 在 *Dynamics of Software Development*[②]一书中描述的"第 31 条法则"——"小心闭门造车型的软件开发人员"的一个变体。

Conway 定律：如果你让 4 个小组去做同一个编译器，你会得到一个 4 通道的编译器。

——以 Melvin Conway 的名字命名，他是早期（20 世纪 50 年代）的程序员和（21 世纪初）计算机科学教育家

1968 年，Conway 发现由多位设计者设计的系统架构往往体现了他们所在组织的特点，特别是某一组织中多位设计者之间的沟通方式。软件的结构通常反映了组织的社会结构。Conway 定律有很多版本，此处引用的版本也被称为"Raymond 版本"，因为它是由开源促进协会（Open Source Initiative, OSI）的联合创始人 Eric S. Raymond 复述的。相应地，还有其他略有不同的说法，例如"James Coplien 与 Neil Harrison 版本"的内容是，确保组织结构能够兼容产品的结构。

如果你想推出跨平台产品，历史事实表明……如果你真心希望它是跨平台的，那你就必须同时在各个平台上开发该产品。移植会导致第二个平台上的产品质量低劣不堪。

——Jamie Zawinski，网景公司（Netscape）早期的首席开发者[③]

Lunde 定律：无论何时，如果你用新团队去替换项目中的资深开发人员，新团队最终都会找到一个令人信服的理由去重写全部代码。注意，新团队的这一做法是错误的。

——Luke Hohmann

Luke Hohmann 是 *Journey of the Software Professional*、*Beyond Software Architecture* 和 *Innovation Games* 的作者，以及 Innovation Games 的创始人。他的这条经验法则向我们警示了引入"新鲜血液"的风险。

软件就是创造它的团队的真实写照。无论你想了解一个团队的哪类信息，都可以通过研究他们开发的软件来获得。我强调这个思想是因为

① Allen Holub, *Enough Rope to Shoot Yourself in the Foot* (Computing McGraw-Hill, 1995), p.14.
② Jim McCarthy and Denis Gilbert, *Dynamics of Software Development* (Microsoft Press, 1995), p.106. 中文版《微软团队：成功秘诀》2000 年由机械工业出版社出版；再版《软件研发之道：微软开发团队的经验法则》2013 年由人民邮电出版社出版。——译者注
③ 被引用在 Peter Seibel, *Coders at Work: Reflections on the Craft of Programming* (Apress, 2009), p.20.

我觉得这是软件开发管理的基础。团队的语言和行为总是难以捉摸，但软件不会说谎。软件必然会展现出团队的一切弱点和实力、每个人的天分和缺陷、团队成员的毛病和灵光乍现的智慧。有疑问，看软件。要达到这个境界，你必须善于翻译，善于理解软件中的种种迹象是怎么产生的。当然，如果你认真研究产品，你甚至不需要了解团队就能发现问题……基本原则就是，如果你对团队存在某方面的困惑，可以去查看团队开发的软件。如果团队和团队开发的软件给你的信息是一致的，那么你在开展下一步工作时就会比较有信心了。

——Jim McCarthy，*Dynamics of Software Development* 作者之一[①]

Flon 定理：无论现在还是将来，都不可能出现一种编程语言——能够有效规避程序员编写出糟糕的程序。

——Lawrence Flon

Flon 当时在卡内基梅隆大学，他于 1975 年 10 月在 *SIGPLAN*[②] *Notices* 上发表了一篇题为 "On Research in Structured Programming" 的文章，其中包含了这条如今蜚声海外的定理。

既要聪明地工作，也要勤奋地工作。

——Bob Howard-Anderson，由工程咨询副总裁 Jane Divinski 叙述

我们听得更多的一种说法是：要聪明地工作，不要勤奋地工作。因此当 Jane 把 Bob 修改后的版本告诉我时，引起了我的关注。他是对的。聪明但不够勤奋从来都是不够的，我们其实一直都被要求既聪明又勤奋地工作。

我认为在代码走查上花上一个小时的时间，抵得上两周的测试。代码走查是一种真正有效的消除错误的方法……现在我觉得，代码阅读应该贯穿项目的整个生命周期，一旦你沉浸在代码阅读的环境里，你会感觉非常自在。

——Douglas Crockford[③]

Crockford 是 JavaScript 的数据交换格式 JSON 的发明人，也是 Lucasfilm 和 LucasArts 的前技术总监。这段话是他与 Peter Seibel 讨论 Peter 在 2009 年出版

[①] Jim McCarthy and Denis Gilbert, *Dynamics of Software Development* (Microsoft Press, 1995), p.50.
[②] SIGPLAN, Special Inerest Group on Programming LANgugages，美国计算机协会的程序设计语言专业组。
——译者注
[③] Douglas Crockford 是 Web 开发领域最知名的技术权威之一，是 ECMA JavaScript2.0 标准化委员会委员。被 "JavaScript 之父" Brendan Eich 称为 "JavaScript 的大宗师"。——译者注

的著作 *Coders at Work*（《编程人生》）时说的。Crockford 关于代码走查的注解如下："首先，它使得项目更容易跟踪，因为我们能真实地看到团队成员的工作进展状况。如果他们误入歧途，我们能够提早发现。在我管理过的一些项目中，每当项目临近截止期限时，总会有团队成员宣称'是的，我差不多都做完了'，结果你去看代码时发现什么都没有，或者只有一堆垃圾，距离'完成'还很远。在管理中，这是你最讨厌遇到的情况，我认为代码走查是避免这种麻烦的最佳途径。"

> 我使用员工做出的贡献与他造成的损失之间的差值作为绩效考核的指标。
>
> ——Jane Divinski

Jane 解释道："有时我会遇到这样一些'问题员工'，他们能写出大量高质量的代码，但他们做出来的设计方案却很糟糕，或者他们的行为会对整个团队造成负面影响。我会把这些负面影响融入我的评价中。（对我来说这么做的道理不言而喻。然而，也许你不相信，有些管理者坚持只考量员工的正面贡献。）"

> 最严重的 bug 和最令人错愕的性能方面的缺陷几乎总是出现在最令程序员意想不到的地方。推论：bug 和性能方面的缺陷几乎总会存在，无法消除。
>
> ——Ron Lichty

这是我从编程新手蜕变为老手的一个分水岭：不仅意识到不可能像自己想象中的那么完美，而且这种不完美往往会体现在我最想不到的地方（或者换句话说，出现在代码中我最笃定不会出现 bug 的地方）。我发现大多数同行也都有类似的情况，所以我决定将其纳入管理素材。

> 如果你们能在中午之前给我一份状态报告，那我就取消状态会议。
>
> ——Bill Hofmann

Bill 是 Sonic Solutions 高级技术小组产品开发部的高级总监。2007 年，他与东湾创新组的最佳实践 SIG 分享了这个能够及时收到状态报告的聪明办法。

> 没有会议纪要的会议，就是一个从没有召开过的会议。
>
> ——Natalie DeJarlais，应用程序开发总监，旧金山湾区

Natalie 说："散会后各人对会议结论会有不同的看法，会议纪要可以澄清事实，帮助理解有误的人士及时纠正。人们往往会忘记他们承诺完成的任务及其期限，尤其是当这些任务比较麻烦、比较难以按时完成的时候。会议纪要提供了一份记

录，每个人都可以回头查看会议中达成了哪些共识，为什么某个想法被放弃了，或者某个任务分配给了谁。根据我的经验，如果没有会议纪要，你往往会因为遗忘而需要重新开会或组织讨论。"

在项目状态会议上每多花一个工时，真正用于工作的时间就会损失3个工时。

——Greg McKinney

McKinney 是 Schwab 和 Blue Shieldof California 的高级 IT 经理，他指出："当项目进度滞后时，有些经理往往会安排召开更多的项目状态会议。我认识的一个经理每天开两次项目状态会议，然后他一直都搞不懂为何会议与会议之间的工作进展得那么缓慢。"

所有被测量的东西都会被暗中操纵。

——本书作者 Ron Lichty 在参加一次敏捷培训时收集的名言

多年来，我们一直认为，当人类知道自己被测量时，一定会与测量指标展开博弈，这通常会妨碍我们得到真正想要得到的结果。此举又被认为是海森堡"测不准原理"[1]在测量人类时的具体实例。然而，事实上，这是"观察者效应"，即人们在观察某一现象时会改变这一现象，因为人们已经知晓正在被测量的是哪些指标。它与海森堡"测不准原理"经常被混淆。

2017 年，Ron 在一次敏捷培训课程中指出开发速率对于团队的价值，即开发速率与相对规模相结合，可以促使团队做出比较准确的估算，但对开发速率的度量仅能用于团队内部。这是因为管理层很容易被诱惑去"劫持"开发速率，并将其作为衡量生产力的手段。这是一个极为糟糕的衡量团队生产力的标准（更不用说衡量单个团队成员了），但总是有人将它奉为圭臬。基于同样的原因，当从外部对团队的开发速率进行测量时，人们就开始摆弄一个数字游戏了：缩减相对规模的数值，使得开发速率得到显著提升。然而，实际上生产力并没有得到任何改善。管理层会因开发人员的生产力数字稳步上升而感到欣喜若狂，但游戏毕竟只是一个游戏，当这些"数字迷雾"尘埃落定的时候，相对规模和开发速率的数值将变得毫无意义，估算不再准确，客户满意度也不会有任何改善。

当听到这一论述之后，Ron 的学生当即指出："在我们这里有句名言，'所有被测量的东西都会被暗中操纵'。"

---

① 海森堡"测不准原理"又称"不确定性原理"，即你不可能同时知道一个粒子的位置和它的速度，粒子位置的不确定性，必然大于或等于普朗克常数（Planck constant）除以 4π（$\Delta x \Delta p \geqslant h/4\pi$）。它是海森堡于 1927 年提出的，揭示了微观世界的粒子行为与宏观世界的物质行为很不一样。——译者注

即使测量和管理毫无意义，即使这样做有损于组织目标的达成，只有得到测量的东西才能得到管理。

——通常被认为是 Peter Drucker 总结的

很遗憾，这段引语经常被断章取义，被截断到只保留前 5 个单词。但是，通读随后的 20 多个单词，很明显，说这句话的人既不提倡测量，也不提倡通过测量进行管理，而是提倡小心谨慎地使用测量，避免因错误使用测量而带来错误。因为，虚假测量可能会对我们的组织造成结构性损害。

"不可测量的即为不可管理的"，这个观点是错误的，它是一个代价高昂的神话。

——W. Edwards Deming[1]

我们已经反复讲述了我们在尝试测量程序员生产力时所经历的各种痛苦。我们已经应用了多项经验法则，特别提醒你警惕使用代码行或敏捷速率作为测量标准。了解程序员工作效率的最佳方法是直接询问他们的经理，提高程序员个体的工作效率是程序员的直线经理（Line Manager）的职责。

使用代码的行数来测量软件生产力，就好比使用重量来衡量研发飞机的进展状况。

——Bill Gates

Scott Rosenberg 在 *Dreaming in Code*（《梦断代码》）中描述了 20 世纪 80 年代发生在苹果公司的一件关于传奇程序员 Bill Atkinson 的轶事。Bill Atkinson 是 Macintosh 系统上 QuickDraw 和 HyperCard 的创造者，更早的时候，QuickDraw 是 Lisa 计算机的图形用户接口。这个故事是由 Bill Atkinson 的徒弟 Andy Hertzfeld 讲述的："Lisa 团队的经理要求程序员每周汇报写了多少代码，这让 Bill Atkinson 很反感。第一周，Bill Atkinson 集中精力使 QuickDraw 运行速度更快、效率更高，但是新版本的代码比前一周少了 2 000 行。于是，他按时汇报说，这周写了-2 000 行代码。"

软件项目管理中一个固有的、极具讽刺意味的现象是：尽管程序员使用的工具都是精确万分的，但软件公司却对测量这件事情极力抵触。

——Scott Rosenberg[2]

---

[1] W. Edwards Deming（爱德华兹·戴明），世界著名的质量管理专家，他最早提出了 PDCA 循环（戴明环）的概念，他的 "14 点"（Deming's 14 Points）成为 "全面质量管理" 方法论的重要理论基础。此处出自 Deming 的著作 *The New Economicis*（MIT Press, 1994），p.35。中文版《戴明的新经济观》2015 年由机械工业出版社出版。——译者注

[2] Scott Rosenberg, *Dreaming in Code: Two Dozen Programmers, Three Years, 4,732 Bugs, and One Quest for Transcendent Software* (Crown, 2007),p.126.

代码量与程序的完成状态、程序的质量或者程序针对用户的最终价值之间不存在任何可靠的关系。

——Scott Rosenberg[1]

我们的产出价值，应该使用"代码总量"乘以"代码运行的频率"来衡量。

——Marilson Campos，工程副总裁，旧金山湾区

为了表述得更为清楚，Marilson 补充道："不要写没人打算运行的代码。"

大多数软件工具对效率和质量的提高幅度仅为 5%～35%，但总是有人反复说提高幅度是"数量级"（10 倍以上）的；浮夸是软件公司的通病。

——Robert L. Glass[2]

最初学习新的工具或技术的时候，实际上程序员的生产力和交付产品的质量都会降低。只有在克服了学习曲线之后，你才能获得预期的收益。

——Robert L. Glass[3]

这正是白板几乎成为软件开发团队办公地点的标志性物品的原因之一：白板提供了一块画布，可以演示复杂程序的抽象过程，还允许人们在讨论时指着它讲述。

——Scott Rosenberg[4]

我觉得白板是必备的，如果我新到一家公司从事管理工作，看到我的新办公室里面有两块巨大的白板（而不是一块），那我第一天下班后一定会兴高采烈地回家。如果我能够有机会再教育我的孩子一次，我一定会做出一个改变：在餐厅的墙上挂一块白板，与孩子分享可视化的想法，而不是单纯地进行交谈。

具体做事的时候，架构师要少一些，砖瓦匠要多一些。

——Colleen C. Barrett，美国西南航空公司董事长兼公司秘书

---

[1] Scott Rosenberg, *Dreaming in Code: Two Dozen Programmers, Three Years, 4,732 Bugs, and One Quest for Transcendent Software* (Crown, 2007), p.127.

[2] Glass, "Frequently Forgotten Fundamental Facts about Software Engineering".

[3] Glass, "Frequently Forgotten Fundamental Facts about Software Engineering".

[4] Scott Rosenberg, *Dreaming in Code: Two Dozen Programmers, Three Years, 4,732 Bugs, and One Quest for Transcendent Software* (Crown, 2007), p.195.

这句评论并不是特别针对软件领域的，但也适用于软件领域。在《财富》500强的 IT 企业中，不写代码的架构师会有一席之地，但并非所有地方都如此。有太多的技术专家在被冠以"架构师"的头衔后，就认为自己已经可以远离编写代码了。然而，在经济不景气时，市场上不写代码的人士就会供大于求，因此管理者们发招聘广告时都不会说"招聘架构师"，而是说"招聘具有架构思想或设计思想的开发人员与设计人员"，具体的岗位描述中也会明确说明该岗位需要编写大量代码。

测试不是一个阶段性的工作。

——Elisabeth Hendrickson，*TestObsessed* 的作者、敏捷联盟前总
监（2007～2008 年）

如果你在实施敏捷方法时把测试仍然当作是一个独立的阶段，你就不是在做敏捷。

测试必须得是需求工作的一部分，应当由测试人员来决定是否已经"完成"。

——Ted Young[①]

一支践行"集体负责制"的团队能写出更为整洁的代码（bug 更少）。
——Mike Cohn[②]

Mike 补充道："要想证明这一点，只要看看你家的客用卫生间就行了。只有你使用的主卫生间和客人有可能会看到的那个卫生间，你会把哪个打扫得更干净？"

在我工作过的一些公司中，曾经存在着开发团队与测试团队敌对的状况……后来我们把这两支团队合并了，让测试人员负责帮开发人员把程序写得更好，这样做的效果比以前好了很多。

——Douglas Crockford[③]

有证据表明，做 TDD（Test-Driven Development，测试驱动开发）要比不做 TDD 多花 15% 的时间（George and Williams, 2003）。但也有证据表明，TDD 能使缺陷更少。（微软的两项研究显示，使用 TDD 后，bug 的数目分别减少了 24% 和 38%〔Sanchez, Williams, and Maximilien, 2007, 6〕。）

——Mike Cohn[④]

-----

① 于 2010 年 2 月 26 日在 Agile Open Space 上的一次分享中说道。
② Mike Cohn, *Succeeding with Agile: Software Development Using Scrum* (Addison-Wesley, 2010), p.161.
③ 被引用在 Peter Seibel, *Coders at Work: Reflections on the Craft of Programming* (Apress, 2009), p.123.
④ Mike Cohn, *Succeeding with Agile: Software Development Using Scrum* (Addison-Wesley, 2010), p.158.

即使 100% 的测试覆盖是可以实现的，但对于测试来说仍然不够。大约 35% 的软件缺陷来自逻辑路径的遗漏，另有 40% 来自特定组合的逻辑路径的执行。它们都不能通过 100% 的测试覆盖发现。（也就是说，100%的测试覆盖也许只能检测出 25% 的错误！）

——Robert L. Glass[1]

程序员认为的所谓"已经完全通过测试"的软件，实际上往往只执行了 55%～60% 的逻辑路径。如果使用覆盖率分析器这样的自动支持工具，可以把覆盖率提升到 85%～90%。100% 的覆盖率几乎是不可能的。

——Robert L. Glass[2]

测试与开发有着本质的不同。"如何实现"与"如何毁灭"是两种截然不同的思路。

——John Steele，Kaiser Permanente 质量总监[3]

没有杰出的团队，就做不出杰出的软件，而大多数开发团队都像一个支离破碎的家庭。

——Jim McCarthy[4]

Jim 是在领导了微软公司的 Visual C++ 程序管理团队之后做出以上陈述的。

"团队（Team）"中没有"我（I）"。

——未知来源

虽然这可能是体育运动团队的一句老话，但它同样适用于程序设计团队。在程序员固执己见、不肯听取别人的意见时，我有好几次就是用这句话来平息争端的。它的效果似乎总是很好。

得到优秀的运动员容易，让他们配合起来难。

——Casey Stenge

最近，在我回答"什么是敏捷教练？"这个问题时，我发现答案与"如何成为优秀的软件开发经理"是一致的。首先，你得掌握基本常识：团队是如何工作的、应当如何恰当地安排工作。但这只是第一步，实质内容还有很多。交响乐团

---

[1] Glass, "Frequently Forgotten Fundamental Facts about Software Engineering".

[2] Glass, "Frequently Forgotten Fundamental Facts about Software Engineering".

[3] 发表在 the Software Architecture and Modeling SIG of SDForum 杂志，2007 年 3 月号。

[4] "Top 50 Programming Quotes of All Time" (Junauza 网站，2010-12).

的大师级指挥家很了解音乐的规则，正因为非常了解，所以他们才能不拘泥于规则，给我们带来极好的作品。优秀的指挥家知道，仅仅让每一位乐师都演奏好是不够的，他需要让每一位乐师更上一层楼，合作才能创造出神奇的作品。优秀的敏捷教练和程序设计经理也是如此。

> 大多数人都真的希望能把工作做好。如果他们做得不好，通常是管理方面出了问题。
>
> ——Mickey W. Mantle（本书两位作者之一）

在管理程序员的这么多年里，我只遇到过一位确实不想好好工作的员工。那些工作做得不好的员工，通常是遇到了以下阻碍：缺乏装备、缺乏明确的方向，或者是其他一些问题或障碍，而优秀的管理者能够解决这些问题或障碍。我发现只要条件允许，几乎所有的程序员都希望超越预期。

> 每个程序员的内心动力都不一样。
> 了解每个程序员的动机是高效管理的关键。
> 与我们通常所相信的观点相反……最美好的时刻并非那些被动的、接受性的、放松的时刻——尽管它们是我们通过努力获得的，我们很享受。最美好的时刻通常发生在一个人为了解决一些难题、为了完成有价值的任务的过程中，身体或精神达到极限的时刻。
>
> —— Mihaly Csikszentmihalyi，心理学家[1]

我们通常也把这种"心流"状态称为"专心致志"——完全沉浸在当前的挑战之中的一种状态，时间不知不觉就流逝掉了。

> 提拔通常不是对过去表现的奖赏。管理层提拔的都是那些有潜力解决更大、更难问题的人。
>
> ——Ray Weiss[2]

> 我的任务不是激励球员，相反是他们为我们的球队带来了非凡的动力。我的任务是不使他们丧失动力。
>
> ——Lou Holtz，圣母大学前足球教练[3]

对程序员和程序设计经理来说，我觉得情况类似。

---

[1] Mihaly Csikszentmihalyi（米哈里·契克森米哈），1934 年出生于意大利阜姆港（南斯拉夫港市里耶卡的旧称），22 岁移民美国，心理学家。文字出自他具有开创性的作品《心流：最佳体验的心理学》（*Flow: The Psychology of Optimal Experience*，Harper Perennial, 1990）。

[2] Ray Weiss, *The Technical Career Navigator* (Prentice Hall, 1994).

[3] Tom Peters 为 *San Jose Mercury News* 撰写的报道（1994-09-24）。

如果你想要建造一艘大船，不要立马号召大家开始收集木材，也不要立马分配任务和工作，而是应该先教会他们要对广阔无垠的大海满怀憧憬。

——Antoine de Saint-Exupéry[1]

这就是激励团队的全部要诀：告诉大家要去哪里，通过描述让目标仿佛就呈现在他们眼前，最终使你的目标成为大家的共同愿景。

"你说，大家做我想要的东西，是因为他们喜欢我吗？"

"不是因为他们喜欢你，而是因为你喜欢他们。"

"嗯？"

"你喜欢并尊重为你工作的人。你关心他们。他们的问题就是你的问题，他们的忧虑就是你的忧虑。你的心胸像火车一样宽广，大家对此有目共睹。你能在一个人做出可信的东西之前就表现出对他的信任。你使他们都觉得，你已经把他们当成家人了。这就是他们跟着你的原因。"

——Tom DeMarco，软件开发方法与管理方面的作家、专家[2]

我加入苹果公司时，DeMarco 新出的演讲磁带非常流行。有人告诉我说："你一定得听一听。"他们是对的，对于软件开发来讲，这是个极好的建议。DeMarco 最著名的书可能是 *Peopleware*[3] 和 *Slack*[4]，但我读过他其他的书，它们也都很值得一读。

在我的团队中，每个人都在学习。我对待团队中的每个人都像对待成年人一样。程序员们真心乐意为我工作。

——Bill Grosso，Engage 工程副总裁

如果不吸取教训，失败就仅仅只是失败。

——Scott Cook

Intuit 的董事长 Scott Cook 在上台给一支失败的 Intuit 市场团队颁奖后讲了这番话。这支团队使用可追溯的过程记录其学到的教训。2005 年，该团队推出了一款名叫 "RockYourRefund.com" 的产品，试图用嘻哈音乐让纳税的过程显得更酷。2006 年 7 月 10 日，美国《商业周刊》（*Business Week*）在线发表的 "How Failure

----

[1] Antoine de Saint-Exupéry, *The Little Prince* (1943).

[2] Tom DeMarco, *The Deadline: A Novel about Project Management* (Dorset House, 1997), p.166. 中文版《最后期限》2003 年由清华大学出版社出版。

[3] 中文版《人件（原书第 3 版）》2014 年由机械工业出版社出版。——译者注

[4] 中文版《别让员工瞎忙》2003 年由机械工业出版社出版。——译者注

Breeds Success"一文引用了 Scott Cook 的故事，该文主要介绍首席执行官们是如何鼓励他们的组织承担一定的风险的。

　　Google（以及其他任何熟练技术人才聚集的大公司）的情况是这样的：每个人都知道人们会在下班后思考工作上的事情。这是不可避免的。你可能躺在床上，但你的大脑在思考工作中遇到的一个问题，半小时之后问题得到了解决。如果你能在自由支配的时间做工作上的事情，其他人为什么不能呢？我们都是成年人了，我们不想（或者说不希望）被微管理捆死。

——Zorbathut（Google 工程师的昵称）[①]

　　Novell 刚刚新增了一个头衔：杰出工程师。杰出工程师必须由同事推选产生，其选拔标准要比由管理层来选拔的标准严苛得多。这一标准还能够鼓励大家争当技术团队中的优秀成员，有助于强化每个人的良好行为。

——Eric Schmidt[②]

　　如果你不希望"技术极客"流失，那就要想办法提拔他们，但不要让他们当管理者。他们多数都不太适合从事管理工作——事实上，他们中的大多数可能会变成可怕的管理者。但你需要给他们提供向上发展的途径，需要给予他们认可，需要给他们发更多的工资。

——Eric Schmidt，说这话时他是 Novell 的首席执行官（后来是
Google 的首席执行官）[③]

　　早在 20 年前，Schmidt 就提倡设立一个与传统的管理岗位职业阶梯平行的技术岗位职业阶梯。

　　对于用行动支持你营造想营造的文化的工程师，你要给予公开的奖励或感谢。

——Juanita Mah，IBM 与 VMware 的工程经理

　　"例如，"她举例说，"如果某位工程师不辞辛苦地帮助别人解决了某个客户的问题，我会在部门重点报告中提及。如果某人开发出了一款能显著提高工作效率的创新工具，我会让他参加内部技术会议。"

[①] The Awful Forums 中的注解。

[②] The Awful Forums 中的注解。

[③] 在 Russ Mitchell 的采访中说的这句话，收录在 "How to Manage Geeks"（*Fast Company*，1999-05）一文中。

让员工参与目标设定。

——Daniel Pink[1]

Pink 指出："相当数量的研究表明，如果员工能参与设定目标，他们在工作中的投入程度会高得多。因此，请让员工参与这个过程，他们会给你惊喜的——员工自己设定的目标往往高于你为其设定的目标。"

没有哪个杰出的程序员会坐在那里说"我打算赚一大笔钱"或者"我打算卖出 10 万份副本"，因为这样的想法不会促进问题的解决。

——Bill Gates[2]

这是比尔·盖茨在其职业生涯早期对有关激励程序员的思考。

在"真实的"企业世界里，尤其是华尔街主导的东海岸，高层或者憧憬成为高层的那些人几乎都只对充实自己有兴趣，而代价却是从员工、客户、股东以及其他不是那么富有心机的人士那里剥削的利润。

——Steve Burbeck

Steve 补充道："你有责任让自己和自己的员工知道你处于跷跷板的哪一边，以及你希望治下的开发人员在哪一边。技术专家往往都待在受剥削的那一边，更糟糕的是，有时他们根本不知道还存在着另一边。"

对编程人员来说，最糟糕的事情莫过于看不到自己的工作成果交付。

——Ron Lichty

我是在早期从事管理工作时（实际上是我第一次当总监时）学到这一点的。当时 Berkeley Systms 授权一个团队为其核心娱乐产品 After Dark 推出一个新版本，但却没有想清楚到底能做到什么程度。到最终设定限度时，已经加了好几个月班的程序员发现自己 1/3 的努力都彻底被抛弃了。这不仅浪费了公司的钱，也使得程序员心灰意冷。

员工离开的不是公司，而是他们的经理。

——历史悠久的人力资源至理名言，由人力资源经理/顾问
Rebecca Davis 分享

---

① Daniel Pink, *Drive: The Surprising Truth about What Motivates Us*.
② 被引用在 Bernard Girard, *The Google Way* (No Starch Press, 2009), p.64.

　　谨记：当项目团队进行最后冲刺时，团队成员的配偶和家庭成员也能感受到他们所承受的压力。体贴的项目经理会主动去了解员工的配偶是否需要出租车服务来接送孩子，或者公司中是否有人可以在回家的路上给困在家中照顾患病孩子的员工配偶捎一些东西。

——Ed Yourdon[1]

　　不管团队成员是否有加班费，最大的错误都是不对加班进行记录。不能因为团队成员没有加班费就认为那是"免费的"。对于财务部门来说这种认识可能没有问题，但从项目经理的角度来说，加班不是免费的。

——Ed Yourdon[2]

　　项目经理必须当心的一种危险情况是，狂热而又年轻的软件工程师过多地自愿加班。

——Ed Yourdon[3]

[1] Ed Yourdon, *Death March: The Complete Software Developer's Guide to Surviving "Mission Impossible" Projects* (Prentice Hall, 1997), p.108–109.

[2] Ed Yourdon, *Death March: The Complete Software Developer's Guide to Surviving "Mission Impossible" Projects* (Prentice Hall, 1997), p.111.

[3] Ed Yourdon, *Death March: The Complete Software Developer's Guide to Surviving "Mission Impossible" Projects* (Prentice Hall, 1997), p.112.

管理团队，顺利交付

软件是块难啃的硬骨头。

——Donald Knuth，*The Art of Computer Programming*
（《计算机程序设计艺术》）一书的作者[1]

软件不是被发布出来的，你可以认为软件是逃出生天的幸运儿。

——项目管理智慧

你们不是来编写代码的；你们是来输出产品的。

——Jamie Zawinski[2]

侯世达（Hofstadter）定律：做事所花费的时间总是比你预期的要长，就算你已经充分考虑到了侯世达定律的影响。

——Douglas Hofstadter[3]

出类拔萃的人才再加上水陆毕陈的中国菜，一直就是软件开发的秘诀。

——Jeff Kenton，顾问型开发者和开发经理

……找不到中国菜，比萨也可以凑合。在关键项目或者项目的关键里程碑上，往往需要程序设计团队为此殚精竭虑。一个简单而又明显的事实是：在"保证项目进度"的重压之下，程序员们需要长时间持续工作，除非被其他事情打断。叫外卖（中国菜、比萨、来自知名餐馆的美食）能让程序设计团队持续工作。如果让他们外出就餐，他们持续工作的意志就会减弱，加班的意愿也会降低许多。

---

[1] Knuth 的广为流传的名言，他最早在慕尼黑工业大学那次对着 350 名听众的题为 "All Questions Answered" 的演讲中提到。

[2] 被引用在 Peter Seibel, *Coders at Work: Reflections on the Craft of Programming* (Apress, 2009), p.22.

[3] Douglas Hofstadter, *Gödel, Escher, Bach: An Eternal Golden Braid* (Basic Books, 1999)。中文版《哥德尔、艾舍尔、巴赫——集异璧之大成》1997 年 5 月由商务印书馆出版。这本书是在英语世界中享有极高评价的科普著作，曾获得普利策文学奖。"集异璧"（GEB），是数学家哥德尔、版画家艾舍尔、音乐家巴赫 3 人名字的前缀。值得一提的是，这本书的中文译本前后费时十余年，译者都是数学和哲学界的专家，译文严谨通达，特别是在原作者的帮助下，把西方的文化典故和说法尽可能地转换为了中国文化的典故和说法，使这部译本甚至可看作是一部新的创作，也是中外翻译史上的一次创举。——译者注

做项目就应该像跑马拉松一样。你必须设定好一个恰当的节奏，然后才有希望在接近终点线处发起冲刺，从而一举赢得比赛。

——Ed Catmull, Pixar 首席技术官

在 Pixar，身为联合创始人、总裁和首席技术官的 Ed Catmull，鼓励我以上述方式来管理我的项目，从那时起，我就把它视为一条经验法则。在面试新人时，我也会要想方设法提及这一点，使他们对工作形成这样的认识：为完成某一项任务或是为项目的最终完成而努力冲刺的时候，他们需要夜以继日地苦干，但并不需要时刻保持冲刺状态。

程序员总是能够找到借口说他们是在"磨刀不误砍柴工"，而且还会千方百计地证明"这确实是必要的"。有时候情况的确如此，但有时候得需要经理来决定什么情况下这种"磨刀"的功夫已经脱离了项目的初始目标，然后让程序员从他们开心的"工具保养"工作中回归到真正的首要任务上。

——Scott Rosenberg[1]

我的经验法则以问题的形式呈现。

第一条也是最重要的一条：我们为什么要做这个？它提醒我要经常审视自己的团队，观察团队是否聚焦在产品或战略及战术上最优先的事情上。我们常常把弥足珍贵的工时浪费在无足轻重的事情上。

第二条：我们正在试图解决的问题是什么？它提醒我要把营销部门心心念念的那些华而不实的东西忽略掉，把精力聚焦在真正需要解决的客户问题上，并且积极地寻找解决方案。

这两条经验法则看起来理所应当，具体做事时也确实应该如此，然而它们总是被遗忘。

——Tanya Berezin, Intuit 高级项目经理

有一半的项目并非在执行项目的过程中出了问题，它们一开始就错了。因此，一定要保证项目开始的 6 个星期执行正确。

——Pradeep Ananthapadmanabhan, Razorfish 工程副总裁

一旦错过市场窗口，商业价值就会变成零。

——Pollyanna Pixton[2]

---

[1] Scott Rosenberg, *Dreaming in Code: Two Dozen Programmers, Three Years, 4,732 Bugs, and One Quest for Transcendent Software* (Crown, 2007), p.144.
[2] 2007 年 1 月在 BayALN 湾区分会的演讲。

美国 2/3 的创新都是贸易展览催生的产物。

——Nolan Bushnell（原话略有不同）

Nolan Bushnell 是 Atari 的创办人，他对于"里程碑不可变动"的论述堪称天才见解。贸易展览的时间都是早就安排好的，不可变更，因此人们会为了能如期参加展览而废寝忘食。其他类似的不可变动的里程碑也可以起到类似的作用，例如事先安排好的面对 CEO 或者董事会的产品演示，一个季度或财政年度的结束日期，甚至是 3 天小长假的假期，都可以产生举足轻重的影响。

当你制订战术层面的解决方案时，需要确保在战略层面上已经有了妥善的计划。

——Nasos Topakas[1]

Topakas 是在谈起他在 Schwab 担任移动商务业务副总裁期间的经历时提出这一观点的，对此他还深入解释道："很多时候，我发现自己支持的是一个错误的战术层面上的解决方案，却没有人支持我用正确的方案来代替它。我总结出的教训是，应当始终支持那些看似恶劣却能快速解决问题的方案，这样就不会止步不前或最终搞成一团乱麻。"

危机能使人们团结一致，要善加利用！

——Kimberly Wiefling，Wiefling 创始人

不要错过危机带来的前进的机遇。

要想制订出完美的项目计划，首先要列出所有的未知问题。

——Bill Langley[2]

每项任务都必须指定唯一一位负责人（Designated Responsible Individual，DRI），如果指定了两位负责人，那这事就没有人负责了。项目经理的职责是确保为每项任务指定 DRI——识别每项任务，确保为每项任务指定一位 DRI，推进任务执行，而不是亲自去完成任务。项目经理还要同 DRI 一起定期回顾和检查以下 3 个问题：你是否清楚项目的整体目标？你是否清楚你的任务对实现整体目标将会做出怎样的贡献？对于你所负责的那部分工作，有哪些东西会妨碍你达成目标？

——Ron LaFleur，20 世纪 90 年代初曾任苹果公司的管理顾问

---

[1] Nasos Topakas 现任 Art.com Inc.的 CTO，并曾担任过 SendMe 公司的 CTO，文字摘自他在 LinkedIn 上的自我介绍。——译者注

[2] Kurt 于 2009 年 5 月 9 日在 WordPress 网站上写的博客。

病态组织的一个症状是，精简项目人员反而会增大风险[1]。

——Tom Demarco[2]

这是我学到的一个特别惨痛的教训。我是在农场长大的，习惯于把一切工作都最优化，总是想方设法将相互交织关联的工作安排得井井有条，让每个人都人尽其才、学以致用（当然也就可以做到乐此不疲）。然而，当我在一家以铺张浪费为荣、对武断抽撤资源司空见惯的病态组织里尝试推行这一套机制时，我看到的结果是，自己煞费苦心精雕细琢的团队被摧残得一塌糊涂。关键人员经常被抢走，产品无法按时交付。在这种病态的组织中，你必须每时每刻与这些负面因素斗智斗勇，进行艰苦卓绝的斗争。

复杂度是个要命的东西，它会榨干开发者的生命力。它大大增加了产品规划、构建和测试的难度，会给产品安全性带来挑战，还会令最终用户（包括产品的管理员）垂头丧气。

——Ray Ozzie, Lotus Notes 的创造者，Groove 的创立者，微软公司的首席技术官[3]

Rosenberg 定律：软件并不难写，除非你需要用它完成新的工作。
推论：唯一值得编写的软件就是能完成新的工作的软件。

——Scott Rosenberg[4]

问：你对刚刚开始从事大型开源项目开发的人有什么建议吗？

Linus Torvalds：不能从一开始就承担大型开源项目的工作，应当先从小型的、无关紧要的项目入手，千万不能期望能够做大型开源项目。否则，你就会做出过度设计，并且通常会把项目的重要性看得比它实际上的要高。更有甚者，你会被不切实际的、臆想中的项目规模吓得望而却步。因此，要从小型的项目做起，把细节考虑周全，不要盲目憧憬过于华丽、过于缥缈的设计。如果项目不能解决一些当前急迫的需求，那么它十有八九就是被过度设计了。

——Linus Torvalds[5]

---

[1] 因为团队成员有可能被随意调走，导致人手不够。——译者注

[2] Tom DeMarco, *The Deadline: A Novel about Project Management* (Dorset House, 1997), p.132.

[3] Kurt 于 2009 年 5 月 9 日在 WordPress 网站写的博客。

[4] Scott Rosenberg, *Dreaming in Code: Two Dozen Programmers, Three Years, 4,732 Bugs, and One Quest for Transcendent Software* (Crown, 2007), p.268.

[5] Linus Torvalds（林纳斯·本纳克特·托瓦兹）是 Linux 内核的创始人。此段节选自 *Linux Times* 对 Linus 的访谈（2004）。——译者注

在构建软件系统的过程中，最困难的部分（没有之一）就是审时度势，并精准决策要构建怎样的系统。

——Frederick P. Brooks Jr.[1]

第二困难的应该就是如何中肯地与别人交流应当构建什么，从而在整个团队中达成一致的理解和共通的认识。只有通过仔细倾听，你才能确认自己是否已经达成了目标，这也证明了为什么说"听比说重要得多"。

其实，使用何种软件开发方法无关紧要；真正重要的是，你必须始终如一地对项目的需求保持清醒的认识。

——Nasos Topakas

Topakas 指出："当我的业务合作伙伴试图采用敏捷方法，以便削减需求文档时，我对他们讲了前面的话。他们锲而不舍地尝试各种方法，奢望产品经理能与程序员并肩工作，而不再需要编写需求文档，结果却导致所有项目都变得痛苦而漫长。"

离开了需求或设计，程序设计就成了一门在空白文本中塞 bug 的艺术。

——Louis Srygley[2]

在水上行走和基于规格说明书开发软件这两件事有一点是相同的：要想使它们变得容易，只需要冻结它们。

——Edward V. Berard，面向对象编程的先驱者和专家[3]

对敏捷开发者而言，团队工作室是规格说明书的替代品。

——Ade Miller

2010 年，Miller 在旧金山的敏捷开发者小组集会上发表了这一名言。他指出，电话不足以替代团队工作室。（也就是说，分布式团队的工作效果不如集中式团队。）

---

① "No Silver Bullet—Essence and Accident"（《没有银弹——软件工程的本质性和附属性工作》）是 Brooks 发表的一篇关于软件工程的经典论文，原是 1986 年在都柏林 IFIP 研讨会发表的一篇受邀论文，隔年电机电子工程师学会 *Computer* 杂志也转载了这篇文章。所谓"没有银弹"，是指由于软件的复杂性本质，没有任何一项技术或方法可使软件工程的生产力在 10 年内提高 10 倍。随后，Brooks 在他那本有关软件工程的不朽巨著《人月神话》中再次强调了这一观点。——译者注
② Kurt 于 2009 年 5 月 9 日在 WordPress 网站写的博客。
③ Edward V. Berard, "Life-Cycle Approaches".

（对软件需求而言）我们总是习惯性地以为人们知道自己想要什么，然而实际上，我们的经验更多地倾向于"人们并不清楚自己想要什么，但在看到实物的时候他们能分辨出不想要什么"。

——Kurt Bittner，IBM 的软件开发解决方案分析师[1]

迭代的过程至关重要：客户是不知道他们想要什么的，直到他们看到实物。

——Ron Mak，NASA 火星漫游者任务中协同信息门户系统的中间件架构师，也是 *Beautiful Code: Leading Programmers Explain How They Think*（《代码之美》）一书的作者之一[2]

这句话来自 Mak 在东湾创新组的最佳实践 SIG 的一次讲演，主题是"NASA 最佳实践"。

规格说明书中模棱两可的表述，乃是系统的干系人之间悬而未决的冲突的体现。

——Tom DeMarco[3]

软件任务中最难的工作就是得出一份完整的、一致的规格说明书。在很大程度上，构建一个程序的本质就是对规格说明进行"调试"。

——Frederick P. Brooks Jr.[4]

在软件领域，大多数选择最终都会转化为一种特别令人心碎的三角权衡，乐观者们称之为"品质三角"……我最初是从一位名叫 Dan Shafer 的资深软件开发者和撰稿人那儿听闻这一规律的……他靠在椅背上，一边揉着他的大肚子一边说道："有一句老话说得好，快、好、便宜，三者不可得兼，至多得其二。"在任何工程领域，你迟早都会面对这条令人痛苦的规律……与商业上令人不爽的其他规律一样，它会让那些企图证明自己的组织能够超脱于该规律之外的管理者一败涂地……在实际工作中，管理者面对的更像是一块链接着许多滑动条的调音板……但只有在项目的组织井然有序，组织能够对成本、进度、范围以及质量等各方面的决策做出可以预测的响应时，管理者才可以

① Kurt Bittner, "Managing Software Development" (IBM blog).

② Andy Oram and Greg Wilson, eds.,*Beautiful Code: Leading Programmers Explain How They Think* (O'Reilly, 2007), chapter 20.中文版《代码之美》2009 年由机械工业出版社出版。

③ Tom DeMarco, *The Deadline: A Novel about Project Management* (Dorset House, 1997), p.216.

④ Frederick P. Brooks Jr., *The Mythical Man-Month, Anniversary Edition* (Addison-Wesley, 1995).

优哉游哉地坐到控制台前操控着这些滑动条。

——Scott Rosenberg[①]

相比于缺少某些功能特性，糟糕的质量更容易引起客户的不满。

——Mark Calomeni，Accept Software 工程副总裁，

HighWire 出版社工程部主管

Calomeni 曾不遗余力地倡导轻量级，设计过程以及代码审查，他指出："质量是我最优先考虑的因素。但在硬件领域，设计是无法回避的——总不能一上来就往面板上焊元器件吧。然而，不幸的是，在软件领域，很多人很轻易地不做设计，只是一味蛮干。"

客户可以炒掉公司里的任何一个人，上自董事长下到员工——他们只需把钱付给其他公司即可。

——Sam Walton，沃尔玛创始人

在开始的时候，每个人都会谈论范围、预算和时间表，但到最后，就没有人真正关心这些东西了。他们唯一关心的是人们喜不喜欢你的软件。这是你唯一真正需要管控的标准。

——Joseph Kleinschmidt，Leverage Software 首席技术官兼联合

创始人

多做用户测试：用户是最好的测试人员。（开发人员是最差的测试人员！）

——Ron Mak[②]

软件很像香肠：享用最终产品时，人们真心不想知道其中都加入了什么。

——匿名

这句来自项目管理中蕴含的智慧。我最初是从 Brøderbund Software 的产品开发高级副总裁 Harry Wilker 那里听到的，他用这句话来形容软件项目。从那时起，只要我发现我的团队试图对项目和产品的里程碑进行微管理，我就会引用这句话。无法纳入时间规划的事情多如牛毛，例如测试新的编译器、测试操作系统版本。因此，试图对所有事情都进行跟踪是毫无希望的。最好为这些其他事情分配未规划的大段时间，这样做能很好地使人们意识到它们。

---

① Scott Rosenberg, *Dreaming in Code: Two Dozen Programmers, Three Years, 4,732 Bugs, and One Quest for Transcendent Software* (Crown, 2007), p.118–120.
② 就 "NASA 最佳实践" 在东湾区创新组的最佳实践 SIG 上发表的演讲。

随着技术债务的增加，客户的响应意愿在降低。

——Jim Highsmith[①]

永远不要低估"数据腐朽"的影响。

"数据腐朽"是一个计算术语，用半开玩笑的方式来形容软件随时间流逝而发生的自发性退化现象。它意味着软件就像真实的工具一样会生锈并产生耗损。很多时候，即使程序的操作环境并未发生显著改变，一个细微的变动也能触发潜在的软件缺陷，或者是因为不兼容而导致错误。

工程部门应该达成这样的共识：产品管理部门应该拿出团队整体工时数的 20%，并将其交给工程部门，让工程部门自主用于所有他们认为有助于避免产生返工的工作（例如评审或缺陷预防工作——译者注）。当我发现有些团队居然憧憬着用不到 20% 的工时数就可以逃过"我们不得不停下来重新来过"的劫难时，我会感到紧张不安。

——Marty Cagan，产品研发管理的经典图书 *Inspired*[②] 的作者

Marty 指出："在某些时候，如果你忽视了这个'20%定律'，软件所需的所有功能特性可能都无法正常运行。如果你有幸还没有深陷在如此糟糕的境遇之中，那你需要马上着手践行这一定律，以确保团队逃离深渊——确保从团队的总工时数中拿出一部分用于'防止返工'，在易趣（eBay）我们称之为'净空空间'。如果对此漫不经心，等待你的只能是系统中断服务、大规模返工。易趣在1999 年曾经发生过这种情况，当时这家公司比大多数人所意识到的更接近崩溃。这种情况在 Friendster 也发生过，其后果是 MySpace 扛起了社交网络的大旗。在与微软公司的浏览器大战如火如荼的关键时刻，网景公司也发生了这种情况，结果大家都知道了。事实是，这种情况不管发生在谁身上，大多数公司可能从此一蹶不振。"

在实践中，Frederick Brooks 发现，几乎所有的项目都只有 1/6 的时间花在编码上，而有整整一半的时间用在测试和修正缺陷上。

——Scott Rosenberg[③]

---

① 于 2010 年 2 月 16 日在 BayALN 上发表的演讲。BayALN 全称是 Agile Leadership Network, San Francisico Bay Area。这是一家著名的活跃于旧金山湾区的敏捷社区。——译者注

② Marty Cagan, *Inspired: How to Create Products Customers Love* (SVPG Press, 2008), p.28. 中文版《启示录》2011 年由华中科技大学出版社出版。

③ Scott Rosenberg, *Dreaming in Code: Two Dozen Programmers, Three Years, 4,732 Bugs, and One Quest for Transcendent Software* (Crown, 2007), p.17.此项论断实际源自 Fred Brooks 的一项观察："我的经验法则是：在规划进度时，将 1/3 的时间分配给设计，1/6 的时间分配给编码，组件级测试需要占用 1/4 的时间，而最后的 1/4 时间需要分配给系统测试。"——Frederick P. Brooks Jr., *The Mythical Man-Month, Anniversary Edition* (Addison-Wesley, 1995), p.231.

顶尖的开发者，每编码一小时，都会花上两小时对代码进行测试。

——Bruce Rosenblum

测试本身并不能提升软件质量。测试结果也只不过是衡量质量的指标，并不能改善质量。试图通过增加测试的工作量来提升软件质量，就好比试图通过更加频繁地称重来减肥。决定称重结果的是上秤之前吃了些什么，而能够测试出多少缺陷则是由所应用的软件开发技术决定的。要想减肥，就要改变膳食结构，而不是买一台新秤。要想改善软件质量，就要更高品质地完成开发工作，而不是执行更多轮次的测试。

——Steve McConnell[1]

尽量减少测试工作，但也不能过分削减。

——John Steele

这句话是 John 于 2007 年 3 月在由我担任联合主席的 SDForum 软件架构与建模特别兴趣小组所做的报告中提及的。

始终雇用那些比你更聪明的人，但永远不要传递那些你都不理解的东西。

——Joseph Kleinschmidt，Leverage Software 首席技术官兼联合
创始人

计划的目的就是未雨绸缪；无论如何，你一定要秉承这一原则。

——Frederick P. Brooks Jr.[2]

Brooks 指出，对于大多数项目而言，构建出的第一个系统几乎都是无法使用的……所以，对管理者而言，问题并不在于是否要构建一个试验性的系统然后丢弃它，因为这是必然要经历的过程。唯一的问题在于，是否要对构建试验性系统的工作事先进行计划……

如果它（软件系统）在我的机器上无法工作，那它到哪儿也工作不了。

——Joseph Kleinschmidt，Leverage Software 首席技术官兼联合
创始人

---

[1] 来自 Frederick Brooks 的一项观察研究，Rosenberg 在他的著作 *Dreaming in Code: Two Dozen Programmers, Three Years, 4,732 Bugs, and One Quest for Transcendent Software* 第 17 页也有所引用。另外，Brooks 在他的著作《人月神话》第 231 页中也提到："我的信条是在计划的时间表中，1/3 的时间用于设计，1/6 的时间用于编码，1/4 的时间用于组件级测试，另外 1/4 的时间用于系统测试。"

[2] Frederick P. Brooks Jr., *The Mythical Man-Month, Anniversary Edition* (Addison-Wesley, 1995), p.116.

成功的自动化测试工作的成本都很高。

——Bruce Rosenblum

若不实施自动化测试，成本还要再多上 10 倍。

——Bruce Rosenblum

俗话说得好：有点儿进展总比毫无进展强。开始时，你可以一边缓步推进，一边留神结果——只要你的团队相信在下一次危机爆发时，当前取得的进展不会因为其他方面的利益而被放弃（然而事实上可能会）。

——Mark GINNEBAUGH，微软认证合作伙伴，
DesignMind 董事长

尽可能少做过程管理，但也不能过分少。

——Ron Lichty

这句话模仿了 John Steele 在由我担任联合主席的 SDForum 软件架构与建模特别兴趣小组所做的报告中提及的经验法则。John 是一名首席测试架构师，他的话是针对测试而言的。但我认为，这句话大体上对于过程管理也同样适用。多年来，我一直倡导并实施自己提出的"及时而恰到好处的过程"，我喜欢用 John 说话的方式来表述它。

如果你不容许过程中出现任何错误，那么结果一定会失败。

——Rob Myers，敏捷开发教练，北加利福尼亚地区

出色的过程管理是我们的战略。我们通过让普通人管理出色的过程，来获得精彩绝伦的结果。同时我们也看到，竞争对手们常常使用杰出的人才来管理蹩脚的过程，最终成果差强人意（或一塌糊涂）。

——丰田公司（Toyota）的某位高级执行总监[1]

我们的工作内容中并不存在"快速修正错误"这么一回事。根本不存在可以在短期内改善产品的办法……你唯一能改变的就是有效工作的时间比例……所以你需要在避免浪费时间这一点上全身心投入。

——Tom DeMarco[2]

---

[1] Kurt 于 2009 年 5 月 9 日在 WordPress 网站写的博客。

[2] Tom DeMarco, *The Deadline: A Novel about Project Management* (Dorset House, 1997), p.79.

在突发的过程里，没有最佳实践可言。

——Tobias Mayer，Scrum Alliance 认证的 Scrum 教练

Tobias 还说过："好的实践（Good Practices）是存在的，但所谓最佳实践（Best Practices）并不存在，因为每个组织都是独一无二的。"

能力成熟度模型的第五级（CMM5）百分百可以保证过程可以被复制，但这并不意味着该过程一定是正确的。

——John Steele[1]

当你想以最坏的手段来管理一个项目时，你得到的方式往往也是最坏的。

——Watts Humphrey，美国计算机协会会员，"软件质量理论之父"

迷恋上原型是危险的，原型只可以达到产品可用程度的 10%。

——Jason Feinsmith，Accomplice 的联合创始人和首席执行官[2]

前 90% 的代码会花费前 90% 的项目开发时间，剩下 10% 的代码还要再花费 90% 的项目开发时间。

——Tom Cargill，在贝尔实验室工作时的箴言，目前是 C++ 和
Java 方面的独立顾问

Tom Cargill 的这句箴言被冠以"可信度规则（The Rule of Credibility）"之名，也称"90-90 规则（Ninety-Ninety Rule）"。让这条规则广为人知的是 Jon Bentley，他将其发表在了 1985 年 9 月《ACM 通讯》（*Communicationsof the ACM*）中的"编程珠玑（Programming Pearls）"专栏上。

永远不要用一个糟糕的时间点去交换另一个同样糟糕的时间点。

——Jim McCarthy[3]

要给"完成"下一个确切的定义。若你的团队并没有对"完成"的定义达成共识，自然就很难为工作的圆满完成而感到欢欣鼓舞。所以，你一定要明确定义它。当团队成员说他们"完成"了他们负责的那部分功能特性时，意味着：

① 来自 2007 年 3 月在 SDForum 软件架构与建模特别兴趣小组（Software Architecture and Modeling SIG）的演讲。
② 来自 2007 年 4 月 19 日在 SDForum 软件工程与建模特别兴趣小组（Software Engineering Management SIG）上所发表的题为 "Lessons Learned from a Software Startup" 的演讲。
③ Jim McCarthy and Denis Gilbert, *Dynamics of Software Development* (Microsoft Press, 1995), p.141.

- 在他们的机器上可以执行？
- 已检入源代码管理系统？
- 已进行过完整的验收测试？
- 所有测试都通过了？
- 文档编写完成了？
- 通过同行评审了？

花些时间去澄清"完成"对你的团队的确切含义，并据此创建一份检查清单。这样做能够帮助你的团队准确可靠地交付软件，一起享受项目完成的喜悦和激情。

——Chris Sims，先后创建了 Technical Management Institute 和
Agile Learning Labs

在软件领域，我们经常需要对涉及创造性思维的任务进行准确估算，这常常需要团队成员学习新概念，此举能够促使团队成员在很长一段时间里保持心无旁骛的专注力。

Carol L. Hoover、Mel Rosso-Llopart 和 Gil Taran[1]

少说，多做。

——匿名

这比我们所有已知的任何方法都更有效。但在另一方面，你也不能承诺得太少，否则会被贴上"胆小鬼"的标签。

如果你没有时间去计算价值，我们就没有时间去计算成本。

——Jim Highsmith

这句话出自 Jim 2010 年 2 月 16 日在 BayALN 上的演讲，当时在会场上，有些与会的产品负责人试图在没有将功能特性按优先级排序或者提供价值计算的情况下，完成对进度的估算，Jim 向这些产品负责人分享了这一准则。

对于那些高技术债务的应用，估算几乎是无法进行的。

——Jim Highsmith[2]

及早估算，经常估算。

——Carol L. Hoover、Mel Rosso-Llopart 和 Gil Taran[3]

----

[1] Carol L. Hoover, Mel Rosso-Llopart, and Gil Taran, *Evaluating Project Decisions: Case Studies in Software Engineering* (Addison-Wesley, 2010).

[2] 在 BayALN 上的一次演讲（2010-02-16）。

[3] Hoover, Rosso-Llopart, and Taran, *Evaluating Project Decisions*.

　　这几位作者指出："估算讲究的是类似摄影中的'及时抓拍'技巧。一旦获得了新的信息，就应当考虑对现有的估算结果进行更新。即使是全球卫星定位系统（GPS），也需要定期获取信息来更新估算。McConnell 借助他著名的'估算的不确定性锥区'（Cone of Uncertainty）理论，阐明了在估算中提升'确定性'的唯一方法就是及时推进解决方案。正如 McConnell 所建议的，在现有的知识基础上原地踏步是无法改进估算的。与之类似，Cohn 也指出，在同一节点上反复纠结、反复尝试获得更好的估算结果，实际上可能会削弱估算的价值。因此，我们建议及早估算，同时经常性地更新估算。"

　　在同一节点上反复纠结、反复尝试获得更好的估算结果，实际上可能会削弱估算的价值。

——Mike Cohn[1]

　　当任务因顺序上的限制不可再分时，添加人手对加快进度毫无帮助。这就好比无论指派多少个妇女，孕育一个生命都需要 9 个月。许多软件任务都具备这样的特征，这是由调试工作的时序性本质引起的。

——Frederick P. Brooks Jr.[2]

　　好的组织要学会将"估算"与"承诺"二者区分开来。

——Mike Cohn[3]

Cohn 指出了估算的价值，随后又展示了将估算转化为承诺的方法。

　　在 Google 是这样运作的……要想检入代码，需要满足 3 个条件：需要有人检视代码并确认；需要通过"可读性"语言认证（基本上可以证明你已经了解该语言的风格了）；需要获得对方在对应目录中的"负责人列表"中列出的某个负责人的批准。

——Brad Fitzpatrick[4]

　　如果你是 Scrum Master，如果此时所有人都盯着你看，这就意味着你的做法有问题。

——Marilson Campos

----

[1] Mike Cohn, *Agile Estimating and Planning* (Prentice Hall, 2006). 中文版《敏捷估计与规划》2007 年由清华大学出版社出版。

[2] Frederick Brooks, *The Mythical Man-Month, Anniversary Edition* (Addison-Wesley, 1995), p.17.

[3] Mike Cohn, *Succeeding with Agile: Software Development Using Scrum* (Addison-Wesley, 2010), p.297.

[4] 被引用在 Peter Seibel, *Coders at Work: Reflections on the Craft of Programming* (Apress, 2009), p.73–74.

因为 Scrum 团队成员应当彼此互相关注！

敏捷方法看似简单，都是一些常识性认知。在很多方面，这是所有敏捷方法的一大优势，但也是它们的一项根本弱点。我看到，许多团队确信，只要他们阅读一本书、浏览一篇文章，就可以成功实现敏捷转型，一头扎进"冲刺"之中然后成功交付软件。为什么他们如此自信？他们的逻辑是：既然敏捷都是一些简单的常识性认知的集合，既然敏捷倡导自组织、自适应，既然敏捷方法看起来如此直观简洁，那么实现敏捷转型也应该易如反掌。这些团队实施了一组无关痛痒、流于形式而又微不足道的核心敏捷实践，然后就给自己贴上标签："我们是敏捷团队啦。"其实，几乎是毫无例外的，他们既不了解敏捷团队的思维方式，也不了解敏捷团队的核心原则和实践是如何相互补充、相互印证的。他们自认为在"doing agile"，但那真不是"being agile"。

——Robert "Bob" Galen[1]

从前，有一位贫穷的鞋匠，他与妻子一起蜗居在一间小房子里。他们拥有的不多，没有桌子，没有沙发，也没有冰箱。他们的碗柜空空如也。鞋匠肚子饿了，他想起回家路上经过 Dunkin 炸面圈店时看到的美味的炸面圈。"亲爱的，今晚准备一些炸面圈如何？"他问妻子。"咔，好主意，可是我们没有原料。""没关系，亲爱的，拿上这两便士，去买原料回来。"过了一会儿，妻子返回家中："我买了一些炸面圈所需的面粉。""那就请快点做吧！我饿了。"丈夫说。"但我没钱买糖。"妻子说。"没关系，我们可以不加糖。""我也没钱买油。""那就不用油，还省得摄入胆固醇。""我也没钱买鸡蛋。"妻子说，"鸡蛋太贵了。""那又怎样，没有鸡蛋你也一样能做出来嘛。"于是，可怜的妻子用水和好面，做出几个面圈，放入炉中。5 分钟后，她将丈夫叫到餐桌前，端上了做好的"炸面圈"。丈夫尝了尝然后说："这些面圈也不怎么好吃呀，真不明白为什么大家都觉得炸面圈很好吃！"

——Haim Deutsch，以色列程序员，研发经理，Scrum Master，
ScrumAlliance 认证的 Scrum 教练[2]

如果你曾有这么一位领导，他告诉你要实施敏捷方法，又说不能为团队配置 Scrum Master，也不能在团队内实施测试驱动的开发方法；不能采用故事点；你要在什么都不了解的情况下就先行进行估算；还要每天都开会，可即使只开 15 分钟

---

① Robert "Bob" Galen, "The Agile Project Manager: Agile Basic Training—What Is an Acceptable Level?" (*Executive Briefing*, 2012.09).

② "329 Soft Measures in Scrum Implementation" (ScrumAlliance, 2011-01-19）.

的会也是在浪费大家的时间……设计出各式各样敏捷框架的先贤耗费了大量心血，才思考出使用何种实践能使软件开发得以成功；抛去这些框架来开展工作可能会导致东施效颦。

不是所有的开发者都适合于敏捷方法。

——Ted Young[1]

Young 注意到，并非所有的开发者都愿意投入，愿意协作分享，愿意为团队做出贡献。

当团队没能在估算的时间段内完成事先估计好的任务时，应当削减下一个时间段的时长。

——Tobias Mayer

Tobias 在他组织的 Scrum Master 认证培训中指出："不要给人们更多时间，要给他们更少时间（进一步缩短时间段，直到他们能在估计的时间内完成任务）。"

总是将工作块划分得过大，可能导致的后果是，不到每一次冲刺的最后关头，都不会有积压的产品待办事项被完成。此时团队中的测试员们常常抱怨，他们总是被寄予能够在冲刺结束前的两天内完成一切测试工作的厚望，而在此之前根本没东西可测。让这类问题消弭于无形的最好方法是创建一份图表，记录每一次冲刺内每天完成的产品待办事项的数量。

——Mike Cohn[2]

Cohn 指出："将上述图表悬挂在团队工作区，通常足以使团队成员发现其中暴露的问题，找出能更迅速完成产品待办事项的办法，进而使每一次冲刺的进展更为顺畅。"

节奏均匀能使团队受益。

——Mike Cohn[3]

Cohn 引用此话作为将冲刺的时长固化下来的好处之一。

如果你的计划低于你的能力所及，那么比起本来能做到的，你将做得更少。如果你的计划高于你的能力所及，那么比起本来能做到的，你也将做得更少。

——Kent Beck，极限编程、测试驱动开发和 JUnit 的创造者[4]

---

[1] 这句话来自 Young 在 Agile Open Space 上的一次分享（2010-02-26）。

[2] Mike Cohn, *Succeeding with Agile: Software Development Using Scrum* (Addison-Wesley, 2010), p.207.

[3] Mike Cohn, *Succeeding with Agile: Software Development Using Scrum* (Addison-Wesley, 2010), p.276.

[4] "A Good-Velocity"（InfoQ 网站, 2009-05）。

为何压力仅仅能使程序员至多提升 6% 的生产率？

我的回答是：压力并不能促使人们的思维变得更敏捷。

——Tom DeMarco[1]

我们来这儿开会可不是为了做布朗尼蛋糕的。

——David Horton，Williams-Sonoma 电子商务系统与开发部主管

Horton 是在参与敏捷站会的人们开始纠结于细节时说出这句话的。

咱们不妨先试一试。

——Kimberly Wiefling

这是 Wiefling 在组织陷于一潭死水的境地、无法决定行动方针时所发表的言论（同时也是行动方针）。

组建团队就好似烤蛋糕：调料搭配不当，口味肯定不佳；一旦调料搭配得当，就会十分香甜。

——Neil Martin，Elateral（英国）开发经理[2]

（管理者）应当表现得像一名星探。

——Mark Himelstein[3]

我不想要那些想跳舞的人；我想要那些不得不跳舞的人。

——George Balanchine[4]

如非必要，切勿尝试组建混合团队。取而代之地，你要努力寻找并使用那些已经成型的团队。

（在成员愿意时）维持表现良好的团队的稳定性，此举可以帮助你的继任者免去团队凝聚力增长缓慢或者团队缺乏凝聚力的麻烦。

应当把有凝聚力（时刻准备迎接新挑战）的团队视为项目交付内容的一部分。

——Tom Demarco[5]

---

[1] Tom DeMarco, *The Deadline: A Novel about Project Management* (Dorset House, 1997), p.195.

[2] Neil 在 LinkedIn 上回答敏捷联盟小组的问答。

[3] 2006 年 1 月，Mark 在东湾区 IT 社区（the East Bay I.T. Group）最佳实践特别兴趣小组发表的一次演讲中，在回答听众一个有关平衡团队中不同类型程序员的问题时的解答。

[4] Clark Dodsworth 于 2003 年 5 月 10 日在 Entertainment Computing Conference 大会上的演讲中引用了此句箴言。

[5] Tom DeMarco, *The Deadline: A Novel about Project Management* (Dorset House, 1997), p.93.

你在项目开始的头一个星期之内所要求的代码质量，将会决定之后每周你所得到的代码质量。

——Joseph Kleinschmidt，Leverage Software 首席技术官兼联合创始人

对测试环节估算进度时，要以缺陷密度为本，而不是以人为本。

——Jim Highsmith[1]

……新系统的设计者不仅要做系统的实现者和第一个大规模使用者，还应当编写首份用户手册……如果我没有全身心地投入这些活动，我就无法实现数以百计的改进，因为没有亲自参与，就想不到要做哪些改进，或是无法意识到这些改进的重要性。

——Donald Knuth[2]

Knuth 因编著 *The Art of Computer Programming*（《计算机程序设计艺术》）一书而闻名遐迩。

"学习编程"与"设计交互式软件"之间的关系，就像"学习打字指法"与"写诗"之间一样，彼此关联甚少。

——Ted Nelson[3]

Ted Nelson 是大数据集用户界面设计的先驱者，创建了首个超文本项目 Project Xanadu，并在该项目的探索与扩展上花费了大量精力。正是 Nelson 在 1963 年提出了"超文本"（Hypertext）和"超媒体"（Hypermedia）这两个术语。

始终应当把将来负责维护你的代码的人想象成一个知道你住在哪里的狂躁型精神病患者，以此来敦促自己小心翼翼地编码。

——有人认为是 Martin Golding 说的，有人认为是 John F. Woods 说的

编码时，你应当设想自己会被迫要在睡眠不足、酩酊大醉或者宿醉未醒时进行调试，因为事实可能真是这样。

——匿名[4]

---

[1] Jim 于 2010 年 2 月 16 日在 BayALN 上的一次分享。

[2] Knuth, *The Art of Computer Programming*（《计算机程序设计艺术》）。

[3] 这句话出自 Ted Nelson 的文章 "The Right Way to Think about Software Design"，收录于 *The Art of Human-Computer Interface Design*（Brenda Laurel, Addison-Wesley,1990）一书之中，第 243 页。

[4] "Top 50 Programming Quotes of All Time" (Junauza 网站, 2010-12)。

好的设计能让价值增长速度胜过成本消耗速度。

——Thomas C. Gale，克莱斯勒汽车公司（Chrysler）设计与产品
开发总裁[1]

小型团队比大型团队更高效……完成同样大小的项目，5~7人的团
队所花费的时间最短。

——Mike Cohn[2]

Cohn 引用的是 QSM 集团 Doug Putnam 的研究结果，该项研究分析采集了
2003~2005 年、团队规模为 1~20 人不等的 491 个项目的数据。QSM 集团保有软
件开发业界度量最精细的数据库。Putnam 发现团队规模越小，单个团队成员的生
产率越高；不过，2~7 人的团队之间的差异很小。相比 5~7 人的团队，规模更
小的团队耗时要略长一些，而更大的团队所耗费的时间则要长得多。

大型团队（29 人）产生的代码缺陷大约是小型团队（3 个人）的 6
倍，这显然会浪费大量成本。同时，为了达成同样效果的交付成果，大
型团队大约平均只比小型团队少用了 12 天时间。这确实是一个令人震惊
的发现，不过它与我个人超过 35 年的项目经验观察到的现象一致。

——Phillip Armour，资深行业专家[3]

改变团队规模所导致的长期影响，要在其后的第三次冲刺中才会显
现出来。

——Mike Cohn[4]

进度的每次延误都会诱使我们去雇用更多的人手，然而新增加的人
手却好像从来也不能使进度加快。

——Scott Rosenberg[5]

Brooks 定律：向一个已经进度延迟的项目增加人手，只会让项目延
迟更多。

——Frederick Brooks.[6]

[1] "Top 50 Programming Quotes of All Time" (Junauza 网站, 2010-12).

[2] Mike Cohn, *Succeeding with Agile: Software Development Using Scrum* (Addison-Wesley, 2010), p.181.

[3] 这句出自"Software: Hard Data", *Communications of the ACM*, 9 月号 2006，第 16 页；Cohn 在 *Succeeding with Agile*（《Scrum 敏捷软件开发》）一书中第 181 页引用。

[4] Mike Cohn, *Succeeding with Agile: Software Development Using Scrum* (Addison-Wesley, 2010), p.303.

[5] Scott Rosenberg, *Dreaming in Code: Two Dozen Programmers, Three Years, 4,732 Bugs, and One Quest for Transcendent Software* (Crown, 2007), p.19.

[6] Frederick Brooks, *The Mythical Man-Month, Anniversary Edition* (Addison-Wesley, 1995), p.25.

第 *7* 章

激励程序员

第 5 章从各个方面讨论了如何管理程序员。其中——能够真正激励他们实现优异绩效并克服困难、成功交付项目——这一条对高效管理来说尤为重要，因此本章专门就此展开讨论。如果你善于激励，那么即使对本书其他部分涉及的能力大多感到心有余而力不足，你依然可能成为杰出的软件经理。反过来，如果你不善于激励程序员，那你就很难成为成功的软件经理。

基于上述考虑，将本章内容与你自身的经验联系起来，融合形成适合自己的方法和风格，这是非常重要的。我们鼓励你认真考虑自己激励程序员的方式，利用从本章掌握的知识加以精进。你和你的组织都将因此受益。

7.1　激励理论

在 20 世纪诞生的数个有关激励的理论，帮助塑造了关于商业激励的思维模式。尽管对本书来说，这些理论过于学术化，但仍有必要详加讲解，因为它们总会出现在有关管理的讨论中。对它们保有基本的理解，有助于你在激励谈话中增加威信，并获得管理上的支持。

虽然当前各种有关激励的理论数不胜数，但只有 3 个主要的理论值得我们在此简要回顾：

- 马斯洛的需求层次理论；
- 麦格雷戈的 X-Y 理论；
- 赫茨伯格的激励因素和保健因素理论。

7.1.1　马斯洛的需求层次理论

亚伯拉罕·马斯洛（Abraham Maslow）在 20 世纪中叶提出了需求层次理论[1]，

---

[1] A. H. Maslow, "A Theory of Human Motivation," *Psychological Review* 50, no. 4 (1943):370–96.

如图 7.1 所示。在 1954 年首次出版的 *Motivation and Personality*（《动机与人格》）一书中，他将该理论引入了商界。马斯洛认为，人的需求可以划分为若干层次，从低层次的需求（生理需求）直到最高层次的需求（自我实现）。他还坚信，在低层次需求尚未完全满足之前，更高层次的激励没有多少用武之地。

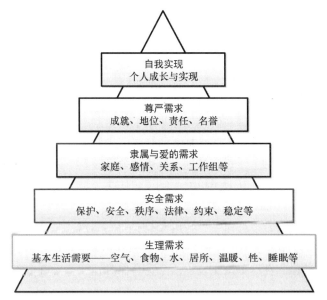

图 7.1　马斯洛的需求层次理论

时至今日，马斯洛的需求层次理论依然令人信服，在理解人的动机和个人发展的管理培训中经常会引用它。事实上，马斯洛围绕需求层次理论所提出的观点，今天依然在促使我们不断改善工作环境，鼓励员工充分发展，自我实现。

Mickey 说："在有关管理的严谨的讨论中，需求层次理论出现频率之高令人咋舌，虽然它并不都出现于与激励员工有关的讨论中。我曾在讨论产品特性和市场推广方案的会议中，听到与会者引用马斯洛的需求层次理论，用于确保解决客户的主要需求或满足市场的主要期望；也曾在人员配备和计划的讨论中，在涉及报酬、工作空间和设备时，听到过需求层次理论。"

你无须对该理论的所有层次都详细了解，但有必要知道，根据生理、心理及感情需求，每个人都以十分类似的方式被激励。研究并理解该理论，有助于你成为更好的管理者，从而在实际管理中发现并满足员工的需求。

只要有裁员的传言传出，你就能看到马斯洛的需求层次理论在实践中被应用。你可能花了几个月甚至几年的时间哄着团队走向自我实现，但当每个人都在担心自己和家人的基本食物和住房需求得不到保障时，团队瞬间就崩溃了，你必须再次从最基本的层次开始，培养最基本的团队合作氛围。

7.1.2　麦格雷戈的 X-Y 理论

1960 年，道格拉斯·麦格雷戈（Douglas McGregor）在他的著作 *The Human Side of Enterprise*（《企业的人性面》）一书中，提出了著名的 X-Y 理论。迄今为止，X-Y 理论仍频繁地出现在管理和激励领域中。虽然近年来更多的研究开始质疑该理论忽视了人的可塑性，但 X-Y 理论依然可以被视为一项有效的基本原则，用于为拓展出一套积极主动的管理风格和管理技巧奠定基础。该理论依然是有关组织发展与组织文化建设的核心理念。

麦格雷戈的 X-Y 理论提醒我们：在实施人员管理的时候要依据常识。然而在具体工作的重重压力之下，我们又往往忽略了这一点。

麦格雷戈认为，管理人有两种基本的管理模式如图 7.2 所示。部分管理者倾向于参照 X 理论（独裁式）进行管理，但通常效果较差。开明的管理者参照 Y 理论（自主式）进行管理，其效果更好，结果更佳，为员工提供了开放的成长与发展空间。

美国的软件和高科技公司很少应用 X 理论进行管理，X 理论在其他国家（日本、韩国、中国及印度）中可能更为常见[①]。你有必要了解这些差异，在与这些国家的公司，或者总部在这些国家设立的公司合作时，注意采取适当的差异化管理方式。

与不同背景的员工商量选择管理风格时，X-Y 理论值得借鉴。不同人士对于不同的管理模式反应不同，理解了这一点有助于你在高效工作过程中把握先机。

我们将会在第 10 章继续讨论 X-Y 理论与敏捷原则的相关性。

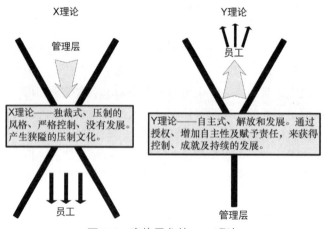

图 7.2　麦格雷戈的 X-Y 理论

---

① 原文如此，显然作者对于中国的软件与高科技公司缺乏充分的了解。读者请注意鉴别。——译者注

7.1.3 赫茨伯格的激励因素和保健因素理论

弗雷德里克·赫茨伯格（Frederick Herzberg）是临床心理学家，也是"工作丰富化"①的倡导者。在管理和激励理论研究领域，他被公认为一位伟大的有创见的思考者。他和同事 Mausner、Snyderman 合著的 *The Motivation to Work*②一书于1959 年出版，书中首次提出了这一理论，并且他还在后续的著作中进一步完善了这一理论。迄今为止，该理论从未遭遇过严重的质疑，这也充分证明了它的价值。

赫茨伯格的这一理论首次向人们展示，对工作的满意与不满意情绪，几乎总是源自不同的因素，而非之前人们一直认为的是对相同因素的不同反应（当然，依然有人坚持这一观点）。如图 7.3 所示，赫茨伯格的研究结果表明：一组因素（激励因素）能真正起到激励作用，而另 组因素（保健因素）则会导致不满意。

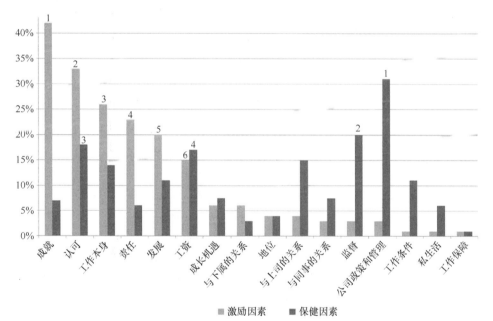

图 7.3 赫茨伯格的激励因素和保健因素理论示图 1

赫茨伯格的研究表明，人们会努力争取实现"保健"需求，如果没有争取到那就会导致不满，而一旦需求得到满足，其作用又很有限，难以持久。管理不善的组织不知道，人们不是通过解决保健需求来得到激励的。只有当赫茨伯格所归

---

① 所谓"工作丰富化"，是指在工作中赋予员工更多的责任、自主权和控制权。工作丰富化与工作扩大化、工作轮调都不同，它不是水平地增加员工的工作内容，而是垂直地增加员工的工作内容。这样员工会承担更多重要的任务、更大的责任，有更大的自主权和更高程度的自我管理，以及更好地对工作绩效的反馈。

② 中文版《赫茨伯格的双因素理论》2016 年由中国人民大学出版社出版。

类的激励因素（成就、认可、工作本身、责任、发展等）得到实现和满足时，人们才能得到真正的激励；这些因素意义重大，代表着更深层次的成就。

值得注意的是，在赫茨伯格的研究结果中，工资在激励因素中仅排名第 6，在保健因素中也只排名第 4，刚好高于"与上司的关系"的排名。

图 7.4 显示了从另一角度看待该理论的结果。图 7.4 表明，只有处理好保健因素（没有这些因素会导致不满，会影响你的激励效果），才能打造坚实的激励基础；同时只有激励因素才能提供源源不断的动力，不断提升你的团队。

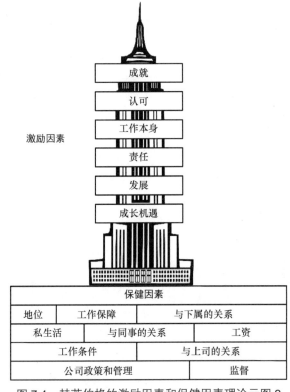

图 7.4   赫茨伯格的激励因素和保健因素理论示图 2

保健因素是承载基础的"木桩"，一旦受到破坏或侵蚀，基础就会不牢；但是保健因素本身无法实现激励。

赫茨伯格的激励因素与保健因素理论帮助我们更好地理解了员工的动机，时至今日他的理论依然有效，为激励员工提供了坚实的基础。

7.2   适用于程序员的激励因素

为了让赫茨伯格的这些因素适用于软件行业，我们对其分类进行了修改，并依照我们的经验重新进行了排序，结果如图 7.5 所示。

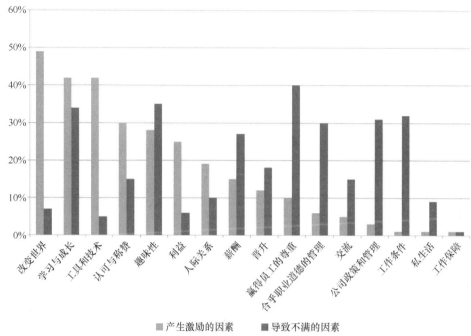

图 7.5   我们认为适用于程序员的赫茨伯格因素

虽然没有经过正式的调查研究，但基于和程序员共事多年以及多年来管理程序员的经验，我们认为这些因素是非常有代表性的关键因素。其中，最重要的激励因素依次为：

- 改变世界；
- 学习与成长；
- 工具和技术；
- 认可与称赞；
- 趣味性；
- 利益。

讨论各因素的排名并得到图 7.5 所示的最终结果之后，我们发现这些最重要的激励因素与构成最成功创业环境的因素大体一致，这一巧合很有意思。

自赫茨伯格的研究成果发表，该理论（以及后来的管理者从中得到的收获）为我们开示的并不仅限于激励因素。实际上，员工离职的主要原因是另外一组因素（导致不满的因素）。

按缺乏会导致不满的程度，我们对图 7.5 所示的因素重新排序，结果如图 7.6 所示。注意两图中最重要的因素之间的差异。

我们认为的缺乏会导致不满的因素依次是：

- 赢得员工的尊重；

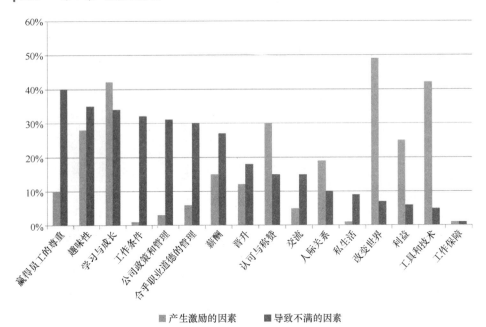

图 7.6　我们认为适用于程序员的赫茨伯格因素（按缺乏会导致不满的程度排序）

- 趣味性；
- 学习与成长；
- 良好的工作条件；
- 合理的公司政策和管理；
- 合乎职业道德的管理；
- 合理的薪酬。

Ron 在《哈佛商业评论》中首次读到赫茨伯格的文章[①]，看到激励因素与保健因素之间的鲜明对比时，Ron 很受触动。"在此之前，每次在管理层会议中讨论团队激励时，我们总是停留在一个维度上。我认为，在所有我参与过管理的团队当中，我是第一个认识到导致不满的因素和产生激励的因素并不相同的人。此时，我突然感悟到：首先要确保员工对一组基础性因素感到满意，然后才能进一步利用另一组不同的因素进行激励。从那之后，管理层会议上的讨论因此而得到根本改观。"

激励员工最常见的做法就是砸钱，例如，当项目结束时发放绩效奖金。但我们的经验（与赫茨伯格的研究成果一致）表明，钱并非激励因素，而且存在挫伤员工积极性的风险。这一结论在 Daniel Pink 的畅销书 *Drive: The Surprising Truth about What Motivates Us*（《驱动力》）中得到了证实。

Pink 借用一系列 30 多年以来的研究成果，说明了条件性奖励（如果能做到，

---

① F. I. Herzberg, "One More Time: How Do You Motivate Employees?" (*Harvard Business Review* 65, no. 5 (1987-09~10): 109–20.

就提供奖励）会把"玩耍"变成工作，从而削弱可激励作用。如果钱确实具有如此良好的激励效果，那么对于那些为维基百科或开源软件免费工作、乐此不疲的贡献者们，该做何解释？

Pink 引述了一系列可重复性研究的成果，这些研究成果表明，条件性奖励（例如承诺更快完成就有奖金）在多数情况下，反而会导致项目的进度比没有奖励承诺时拖得还要长。研究表明，奖励会导致员工的关注范围变窄，对于计件工作来说这一点恰好有利于激励，但对于创造性工作来说会适得其反，程序设计工作从本质上讲恰是创造性工作。另外，奖励容易使人上瘾（"除非给我奖励，否则绝不多做一点儿"），并容易会催生消极短视的想法（"管它多少 bug，只要能拿到奖金就行！"）。

Pink 说："当人们只能用奖金进行激励的时候，恰恰也是他们最消极的时候。"

他并非建议降薪，恰恰相反，他说："公平合理的薪酬至关重要，原因之一是它能使员工无须担心钱的问题，这样他们才能心无旁骛地工作。"

他也并不反对非条件性奖励（完成之后才开始规划的奖励），只要这些奖励不完全在员工的预料之中，不足以使之成为预期即可。根据我们的经验，项目完成后，对表现出色的员工给予让他们意外的奖励，有助于激励他们加倍努力、精益求精。

Pink 基于他所谓的"内在激励三大要素"，提出了"驱动力 3.0"理论。这三大要素是自主（或者自我决定）、专精（不断进步）、目的（为某个更为远大的目标服务）。本章后面所要讨论的激励因素中包含了这三大要素。

Pink 把我们历年来多次观察到的现象总结为：由内在激励驱动的人所取得的成就，通常要比追求奖励的人所取得的成就更多。

7.3 理论付诸实践

理解马斯洛需求层次理论，见识可能有益的开明管理风格，认识到对工作感到满意或者不满是由不同的因素造成的，这些是把握本章其余内容的重要线索。理论若不付诸实践，那只是理论；学以致用方能知行合一。

实践胜于理论。

——常识

本章其余部分将从一个程序开发经理的视角，针对产生激励和导致不满的不同因素，探讨我们应该采用何种方式去解决问题。首先，我们将讨论基础性的保健因素，即那些需要在开始激励员工之前就准备好的因素。这些因素与适用于程序员的赫茨伯格因素中"缺乏会导致不满的因素"中前 7 个基本一致，包括：

- 赢得员工的尊重；
- 趣味性；

- 学习与成长；
- 良好的工作条件；
- 合理的公司政策和管理；
- 合乎职业道德的管理；
- 合理的薪酬。

然后，我们接着讨论最重要的激励因素，这些因素和适用于程序员的激励因素中"产生激励的因素"中前 6 个也基本一致，包括：

- 改变世界；
- 学习与成长；
- 工具和技术；
- 认可与称赞；
- 趣味性；
- 利益。

对这些内容善加利用，将有助于你和你的团队更高效地工作，激励团队做出杰出的贡献。

7.4   保健因素——缺乏会导致不满的因素

努力确保你对所有的基本因素都已经准备妥帖，否则你会感受到员工的不满情绪。尽管与激励因素相似（实际上，有些是相同的，只是侧重点不同），但保健因素至关重要，在开始激励员工之前必须具备。如图 7.4 所示，保健因素是基础，需要确保先满足这些要素。

7.4.1   赢得员工的尊重

上司有多种方式赢得员工的尊重，下面是我们认为实用的几种。

1.   获得技术层面的尊重

第 5 章详细讨论过，成功管理和激励程序员的一大关键，在于得到员工或同级同事来自技术层面的尊重。没有获得技术层面的尊重，你对员工的激励会遭到主动或被动的干扰，效果会大打折扣。本章其余内容不再讨论如何解决这一问题。我们建议你返回到第 5 章寻找答案。

2.   尊重员工

赢得员工的尊重的要诀之一，是通过尊重员工来获得回报。此处，这条"金科玉律"依然奏效："己所不欲，勿施于人。"我们都珍惜并渴望得到尊重，尊重员工会使你受益良多。尊重每一位员工并非易事，你常常需要克制和深思。然而，它却是有效管理的关键，尤其是对程序员和其他技术人员而言。

尊重是双向的，如果你想得到尊重，就必须付出尊重。

——R. G. RISCH, 作家、技术撰稿人

尊重体现在很多方面，下面是其中重要的一部分：

- 聆听他人，确保他们感受到你在倾听；
- 关注，专心；
- 知道他们的名字，向他们问好，和他们交谈；
- 知道些关于他们的事——结婚了吗？有孩子吗？对他们来讲，什么是最重要的？关注他们生活中的事，如新车、新衣服、假期等；表现出对他们个人的兴趣；
- 征求他们对相关技术问题的意见；
- 绝不贬损他人；
- 公开表扬，私下训诫；
- "谢谢"不离口（每天至少两次）。

尊重你的每一位员工，会让他们也尊重你。前面讨论过，要想成为成功的管理者，赢得技术人员的尊重至关重要。

对部分员工表示尊重很容易，因为其资历和个性值得你尊重。但对其他员工，尤其是缺乏经验的员工或问题员工，难度就大了不少。不过，即使是问题员工也应得到尊重，对他们的尊重会让你的工作——不管是和他们打交道还是管教他们，甚至是开除他们——更加得心应手。请尽量对你的所有员工都报以适当的尊重。

你喜欢并尊重为你工作的人。你关心他们。他们的问题就是你的问题，他们的忧虑就是你的忧虑。你的心胸像火车一样宽广，大家对此有目共睹。你能在一个人做出可信赖的东西之前就表现出对他的信任。你让他们都觉得，你已经把他们当成家人了。这就是他们跟着你的原因。

——Tom DeMarco[1]

3. 建立属于自己团队的文化氛围

建立成功的程序设计文化是每个管理者工作中的重要组成部分。这一点至关重要，我们将在第 8 章专门讨论。

----

[1] Tom DeMarco, *The Deadline: A Novel about Project Management* (Dorset House, 1997), p.166.

4. 以身作则

大多数高效能的管理者都能做到以身作则，即以自己的行动为榜样。这可以是些简单易行的事情，例如按时参加会议，待人接物保持礼貌和专业，不会要求员工去做连自己都没做过或不愿做的事情。

高效能的管理者会表现出优秀的职业道德。他们会提前上班，下班时间也比大多数员工晚。如果员工周末需要加班，他们也会陪着一起加班。

以身作则也意味着在必要的时候保护员工，并提供宽广的舞台供他们尽情挥洒自己的才华，而管理者悄然隐身于帷幕之后。以身作则可以说是知易行难。但只要你坚持从小事做起，员工的表现总会大为改观。

5. 帮忙解决技术问题

当技术问题出现的时候，抽身出来和一至数位员工进行交流，这是一种重要而有益的经验，它可以帮助你同时达成以下几个目的：

- 展示你对员工及其问题的兴趣和关注；
- 通过技术指导赢得尊重；
- 作为参谋，指导员工通过详细的讨论解决问题；
- 确定已经考虑了适用的解决方案。

参加头脑风暴和深度探讨的技术会议通常是大有裨益的，尤其是当你借此机会解决了问题的时候。你能从中获得一手资料并深入了解员工的技术能力。你对他们及其问题的关注也有助于激励员工。

请注意：你的目标是引导，而不是事无巨细或者证明你比员工更聪明。这不是你的问题，而是他们的问题，教练式的引导会让员工备受鼓舞、信心十足。当你提前想到解决方案的时候，你应当考虑如何帮助员工发现这个解决方案，不要直接告诉员工，而要引导他。管理者的智慧不在于自己能够多快找到答案，而在于有效地引导员工快速找到答案。

找到解决方案后，你可以考虑开会总结一下，尽量让员工"上台"讲解。趁此机会，你可以教导员工如何分解问题，如何考查可行性方案，并分享最终实现的解决方案。这种"经验教训"式的会议不需要很大规模，也不需要多么正式，最好是小型的非正式会议。只要有直接走到员工中去的机会，你都应该尽可能地把握好。

6. 管理者和教练

最好的管理者不仅是管理者，还是教练。两者的区别通常并不明显。

管理者：管控资源和支出的人。

教练：向他人提供指示或建议的人。

教练需要扩展自己，并与希望受教导的人建立联系。教练的工作无法远程开展，需要面对面地交流和说明，需要彼此接近，需要密切地交流、指导和培养。

Mickey 说："我和员工最有意义的时刻，莫过于通过一对一面谈帮助他们更好地解决问题的时刻，例如向新来的程序员介绍其中一项新任务的背景，或者与某位总监一对一面谈，倾听他遇到的问题。"

通常，教练主要是倾听并认同其方案，或对已经规划好的方案提供少量的修改建议。

教练工作为你提供了和员工当面沟通的机会，不仅包括那些直接向你汇报的员工，可能还包括那些并不直接向你汇报但也会为团队做出贡献的员工。你应当努力寻求并把握这种机会，去建立畅通的个人沟通渠道，这些渠道在你希望员工勠力同心做出非凡业绩时，将起到至关重要的作用。

关于教练，有句老生常谈但很实在的谚语：朋友爱你保持现在的样子了，教练爱你获得将来的进步。

——Lyssa Adkins[1]

7. 以人为本

20 世纪 80 年代，时任克莱斯勒汽车公司总裁并力挽狂澜拯救公司于破产边缘的 Lee Iacocca，在其畅销自传中这样介绍他的管理哲学："人、产品、利润。人是第一位的。"[2]Iacocca 的意思是，应当以人为本。如果你拥有卓越的人才，而且他们积极参与并深受鼓舞，那么你会做出卓越的产品。如果你拥有卓越的人才和卓越的产品，利润就会随之而来。一切都源于关注延揽人才、保有人才以及激励人才——这就是"以人为本"的真谛。

如果你是一名担负有管理员工责任的经理，那么你的员工比你手头正在做的任何事情都重要得多。

——Tim Swihart，苹果计算机工程总监

这一简单的经验法则的有效性已经被很多人证实，但高管们仍时常忽视人的部分，只注重产品和利润。你的工作就是始终都要坚持以人为本。

作为管理者，你的工作是绝不忽视你的人，始终坚持以人为本。

---

[1] Lyssa Adkins, "I Am a Scrum Coach and I Am Not Nice" (2010-09-25).

[2] Lee Iacocca with William Novak, *Iacocca* (Bantam Books, 1984), p.176. 中文版《艾柯卡自传》2007 年由中信出版社出版。

管理者有时很难做到这一点，因为对员工有利的并不总是对公司有利。例如，如果你不想让员工精疲力竭，那么他们工作起来可能就没那么努力；但一旦项目到了关键时刻，他们会愿意为了项目而拼尽全力。

再如，如果某员工拥有一项别人都没有的专长，那他就不好被替换掉。严格意义上讲，如果从公司的角度看，你会尽可能长时间地把他就安排在那个岗位上。但对于员工个体来讲，这不是最好的选择，他可能会很不开心，甚至可能会离职。相反，如果帮他换个岗位或给他不同的任务，那么即使他的后继者不如他那么优秀，你也会赢得他的忠诚。如果后继者有问题，甚至离职了，那你也大可以将他作为后备支援专家。这样的结果将是双赢。

更难解决的问题是，某位员工在公司里的发展受限，没有优良的成长路径。你很清楚，随着时间的推移，他会变得消极和痛苦。这时，你需要有意识地引导他梳理清楚所有的可行性方案，甚或是帮他在其他公司找工作，这会给你带来超越工作和公司的忠诚与友谊。Mickey 先前的员工在考虑换工作的时候，依然会打电话向他请教。如此长久的联络有益于招聘和保有员工。Mickey 在 Gracenote 的很多员工在目前这家公司为他工作了很多年，而且在之前的 Brøderbund Software 也工作了很多年，这一事实证明了以人为本的价值。

确保你的员工知晓你一直在关注他们的最好方法之一就是定期与他们进行一对一的会面，讨论他们的工作、生活、事业和职业理想，以及可能影响他们绩效的各种问题。本章后面的内容将会讨论如何在沟通的时候更深入地探讨这个问题。

7.4.2　趣味性

如果你期待员工努力工作，那么一个很重要的做法是允许他们在办公场所玩耍。如果你认为玩是"不专业"的表现，那么有必要请你重新考虑。

在办公室外玩耍应该成为一种你常用的激励措施。在 Gracenote，每星期三中午到下午 1：30（有时到 2：00）是足球活动时间。对选择参与的员工，Mickey 建议他们以此进行宣泄。

这类活动会产生一些积极的影响：

- 增进友情；
- 参与者之间进行非正式的交流；
- 锻炼身体，保持健康。

Mickey 在 E&S 工作的那些年，每周都会和他的几个同事打两次篮球，在当地体育馆里从中午打到下午 1：30。持续参与的结果是彼此之间建立了深厚的友情，此后多年，Mickey 一直保持和珍藏着这份友情。

除非预算实在紧张，否则你可以带你的团队去一个有趣的地方玩耍，借此而达成的团队建设效果会远远超出花销。Ron 带领苹果团队乘坐古老的蒸汽火车去过圣塔克鲁兹，在 Boardwalk[①]游乐场请大家吃午餐，为大家购买不限次车票；带领 Schwab 团队乘轮渡去过旧金山湾的天使岛进行野餐、骑行。Mickey 在 Brøderbund Software 工作的时候，有时会在星期五举办 Nerf[②]枪战，以及在早期的 Pixar，游戏氛围弥漫了整个公司。

其他形式的玩耍包括在办公桌上放置能令人头脑放松的玩具；标志着重要里程碑完成的集体午餐；技术人员或嘉宾一起分享有趣观点的公费聚会或自带午餐的聚会；周期性的公司啤酒会；下班后在当地酒吧举办的休闲聚会，大家喝酒、加深友谊、分享故事。

管理者的级别越高，办公桌上的玩具就应该更多、更优质。

——Ron Lichty

另一种形式的玩耍是公司为庆祝特别的日子（如公司纪念日或节日）而举办的派对。Mickey 偶尔会在家里举办比萨派对，他会邀请他的员工（通常也会邀请其他团队的员工加入）参加，让他们带着自己喜欢的配料来帮助制作比萨。晚些时候，大家会投票选出自己最喜欢的比萨，并颁发一些新奇的奖品给获奖者。这样的聚会可以让大家乐在其中，也能让彼此之间增进交流。

他邀请的嘉宾不仅局限于公司的一个部门，还包括了在相同技术领域工作的其他公司的员工或个人。他举办的每次派对都是一场盛事，有助于彼此加深联系，也有益于结交新朋友。很多私人关系，甚至包括婚姻关系，都是派对上结出的硕果。多年以后，大家依然会问他何时再办比萨派对，并让 Mickey 一定要邀请自己。

所有这些宣泄途径都是通过玩的形式来促使人们愿意努力工作，感悟到努力工作还是有价值的。你不能平白期待员工总是努力工作，而提供"减压阀"十分有益；关键是要找到促进员工努力工作和努力玩的适当方法。

7.4.3　学习与成长

因为激励程序员的主要方式并非薪酬（或者说"投币式的"激励方式，我们在前面讨论过），所以给他们提供学习的氛围和成长的机会尤为重要。管理者应想方设法地为员工创造技术培训（在职的或脱产的）的机会，包括一些介绍新技术进展及新的开发技术的报告，以及其他的学习机会。即使预算紧张，无法为所有员工提供正式的培训，你也应当邀请供应商和同行来展示新产品或介绍行业发展

---

① 指的是位于圣塔克鲁兹的"浮桥"海滨游乐园，其历史可追溯到 1865 年。它曾在 20 世纪三四十年代被称为"世界上最好的海滨游乐园"。——译者注

② NERF（以大写作为 NERF 商标）由帕克兄弟公司创建，目前是孩之宝公司所拥有的玩具品牌。NERF 商标意为"非发涨海绵"（Non-Expanding Recreational Foam）的缩写。其推出的大部分玩具是发射以 NERF 海绵为基础材料制成子弹的玩具枪，6~8 岁及以上的孩童均可玩耍。——译者注

情况。邀请供应商展示新的开发工具是免费的，而且你可能会意识到确实有这方面的需要。

同样地，鼓励你的执行团队做报告，介绍他们熟悉的、对员工可能有用或员工可能感兴趣的公司或技术，或者从董事会或顾问团队中请人就你和你的员工关心的话题做报告。

这些临时培训即使无法替代正式的培训计划，但同样大有裨益。与此类似，哪怕只是发送软件行业相关的专门兴趣小组的会议或论坛的通知，也能让你的团队看到你乐于为他们提供学习和成长的机会。

另一个值得探讨的话题是，员工从你身上学到东西的多少，对于他们和你共事的时间的长短有影响。如果你无法提供新的或者积极的教导，那么你留住核心员工的机会就会减少。正如 Mickey 所说："我发现，即使身为总监，如果我无法从上司那里学到东西的话，我也会感到不满（甚至最终会离职）。从我的上司那里学习有关工作和专业的新知识，对我和我的员工一样重要——如果我不学习，我的工作积极性就降低，我探索其他能够学习和成长的场所的欲望就会加强。"这就像老话里说的那样："箭在弦上，不得不发[①]。"帮助员工坚持学习和成长，会让他们远离"弓弦"。

> 在我的团队中，每个人都在学习。我对待团队中的每个人都像对待成年人一样。程序员们真心乐意为我工作。
>
> ——BILL GROSSO，Engage 工程副总裁

我们将在"7.5 关键激励因素"一节再次讨论有关学习与成长的话题，但是你首先必须提供基本的学习与成长的机会，才有可能去激励员工。

7.4.4 良好的工作条件

如果员工不喜欢上班，他们多半会找到不去上班的理由和借口！

遗憾的是，你几乎无法控制办公场所的物理空间。物理的工作条件大多由所在公司或组织决定，并且多数公司都致力于让办公空间标准化，这导致某些团队或个人甚至都没法感受工作条件到底是好是坏。于是，你需要经常费心费力去争取更良好的工作条件。

好消息是，只要你能公平合理地分配空间，你就能避免掉大多数问题。幸好，提供良好的工作条件所要求的远不止工作空间的物理属性，这给了我们更多"发挥空间"。

----

① 此处原文为 nobody ever jumped ship who wasn't already standing by the rail，直译为"不是站在栏杆边，谁也不想去跳船"。此处为意译。——译者注

1. 把工作场所打造成工作的好地方

想要把工作场所打造成工作的好地方，需要做不少事。本小节中几乎所有方法都能帮你达成这个目的。当然，偶尔回过头来反思一下是否已经成功达成目的，反思自己应该怎么做才能让员工的工作条件更好，也不失为一个好习惯。如果没有对工作场所的办公条件展开定期的监测，由于各种缺漏疏忽以及对各种缺漏疏忽的熟视无睹，这些状况引起的不良后果会侵蚀你们组织的文化，甚或是逐渐破坏你们的工作条件。你对此要保持警惕，一旦出现问题，就应及时纠正。你要尽心尽力为你和你的员工打造一个每天早晨都渴望来上班（不只是想来上班）的环境！

有不少事你可能无法掌控，例如不能主动挑选办公地点，也无权决定如何装修或配置什么设备。但你可以掌控很多小事，例如让员工自由布置其工位。你也可以确保办公场所放置有大量的白板——Gracenote 在改建过程中翻新了会议室，从地板到天棚都装上了白板。在设计办公场所期间，你还可以努力争取有助于员工开展设计工作和员工之间进行合作的区域。苹果公司对"苹果飞船"（苹果办公大楼）所使用的设计、工程和建造方法，与苹果产品的特点一脉相承，即"将特别先进的建筑与连绵起伏的公园用地连接起来，为员工创造一个奇妙的开放环境，让员工在这里创造、协作和工作"。[①]

> 如果你现有的员工都很快乐，他们一定会推荐杰出的人才给你。所以，请营造一个让员工感到满意舒心的工作环境——包括专门为程序员设计的办公室，优秀的领导力，以及其他一些额外的福利待遇。
>
> ——Gregory Close，经理、项目经理以及创业公司创始人，
>
> 旧金山湾区

当软件经理向公司申请可能有助于提升员工工作效率的工具时，从我们的经验来看，很少不被支持。这样的工具包括性能优异的计算机设备，最新发布的设计和分析工具，源码协作系统和 bug 追踪协作系统，培训（尽管培训预算总是很紧张），甚至请顾问介绍对员工有所帮助的新技术或新流程。

持续不断地寻求能改善工作环境的举措，可以有效提升工作场所的吸引力。这些举措包括：里程碑达成后给予小奖励，项目启动时发放 T 恤衫，在休息室里准备好零食，就新奇有趣（但与工作相关）的话题展开自带午餐会或研讨会，以及确保在办公室周围放置了大批玩具或提供了其他好玩的东西。

总之，把工作场所打造成你和你的员工都想要去工作的地方。管理者要以创造独特优异的工作环境为己任。根据我们的经验，从留住员工的角度来讲，此举比给他们加薪 10%更为有效。

---

① "Apple Park Opens to Employees in April"（苹果公司的报道，2017-02）.

2. "拒绝奇葩"规则

有种做法你可以用来有效保障良好的工作环境——建立并强化"拒绝奇葩"
（no jerks）规则。对组织里的"奇葩"持"零容忍"态度，不管他们在组织里处
于什么位置[①]。

促使该规则流行的是 Robert Sutton 的一本非常有趣的书——*The No Asshole
Rule*[②]。作者仅用这一条规则来打造更好的工作环境。如果你的团队里有"奇葩"，
那请毫不犹豫地开除他们。如果你的团队里有愤世嫉俗的人，也请开除他们，不
能容忍他们做出任何打击士气或损害员工的行为。

如果与你的员工打交道的同行或其他人是"奇葩"，请与他们交涉，不断敲打
他们，促使他们改变自己的行为。最起码，你应该让他们远离你的员工。如果种
种努力均不奏效，那就交给你的领导（以及他们的领导，如有必要的话）处理，
或与人力资源部门交流，或者通过发起行动（隐蔽的或者其他形式的行动）来解
决问题。不论如何，你绝不能袖手旁观。

3. 灵活性

对创造型人才来说，灵活变通很重要。如果你还是秉承"把员工安置在小隔
间里，让他们完成千篇一律的工作"的认知，那么这个想法本身就足以赶走很多
创造型人才。因此，如果你为一家传统企业工作，就有必要尽己所能变通处理以
下问题：

- 工作时间；
- 着装；
- 私人空间；
- 设备和工具；
- 加班补偿；
- 休假。

其中有些问题只与工作环境有关；在虚拟的远程工作环境下，灵活的工作时
间、着装和私人空间都不是什么难事。

软件公司以其灵活的工作时间著称业界，但我们为了这项灵活性管理举措而
需要向高管（一般是财务总监或总会计师）解释的频率让人吃惊。如今的远程虚
拟团队，可以坐在家中就能访问到高带宽的 VPN，海外团队可以 7×24 小时不间
断地开发，如果有轻量级的开发计划加持，那么工作时间的灵活性对你而言不是

[①] 当然，如果你的员工从来没有遇到过他们，你就不需要真去关心他们，或者利用你的政治影响力将他们
驱赶出组织。但是，不论如何，你仍然应当坚持敦促限制或解聘"奇葩"的原则。

[②] Robert Sutton, *The No Asshole Rule: Building a Civilized Workplace and Surviving One That Isn't*(Business Plus,
2007).

问题。但是，"员工待在办公室的工作时间"依然是普遍使用的衡量工作效率的度量项。为了有效地完成工作任务，你需要悉心维护提供给员工的"弹性工作时间"这项基本权利。最简单的方法莫过于建立"核心办公时间"制度，在这期间，所有技术员工（同时区的）可以一起开会或交流。这种做法足以缓解常见的对技术人员"为什么不努力工作"的抱怨。

目前，软件公司里唯一的着装要求应该是得体。如果公司里的开发人员无须接触客户，那么只需要求他们避免自己的穿着冒犯别人或不得体即可。

隔间式的办公区域很难做到个性化，有条件的话，你应当尽力鼓励个性化。在 Pixar，动画师们为他们能定制自己的工作区而倍感自豪，他们有的用各种材料搭建出洞穴，还搭设了假棕榈树。在 Gracenote，职能团队可以自己挑选并购买沙发，搭建一个集中开会的地方。在这里，他们可以组织聚会和小组讨论，总的来说就是要让大家待在办公环境里时倍感轻松。Mickey 在他办公室的墙上布置了电吉他和木吉他，如图 7.7 所示。这些做法很人性化，能让人在狂热的氛围和充满压力的环境下有一种随性舒心的感觉。

图 7.7　Mickey 办公室里的创意布置

在某些情况下，你可以让你的得力干将自行选择他们使用的计算机和设备。你一定要让最好的开发人员使用最好的设备，这样能够激励他们进一步提升工作效率，有助于带动组织整体工作效率的提升。

在美国大多数组织中，领薪制员工都没有补休时间。尽管如此，作为以人为本的管理者，你应当给那些付出额外努力的员工一些休假作为奖励。我们在不同的公司都实践过：让程序员拥有一段"非正式"的休假，即那段时间不作为休假记录在案，而且工资照发。休假时间取决于他们所付出的努力，以及管理者和员工之间协商的结果。但是，决不能多工作一小时就换一小时休假，否则会出现你不愿看到的结果。

完成一个里程碑或者一个项目之后，给员工放几天假。这种做法有几个好处：他们能够得到更好的休息，为下一阶段的工作做好准备；能彰显出你对他们的关心；在你要求他们加班工作时，他们知道你会恰如其分地认可他们的付出。这会进一步促使他们把你看作是一位优秀的管理者。

4．喂饱团队

根据员工的需要提供各种零食和食品，或多或少也会产生良好的激励作用。我们很早就发现，提供加班餐和优质美味的食品能帮助关键项目加速 30%～50%。如果员工外出吃晚饭，那他就不会再回办公室了——这几乎是一定的。

> 出类拔萃的人才再加上水陆毕陈的中国菜，一直就是软件开发的秘诀。
>
> ——Jeff Kenton，顾问型开发者和开发经理[①]

现在我们对这一数字已经不如前几年那么确定了。当前，凭着物美价廉的家用计算机和随处可访问的高带宽网络，员工在家里一样可以高效工作。但我们的经验表明，同事之间的友谊才是保证团队加班冲刺效果的主要原因，类似的友谊对那些习惯于独自一人在家工作的程序员而言难以拥有。Mickey 通过为其开发团队准备晚餐，在一些关键项目上取得了显著的成功。

另外一种方法是，设立一个"加班冰箱"，每天准备好新鲜的果汁、三明治、主菜、沙拉、甜点及其他食物。当 Mickey 在 Brøderbund Software 里实施了这条措施之后，他发现很多重要产品都能按时交付了，而这一切只是因为团队在晚餐后仍然能够坐在一起保持高效工作的状态。签约商家为公司引入熟食储存与供应，这种方法每月只需花费几千美元，然而可以惠及数百员工，这种用最少的钱产生最大效益的做法是非常有价值的。

在互联网泡沫时期，几家旧金山餐饮公司开始为高科技社区服务。技术人员可以通过公司账户预订晚餐，然后工作到深夜。现在依然如此，不过是一些更大型、更知名的公司直接提供内部饮食服务。Google 的内部餐厅以四星级奢华品质且免费享用而著称于世，技术人员从早到晚都能享用。这种模式如此成功，以至于 Google 的部分内部厨师独立出来，创建了一家位于旧金山的公司[②]，为 Twitter 和其他公司的员工提供纯有机早中晚餐服务。

在远程虚拟办公世界里，员工可以在家里随时吃喝，团队聚餐已成过去式，你面对的挑战变成了寻找其他替代途径去培养同事间的友谊和建立融洽的团队氛围。我们在第 5 章讨论过访问远程虚拟团队成员的价值，在访问期间通过吃饭和业余活动培养同事友谊，这和会面本身同样重要。

---

① Jeff Kenton, "Doing Everything Wrong" (*Embedded Systems Programming*, 2005-08).

② 这家公司名为 Gastronaut LLC，在技术公司的圈子里已经建立起了广为流传的忠实口碑，现在每天都向 Twitter、Square、Yelp 这样的公司提供数以百计的餐饮服务。

7.4.5 合理的公司政策和管理

除非你自己开公司并全权掌控其政策制定和交流，否则根本没有机会保证所有政策和管理都是合理的。但是，你可以通过下述方法确保大部分政策和管理都是合理的。

1. 沟通

能够切实感受到公司与员工之间的关联，这种归属感对于程序员而言也是一种激励——他们渴望成为公司及其使命和愿景的一部分。想要做到这一点，除了在团队中建立和维护自上而下和自下而上的明确的沟通渠道外，别无他途。但在很多团队中，有效的沟通都是稀罕东西。

沟通无处不在，例如：

- 沟通公司的使命与愿景；
- 沟通公司的年度目标；
- 沟通公司批准的产品、项目或团队目标；
- 沟通产品或项目需求；
- 沟通项目或团队的计划并达成一致；
- 达成一致的重要的日程变更；
- 就个人及团队进展状况周报的沟通；
- 沟通个人目标；
- 休假日程；
- 会议通知；
- 分享喜讯。

上面罗列的内容还很不完整，但管中窥豹，其中很多沟通是自上而下直达技术人员的，而另一些沟通则是自下而上直通管理层的。关键词是沟通，如果沟通不畅，那就是你（管理者）的问题，你应该去解决。

事实表明，你必须竭尽全力才能保证畅达的沟通渠道；然而，现实情况是，很多事情仅仅只是说一说，并没有做到有效沟通。光说一说是不够的，你需要保证信息的接收方真正理解并接受。

在小型团队里，你可以当面共享信息，所以你可以清楚地知道沟通是否顺畅。随着团队的发展壮大，你需要设法保证及时有效的沟通（即使通过传达也能够达成）。在团队内部，无论是自上而下的沟通渠道，还是自下而上的沟通渠道，都是如此。因而沟通往往要借由书面方式，以利于人们研读。

Ron 和 Mickey 都曾经实践过——定期给直接向他们汇报的员工开会，会上向员工分享自己参加管理层会议时得到的信息。很多无权参加管理层会议的员工渴望得到这方面的信息。让他们了解这些信息有助于让他们知晓公司的新机遇，也有助于解决将来可能遇到的相同问题。在 Brøderbund Software，Mickey 把它变成每周一次的午餐会；他和员工在当地餐馆里聚会，回顾相关信息。因为并非正式会议，所以会议的成果并不一定那么丰硕，但大家还是踊跃参加。这为他和员工建立起亲密的友谊，这份友谊一直延续至今。

Gracenote 有一个全员参与的公司季度例会，其间总经理会通告公司新闻、上季度的成果，以及公司各个部门的业绩和新闻。另外，Mickey 经常召开月度部门例会，其间任何直接或间接向他汇报的员工（或者任何想参加的员工）齐聚一堂，回顾上个月公司发生的重大事件。这个部门例会不像 CEO 召集的会议那么正式，会上每个人都可以畅所欲言，也可以向其他人提问。

> 反复进行沟通——组织中出现的最大问题之一就是缺少沟通。
>
> ——David Dibble，Schwab 执行副总裁

类似的例会一般都是回顾公司目标、项目进度、项目日程变更、节假日新闻以及公司新闻的好机会。它不需要月度简报，但需要精心策划并定期举办，保证下属有充分的机会获取信息，不至于感到自己受到冷落。

Ron 为苹果公司的某部门服务的时候，在每次部门例会上他都会邀请大家分享他们听到的"流言"——大有大的难处，大公司里经常会出现形形色色的流言蜚语。Ron 发现员工在会议上分享的流言通常都是他们最关心的事情。员工的公开分享能使他了解团队的关注点；有时他还能提前收到变故的警告，这给他提供了向更高管理层反馈员工想法的机会；当然也能让他听到待验真伪的最新流言。

你必须真心诚意地与每个向你汇报工作的员工坦诚沟通，确保这一条的最有效的方法莫过于定期安排与每个员工进行一对一的会面，如每周一次（有时每隔一周一次）。你应把这些会面安排在你们双方都方便的日子和时间。一定要注意，把这些定期的会面安排在不容易被取消或不会轻易被重新安排的时间段进行。一定要避免在某一会议之后安排一对一的会面，因为这些安排容易撞档。

将与员工的一对一会面列为最优先事项，这样你就向每一个员工发出了一个信号："你们就是我最优先处理的事项。"这是一个非常重要的信息。如果你竭尽所能但无法避免要取消或重新安排一对一会面的时间，请（在方便的时候）向他们解释一下为什么要重新安排时间，并向他们郑重道歉。

一定要为每一次的会面提前准备好议程。我们喜欢把议程的准备工作交给我们的员工，以提高他们在整个过程中的参与度。利用这些一对一的会面来了解你的员工。不要只谈工作，你还要询问他们的家庭、背景、假期安排等[①]。

---

① Get Lighthouse 网站是一个可以很好地帮助你提升一对一会面效率的工具。它的博客包括了各种文章，可以帮助作为管理者的你。它的产品（指 LightHouse）可以帮助你实现一对一会面的自动化。

将一对一会面作为你和你的员工的首要任务，并与他们保持有效的沟通，你将在成为一名卓越的程序设计经理的道路上迈出坚实的一大步。

2. 保护员工，使其远离组织的干扰

优秀的管理者不仅要知道如何与自己的员工交流，而且要知道如何保护他们，使他们远离组织的干扰——无论是关于组织调整和项目优先级变更的流言，还是小公司里来自创始人或者销售部门的接二连三的矛盾请求，都要设法将它们隔绝于员工的视线之外。保护员工，使其远离这些干扰是必要的，如此他们才能专心高效地工作。

> 做一个噪声的消声器。
>
> ——Joe Kleinschmidt, Leverage Software 首席技术官兼联合创始人

当然，有时项目优先级或方向确实需要发生改变，你一定要告知你的员工这可能对他们产生怎样的影响。但如果你能预先确定变更并不明显，就可以等到变更积累到一个阶段以后再把新信息告诉你的员工。

你可以把顺畅的沟通看作进攻手段，而把让员工远离过多负面信息的干扰看作防守手段。赢得一场比赛通常同时需要出色的进攻和稳固的防守。与之类似，在软件开发过程中，你必须同时练好这两种技能，如此才能成为一名高效的管理者。

3. 保护员工，使其远离不良的组织交流及政策

对于一个运作良好的程序设计团队来说，最具杀伤力的莫过于从管理层传达来的不切实际的公文或政策。典型的例子是：从天而降一纸公文，要求所有员工必须遵守标准的办公时间。其他类似的画蛇添足以及徒劳无功的例子不胜枚举。我们认为，有必要尽可能地让团队远离这样的无聊文牍。

第 8 章会有更为详细的讨论，在此就不展开了。但是，你应当充分意识到，让团队远离这类问题是必要的；否则，它们会成为你所面对的最大的消极因素之一。在它们干扰你的团队之前，请尽你所能地阻断它们。

7.4.6 爱人以德[①]

1. 始终遵守职业道德并保持专业

如果想让你的员工表现卓越，你必须为他们树立榜样。其中最为重要的表率

[①] 此处原文为 Ethical Management，意译为"爱人以德"，出自《礼记·檀弓上》："君子之爱人也以德，细人之爱人也以姑息。"比喻按照道德标准去爱护人，对人不偏私偏爱，不姑息迁就。——译者注

之一，就是做一名专业的、遵守职业道德的人。有职业道德的管理者在和员工及其他人打交道时能坦率真诚，这样的管理者值得信赖，因为他能够保守秘密，并坚决捍卫员工的利益。一个拥有专业化素质的人能按时上班工作，按时参加会议而无须提醒；他们从不使用侮辱性或亵渎性的语言，浑身上下彰显出气定神闲、胸有成竹而又不动声色的气质；他们对自己和他人怀有很大的期望，自有一种处乱不惊的气度和镇定自若的潇洒；他们实话实说，从不会刻意扭曲真相、摆布他人。

关于"专业"的定义，包括以下 5 个重要的品质[1]。

（1）性格——正直诚实，真诚坦率，诚信负责，勤勤恳恳，只做正确的事，处处展现职业形象。

（2）态度——拥有服务的心态，勇于承担责任，有决心，有团队合作精神。

（3）卓越——始终追求卓越，持续改进，做事细心，服从指示。

（4）能力——拥有专长，业绩卓异，工作高效，拥有优秀的沟通能力。

（5）行为——成熟老练、举止稳重，忠诚、自尊、自信，保守秘密，风度翩翩。

关于"专业"，我们选择了一种更为广义的定义，即所有那些我们自己追求的、希望在汇报对象身上看到的特征，其中包括对员工的成绩进行公开认可和表扬，勇于承担失败的责任，以及不出卖员工的管理态度。

还有一个特征是公平。人们只要能得到公平的对待，就能够接受负面或不快的结果（甚至能接受奖励的分配不均）。我们所定义的"公平"分配不是"平均"分配，而是指分配给最应得的人。在大多数公司里，涨薪、奖金和股票期权的分配都不是平均的，而是根据绩效分配的。表现最好的人应该拿得最多。同样，在需要削减开支时，削减那些贡献最少的人的开支会被视为是公平的。厚此薄彼是不可行的，无论发放奖励还是削减开支，绝不能用偏见取代绩效作为依据。

如果你是一个遵守职业道德、公平公正而且勇往直前的管理者，那么在员工的眼里，你在成为卓越管理者的道路上已经卓有成效了。

如果你必须要求你的员工接受困难的任务以及苛刻的时间要求，那么你的态度和行为就都要表现得专业一些，这样你的工作才能更容易。你要冷静地解释现状，始终坚持实话实说。根据我们的经验，即使你要求人们去移山，只要清楚地解释了为什么必须要移走这座山，那么人们也会响应这类请求，并且真的会以实际行动去移山。大多数程序员对此的响应结果，比对另一种方式——管理层要求完成关键任务但是威胁说"完不成后果不堪设想"——的响应结果，要好得多。

"管理"是让人们做需要做的事，而"领导"是让人们想做需要做的事。

——Warren Bennis，南加利福尼亚大学工商管理教授[2]

----

[1] James R. Ball, *Professionalism Is for Everyone* (The Goal Institute, 2008).

[2] Warren Bennis, *Managing the Dream: Reflections on Leadership and Change* (Basic Books, 2000), p. 27. 中文版最新版《经营梦想》2017 年由浙江大学出版社出版。

2. 公平

我们的经验表明，一个能公平对待员工的管理者，通常能成为卓越的管理者。公平涉及任务、设备、协作以及管理的各个方面，但始于薪酬。

公平并不意味着同样对待每位员工，对这一点的认识极为重要。我们所说的"公平"，指的是以一种前后一致而且大家都认可的方式对待员工。例如：如果最好的程序员拿最高的工资，员工都不会在意；但如果最差的程序员和最好的程序员拿同样的工资，员工会感到不公平。公平的薪酬，还包括让员工薪酬能达到合理预期，匹配周边其他公司的薪酬水平，以及提供合理的职位晋升机会。

3. 合理的薪酬

如前所述，薪酬通常是保健因素，而非激励因素。这种洞见与常识如此不符，以至于 Ron 第一次在赫茨伯格的文章中读到这儿时长叹一声"原来如此！"。

如果有人感叹薪酬太低（不管他们的这种想法是对是错），他们很可能会失去加班的动力，或者难以为工作投入额外的精力。与常识相反，关于薪酬应当关注的是，寻找和满足能让所有员工都觉得合理的薪酬基准，而不是尝试通过"多劳多得"的方式来激励员工做得更多。赫兹伯格（以及其他许多人）证明，一旦人们感到得到了合理的薪酬，他们很可能不会去证明他们配得上这份薪酬——也就是说，更多的薪酬大多不会激励更多的工作成果。与之相反的是，一旦人们感到得到了合理的薪酬，他们就会专注于做好工作，而不是担心他们的薪酬。

因此，确保员工拿到合理的薪酬至关重要。在这一点上，管理者面对的难题是如何确认当前的薪酬标准是否"合理"。显然，对于水平一般的技术人员，你不应让其薪酬接近于收入水平的最高标准。我们自己的方法是以市场行情为基准，确保员工拿到与其经验和技术水平相当的或更高的薪酬，然后主动确保那些持续贡献、绩效优异的员工尽可能达到其收入水平的最高标准。

如果可能，你应让人力资源部门接受行业标准薪酬调查服务，如 Radford 调查。这有助于确定你是否为员工提供了有市场竞争力的薪酬，也可以在你需要说服管理层进行必要的薪酬调整时，提供有力的证据。你不应当完全依赖人力资源部门提供的信息，人力资源部门的日常工作可能和你有着不同。他们经常并不理解技术人才市场的细节和复杂性，因而难以提供合理的薪酬。你应该坚持倾听市场的声音，听听面试人员的想法，也应该收集了解关于本地当前薪资水平的逸闻。

使用类似的数据能让你充满自信地凝视着员工的眼睛，并坦然告诉他们你已经尽力为他们争取到了合理的甚至极具吸引力的薪酬。对员工来说，这项保证也是值得信服的。在很大程度上，他们会对自己的薪酬感到满意，直到有人尝试用更高的薪酬诱惑他们。如果出现这种情况，就以此为例（指你现有的或即将入职的员工被其他愿意提供更高薪酬的公司挖走这一现实），为员工游说额外的薪酬，把问题变成机遇。

Mickey 说:"我总对别人说,我想要达到这样的管理效果——当我把员工的薪酬贴到我自己办公室的门外时,没人对那些拿最高薪酬的人感到惊讶。不过,实际上我讨厌这么做,因为总是有难以克服的不公平现象的存在。尽管如此,这仍然是一项有益的练习,它能够让我明白,自己离能够把技术人员的工资公开发布有多近。这帮助我更有效地实施管理,努力减少自己造成的或必要时不得不引入的不公平现象。"

合理的薪酬有助于使员工远离消极。但为了激励他们,你必须做得更多。你必须要求精益求精,奖励表现出色的员工。你要确保将最大幅度的加薪、最先进的设备、最优化的安排以及最热烈的称赞给予始终表现出色的员工。同时,对于那些竭尽所能按时交付或完成主要里程碑的个人和团队,你应当努力为他们争取一些"现场奖励",不管是钱还是亚马逊的优惠券,哪怕是城里某家餐厅的晚餐打折券,这些都行。这样的认可必然会让"明星"员工或团队感激不尽。

你还要考虑另外一种形式的报酬,即股票期权,又叫股权、股份所有权。过去 60 多年来,这种股权类的报酬形式已成为推动硅谷和世界其他地方的很多创业公司成功的主要力量。你(和你的领导或人力资源部门,如果需要支援)应当帮助员工理解股票期权的潜在价值。7.5.6 小节会讨论如何以此作为激励因素。而与本节相关的是,你应当确保如果有类似股票期权[①]的激励政策可以利用,那么一定要公平分配。然而,实际情况往往(不幸地)并非如此,尤其在创业公司中,这会比不公平的薪酬造成更为严重的消极后果。你应该为你的员工努力游说,尤其要为那些表现出色的员工争取最大程度的公平。

4. 晋升要恰当

你必须谨慎管理员工的晋升机会。对于那些表现达到或超出对应职位标准的员工来说,升职是一种奖励。但通常没有一致共通的客观标准,因此很难决定是否提升某人。由于没有客观标准,升职的决定带有主观性,所以你的领导、人力资源部门以及你的员工都会对此产生怀疑。因此,你一定要为每个岗位的晋升标准提供正式的描述,正如在第 3 章中所讨论过的。

即使有了清晰的岗位描述,有关员工是否已准备好升职的评估仍然值得探讨。有种观点认为,即将升职的员工应当实际做过该职位的工作。晋升的岗位越高,这一观点越接近现实。据 Mickey 回忆,他在 Gracenote 工作时,总裁在提拔部门

---

① 在如今的世界里,股票期权激励常常被限制性股票单位(Restricted Stock Units,RSUs)替代。RSU 实际上比股票期权更好,因为它们实际上是直接发放给员工的股权。股票的面值算作收入,但持股的权利被限制在到期日之后(通常在一个 4 年期内,每年可以执行某个比例的认股权)。在管理上,你可以认为股票期权和 RSU 是基本相同的报酬类型。

经理或副总裁时，绝不会考虑那些没有相应工作经验的员工。Ron 在 Schwab 工作时，一位副总裁说出了个中原因：公司不希望刚晋升的员工在第一次绩效评估时就得了个"不及格"的成绩，或者他们在就职之后碰到业绩下滑时就陷入手足无措的困境。

对于普通员工而言，升职所需的要求并不那么明确。我们都曾将程序员提升到更高级的职位，这既是为了激励他们，也是对他们过去努力的奖励。有些人没有能力在其工作范围之外发挥作用，因此将他们提升到一个"更高"的职位，并明确表示你希望他们达到或超过"更高"职位的期望，是一种合理的策略。

针对组织内出现的不公平，有时可以用升职来恢复平衡。不公平经常发生在你聘用了一个头衔或薪水比现有的员工高得多的新员工的时候。虽然我们会努力避免这种情况，但它还是会发生。一旦发生，你应当努力纠正。作为管理者，这是最难学习的一门课：如何化不利（出现的不公平）为有利（把它当作奖励最得力员工的理由）。

你还需要警惕这样一种情况：提升了一位员工，可能会让其他自以为应当升职却没有达成预期的员工变得消极。这一问题和你刚刚宣布的升职通常并没有直接关联！也就是说，受到这种困扰的员工并不是真正想要那个职位，他们只是想要升职。他们一般不想考虑自己实际上做得怎么样，只是对其他人得到提升感到气愤。你应当始终关注这类人，因为他们可能会影响整个团队的士气。一旦发现这样期期艾艾、怨天尤人的员工，你应当尽快处理，并说明可能妨碍了他们提升的工作表现。不要让这类问题在组织里滋长。

尽管如此，值得提升的人却常常被忽略。忠诚、有才华、努力工作但不主动要求提升的员工，和那些忠诚、有才华、努力工作但主动要求提升的员工相比，被提升的机会经常不如后者。我们建议，当你决定应当提升某人的时候，重新考虑一下你所有的员工。借此机会，你要确保自己没有忽视那些值得升职的"不会哭的孩子"。做到这一点并不容易，但当你公平行事、主动解决这类问题时，你的员工会理解并对你感激不尽。

7.5　关键激励因素

如果你做到了上述所有保健因素，那么有关激励的基础已经非常牢靠了。现在该利用关键激励因素更加游刃有余地激励你的员工了。但是，这并不意味着没有做好保健因素的准备，你就不能激励员工，只是如果所有导致不满、削弱员工动力的原因已经被消除，你的激励工作就会更容易开展。

激励工作没有一劳永逸的方法，但下面介绍的关键激励因素是你开始这一工作的好选择。如图 7.4 所示，一旦你准备好了保健因素，那些激励因素会促使团队做得更好。

7.5.1　改变世界

几乎没人不想改变世界。我们中的很多人之所以选择程序设计作为自己的职业，至少有部分原因是希望能够对我们身处的这个世界产生积极的影响。如果你的组织正在构建或提供的东西，可以被称为是在做贡献（以某种方式改变世界），那么你招聘和激励员工就会比较容易。当员工感到自己的努力会产生影响时，都会工作得更努力，工作的时间也更长。

永远不要怀疑少数乐于思考、甘于献身的公民可以改变世界。事实就是如此。

——Margaret Mead（1901～1978 年），美国人类学家及人类学普

及者

史蒂夫·乔布斯是高科技宣传的大师。想当年，他想从百事公司（PepsiCo）挖 John Scully 去执掌苹果公司时，对 John 提出的反问至今仍为人们津津乐道："你是想卖糖水，还是想改变世界？"在乔布斯的苹果公司，员工们因能参与苹果公司改变世界的活动中而疯狂。

Ron 在"两个 Jobs 之间"加入苹果公司（乔布斯离开后、返回前），但乔布斯的热情依然存在。即使在那段日子里，大家依然能感受到这种激情。Ron 的一位同事曾把去苹果公司工作，比作是受邀登上舞台与披头士乐队一起表演。

你不必达到史蒂夫·乔布斯或者苹果公司的高度，也可以同样激发出普遍存在于人们心底的改变世界的动力。Mickey 回忆自己之所以加入 Pixar、Brøderbund Software 和 Gracenote，都是因为感受到类似的内在动力。在 Pixar，史蒂夫·乔布斯描绘出彻底颠覆陈旧的动画世界，并为大众带来"伟大至极"的动画电影的愿景；Brøderbund Software 把它的愿景描述为 "制造出能让孩子们从小用计算机更好地学习的伟大的教育产品"；Gracenote 的愿景是"推进数字音乐革命"，促进世界范围内的 iPod、数字音乐下载、流音乐服务和个人音乐的转换。

在 Berkeley Systems，Ron 和同事们觉得自己很幸运——能够制造"快乐的发动机"。他们的屏幕保护程序在当时是世界上最受喜爱的娱乐产品。在 Schwab，Ron 收集并复述了关于 Chuck Schwab 接济那些退休后没有积蓄维持生活的普通员工，以及 Schwab 常年为客户服务的典型案例。

与史蒂夫·乔布斯在苹果公司的宣传相比，这些"改变世界的目标"只是在激励人们的方式上有所不同，但它们在实质上是一样的：推动并促进员工更努力地工作，从而达到更高的目标。你应尽量对此加以利用，不是只有史蒂夫·乔布斯才能传达这种愿景（当然成为一名像史蒂夫·乔布斯那样具有"现实扭曲力场"能量的、"伟大至极"的宣传者更好）。寻找并发现你的公司是如何帮助改变世界

的，然后在你的招聘宣传中、在你和员工的日常谈话中，尤其是在需要员工为了某个里程碑而努力奋斗的时候，指明这一点。这么做会给你的团队带来改变！

7.5.2 学习与成长

在软件行业，没有专业上的持续学习和成长，你就不会成功。技术变革如此迅速，以至于如果不持续学习，即使是刚毕业的大学生，也很可能几年后就被淘汰了。在不断变化的软件开发行业中，只运用学校里学到的知识远远不够，你通常要不断学习新的技术、工具、方法和框架。

> 如果你不想对自己做出改变，那么你将混迹在人群中"泯然众人"。
>
> ——Eric Shinseki 上将，第 34 任美国陆军参谋长（1999～2003 年），首位晋升四星上将的亚裔美国人

变化意味着最好的程序员就是终身学习者，他们乐于学习新工具、新技巧以及新技术，乐于迎接解决新问题的挑战。

为了营造良好的学习环境，你最容易做到的一件事，就是为员工创办持续的系列技术讲座。这些技术讲座的嘉宾可以来自外部（你努力培养人脉的收获）、应试者（他们参与的有趣项目）、你的员工（关于他们正在进行的一个有趣项目的概述）、客户（他们如何以一种独特或精彩的方式使用你们的产品）、作者（谈论他们的新书）、顾问（宣传他们的特长）、供应商（谈论他们的新产品）、产品经理（谈论他们最近的客户拜访，以及从客户那里收集到的趣闻），甚至你自己（介绍自己最近新学的东西，这不仅有助于加强你的技术学习，而且还能获得员工对你的技术层面的尊重）。

你有这么多的选择，因此最困难的事是安排并协调好各种技术讲座。我们建议你要放手，授权一位或多位乐于参与的员工来负责这一项目。这么做有两个好处：一是你不必再为这些技术讲座的安排而劳碌，二是可以给其他人提供培养人脉、协调和参与轻松活动的机会。这会让你的一部分员工受益，因此你应当依靠他们，让他们去负责完成这一项目。

如果你所在的组织可以提供继续教育的机会，那么你应当鼓励你的得力干将充分利用好这个机会；如果有需要，你还可以为他们指明你认为有益的课程，鼓励他们继续深造。

> 如果你没有在赚钱的同时去学习，那么你自己骗走了自己收入中最昂贵的那一部分。
>
> ——Napleon Hill[1]

---

[1] Napoleon Hill, *Think And Grow Rich: The Secret To Wealth Updated For The 21st Century* (Tribeca Books, 2011）. 首版于 1937 年出版。

　　另外一个有利于学习的大好机会，就是参加为软件开发或你所在行业服务的商展和技术会议。鼓励你的得力干将们去参加这些会议和主题演讲，同时鼓励你的关键员工报名获取免费的或低成本的"展览会"门票，去现场走一走、看一看，感受一下新产品，听一听别人的讲解。根据我们的经验，即使是身在硅谷或大城市，通常也很少有人能充分利用这种机会培养行业意识，虽然唯一的花销只是一天时间。

　　你应当收集参加过的会议和商展的胸牌，将它们挂在你的办公室里。这明确表明了两件事：你积极参与公司以外的活动，忙于学习和社交；你鼓励下属参加这类活动。另外它也含蓄地说明了其他东西：你对花费必要的时间和精力参加技术会议和商展不遗余力。图 7.8 展示了 Mickey 参加各种类型的技术会议和商展时所收集的胸牌。

图 7.8　Mickey 收集的技术会议和商展胸牌

7.5.3　工具和技术

　　最简单的奖励和激励程序员的方法之一，是为他们配备最先进的开发设备和最优越的开发环境。不同代的设备之间的差距一目了然（例如，300MHz 的处理器速度与 1GHz 的处理器速度），所以这一条激励措施百试不爽。它今天依然奏效，可以归纳为下面这条经验法则：

　　　软件变慢的速度快于硬件变快的速度。

　　　　　　　　　　　　　　　——Niklaus Wirth，"Pascal 之父"

　　即使在今天，千兆赫兹的多核处理器、快速总线及千兆字节的高速缓存存储器已经司空见惯，实际情况依然是：软件还是太慢！因此要为最好的程序员提供最好的设备，这会让他们的工作效率更高，同时也能激励他们做到更好。在成本核算上不用担心这一点，因为设备一经分摊（按人数和按年限），并不会成为预算中引人关注的一项。

确保为你的团队提供你能负担得起的或者能找到的所有技术工具：27 或 32 英寸的双屏显示器，彩色打印机，甚至高端的立体声装备。别忘了公司提供的时尚手机、平板电脑（这可是用作激励的"神器"！），甚至是具有连接因特网功能的任何消费类电子设备。

Mickey 说："在 Gracenote，我为治下的某一个团队的每个成员都购买了一台索尼蓝光光盘播放器，这样他们能够在家里体验嵌入在其中的公司技术。这是一个奖励团队的绝佳理由，能够使他们为自己的开发成果感到骄傲，而且在使用过程中，能够激励他们发现并修改出现的问题。整个团队会因此士气高涨，而且鉴于现在的消费电子产品的价格水平，这实际上并没有花多少钱。"

用工具来奖励个人或团队，能够让你赢得员工发自心底的拥戴，会对他们产生极大的激励作用。这是你能达成"双赢"态势的最简单的方法之一。

7.5.4　认可与赞许

管理者工作的一个重要组成部分，就是确保员工由于其典范性的工作而受到认可与赞许。然而，有个问题让我们百思不得其解：只有极少数的管理者愿意坚持这种做法。认可与赞许又不用花一分钱，最多只要花费几秒钟的时间，却能对所有技术人员的工作态度、职业素养以及整体绩效产生显著的影响。

如果有什么事儿没做好，那是我的责任。如果有什么事儿做得半好不坏，那是我们共同的责任。如果有什么事儿做得非常好，那是你们的功劳。这就是让球队赢得橄榄球比赛的关键。

——Paul "Bear" Bryant（1913～1983 年），亚拉巴马大学橄榄球长期主教练

每个人都希望被赞许。从出生的那一刻开始，我们就知道，微笑和赞许相伴相随；当听到表扬时，我们会微笑并感到心旷神怡。得到你所尊重并为之工作的人的赞许，你会感到受宠若惊，并且下定决心不辜负他们的期望，以得到更多的赞许。

然而，你绝不应当做出敷衍或者虚假的赞许，应当把赞许留给真正值得赞许的人。否则，你的员工会察觉到你缺乏诚意，即使后来你是真诚地赞许，激励效果也会大打折扣。

如果你的赞许能够更具体一些，就会显得更诚挚、更真实。你不要只是说"干

得好"，还要说"你改好的用户界面大大提高了易用性。我一进入界面，马上就看到了自己首先需要做的事情。我觉得客户会和我有同感，太棒了"。详细而又具体的赞许能够表明对方确实有值得被赞许的理由，并且也强调了哪些是值得赞许的行为或成就。

　　无论是在私下里还是在公开场合，你都可以赞许你的员工。只要有意义，你就可以尽量找机会赞许表现最好的员工。如果你的员工与我们管理过的那些表现最好的员工一样，那么几乎每天你都会有机会去赞许他们的工作和努力。

　　对于个人、小组和团队的认可，你也应如此。你可以在以下这些场合表达你的认可：任务完成、项目结项、工作完成出色、里程碑达成，以及其他任何值得认可的东西。认可的方式可以是口头传达，也可以通过电子邮件或者视频传达；传达的地点可以是会议室、走廊、餐厅或下班回家取车的路上，事实上哪儿都行。你绝不要忽略任何可以说"谢谢你干得这么好！"的机会。

　　大声赞许；轻声责备。

——俄罗斯的"凯瑟琳大帝"

　　Mickey 曾为一位几乎从不表达赞许或者认可的总裁工作。这位总裁更愿意关注那些没达到他要求的事情，而且经常批评那些没有达到他要求的个人或团队，即使他们已经达到了自己设定的目标。"我们称之为'出尔反尔'；为了达到预定的里程碑，整个团队不眠不休地工作，结果却在开会时被指责做得还不够好，然后被要求'恰当地完成任务'，通常还有一个不现实的进度安排。很多时候，我会在事后找到这些人，赞许他们的努力，并为总裁没能认可他们的付出道歉。我尝试引导总裁，让他理解员工们的付出，赞许他们的成绩，然后再要求他们去达成他的新期望。如果他这么做了，整个团队不会受到这些会议的打击，而是会积极地接受他设定的更高要求和新的任务。但事实上，那些技术人员很害怕和这位总裁一起开会。"

　　你应当寻找创造性的认可与赞许方式。亚马逊或星巴克礼品卡目前最受技术人员欢迎，但我们的经验表明，简单地说声"谢谢你"更容易做到，而且能达到小礼物或其他象征性表示的 95% 的效果。尽管如此，对表现出色的员工或团队的赞许，尤其是意料之外的奖励，总是受人欢迎的！

7.5.5　趣味性

　　本章前面把"趣味性"作为一名成功的程序设计经理的一项基本因素列出，但它也是一项激励因素，因为它还存在着另一面，如果你能做到，就会让你的管理工作更容易。其另一面就是放松并享受和员工一起工作。

　　你无须每天都很开心，但如果你不能坐下来，听员工们讲述当天的事件、偶然发生的事或者一个偶然的玩笑，并和他们一起哈哈大笑的话，你和他们就不太可能一起玩得开心。

　　庆祝你的成功，在失败中寻找幽默。别太把自己当回事儿。你放松，你周围的人才能放松。享受乐趣，并始终保持激情。

——Sam Walton，沃尔玛创始人

　　笑声是处理问题和打破紧张氛围的利器。我们发现，和员工一起笑的能力是让工作场所变得有趣的关键因素，也是让你成为卓越的管理者的关键因素。

7.5.6　利益

　　利益一直是个人绩效的重要因素。从远古开始，个人追求成功的动力，就是对其投入回报（努力工作的结果）的承诺。在高科技软件行业中，传统意义上的利益有以下几种形式：

- 高工资；
- 高奖金；
- 股票期权（或类似的奖励）；
- 公司的快速成长；
- 潜在的职业发展机会；
- 增加的福利。

　　在过去的半个世纪里，公司创始人因受到股票期权的奖励，而成为百万（美元）富翁和亿万（美元）富翁的故事到处流传。

　　即将上市的公司，能够提供的具有 10 倍、100 倍或更高回报的股票期权，是一种具有强烈吸引力的激励。

　　Mickey 遇到过几次这种情况，但结果并不总是他所期待的："E&S 于 1977 年上市。当时我没有任何股票期权，但办公室的一个同事有，上市当天我才意识到自己错过了大好机会。他的股票期权不是直接得到的，是从公司老员工手里买来的，卖掉股票期权的那个人只是为了买个沙发。我的同事花了 500 美元购买的股票期权，上市时价值 12 5000 美元！我终于搞明白上市前融资的游戏规则了。"从那以后，Mickey 开始格外重视自己报酬组合中每一种利益的价值。"从那时起，我再也不仅仅满足于为薪酬而工作。每当我的薪酬中的某种利益消失（不管什么原因），我都会感到失去动力，并且最终会换到有真正利益的其他岗位。"

　　如果你能把股票期权作为薪酬组合的一部分提供出来，那么你就可以激励员工和团队去完成不可能完成的任务。"不管这种利益的实际情况如何，我都看到了团队努力工作，并在不可思议的时间内交付惊人的成果，"Mickey 说，"由于这种利益的实际情况还是未知的，激励的效果反而更大——对程序员来说还要更大，因为他们本质上是乐观主义者！"

这种利益采用的具体形式只与个人有关，关键是要有可以用来激励员工产生更好表现的利益。如果没有利益，你就必须采用其他 5 种激励手段（更实在，但潜在利益更少）：

- 高工资；
- 高奖金；
- 公司的快速成长；
- 潜在的职业发展机会；
- 增加的福利。

高工资和可能拿到的高奖金是很好的激励因素，但通常都建立在个人绩效目标之上。同时，你和你的团队在组织中的级别越低，可能拿到的奖金就越少。所以一般看来它们只有部分激励效果，而很少产生额外的激励效果。

公司的快速成长可能没有类似的利益，但也不应被忽视。快速成长的公司一般资金充裕，并且具有健康积极的氛围。因此在快速成长的公司中工作更有意思。另外，快速成长的公司预示着提升的机会，也就是说，公司里升职的机会更多（公开上市事实上易造成高管的空缺，从而提供了一系列机会）。

职业发展机会是个有效的工具，但却不能频繁使用。它可以是"给人以希望"的推力，但一旦用过，就很容易被忘却，效用也会大大降低。和其他激励手段相比，是否使用这个手段更得视具体情境而定。

增加的福利可能最难以普遍实行。你需要了解对每位员工而言什么东西真正有价值，然后才能依此提供更多的福利。这些福利通常最具激励效果，如前面"工具和技术"小节讨论的那样。在这一领域里，你可能具有最多的选择自由，对每位员工也具有最直接的影响。合理地分配这些福利，你可以极大地促进项目和特殊任务的完成。

把各种形式的利益作为工具，创造性地加以利用并享受这一过程！

7.6　个人承诺

尽管并非保健因素或关键激励因素，但我们发现，为激励员工，找寻并获取对关键可交付成果的个人承诺，是杰出的管理者的一种重要素质。在关键时期获得个人承诺的关键在于平时的闲谈。也就是说，虽然和员工进行一对一的面谈很重要、也很必要，但走出办公室，到处转转，和他们随意谈谈也同样重要。许多管理者在这方面都做得不够，太容易安排会议或让别人来找你。通过走动和闲谈，你能完成两件重要的事情：

- 让人们知道你对他们及他们所做的事情感兴趣；
- 了解人们实际在干什么。

惠普公司在鼎盛时代，当 Bob Hewlett 和 David Packard 都还参与实际运作的时候，他们将"走动式管理"的理念制度化，使之成为每位管理者的一部分目标。惠普公司早期的成功很大程度应当归功于走动式管理。

通过走动，顺便到某人的办公桌和他们聊一两分钟，你会比在办公室中和他们一对一面谈了解得更多。你能亲眼看到他们如何工作，在他们的办公桌或墙上看到他们的家庭照片，了解他们当前可能面临的问题（即使是小问题也值得关注，虽然他们绝不会主动与你聊小的问题），并且这一般都会使你更了解他们。

通过和他们的闲谈，你还能知道他们正在解决的问题，而且能更多地了解他们的设计和开发实践。你也能帮他们发现他们可能遇到的障碍，例如设计或调试的问题，质量保证的瓶颈，或者对用于编译或数据处理的更快的机器的需求。如果你关注了小事，你会了解到很多。

但你不能过于明显地走动和闲谈。如果你规律地依次拜访每位员工，他们会很快识破，并导致你收益减少。

Mickey 一直坚持在接近下班的时候出去走动并闲谈。他跳过那些全神贯注的员工，而且不是在每位员工那儿都停留。"我不遵循任何模式，只是尽量走动，并且每周起码和大家聊几次，一般在快下班时，但不总是如此。我们谈论各种事情，但通常都是围绕着以下线索展开的：业务、项目、程序设计或调试。多数时候我只是停下来说声'谢谢'。我不只是与自己的员工闲谈，我还和很多人谈过，我相信自己是公司里唯一一个知道几乎所有人名字的人。这使得大多数员工觉得我更平易近人，也愿意让我对他们的现状有更多的了解。"

如果放任不管，员工很快就会偏离项目目标。好的项目领导几乎每天都和员工交谈："你做了什么？为什么？有效吗？"

——Dave Wilson，软件架构师，旧金山湾区

你可以带着领导一起走动，或者建议领导自己走动。你应该把你的领导介绍给大家(需要的话)，或者至少告诉你的领导你正在交谈的这些员工正在做的项目。这表明你掌握了员工的工作细节，也让大家感受到你对他们的关注，而且能帮助你的领导变得更平易近人。

显然，走动式管理绝不应当用于调查员工的讨论或批评。那种调查最好是关上门来一对一地进行。

通过走动和闲谈，你能为得到员工的个人承诺做好准备。如果你只是勉强知道他们的名字，而且几乎不和他们交谈，那么当你需要他们帮助的时候，将很难得到其承诺，而你迟早会需要他们的帮助。

当重要的项目或里程碑迫在眉睫时，确保绩效达到极致的最佳做法，是从最有可能带领大家取得成功的核心员工身上获得其个人承诺。在私密（或尽可能私

密，但不用把他们拉到你的办公室或某个会议室）环境下，走到他们身边，讨论当前紧急的项目或里程碑，谈一谈他们在其中承担的任务。在彼此明确了他们的任务之后，你再强调一下该项目或里程碑为何重要，然后问他们，是否愿意竭尽全力确保按时或成功完成该项目或里程碑。

大多数技术人员都不会因害怕或奖励而得到激励，他们只会因个人尊严和想要为了同事或领导好好表现而得到激励。在获得他们的个人承诺之后，你会发现他们工作得更加努力了，比你用奖励激励的效果还要好。你一定要认可他们的努力，而且和他们讨论项目或里程碑的完成情况，你为此投入的时间应当不少于当初请求他们帮助时所花的时间。

注意，不要频繁地去寻求这种个人承诺，否则会失去其激励效果。要把它留给真正重要的项目或里程碑。

走动的另一面是欢迎别人到你的办公室来。在员工遇到问题时，你要始终鼓励他们来和你交流，其中当然包括所有直接向你汇报的员工。但如果有间接向你汇报的员工，你也应当鼓励他们和你交流。如果员工们感到，你只在他们有问题的时候才叫他们来自己的办公室谈话，那么当你打电话叫他们来讨论问题时，他们就会很害怕。但如果在他们信步走进你的办公室时，你能和他们轻松地聊天，他们就会觉得你很平易近人——得到这个好名声很重要。

Mickey 说："我会经常特意向技术人员提到，希望他们有空顺便去我那儿聊天。无论是在走廊上看到他们，还是给他们发电子邮件、打电话、发短信或者发即时消息，我都会提到。这样能鼓励他们过来和我谈谈，从而有助于打开非正式的交流渠道，而这种渠道的重要性毋庸置疑。"

另一个寻求个人承诺的重要方法，是确保你定期与每个向你汇报工作的员工，甚至是最基层的员工，进行一对一的会面。当你每次在指定的日期和时间与他们见面时，你都要向他们展示对他们的承诺，这也为你提供了讨论任务和项目状况的机会，如果你真的需要他们的个人承诺，你就可以借用此机会来寻求他们的个人承诺。

7.7 对新技术的攻守之道

你和你的员工会被不断涌现的新技术淹没。有些新技术显然很重要，你必须发起进攻，对其进行调研，提前尝试，并计划加以采用。对多数员工来说，其中一个最大的激励因素就是探讨创新和学习新事物。对于表现优异的员工，你可以通过以下方式来激励他们：让他们去参加技术会议，做一个有关新技术领域的报告；指派他们去调研一个软件的新版本；要求他们调研你考虑采用的技术突破。他们将利用日常工作外的间歇重新充电，获得成就感。但你必须先确保这些核心员工有空闲时间可以安排，然后再给他们这样的奖励。你可以把这看作自己管理战术手册中的"进攻打法"。

但是，有时需要你进行判断：在那些不断涌现的新技术中，很多都是不成熟的、不重要的，而且永远不会获得商业上的成功，调研这样的技术纯属浪费时间！对此你必须做好坚实的防守，确保员工不被其表面的光鲜亮丽吸引。

你甚至可能需要发布命令，不让员工研究某一新事物。Mickey 在 Brøderbund Software 工作时，曾经密切监控、严防死守微软公司和苹果公司发布的新技术。他回忆道："我记得我走到一个特定程序员的办公桌前，拿起苹果公司寄来的最新包裹——里面介绍的是一种处于 Beta 测试阶段的新的函数式程序的设计方法。我把它带回了办公室，锁在了文件柜里，让别人没法看到或拿到。我不想让任何人在一个新的程序设计方法上（顺便提一句，该方法后来一直都停留在 Beta 测试阶段）浪费他们的宝贵时间。"

其他情况下，你的团队可能一直在用某一基础技术的一个具体版本，其新版本反而变成了一种干扰。在 Schwab，Ron 发现其团队受到了 WebSphere 和 WebLogic 销售团队的不断骚扰，希望能向团队"分享"他们的最新进展——而 Ron 需要其团队关注的版本，早已经过审查并被公司数据中心操作团队所采纳。他一般只允许两三名主要程序员去参加 IBM 或 BEA 的最高级别的会议，同时他会尽力让团队其他人远离"最新"的干扰。

在 Gracenote，Mickey 对于他的数据库团队和数据库管理员们所采用的升级 Oracle 版本的方法十分满意。"这个团队不是一有新版本发布（如 Oracle 10i、Oracle 11g）就进行升级，在升级到 Oracle 的新版本之前，他们通常至少等一年。让其他人成为 Oracle 开发的实验对象，然后再等至少两个修正版本发布以后，他们才开始评估新版本，这通常会更好。使用成熟的软件产品基本不需要付费进行立即升级，因为其中很少有你的团队所需要的主要功能。"

Ron 很早就迷上了敏捷方法，尤其是 Scrum，因为它能满足程序员对稳定性、聚焦和"流动"的需要，识别并解决开发过程中易于出现的软件需求的剧烈波动和频繁变更。敏捷方法是把一个大项目拆分成几次冲刺，每次冲刺结束的时候交付有效的功能，同时禁止冲刺中期变更开发计划，以使开发人员可以专心做事，但允许在两次冲刺之间进行变更，同时关注交付可能的最具用户价值的成果。Scrum 具有两面性，即风暴眼中的宁静和总体变化中的不变。Ron 认为，选择 Scrum 既可攻又可守。具体内容参见第 10 章。

7.8　了解你的程序员的动力——从头开始

正如赫茨伯格的研究所示，影响工作满意度的因素有很多。但这些因素的排列顺序和重要程度却因人而异。程序员大多是个人主义者，因此能推理出，程序员的动力因人而异。首先，你应当做的是试图了解每一位员工的动力。

进行这一工作的最好时机是在你雇用他们之前。那时，你有机会去研究他们的真正动力，因为工作、利益、工作环境、他们的领导以及薪酬等话题都可以放到桌面上来讨论。我们喜爱这种介绍式讨论，因为可以借此机会了解真正驱动他们做事的动力。即使不是招聘经理，我们通常也会直接参与招聘。我们在看他们简历时做出的一些猜想，也可以在面试时趁机验证。我们会将这些深入的猜想记在脑子里或者记在纸上，供以后使用。

然而，自己招聘所有员工的机会并不常见，很多员工都是从前任管理者那儿接手的，而前任管理者很可能不会把如何激励这些员工的管理窍门交接给你。因此，你有必要开始考虑真正驱动他们做事的动力。你可以和员工进行一对一谈话，以代替招聘面试的讨论，构造出如何激励他们的猜想。

在一对一谈话中，很多话题没法拿出来谈，而且你很可能也不愿意深入挖掘并暴露那些本来就不是问题的问题，这和招聘面试的讨论不一样。例如，我们一般不问报酬或部门内的不公平问题，因为新的管理者很难马上解决这类问题。一对一谈话主要用于了解程序员的教育背景、工作经验、入职时间、目前职责、未来的职业目标和计划、当前的困难和问题，以及他们愿意谈论的其他事。如果他们谈到薪酬和部门内的不公平问题，我们可以仔细倾听，但绝不能承诺解决这类问题。根据谈话的个人和当时的环境，我们可能会说我们将进行调查，但不会做任何关于行动或改变的明确承诺。

完成一对一谈话后，我们会回顾每位员工的个人档案，通过以前的绩效审核或档案中的其他信息来对其加深了解。然后，与同僚和领导交流，收集与该员工有关的信息。同僚或领导的意见可能只是印象，不那么准确，因此不能太过看重。尽管如此，这时我们可能已经构建好了该员工行动动力的心智模型。在此之上，我们可以构造我们的猜想，并且评估其是否有效。

我们为每一位员工建好的心智模型，几乎是本章中最重要的一个话题。通过对每位员工的这些因素进行心理上的排序，我们可以确保当他表现优异时，那些对他而言最重要的因素得到加强。我们认为所有的因素都很重要，但是当你有机会奖励表现出色的员工时，你应当确保采用那些对个人而言最具影响的因素。

7.9 本章总结

没有一劳永逸的激励程序员的方法。设定实际的里程碑，确保每位员工都朝着这些里程碑努力，这是一个好的起点。你需要付出持续的努力和保持对个体的关注，确保激励员工努力工作并达到预定的里程碑目标。本章展示的内容能促进你思考如何更好地激励员工，但最终你需要就此反复思考并持续地开展工作，以确保每天、每周、每月、每季度和每年都在激励员工。"众人划桨开大船"，这一古训能很好地帮助你想象到，受到激励的员工如何能够（而且应当）众志成城、齐心协力地做好工作。

7.10　工具

没有和本章相关的工具。

第 *8* 章

建立成功的程序设计文化

在第 1 章中我们提出过一个问题："卓越的程序员从何而来？"

但与你更相关的一个问题应当是"卓越的程序设计经理应该是什么样的？"卓越的程序设计经理这一角色中的关键要素是创建和培育一种成功的程序设计文化。对我们中的大多数人来说，这种文化应当支持和鼓励按时按预算交付高质量的软件，应当让团队中的开发人员对成为团队的忠诚成员而感到骄傲和自豪。

你是被雇来做管理工作的，但是，即使你听取了我们之前的所有建议，想要管理好程序员也不容易。程序员的行为并不总是理智的，或者可以预判的。有些程序员的个人生活比较混乱，他们并不一定能够融洽相处，他们可能会迟钝、孤僻、暴躁、狂热、沉默、烦躁、任性、粗鲁……

你的组织可能不会太在意程序员个人（除非他们的不理智行为的影响超出了你所在的部门），但组织很在意程序员团队交付和部署软件的能力，以及能否满足组织目标和客户需求。

几乎所有的程序员团队，哪怕运转不那么正常，也都要关注能否保持高效并成功交付产品和服务。

至于你，你要关注的事情肯定更多。除了想要满足开发人员的需求和组织的期望以外，你还想成为一名高效的程序设计经理，能够超越同侪而取得非凡成就。

你需要帮助。你要想方设法打造团队内外追求卓越的期望，逐步建立你和团队能够成功交付软件的信心。你需要一种文化氛围去支持达成你的目标和宗旨。而且你需要创造一种卓越的氛围，以吸引和保留顶尖人才，并推动他们做出优异的工作。

成功的程序设计文化能够以任何针对个人的激励方式都无法望其项背的方式，去驱动团队高效能地工作。

只要条件合适，有关承诺、一致性、激励和变革的问题，在很大程度上可以（由团队）自行解决。

——Jim Collins[1]（吉姆·柯林斯）

8.1 准确定义"成功"的概念

成功可能并不意味着伟大。对于某些项目而言，成功可能是有效而频繁地交付，而对于其他某些项目，项目干系人则希望做到"完美无瑕"。有些团队的目标是帮助富有远见卓识的人士，将其想法转化为活灵活现的产品，还有些团队成功地保证产品在开发环境发生变化时还能照常运行。

成功可能还意味着要兼顾到组织的目标，例如培养并留住高素质的程序员。

准确定义"成功"对于公司、组织、项目和团队分别意味着什么，以及如何评价成功，对培养并建立成功的程序设计文化至关重要。

8.2 程序设计文化

除非你运气非常好，可以直接从前任管理者手中继承到成功的程序设计文化，否则你需要自己动手去建立它。为了保有这种文化，你还需要精心培育它，即使继承来的也不例外。无论你和你的团队负责开发的是套装软件、软件即服务、嵌入式软件、B2B 组件和服务，还是为公司员工开发内部应用，在这一点上都毫无例外。无论你是在创业公司、大公司、非营利机构，还是政府部门，在这一点上也无一例外。你的使命就是交付产品价值，而这需要精心管理团队，悉心培育程序设计文化。

建立强有力的程序设计文化，需要创建：

- 一个良好的工作环境，良好的工作环境有利于开发出高品质软件，有利于按时交付符合目标和客户导向的软件；
- 充满尊重和公平地支持团队合作和协作的氛围，这可以让员工一直保持在最高工作效率的状态；
- 可以不断迸发出饱满工作激情的环境，可以轻松培养出恪守承诺作风的氛围；
- 针对产品、项目以及可交付物的度量标准，用以衡量团队的努力程度，用于团队持续改进。

---

[1] Jim Collins, *Good to Great* (HarperCollins, 2001), p.11. 中文版《从优秀到卓越》2009 年由中信出版社出版。Jim Collins，毕业于斯坦福大学，曾获斯坦福大学商学院杰出教学奖，先后任职于麦肯锡公司（McKinsey）和惠普公司；著名的管理专家及畅销书作家，被誉为影响中国管理 15 人之一。——译者注

挑战在于，如何做到这些?

8.3　公司文化

所有组织（无论组织的规模大小，也不管组织的性质是公司、政府部门，还是非营利机构）都拥有自己的文化。在软件公司，为了建立你所需要的程序设计文化，有必要先理解你所在公司的文化。

如果你所在公司的文化是积极正向而又强劲有力的，那么它将会是你可以依赖的平台，你可以利用它来为自己的团队创造合适的环境。如果你所在公司的文化是消极而又有害的，那么你需要使自己的团队对它敬而远之，努力为自己的团队提供一个独立的环境，小心翼翼引导团队专注自己的工作，免受干扰。

想要理解公司文化，那就要听听 CEO 的说法。史蒂夫·乔布斯在 2007 年与比尔·盖茨的一次视频交流中，曾这样说道："我希望苹果公司的员工能够深切感受到，自己目前正在经历的就是自己职业生涯中最辉煌的时刻。"20 世纪 90 年代中期，当 Chuck Schwab 试图将券商交易迁移到网上股票交易平台时，也表达过同样的美好愿望。

对于大多数大型公司而言，想要发现公司文化和所信奉的价值观易如反掌。你会发现那些措辞优美的愿景与价值观，在公司的海报和牌匾上、在 T 恤和咖啡杯上、在公司的网站和钱包里的塑封卡上随处可见，有时它也被称作公司的目标与原则。

尽管如此，你还是要对自己的所见所闻保持一定的怀疑。公司所着力宣扬的文化，未必能够得到切实贯彻实行。你应当仔细听其言，观其行。安然公司[①]也曾声称自己站在"公司的愿景和价值观之上"，宣扬"尊重、正直和交流"等价值观。关于尊重，安然公司在自己的网站上居然宣称"冷酷、麻木和傲慢决不属于安然"。而当其首席执行官 Jeffrey Skilling 给他的管理团队下达 "无情裁员 50%"的命令时，这一切都被抛到九霄云外了。

即使在那些已经抛弃了自己价值观的公司里，聪明的程序设计经理也知道可以有效利用这些到处宣扬的文字所代表的价值观。例如，安然公司的优秀程序设计经理也可以围绕着"尊重、正直和交流"的价值观来塑造自己团队的程序设计文化，丝毫不用顾忌公司的大环境中是否真正践行了这些价值观。

在那些历史还没有超过 30～40 年的公司里，根据我们的经验，公司的文化几乎就等同于创始人的个人行事准则和核心价值。你可以请教公司里的元老们，请他们向你讲述有关创始人如何创建并发展公司的旧事。史蒂夫·乔布斯在领导苹果团队时，几乎每天都与团队成员一起生活、日夜工作，穿着印有"每周工作 90

---

① 安然公司（Enron Corporation），成立于 1930 年，曾为世界上最大的综合性天然气和电力公司之一，一度成为美国第七大企业。从 20 世纪 90 年代开始，为了摆脱公司的经营危机，不惜铤而走险，犯下多起会计欺诈与证券欺诈罪行。安然公司在 2001 年申请破产保护，2002 年 1 月 9 日，美国司法部宣布对安然公司进行罪案调查，公司 CEO、CFO 等多位高管锒铛入狱，其 CEO Jeffrey Skilling 被判刑 24 年零 4 个月。——译者注

小时并乐在其中"的 T 恤，骄傲而又叛逆地升起海盗旗；毫无疑问，就是这一切才打造出了强有力的团队精神。然而，这同时也导致了部门间的敌对和跨公司协作的壁垒。事实上，苹果公司长久以来更像是各个团队的松散聚合体，而不是一支善于整体作战的团队。

从本质上讲，公司文化并非来自那些看上去慷慨激昂的文字，而是来自那些通过实际行动传递出来的经验教训。看看你的公司是如何看待和对待员工、股东以及客户的，听听员工们津津乐道的故事，不要只是关注公司自己宣称的那些所谓的"文化"。

8.3.1　化繁为简，降低公司文化的复杂度

在 Charles Schwab，Ron 组建了一个 25 人的小部门，执行一项为期 3 年的计划，预期将 Charles Schwab 所有应用开发转移到 Java 平台上。"和我见过的其他任何公司不同，Charles Schwab 的价值观对员工、客户和股东一体适用。公司的日常来往常常能够反映公司的价值观。Charles Schwab 信奉的原则是公平、同理心、快速响应、拼搏、团队合作和诚信，这一组原则是由创始人 Chuck Schwab 倡导建立的。无论是从公司内部还是从公司外部观察，Chuck Schwab 都是极具企业家才能的人，与同时代任何地方的任意一家公司相比，他都是最具人文关怀和善良品德的公司领导。在大多数公司中，团队合作只需要考虑你的团队，而在 Charles Schwab，团队合作还意味着公司中的每个人。"

但是，即使在这样一家优秀的公司里，如此美好的价值观依然是瑕瑜互见。Ron 组建的 Java 团队，其核心的工作在于建立并分享最佳实践，寻找和分享可以作为公司内部各个团队之间共享的工作模式。这对于以团队合作为核心价值观的公司来说至关重要，不是吗？在倡导团队合作的公司里，让团队分享最佳实践、有效方法以及工作模式（甚至于代码），不是理所应当的吗？

但是，麻烦你再细细品味一下 Charles Schwab 的价值观。拼搏和快速响应实际上可以被解读为持续不断地向客户交付价值。而受迫于持续交付的压力，开发人员将逐渐倾向于只关注自己的工作，既不会向周边同事学习，在项目结束的时候也没法找到时间分享得失。

于是，为了让他的 Java 项目成功，Ron 在自己的团队里只是强调团队合作的价值，同时尽力消除拼搏和快速响应两项价值所导致的负面作用。"我发现，为了能够吸引各个团队的注意力，需要以终为始的方式提出这个挑战——我们可以从以下两种工作模式中做出选择：要么让数以百计的一次性项目统统延期，并且不断重复相同的错误；要么培养一种旨在分享的文化，从复用和分享最佳实践的工作模式中获益。"

公司价值观可以是福音，也可能是祸根，即使在伟大的公司中也一样。对已

然存在的公司文化进行全面评估，你可以决定哪些内容可以加以有效利用，而哪些内容应该弱化甚至于规避，以有效保护团队。

8.3.2　趋利避害，远离公司的负面文化

本章后面的内容将逐一讨论那些你可能希望拥有的程序设计文化和价值观。但现在，我们先看看如何有效隔离公司文化的有害部分。

你应知道，想让项目持续稳定，你必须要强化系统的架构，定期重构代码，不厌其烦地执行回归测试，改进流程，升级软硬件平台，以及完成其他许多能够减免技术债务的事情。Mickey 经常用给汽车更换机油的例子来比喻这些事："做产品就像养车用车，你需要定期保养并更换机油。"

然而在一些公司里，高层管理者可能只关注客户导向的项目，并质疑："为什么要花时间完成那些明显与客户功能无关的东西？"

> 一条经验法则：一个 MBA 可以抵消 5 个优秀程序员的努力。
>
> ——Guy Kawasaki，苹果公司早期的"布道师"，Garage Technology
> Ventures 创始人

面对只关注客户价值的高层管理者，要想获得成功，你需要保护程序员，让他们远离公司中的不尊重行为，让他们在有效保护之下高效工作。他们需要来自公司内部的支持，以及管理者发自内心的鼓励与赞美。

他们需要你的帮助，才能远离公司内部的负面文化，他们渴望拥有自己团队的文化与氛围。

Mickey 回忆道："在 Brøderbund Software 的时候，我不得不实施了一项有关文化的变革活动。"最初，Brøderbund Software 的文化源自其首任首席执行官 Doug Carlston。Doug 的远见卓识促使程序员、美术师、动画师、音效设计师、质量保证人员、制作人，甚至技术支持人员携手创造出美妙绝伦的产品，其审美风格让竞争对手的产品望尘莫及。但就在 Brøderbund Software 上市之后，Doug 在公司里待的时间越来越少，最终只能以辞职收场，由董事会新聘请的首席执行官接任。

这位新任首席执行官并非出身于软件行业，他接任 Brøderbund Software 的首席执行官一职的时候，恰逢内容为王、内容授权以及品牌效应（例如 Dr. Seuss[①]）在行业内大行其道。事实上，他来自一个著名的消费品牌公司——卡夫食品，因

---

① Dr. Seuss（苏斯博士），出生于 1904 年 3 月 2 日，20 世纪最卓越的儿童文学家、教育学家。他一生创作的 48 种精彩教育绘本成为西方家喻户晓的早期教育作品，全球销量 2.5 亿册，曾获美国图画书最高荣誉凯迪克大奖和普利策特殊贡献奖，两次获奥斯卡金像奖和艾美奖，美国教育部指定的儿童重要阅读辅导读物。1979 年，Dr. Seuss（苏斯博士）与众多当时世界一流的幼儿教育专家、婴幼儿心理学专家、婴幼儿营养学家携手，在美国奥兰多共创了苏斯婴童生活中心，之后逐渐成为全美最受孩子欢迎、父母信赖的学习成长地。——译者注

管理卡夫丝绒奶酪而获得成功。"这位新首席执行官不止一次地与我说道，'制作软件和制作奶酪非常相似'。于是，我开始将我的团队与这位新首席执行官隔离。我实在无法理解制作软件和制作奶酪有任何相似之处，但我知道需要让我的团队远离这位新首席执行官的愚蠢言论，坚守 Brøderbund Software 的初心：制作伟大产品。"

公司文化中的有些元素甚至可能会对软件团队产生更大的毒害，例如鼓励极端竞争、对员工间的对立持支持态度。面对这些毒害，你不仅应当隔离其对团队的负面影响，甚至还要想方设法地完全规避。牢记：在任何时候，软件开发都是一项团队活动。

8.3.3　弹斤估两：技术在你的公司中扮演什么样的角色

除了要考虑公司文化的优劣，你还需要考虑你所管理的技术部门在公司生态系统中的相对重要程度。虽然你可以逐渐对高层管理者如何看待技术部门产生影响，但你首先需要了解他们现在是如何看待技术的。

有的公司将其技术部门看作是未来通向盈利的康庄大道，有的公司将其看作是当前价值主张的核心，有的公司将其看作是需要不断削减预算的成本中心，甚至还有的公司将其看作是一个必须要甩掉的包袱。要想为高效能的团队创造出卓越的坏境，你就要仔细估量这些不同的看法，构造出不同类型的程序设计文化。

也许金融服务类公司会将技术看作是核心业务，但原材料生产公司则最多将技术部门视为一个成本中心，除非有一个睿智的技术领导发现，技术可以把公司的产品与竞争对手的产品有效区别开来（并且展示出其实际价值，他可能会游说高层管理者接受这种认知）。

20 世纪 80 年代至 90 年代，Apple Ⅱ在苹果公司是现金流的主要贡献者，支撑了 Lisa 和 Macintosh 业务，然而在当时的苹果公司，光芒四射、荣耀显赫的却是来自 Apple Ⅲ、Lisa 和 Macintosh 这些新平台开发团队的程序员。Apple Ⅱ团队程序员的动力并非来自荣誉，而是来自为当时世界上规模最大的个人计算机客户群体提供服务的那份自豪感，来自钟情于伴随他们中许多人成长的平台的那份情怀，以及通过向新平台"荣耀团队"展示"低级"平台依旧拥有强大能力而获得的那份成就感——让那些 Apple Ⅲ、Lisa 和 Macintosh 的新平台开发团队见识一下，什么叫作"老骥伏枥，志在千里"，什么叫作"老当益壮，宝刀未老"。

公司对开发团队的看法可能会随着时间的推移而发生变化，也会伴随着商业周期的起伏而改变。在 20 世纪 90 年代的 IT 繁荣期，在线业务推动了传统经济的增长，导致 IT 行业陷入疯狂发展，带来对开发人员的海量需求。而在 21 世纪最开始的那几年，IT 行业陷入萧条期，降低成本、削减预算成为主要关注点。各个公司纷纷将其技术部门的业务范围削减到只剩下核心业务。注意，在下面的两段描述中，我们将为你介绍两种截然不同的经济环境，这两种经济环境对技术部门的影响结果竟然如此相似。

　　在科技热潮中，Web 应用方面的需求非常多，以至于都来不及开发。在 Schwab 负责 Web 功能的开发经理们开玩笑说，每天都是疲于奔命，忙着要从商业伙伴那里了解其需求愿景，简直就是"大麦掉在乱麻里——忙（芒）无头绪"[①]。开发人员虽然被视作推动公司迈向成功的主要动力，然而却依然神情沮丧，因为相比已经启动的项目，程序员的人数太过稀少，难以跟上这汹涌而来而又绵绵无休的节奏。他们几乎没时间完成设计和实现工作，导致项目很难按时交付。

　　而当科技泡沫破灭之后，开发计划遭受大幅削减，开发团队也要经历裁员之痛。即使是留下来的开发人员，面对这一残酷现实也是备受打击，人心惶惶：相比已经启动的项目，程序员人数太过稀少，几乎没时间完成设计和实现工作，导致项目很难按时交付。

在迥异的经济环境下滋生出同样的沮丧情绪，看起来确实可笑。上述情况尽管从字面上看雷同，但在保护和支持团队所需的文化建设过程中，各自需要的感情和心理成分却有着显著差异。在前一种情况下，从高层管理者到客户再到市场，每个人都喜爱并尊重 Schwab 团队开发的产品。开发经理的挑战在于帮助负担重的程序员感受到自己的个人价值。而在后一种情况下，经历了裁员风波之后，幸存下来的程序员其实大多都能感受到自己的个人价值（他们依然还有工作！），但并不确定是否有人关心他们的工作。

8.3.4　探本溯源：哪种力量推动你的公司的发展

在公司文化建设过程中，你需要了解的最后一项重点内容就是：哪种力量才是推动公司文化建设的主导力量？是技术驱动、市场驱动，还是销售驱动？如果你所在的公司是非营利机构，那么它是靠筹款驱动，还是靠使命推动？

　　组织的推动力量往往决定了技术部门在公司中的地位。

　　在程序设计团队中，驱动决策的力量，最终来源于两个因素的平衡：一是关注创新，二是关注对客户和市场的响应。

　　平衡点的选择是程序设计文化的关键，每个团队的选择都有所不同。如果你为团队做出了正确的选择，程序设计工作将更易于成功。而如果找不到团队的平衡点，那么你显然还搞不清楚其中的状况。其根本问题在于，你到底该勇敢去尝

---

① 此处原文为 like dogs chasing cars trying to read the hubcaps，出自电影《蝙蝠侠：黑暗骑士》的配乐单曲 *Like A Dog Chasing Cars*。歌词原意为："我就是只追着车跑的狗。即使追上了也完全不知道自己要干什么……我只是为了做点什么。"形容忙忙碌碌但又毫无头绪的工作状态。——译者注

试满足客户的需要，还是为了技术而更新技术——因为技术很酷而去追求卓越的技术。

20 世纪 70 年代中期，E&S 研发出一系列系统，虽然比较成功而且富于创新，但总是听到价格太高的抱怨。于是该公司组建了新的产品开发团队以开发低成本、向前兼容的下一代产品。Mickey 回忆道："该团队犯下了'响应客户次要抱怨'（系统响应偏慢）的错误。他们出色地、创造性地在系统中增加了一个 68000 处理器以减轻 CPU 的负担，但这样做让该团队偏离了最主要的目标。随着程序设计范式的改变，新系统不再兼容以前的系统，客户一片哀号。更糟的是，此项变更并没有达到降低成本的最初目标。E&S 的产品开发团队痴迷于用技术去创造出一些新奇炫酷的东西，虽然表面上为客户做了些事，然而实际上却为竞争对手 Silicon Graphics 创造了先机，让竞争对手得以完成一个更为廉价的、紧耦合的图形系统（包括计算机、软件和显示器），从而一举从 E&S 手里抢走了市场份额。"

创业公司早期通常是技术驱动或愿景驱动。但在到达某一阶段之后，大部分公司都会转向以客户为中心。

Brøderbund Software 和 Berkeley Systems 开发的游戏和屏保程序需要进行大量的创新，但这些创新都聚集在一点上：支持其游戏的娱乐价值。

专注于客户对大多数公司而言至关重要。

要对为了技术而更新技术的情况保持警惕。苹果公司的系统软件团队曾一再迷失方向，陷入技术崇拜的误区不能自拔。苹果公司并没有像 Mickey 在 Brøderbund Software 的团队那样，着力解决困扰客户的问题，而是将最优秀的程序员投入"pink"团队，然后又把他们投入后续的 Taligent 团队。苹果公司和 IBM 联手打造的这支团队一直都以无法交付其受命开发的操作系统而为世人所知。这个错误让苹果公司付出了惨重的代价。

我的经验法则以问题的形式呈现。

第一条也是最重要的一条：我们为什么要做这个？它提醒我要经常审视自己的团队，观察团队是否聚焦在产品或战略及战术上最优先的事情。我们常常把弥足珍贵的工时浪费在无足轻重的事情上。

第二条：我们正在试图解决的问题是什么？它提醒我要把营销部门心心念念的那些华而不实的东西忽略掉，把精力聚集在真正需要解决的客户问题上，并且积极地寻找解决方案。

这两条经验法则看起来理所应当，具体做事时也确实应该如此，然而它们总是被遗忘。

——Tanya Berezin，Intuit 高级项目经理

有效确定你的关注重点应该在哪里，这将有助于你恰如其分地把握技术创新

举措与客户需求之间的平衡关系。

8.4　成功的程序设计文化的特征

最终，不管你是继承一个积极进取的程序设计文化，还是亲力亲为创建出属于自己团队的程序设计文化，你都要有效促成它在团队内生根发芽并保持活力，这需要你反复做出慎重稳健而又不失积极主动的决策。

赞美你想要看到的更多的事物。

——Tom Peters

此外，这也意味着你要为所希望建设的文化和价值观率先垂范。你的团队会以你为榜样，从你身上学会那些你期许和渴望看到的行为。可能没有比这两条格言更适合表述这个内容的了："不在于你所说的，而在于你所做的""行胜于言"。

我们两位都见识过以互相竞争为程序设计文化的经理，他们认为团队成员彼此之间的你争我抢可以激励程序员交付最出色的工作成果。我们认为这样的管理者不属于程序设计部门。他们中的一些人来自销售部门。销售部门大多讲究个人单打独斗，彼此之间为了一点点份额打得头破血流。

另外，对表现最出色的程序员的奖励，也不应是去夏威夷的旅行，或是与高层管理者一起打高尔夫球。事实上，鼓励团队提升个人的竞争能力的行为，无论是丰厚的奖励还是小恩小惠，几乎总是不能奏效，甚至还会起到反作用。程序设计是一项团队活动。聪明的程序设计经理会确保其最出色的程序员感到心满意足，但会把大奖留给整个团队。例如，把一整支团队都送到外地去旅游，以及在艰苦的开发过程中突然而至的几天短假。

团队，一荣俱荣，一损俱损。

——敏捷方法的格言

Ron 曾帮助富士通公司一个已经拖延了几个月的迟迟没有交付产品的新项目一举扭转其颓唐局面。此前，该团队的文化是由几位高级程序员倡导建立的，他们人人渴望成为英雄，也期望得到英雄般的待遇。Ron 却反其道而行之，在团队中倡导团队精神，即工作成果属于团队整体，荣耀和赞美也要归功于整支团队。此举改变了大家的期望，一举扭转先前不和谐的团队氛围，创建出团队合作的文化。大家意识到：团队所有成员需要并肩携手、群策群力，在公司新的紧急截止日期之前一起完成工作，否则没有人可以独善其身。"我刚来的时候，这是一支从未按时完成过任务的团队。然而'团结协作'的程序设计文化一经建立，他们不但可以按时完成任务，甚至可以提前。"

在程序设计过程中如果想要带领团队达到巅峰，你就需要创造一种正能量的文化——互相尊重、创新、合规、高品质交付、高效率交流、虚拟团队间的沟通、公平、授权、职业精神……

8.4.1　互相尊重

成功的程序设计文化的特征首推互相尊重。只有当团队成员互相尊重时，他们才会倾听对方，考虑他人的建议、见解和想法。你的团队成员无须互相喜欢，也无须维持熟络的社交关系。但高效运作的团队会互相倾听，并且协同工作。

2016 年，Google 分享了一项内部研究的结果——为什么在许多公司里（包括 Google），有些团队的绩效显著高于其他团队[①]。该项研究表明，高绩效团队之所以区别于其他任何一支团队，主要特征并非在于谁是领导，也不在于团队结构、团队规模和团队位置，而在于团队成员的心理安全（这句话贯穿于此项研究之中）。这集中体现为团队成员之间"发言轮次机会均等"（equality in distribution of conversational turn-taking）：每个人都觉得自己可以畅所欲言，每个人都有平等的发言机会，而且他们都觉得队友们一定会倾听他们的发言。

我们在第 5 章讨论了你需要团队对你发自内心的尊重，在第 7 章讨论了你需要给予团队充分尊重，只做到这两点还不够。你需要创建一种团队成员互相尊重的文化，这才是你的终极目标。

为达成这个目标，你要率先做出表率，建立一种彬彬有礼、尊重体贴、互相关心和精心营造心理安全的文化。

8.4.2　创新

几乎任何程序设计团队无不依赖创新文化，这是必需品。即使在项目的焦点完全倾斜于交付时，程序设计仍然是一项创造性的工作。此外，对当前大多数项目而言，需要考查、评价并吸收外部技术——从函数到组件，从应用程序接口到开源库。

不难看出，迫使像程序设计团队这样的创造性团队在重重束缚之下工作，会适得其反。产品经理和你的客户可能决定了"做什么"，而你的程序员则有权决定"如何去做"，并且选择关于"如何去做"的最优方案，这需要团队缜密思考、勇于创新。

无论你曾是多么优秀的程序员，你的团队都将很快达到你的水准，并且轻而易举地超过你。他们每天都接触代码，他们了解代码，知道如何用比你告诉他们

---

① Charles Duhigg，"What Google Learned from Its Quest to Build the Perfect Team"（*New York Times Magazine*，2016-02-25).Google 的一项名为"亚里士多德项目"的研究成果发表于这篇文章。

的更高效的方式完成任务。团队中的佼佼者更是会去研究如何实现功能，如何达到最高效率，或者如何实现最大限度的可重用性，以及最佳的可维护性。他们需要从你这儿了解的，只不过是所有工作内容中哪些是最重要的，以及如何在它们与交付日期之间有效平衡。

当然，对于创新，如果完全不设置边界限制，那也是非常危险的。你一定要警惕创新的"黑暗面"：标准和最佳实践的存在都是有理由的，我们应当设置并实施它们。当代码可以购买、借用或重用的时候，尽管这样做更加合适，但几乎所有程序设计团队都提议自己去实现。编写代码像是一首"海妖之歌"，它总是诱惑你去实现那些该借用的代码。

相似地，程序设计团队很容易被新兴技术所诱惑，但是，除非你的团队是专职负责新技术调研的，否则未经证明行之有效的新技术往往都是泥潭。Mickey 曾经立下这么一条规矩："绝对不要使用任何版本号小于 3.1 的微软产品。"对于大部分新技术而言，这条规矩都是适用的。

创新难以按照计划好的时间表实施。

——Dan Fylstra，VisiCorp 联合创始人，第一个电子表格程序
VisiCalc 的分销商

你需要有意识地在创新和市场、客户驱动之间建立合理的平衡关系。

你喜欢哪种类型的项目，你如何完成这些项目，以及你对团队的期望等，都将在你所要构建的、与以下要素相关联的团队文化方面表露无遗——创新、技术卓越以及以业务与客户为中心。

如何把控创新的界限，如何维护好创新与交付之间的平衡，这可是精细活儿。你的工作就是找准这个界限，将其清晰地传达给团队，并进行有效监控。如果你成功地找准了这个界限，并使之成为程序设计文化的一部分，那么你的团队通常可以自行监控。

- 要鼓励创新，你必须鼓励风险；
- 要鼓励风险，你必须容忍失败；
- 要容忍失败，你必须充满耐心；
- 要传达对创新的鼓励，你必须要奖励奉献，而不仅仅是奖励成功。

鲁莽的冒险和无法从错误中汲取教训，这两者都不可容忍。而对于那些虽败犹荣的项目（就是那些付出了极大努力但仍然失败的项目），你需要为团队留下足够的空间。虽败犹荣并不意味着羞耻，甚至你应为团队付出的努力和奉献给予称赞和认可。所以你应适度地鼓励冒险。鼓励和创造一种以稳重而又睿智的方式应对风险的文化，这意味着允许开发人员创造和交付令人赞叹的解决方案。

8.4.3 合规

在对团队的各种要求之中，很重要的一项是要求团队遵守各种标准和规范。

> 汽车之所以有刹车，是为了跑得更快，而不是为了跑得更慢！
>
> ——Dan Keller，Schwab 技术高级副总裁

标准和规范不能随意制定，每一条都必须是有意义的。

> 你可以不遵循标准，但必须知道为什么要有标准，而且能明确说明标准。
>
> ——Robert Marshall，Schwab 副总裁

你应当使用重用或者自行定义的方式制定符合组织与客户需求的标准，用以规范设计、文档、开发和测试流程，还要在团队中推广和实施它们。

标准和规范还可以应用于：

- 需求；
- 编码；
- 代码质量，
- 文档自动生成；
- 开发流程；
- 编译流程；
- 测试用例跟踪；
- 可追溯性；
- 代码提交（如提交代码前进行代码复审）；
- 源码控制；
- 开源代码的使用；
- 知识产权。

8.4.4 高品质交付

几乎每个程序设计组织都需要一种关注"交付"的文化。无论是软件上市还是服务上线，按时交付的要求都需要得到广泛重视。

大多数组织都把开发工作解读成一系列的交付日期。如果这些日期不现实（即所有人都明白这些工作不可能按时完成），那么这个日程安排就毫无意义，也失去了可以衡量个人和团队绩效的交付目标。你不仅要理解如何监控你的项目，去设置令人信服的交付日期，你还要改变团队的想法，让他们确信这些日程安排是有意义的、现实的、可以实现的，并值得我们为此一战。

> 如果你的计划低于你的能力所及，那么比起本来能做到的，你将做
> 得更少。
>
> 如果你的计划高于你的能力所及，那么比起本来能做到的，你也将
> 做得更少。
>
> ——Kent Beck，极限编程、测试驱动开发和 JUnit 的创造者

另外，我们两位也都曾服务于这样的组织：项目目标、计划甚至任务都不明确，没人知道怎样才算作是"完成"。在这种情况下，你依然可以大显身手——首先明确定义你要创建的产品，然后与你的团队一起定义"完成"的标准，并且建立一个可以信赖的、团队成员都可以参与的项目计划。

关注高品质交付的文化不仅仅是设置目标和日程安排，还应当清楚地定义你的项目，带领团队有的放矢地执行相应的开发流程，让大家以最少痛苦的方式达成目标。

8.4.5　高效率交流

只有通过充分的沟通，你才能确保团队中的每个人都朝着正确的方向前进。从本质上说，软件开发就是一项团队运动，而团队运动是以沟通和协作为基本条件的。这就意味着你必须把促进沟通交流作为自己的主要工作内容，即你要确保团队内部沟通顺畅，努力调动和鼓励团队中最沉默的队员，让所有人都参与沟通。

> （管理）程序员的麻烦在于，你永远都搞不清程序员在做什么，而当
> 你终于搞清楚时却为时已晚。
>
> ——Seymour Cray，Cray Research 创始人、Cray 超级计算机的设
> 计者[1]

你创建的文化应当鼓励每种级别的交流。这意味着你应通过话语以及其他形式的暗示让团队成员知道他们可以在任何时间、带着任何问题来找你。你的文化必须鼓励和奖励他们这么做，而且宜早不宜迟。通过鼓励程序员更早地把问题告诉你（即使他们可能无法确定这究竟已经是个问题还是即将成为问题），你将拥有更完备的信息、更长时间的预警，以及更广泛的资源选项来帮你解决问题。

在 Brøderbund Software，Mickey 采用了一项被称为"我痛恨任何意外"的准则，而且他经常向他的团队灌输这一准则。他甚至在自己办公室的墙上挂了一块写着"我是那种痛恨任何意外的人"的牌子，这样他的直接下属在与他一对一会面时，都会看到这块牌子。这并不意味着他没有遇到过意外（事实上总会遇到），但传达

---

[1] "Top 50 Programming Quotes of All Time"（Junauza 网站，2010-12）.

这一消息能够切实鼓励他的员工尽早交流新信息。

所以，你应当厚植一种鼓励程序员尽早并经常和你交流的文化：仔细倾听，对事不对人，关注解决方案而不是错误本身。

解决问题，而不是追责。

——日本谚语

你创建的文化还应当鼓励程序员彼此之间进行正式或非正式的沟通。沟通交流通常不是程序员的强项，所以程序设计文化需要克服很多东西。确保队友间的交流，是敏捷方法重视每日站会的根本原因。

沟通太少会很快导致所谓"版本杂乱症"[①]：两个程序员分别完成同一系统的不同部分，相互之间本应无缝连接，但很快两个人就产生了分歧，在不同的模块采用了不同的实现方式，彼此间的 API 严重不匹配。过少的沟通还会导致效率急剧下降，例如某一个开发任务等待一个依赖模块的提交，而那一位程序员却没有意识到自己的工作已成为关键路径上的一项任务——更有甚者，都没有意识到另一个程序员还在等着他。你和程序员们还必须讨论清楚谁来负责哪一块儿并且达成一致，否则难免会出现冗余代码。

当需要跨团队沟通的时候——通常跨团队沟通还伴随着更大规模的代码库，沟通障碍会导致更为严重的后果。在第 9 章，我们将讨论成功交付软件和解决团队间沟通的挑战。所以，你所着力构建的程序设计文化必须支持和鼓励每一个级别的沟通交流。

事实上，团队的程序设计文化要鼓励程序员不受拘束地与组织中的任何人进行沟通，以便取得完成工作所需的所有信息。管理者不应成为沟通的瓶颈或者"看门狗"，而应去鼓励、促进并奖励有助于增进对工作的理解的跨越各种级别的沟通。

沟通问题正是导致虚拟团队（即地理上分散的团队）难以管理的原因之一。同处一地工作的程序员之间可以轻松地交流沟通，自然而然地进行协作。走廊里的碰面或是休息间的偶遇，都是非正式沟通的有效场景，都会增进程序员之间的理解、共识和知识共享，而这一点我们往往认为理所当然。

同处一地工作的程序员能体会到彼此的节奏，可以在办公室外随意闲聊其工作进展，也能吸引到同事的注意，向他们请教设计或调试的问题。

这些看似平常的日常交流，在地理上分散的程序员之间却荡然无存。

8.4.6　虚拟团队间的沟通

虽然我们都研究过远程沟通工具，它们能够传达各种细节，我们也考虑过设

[①] 相同软件、文件或文档出现很多不同且不兼容的版本的情况。——译者注

置显示器和摄像机，给远程工作的员工更多的"存在感"。但就我们所知，还没有任何虚拟机制能够实现面对面交互那样高效、细微的沟通，即使连表面上的相似程度都做不到。

因此，虚拟团队必须致力于以超出同处一地工作的团队成员之间的沟通水平去沟通：更频繁地交流，发送更大量的电子邮件，使用更多种类的类似 Slack 的群组交流工具，更大规模地使用 wiki 上的团队分享的更优质的文档，以及使用更多种多样的语音形式的沟通。作为管理者，你需要做的就是监控这些沟通渠道，确保他们确实在沟通。

> 团队成员之间相隔越远，沟通就应越正式、越直截了当。
>
> ——Ted Young，GuideWirE 开发经理/敏捷教练

虚拟团队管理中的一个有用的实践方法，就是让每个团队成员按照优先级，指定与他们联络沟通的最佳途径。例如，我可能会承诺，如果我的队友们给我最常用的号码打电话或留语音信息，他们会最快（最多不超过 30 分钟）得到我的回应。如果他们通过其他途径，例如电子邮件或即时通信软件，他们也会很快得到我的回应，通常保证在两个小时以内。

每个人必须意识到这种情况：当远程工作的程序员们"进入工作状态"的时候，不可避免地会遭受反复打扰，因为去打扰他们的人无法看到他们正在埋头苦干。所以，相比较同处一地工作的团队而言，虚拟团队中能够帮助发现一位远程队友是否正在忙碌的线索要少得多。

同样情况下，同处一地工作的团队成员间虽然也很容易出现某人在不知情的情况下被打扰的局面（例如正在脑海里和难题搏斗，而在外人看来却是无所事事），但这种情况出现的概率比在虚拟团队中要低得多。并且，虚拟团队中的程序员也更可能在不遗余力地努力奋斗、生产代码——但却沿着错误的方向——而这一切你却毫不知情。上述问题只有维持畅通沟通的文化，才有机会在问题失控之前得到有效拦截并解决。

在 Gracenote，有一个数据库程序员对日本文化非常感兴趣，以至于他志愿到东京工作一段时间。当时公司正好需要一个理解美国团队数据库开发习惯的人去日本工作，Mickey 给予了他这个机会。"他搬到日本之后，很快就能针对日本市场高效开发出公司所需的各种定制功能，而这是美国团队无法通过远程沟通或优先处理去完成。然而，他却没有达成派驻他去日本的另一个目标：这位程序员没能或不愿意与美国团队进行足够的沟通。尽管他为我们的日本客户所做出的贡献很突出、很关键，但由于他缺乏沟通技能，再加上空间的距离与 8 小时的时差，他最终没能有效地拓展两个团队之间的交流。他在东京做得很成功，但他若是优秀的沟通者，就能够把两个团队更好地连接起来。"

Mickey 经常考虑寻求和开发一些工具，让虚拟团队的成员能够更加接近实际开发环境，与队友更真实地沟通。他考虑过让远程员工安装一些工具来跟踪他们的计算机活动（按键、鼠标单击、窗口打开等），但又意识到他的程序员可能会认为这个要求太过苛刻、侵犯隐私。他也考虑过为远程员工设置虚拟办公室（一台显示器和一台摄像机），不总盯着看，但像半透明玻璃后的工位一样，你看不清楚他们但他们有存在感。他希望通过模糊图像提供类似"我在桌旁"或"我不在桌旁"的信息，或者开会时，在团队的中间放置显示器以展示远程员工的参会情况，让本地团队成员感到和虚拟团队成员联系在一起。但是，当他提出这个虚拟在场的计划时，本地团队和虚拟团队成员都不感兴趣，因此没能再前进一步。

很多人都有类似的需要。事实上，有很多公司①花费多年时间开发系统，承诺能有效监控远程员工，但都不了了之。虽然 Mickey 对此有想法，但一直没能找到合适的时间或者合适的项目去尝试开发这些系统。先进的工具可能迟早能给我们提供所期待的功能，让远程员工在不觉得被窥视以至于被严密监控的情况下，支持虚拟团队的建设。

8.4.7　公平

公平的程序设计文化会让你的员工放心工作，因为他们知道奖励（或批评）都是公平的，而不是武断专制的。

对不公平的感受会让人严重分心，所以即使只是为了避免人心涣散，你也应最好规避它。

不过公平说起来容易，做起来难。公平的基础之一是薪酬公平。虽然美国的公司努力阻止员工将工资和奖金的数目告知他人，但不要指望这真的能保密：无论怎么做，在多数公司中，程序员们似乎总是知道他们的同事，至少部分同事的薪酬数目。如果你给的薪酬太不正常，你的团队一定会知道。

而且，不让他们感到薪酬不公平几乎是不可能的。市场上程序员的薪酬似乎总在不断变动。新招的或转岗的程序员的薪酬总是会打破已有的公平。Mickey 说："作为经理，我顿悟的那一刻，正是我意识到自己不可能总是保持公平——但我能保证他们的薪酬变动斜率更大，从而能最终解决问题。在 20 世纪 80 年代早期的 E & S，我有个优秀的年轻程序员，但他的薪酬比一个更有资历的程序员的一半还少，尽管后者的技术还不够给他提鞋。我意识到不可能马上解决所有问题，但我可以让这种不公平随着时间的推移而逐渐被解决，这让我能接受短期的不公平。随着时间的推移，我做到了团队成员的薪酬和绩效排序成正比。"

如果你一直在追求公平，那么员工在面对一时的不公平时就能接受。所谓公

---

① 例如，第六感分析公司（6th Sense Analytics, Inc.）。可惜的是，这家公司并没有成功。

平的文化，是说你总是朝着公平的方向去努力。

薪酬也许能根据能力来排序，但它们可能无法反映出员工生产力之间的数量级差异。这时候，其他福利可以帮忙。我们认为应当根据员工的生产力发放福利。考虑好哪些福利待遇可以用作奖励，然后奖励给你认为值得拥有的人。发放各种福利（新的机器、行业会议的门票、更好的办公空间）给表现最好的人，这也是一种公平。

8.4.8 授权

虽然新程序员需要指导（甚至经验丰富的程序员面对新的环境时也需要指导），但没有什么比授权更能让他们感受到自主，更能够提升他们的工作效率。当程序员知道他们所能带给自己的改变与付出的努力成正比时，当他们在努力过程中具有一定的决策权时，他们工作效率的提升幅度可能会令人叹为观止。当 Ron 加入苹果公司的时候，当时的苹果公司已然是一家大公司了。但是，苹果公司对于"改变世界"的愿景依然矢志不渝，并对有关这方面的授权大开绿灯，这令研发部门的每位程序员都能全身心地投入"改变世界"的壮举之中。

相反地，没有什么比微管理更能够扼杀程序员的积极性、降低团队的工作效率了，有些经理不仅告诉团队要做什么，还要事无巨细地告诉他们如何去做，甚至还涉及最底层的细节。程序设计本应是一份相当有趣的工作。给程序员一个任务让他们去迎接挑战，让他们勇于承担责任，"苦其心志，劳其筋骨"，而后得出完美的解决方案，你就相当于给予了他们一个机会，让他们去做超出你期望的事情。然而，喋喋不休地告诉他们如何完成任务（或者通过不停唠叨和不断检查的方式来表现出你对他们的不信任），会摧毁他们的最后一丝灵感和创意。这也是大多数成功的程序设计经理出身于成功的程序员的原因之一：他们能通过最寻常的交谈迅速把握一位程序员是否处于正常的工作状态，而无须通过一系列让人厌烦的问题去一探究竟。

不要告诉别人"如何"做事。告诉他们做"什么"事，他们会以自己的创造力还你一个惊喜。

——George S. Patton（巴顿将军）

和管理的其他因素类似，授权也需要把握一种平衡。如果你给一位你还不太了解其能力的程序员分配了关键模块的编码任务，然后你还不检查和评估他的进展状况，那简直就是自寻烦恼。

我只检查自己所要求的东西。

——Alan Lefkof，Netopia 董事长兼首席执行官[①]

---

① Alan 告诉 Ron，他从麦肯锡公司的 Lou Gerstner 那里学到了这条经验法则。

信任但要核实。

——Ronald Reagan

问责不是微管理。

——Mark Himelstein

8.4.9　职业精神

鼓励职业精神的程序设计文化，能够培育诚信，能够促进员工持续学习。这需要你奖励对职业认证的追求，鼓励对专业组织和社区的参与，使得职业精神成为通向技术领导者的职业通道的一部分。这样不仅能够从整体上拓展团队成员的能力，还能成就他们成为自己及其组织的杰出代表，在组织内外扬名。

无论是程序员还是经理，抑或组织内的任何其他角色，没有什么比诚信（指说到做到）更能代表职业精神了。Ron 对一个刚刚走出校门的年轻产品经理的教导，是他最早作为经理指导下属的经验。这位年轻的产品经理曾经以为，只要对与他沟通的技术经理所提出的全部要求都回答"是"就是符合职业精神。但他没有考虑过自己能否达成承诺，结果把团队关系弄得一团糟。"是"这个词大家都爱听，但一定要有跟进和成果交付。

洞察力（综合和反思的能力）是另一种值得重视和培养的能力。它部分来自对某个领域的广泛涉猎。例如，将自己的见解恰如其分地贡献给团队的能力，通常是团队成员转变为技术领导者的必备能力。

我们认为，你应当鼓励程序员加入类似 ACM、IEEE 以及其他的专业组织和社区。成为会员或者出席专业组织举办的活动，这能让团队成员与志同道合的专业人士接触，这些专业人士会鼓励并培养你的下属，让他们拥有更高层次的责任感与理解力。

在其他行业，例如医学、法律以及工程学的其他分支，职业认证早已备受重视。微软公司提供了一系列的职业认证，虽然这一做法似乎是在利用职业认证将程序员与微软公司开发的技术紧密绑定在一起，但仍然在很大程度上提升了人们对职业认证价值的认知度。

管理者应该在团队内部倡导这样一种文化：尊重和鼓励培养职业精神，无论是从外表上还是从行为上。此举会让你在你的团队及其他同事面前增加公信力。鼓励培养职业精神这项举措本身就是很有价值的。

8.4.10　直面问题

管理者们所能犯的最严重的错误之一，是对那些威胁到团队工作效率的不可接受的行为姑息迁就。当管理者们发现很难应对这类行为问题的时候，他们往往会犹豫不决，这只会让问题更加恶化。

问题并不在于你做了些什么；而在于你什么都没做！

——Phac Le Tuan，工程副总裁兼首席执行官，旧金山湾区[1]

管理者们总是担心团队成员会把他们看成是独裁者，认为他们不能秉公行事，或表现得尖酸刻薄、睚眦必报。然而，实际情况往往相反。在你意识到某个行为问题正在影响团队工作效率的时候，团队中的其他人早已看穿了其中究竟，而且正在困惑为何你到现在还没有出手去解决这个问题。既然你已经创建了一种致力于提高工作效率和交付能力的文化，他们就会无法忍受你千方百计地寻找借口对问题放任自流的行为。

你必须出手解决问题，不能有丝毫拖延懈怠。你在处理问题时要走正式的流程，而不能专断独行，还要保持同理心和同情心。实际上，当问题露出端倪的时候，正是你利用与人力资源部门建立起来的良好关系去获得一些指导以处理类似问题的先机。处理问题绝对不能拖延。正如第 5 章所述，你应当及时给予相关员工客观而又直接的反馈，共同寻求解决方案，并要求对方做出相应的转变，明确阐述不能完成计划的后果。[2]

在你的部门中，你不应当容忍冷嘲热讽。私下的"冷嘲热讽"是可以接受的，甚或是必要的；面对针对你的讥讽，你应当开诚布公并处理得体。须知，公开持续的冷嘲热讽会演变成为团队中的一种疾病，会伤害到你的团队和公司。如若放任自流，则会不断蔓延。所以你必须快刀斩乱麻。

把针对"奇葩""笨蛋"以及喜欢冷嘲热讽之人当机立断的处理，当作是塑造整个部门都追求的优秀程序设计文化的良好机会，这样有助于在团队内部倡导沟通、效率、授权、公平和职业精神。

8.4.11 追求卓越

你是否关注过竞技体育中的各支团队？有些团队即使实力不足，也会出人意料地获胜。他们也会犯错，也许看起来并没有那么优秀，但他们总是对胜利充满渴望，而且他们做到了。

然而有些团队从未获胜过，这一事实本身就成为阻碍他们获胜的魔障。

魔法不会眷顾对它漠不关心的人。

——Diana Vreeland[3]

---

① 他讨论的是在苹果公司的管理中遇到的挑战。

② Marty Brounstein, *Handling the Difficult Employee* (Crisp Publications, 1993).

③ 被引用在 *The Week*（2006-01）。

有研究表明，对于资质相同的孩子们，如果总是夸奖他们很聪明，你就会看到他们卓越的表现；反之，如果总说他们很笨，那你就只能看到他们失败的表现。

对卓越充满鼓励和期许的程序设计文化，更有可能使员工表现卓越。

　　依照其本来面目看待一个人，他只会变得更糟。但是，依照其潜在可能去看待他，他会变得更好。

——Johann Wolfgang von Goethe

期待并看好团队及公司的目标。期望团队可以成功完成项目。期待追求卓越的程序设计文化。

8.4.12　奖励程序设计中的卓越表现

与不能容忍"笨蛋"的情况相反，你应当奖励和帮助表现卓越的程序员。倾听你的优秀程序员的心声，看看是否有问题妨碍他们以最为饱满的热忱完成工作，然后出手解决那些问题。鼓励和奖赏程序设计中的卓越表现。

8.4.13　团队精神和协作

你的程序设计文化应当立足于创建绩效卓越的团队。

重视团队精神这一点已经在前面讨论互相尊重、公平、沟通和直面问题等话题时简单谈过。

但这里还是要再明确阐述一遍，尤其在上一节刚刚告诉你要培养优秀的程序员之后：你应当不惜一切代价去避免针对个人英雄主义的过度奖励。乍一看，对那些单枪匹马就能对你们延期良久且 bug 满满的项目力挽狂澜的骑士们给予足够的奖励，似乎是公平合理的事情。的确，彻夜不眠不休直到最后一个 bug 得到圆满解决的程序员，能够平稳部署产品或者让停机后的系统恢复上线的程序员，确实应当得到由衷的感谢。

但是，你的团队建设目标应当是培养一种文化，讲求团队精神并让每个人都为了成功交付而努力奋斗。你更应当期待的结果是，没有人需要通宵加班，程序比计划提前一天上线，而且可靠性比预期的还要好。

你应当在奖励团队和奖励"英雄"之间建立合理的均衡，这样才会有更多团队成员愿意去帮助你力挽狂澜。只不过，给予他们这样的"用武之地"的情况应该是少之又少。

8.4.14　激情

如前所述，在所有激励因素中，程序员最容易被激励的因素是为世界带来积极的改变。不是每个公司及其产品都能为全人类做出积极的贡献的，但对于那些能够做到的公司来说，从激励到激情只有一小步的距离。

激情是发自内心的情感——是一个人存在的核心。激情源于你对自己的认识，对自己所在意的事情的理解，以及你和自己的所作所为之间的直接联系。

帮助你的团队成员理解他们和他们的核心价值（及其核心价值和工作之间的关联），你就能激发他们的激情，促使他们每天早早起来工作，并且工作中的每一刻都成为他们感受到快乐与深切的个人满足的源泉。

8.4.15 客户至上

软件开发团队中最难以改变的恶习之一，就是开发人员傲慢地自以为他们知道什么对客户最好——自以为比客户自己更了解客户。

几乎每个软件开发团队都应当是客户至上，以客户体验为中心。所以，了解客户的看法至关重要。我们知道，有些开发经理会在他们的软件开发团队中扮演一段时间的技术支持的角色。这有助于帮助软件开发团队从客户使用产品的视角观察问题，并了解他们使用中的痛点。此举将会大大提升团队创造有用产品的能力，并且反映在他们后续构建的产品中。

Mickey 大学毕业后参加的第一个重要项目，对他后来的职业生涯规划起到了重要的作用。"我在 Kenway 开始了我的第一份工作，开始是一个团队成员，后来在一个服务于美国海军的大型项目中担当技术负责人。这个项目是为一个占地 6 英亩的飞机返工设施提供自动控制系统。当我们帮客户安装好系统之后，我作为软件方的代表，加入了现场技术支持团队（我们的产品包括一个软件和一个硬件）。我在现场提供服务，每天直接与客户的员工一起工作，同时远离了公司的总部。这对我产生了极大的影响。一方面，我开始理解客户，倾听他们日常提出的需求；另一方面，我体会到远离开发团队的艰难。这两方面的经验促使我成为一个更好的管理者，愿意倾听客户，竭尽全力为客户解决问题，对远程的技术支持人员提供不遗余力的支援。"

关于客户的同理心，实际情况是，正如几年前在 ACM 的计算机人机界面大会上发布的徽章上所写的那样，"我们不是客户"。我们知道很多：我们知道代码是怎么实现的，我们知道软件的用途，我们知道它的工作原理，我们知道如何使它工作。与我们相比，客户简直就是盲人。

多做用户测试：用户是最好的测试人员。（开发人员是最差的测试人员！）

——Ron Mak

你没法从开发团队或质量保证团队那里确定你的软件能不能真正工作；只有把它放到客户面前，观察他们是怎样使用它的，这时你才能知道软件是不是真的能工作。此时，"一无所知"的客户遇到的困难（程序员会因为"熟悉"而下意识地跳过）才是你改进软件的最佳动力。

Mickey 回忆说："我在 Gracenote 招聘的第一批程序员中，有一位开发人员，他曾经使用最初的 CDDB 服务创建过一个免费软件——媒体播放器。后来，他成了公司内部的开发人员，向开发客户端 SDK 及在线服务的程序员们直接提供反馈意见。他对我们服务的客户公司的开发人员想要什么样的接口有着深刻的理解。因此，他成了头号应用开发人员，帮助我们把首次发行版本的每个方面都做得更好。由于预算的限制，在后续的产品和服务中，我们没有继续聘用或培训其他应用开发人员。现在回想起来，这是短视的做法，因为如果有应用开发人员，后续的产品和服务可以做得更好、更加符合客户的需求。不幸的是，在这个关键问题上，很多公司都在反复犯错。"

大多数程序可以通过让开发人员"吃自己做的狗粮"（实际使用自己开发的软件）而得到改进。因而，如果软件开发团队本可以使用自己开发的软件，却使用了别人开发的软件，那一定是很不好的征兆。

> 关于用户友好性，我要提出的最终衡量方法其实很简单：如果这个系统是一个人，你能忍耐多久，才忍不住一拳揍在他脸上？
>
> ——Tom Carey

8.4.16 持续学习

软件开发团队应当是一个学习型组织。

不要奢望程序员能够开发出完美的代码，这种事情根本不存在。代码是永远也写不完的。相反地，程序员需要学会在适当的时候放下。Ron 回忆起富士通公司艺术部门的负责人曾对他说，有些程序员不知道"完成"是什么意思，他们会说，核心内部函数可以展示的时候，就算是完成了一些工作，而没有考虑需要有流畅的用户界面并符合实际需求。

> 有天夜晚，我走上舞台，完美地演奏了一曲。
> 然后，第二天晚上，我走上舞台，演奏得更好……
> 完美是逐渐荒芜的第一阶段。
>
> ——Jean-Pierre Rampal[①]

程序员必须不断学习，才能写出更好的程序，提交更好的产品。

你应当设法让你的程序员每年都学习一些东西。你可以给他们一本书，送他

----

① Jean-Pierre Rampal 可能是世界上最好的长笛演奏家。Dale Dauten, *The Max Strategy*(Willam Morrow,1996).

们去参加行业会议，用一对一对决去挑战他们。你要鼓励他们学习，使他们保持持续学习的状态。你可以设置自带午餐分享会，让他们彼此之间分享技术。即使是代码和设计审查，也是帮助程序员学习的好时机。

让学习成为程序设计文化的一个有机组成部分。

8.4.17　良好的环境

许多程序设计团队都在小事上很聪明，而在大事上犯糊涂——常理来说，重金聘请开发人员之后，组织应当为其提供最强大的工作站，以及其要求的所有硬件和软件，以便使投资收益最大化。

然而，实际情况是，我们总会看到一些组织，他们的首席执行官拥有比开发人员更强大的工作站；每当开发人员想要购买某一款工具的时候，都必须要提出足够充足的理由，甚至开发环境本身也是如此；本来只要用几百美元的工具几分钟就能完成的工作，他们却必须花几天时间去手工完成。

如果你发现自己身处这样的文化之中，那你很难一夜之间就将它改变。但是，你应当帮助开发人员争取到所需要的工具，以便于其达成最高的工作效率。你应把这作为自己身为管理者的目标。你应当向开发人员说明，即使现在的组织文化还不能够做到为开发人员提供最高效率的工具，但身为管理者的你，在你倡导的程序设计文化中，你会充分利用每一次机会去帮他们争取到最好的资源。

要使程序员达到最高的生产效率，需要为其配置一间安静的私人办公室，一台性能卓越的计算机，无限量供应的饮料，20～22℃的室温，没有眩光的显示器，一把舒适得让人感觉不到的椅子，一位能帮他们取信、订阅手册和购买图书的管理员，一位能确保因特网畅通自如的系统管理员，一位能发现他们发现不了的 bug 的测试人员，一位能使他们的程序界面好看的美工，一支能找到目标客户的市场团队，一支能确保目标客户购买产品的销售团队，一批富有耐心、能帮助客户配置好产品、能帮程序员理解哪些问题引发了客户拨打技术支持电话的技术支持人员，以及一系列其他的支持和管理职能部门。通常，所有的开销加起来，约占公司总支出的 80%。

——Joel Spolsky[1]

关于工具的价值，有一种方法可以帮助你说服你的管理层：用木工或汽车维修人员做比喻。几乎每个人都在生活中的某些时候做过木工或汽车维修人员，所以总会发现合适的工具是多么重要。做木工时，如果想要削去木板上 1 英尺（1

----

[1] Joel Spolsky, "The Development Abstraction Layer" (*Joel on Software*, 2006-04-11).

英尺≈0.3 米）的一小部分，如果没有刨子，你就只能用砂纸或锉刀去磨掉那块多余的部分，那么本来只要几分钟就能做好的事，会浪费你几十分钟甚至几小时的时间。同样，如果在修车（甚至换轮胎）时找不到合适的扳手，那么你要花几小时的时间才能完成一项简单的工作。

为你的程序员提供合适的工具，能帮助他们节省很多开发和调试时间。工具（如静态代码分析工具或高级调试器）不仅能减少程序员的总体开发时间，而且还有可能改进代码的总体质量。

另外，如果你们的文化要求长时间工作，就应当相应地提供食物（小吃、快餐，甚至全餐）、娱乐设施（乒乓球桌、走廊里的海报、门外的音乐）、啤酒酒会、即兴演奏，以及其他美妙的环境设置，例如聚集空间和精心设计的共同工作地点、随处可见的白板等。

苹果公司在面对开发 System 7 的 Finder 的压力时，为团队买了玩具枪来释放过多的压力。有一次，团队的一位成员带来了他两岁的孩子，孩子兴奋地拿起玩具枪，和大家一起开心地玩耍了一下午。团队的每个人都很喜欢这样的下午，短暂的玩乐时刻安抚了他们的焦虑情绪，帮助他们渡过了项目的难关。

很多高压力的程序设计团队通过减轻劳动强度等细微调整，让员工减少身处公司办公环境的感觉，此举能够有效地缓解员工的压力。

8.5　本章总结

要想成为卓越的管理程序员的经理，你要从培育成功的程序设计文化开始，这种文化树立了对互相尊重、创新、合规、高品质交付、高效率交流等的种种期望。如果这些元素不能与公司的文化协调一致，你就要有效保护你的团队文化，防止公司的负面文化和价值观渗透进来。在它们能够达到同步的时候，你就可以借助公司文化中的积极元素来支持和促进建立卓越的团队氛围，吸引和留住顶尖人才，激励他们完成优异的工作。

正如我们在本章内容中所说的，成功的程序设计文化，能够以任何个人激励都无法企及的方式去驱动高效的工作。

8.6　工具

我们认为本章列出的成功的程序设计文化的特征，对于程序设计团队的成功非常重要。因此我们还创建了一个单独的列表，以方便你频繁地参考。异步社区可以下载下列工具：

* 成功的程序设计文化的特征。

第 *9* 章

成功管理软件交付过程

本书之前所有的各章都是为了一个终极目标做铺垫的：带领程序员们成功地交付软件，即引导他们发挥自己的创造力、发挥他们注重细节的特长，引导他们努力的方向。

毫不奇怪，大多数程序设计经理发现，当领导在评价他们的工作绩效时，往往是以成败论英雄，即他们能否在预算范围之内按时交付符合客户需求的软件。但是大部分组织都不愿意自己招聘程序员进行开发，更不愿意忍受大多数程序设计团队所表现出的善变、天真，有时候甚至还是完全"反社会"的行为风格。

即使是在敏捷组织与自组织团队盛行的当今，绝大多数程序设计经理还是需要一力担当软件交付的职责。组织对程序设计经理还是有一些衡量标准的，不管是显性的还是隐性的。而作为一位程序设计经理，你的组织几乎肯定希望你在交付过程中发挥重要作用。然而，在不同的组织中，管理者的交付责任几乎是各不相同的。问问你自己：我的组织是如何衡量我，如何测量我的团队的交付能力的？

如果你的组织是真正的敏捷组织，那么你的团队就会担当起软件交付的职责，而作为管理者，你本人很可能被衡量"能否为团队创造准时交付软件的各项条件"。组织期待你可以创造出一派蒸蒸日上的良好开发氛围，一个基于团队合作、团队稳定、顺畅沟通的欢乐祥和而又积极向上的团队文化氛围。

然而，真正的敏捷组织少之又少，在更多的情况下，衡量你是否成功交付的标准，依然是经典的预算、时间、范围和质量这四大要素组成的某种组合。无论你是否喜欢衡量你的各项指标，你都需要清楚理解它们是什么，这一点极其重要。

你还需要知道是否有合作伙伴可以与你分担交付责任。传统意义上，有许多干系人都会与你分担交付责任。如果没有，你除了需要学习有关开发管理方面的知识，还要学习项目管理的常规工作。

如果你的组织是敏捷组织，组织内很可能不会有项目经理的角色，而是有一名 Scrum Master。他将负责促进整个项目团队的敏捷转型，并且在支持协作、团队合作以及敏捷实践和思维方式等方面做出贡献。

在产品规范方面，你应该有一个产品经理或产品负责人（Product Owner，以下简写为 PO），他的职责是构想你的程序员正在构建的产品，并将其分解为市场实验、最小可行的产品、最小可市场化功能[1]和用户故事。程序员负责正确地构建产品，而产品经理/PO 则负责构建正确的产品。项目经理的职责是协调团队、预算和进度。当项目规模庞大到需要跨团队时，项目经理通常负责管理多个团队间的依赖关系。Scrum Master 负责保障敏捷组织的健康运行。

如果你想对项目集/项目管理、产品管理、产品所有权以及 Scrum 等内容的细节一探究竟，我们建议你可以参考其他图书。细致描述这些领域和方法论的图书可谓是汗牛充栋。

本章，我们将重点讨论程序设计经理在成功开发和交付软件的过程中可能被要求或期望扮演的角色。同时，我们也会假设你拥有合作伙伴。

9.1 激励目标

产品交付始于项目或者产品启动会。在该会议上，你将扮演一个推动并确保澄清项目及其目标的角色。

你的角色与产品经理/PO 的角色一样，就是去激励你的团队。[2]

　　如果你想要建造一艘大船，不要立马号召大家开始收集木材，也不要立马分配任务和工作，而是应该先教会他们要对广阔无垠的大海满怀憧憬。

——Antoine de Saint-Exupéry[3]

当你甫一开始构建产品时，激励你的团队是至关重要的。正如我们在第 7 章中讨论的关于激励程序员的内容一样，改变周围环境的方式对程序员起到的激励作用远高于其他方式。你和你的商业伙伴（Business Partners[4]，以下简写为 BP 们）需要抓住机会，奠定正确的基调。如果不是具备一定的重要性，你也不会去承接哪怕是最次要的项目，而这正给你提供了讲述这个故事的机会。

无论你是否是主要的激励者（有时候产品管理同行才是主要的激励者，毕竟

---

① 最小可市场化功能（Minimum Marketable Features，MMFs）由 Mark Denne 和 Jane Cleland-Huang 在 2003 年关于产品的经典著作 *Software by Numbers: Low-Risk, High-Return Development* (Prentice Hall, 2004)中提出。这本书能够让程序设计经理的灵魂为之振奋，因为它终于将分析的严谨性带到了产品管理中，使之与程序设计经理和团队一直以来所期望的项目管理严谨性相匹配。关于 MMFs 的更多细节，将在本章后文详述。

② 在 "The Scrum Guide" 2020 年版本中导入了产品目标（Product Goal）作为原先 PBL 的承诺。产品目标可作为 PO 激励团队并为团队指引方向的工具。——译者注

③ Antoine de Saint-Exupéry, *The Little Prince* (1943). 中文版《小王子》2002 年由上海译文出版社出版。

④ 此处原文为 Business Partners，直译为 "BP 们"。综合上下文分析，"BP 们" 泛指所有向程序设计团队提供需求的个人、团队或组织，包括但不限于组织内的业务部门同事、产品经理/PO、商业分析人员（Business Analysis）。——译者注

产品管理需要拥有客户洞察力），你都可以来一场有关本项目的"电梯演讲"，此举可以确保团队中的每一个成员都理解他们将要开展的工作与产品开发之间的关系。此外，每一个团队成员都应该在项目启动后了解何为项目成功的标准，从而使成员都能在同一个方向上共同推动项目的发展。

激励当然不只会以任务书、愿景和"电梯演讲"的形式出现。人们往往低估了一个令人一听难忘的项目名称和一件与众不同的项目 T 恤的作用。苹果公司里有一个关于项目管理的关键阶段的共识：项目的第一阶段是"给项目找个好名字"，第二阶段是"设计项目 T 恤"，然后才能进入第三阶段"编写项目计划"。项目名称和项目 T 恤之所以重要，是因为苹果公司很早就知道，这两样东西能够把团队成员团结到一起，产生内聚力，能够促使团队成员把注意力完全转向项目，心无旁骛。

好的团队都是以项目名称为焦点寻找灵感的。Macintosh Finder 是每个 Mac 用户都能看到的核心用户界面，苹果公司的几乎每位开发人员都为之贡献过自己的聪明才智。如此重要的项目，名字可不能随便就。Ron 的团队把 Finder 的一个版本命名为"Bungee（蹦极）Finder"，以便于团队能够把注意力聚集在本期项目的重点：弹性地扩展系统，可以加入各种图形、网络和脚本。当 Mac 将核心处理器从 Motorolac（摩托罗拉）迁移到 PowerPC 时，提供支持原生的第一个系统软件发布版本被命名为"Truth"（真理）——证明整个操作系统是可以重写的；接下来的版本是"Beauty"（美丽）——完成了基础工作之后，才能在其上进行强化和改进。

Ron 回想起在 Schwab 开创性地将公司上千人的应用组织从"任何语言都可以"转变为一个全公司的统一单语言面向对象程序设计平台时，说："我把团队命名为'Java 对象服务'，并创造了'Java 对象服务：对象即服务'的口号。我们做了专用的鼠标和 T 恤来提醒团队专注于服务。我们向客户传达这样的信息：拥抱 Java，你就能获得专门为你的成功提供的服务。"

即使已经有了非常好的项目名称和项目 T 恤，项目的愿景也仍然会因为技术性的短视而模糊。程序员很容易把注意力转向算法、组件模块和代码本身，而忽视了客户的需求和想法，以及客户的希望和梦想。优秀的程序设计经理能够激励团队将重心始终集中到客户身上，专注于交付项目成果。

最后，千万别低估向团队成员寻求反馈的价值。团队会议是一个很好的机会，通过一起讨论项目的价值、选择最佳的方案，你可以极大地激励团队成员为追求卓越而努力。不仅如此，大家一起分享、评估项目的过程，也能厚植同袍之谊，提高团队士气。

9.2　定义"成功"

PO 的职责包括定义最终验收的标准，以及定义什么是"成功"。其关键是要让各个干系人就"项目的成功标准是什么"达成一致，并为此提供答案。

PO 应当在项目启动时就上述问题为团队提供各个干系人共同认可的答案[①]。

程序员最讨厌的事情之一就是当他们费尽千辛万苦做出产品时,却发现因为时间太迟、需求不对或者产品研发所遵照的需求规格并非客户的现实需要等诸多原因而导致产品反响不佳。

所以你一定要弄清楚干系人对产品的预期,追求的是速度、功能、质量、上市时间,还是某些特定功能、集成度、易用性,抑或其他因素——包括确定衡量这些因素的关键指标。

身为管理者,你代表着你的团队,你有责任了解项目在哪项/哪些预期上可以进行弹性调整。

项目管理中有一条经验法则,叫作"铁三角",三角形的三边分别是范围、进度和人员。这个规则是,范围、进度和人员,只能任选其中两项。例如,如果你要增加功能,那么你要么删除一批总体规模相近的功能,以满足进度的要求;要么延期进度方面的要求,给予你的团队更多的时间;抑或在项目中投入更多的人员。这是一条显而易见的基本法则。

当然,到底选择"铁三角"的哪两边,这可能不是由你来决定的,这可能是产品管理部门的责任。但你要代表你的团队,确保每个人都明白三角形的哪条边是可以被调整的。

如果你的组织面临预算方面的重重压力,即预算可能是不可调整的,那么人员配置(也就是预算)即为不可改变的。所以请牢记 Brooks 定律[②]:向一个已经进度延迟的项目中增加人手,只会让项目延迟更多。你需要在你的项目延迟之前得到批准,让你在项目中增加人手!

如果你要把宇航员送上月球,范围可能是不可改变的:让他们有去有回是必须的。能满足此项诉求的几乎所有东西我们都要纳入需求!

如果你要排队报税,那一定要在报税季内完成。于是,时间,也就是截止日期将是不可改变的。

但项目管理中的"铁三角"往往不是那么黑白分明。

Ron 在 Schwab 工作的时候,会要求干系人为每个项目都提供一套权重指标卡,总共 100 分,分配在上市时间、质量和成本 3 个选项上。例如一个项目可能有以下指标:

- 45%上市时间要求;
- 35%质量要求;
- 20%成本要求。

[①] 在 "The Scrum Guide" 2020 年版本中新增的 "产品目标" 概念可以认为是各个干系人共同认可的答案。——译者注

[②] Frederick P. Brooks Jr., *The Mythical Man-Month, Anniversary Edition* (Addison-Wesley, 1995), p. 25.

这些权重指标卡在全体人员当中共享，所以团队中所有人都知道应当首先确保上市时间，同时保证相当程度的质量（当然有些 bug 的修复可以等到项目完成之后再做），即使需要花费更多的资源才能获得成功也是物有所值。

有时，质量是"铁三角"中的可调整参数之一，就像上述 Ron 在 Schwab 推行的权重指标卡那样。这时一定要小心，过分追求质量也可能是在玩火自焚。Pokémon Go[1]游戏在发布的时候依然有 bug 没有被去除，然而它那令人耳目一新的玩法依然吸引了大量玩家。可想而知，如果该程序没有那些让人沮丧的 bug 的话，它的成瘾性将会成倍增加。

对于典型的软件项目来说，Ben Franklin（本·富兰克林）关于质量低劣与廉价推销的经验法则同样适用：

　　按时交付带给我们的甜蜜很快就会消失，这之后就是低劣的质量带给我们的绵延长久的苦涩。

我们认为构成"铁三角"的最普遍的因素是范围、进度和人员，因此 Ron 在 Schwab 推行的权重指标卡遗漏了范围。

Ron 在全球巡回演讲时，经常向程序员或项目经理询问，他们中有多少人遇到过 400 页的需求文档。通常大部分人都会举手表示遇到过。他接着会问：那些文档中的需求点，有多大比例最终能在产品中交付？除了航天用的程序之类的少数项目之外，答案通常是 25%～50%，低至 15% 的情况也屡见不鲜。

作为程序设计经理，我们需要从 BP 们那里获取到清晰的功能优先级说明。为了项目能够成功，我们能交付的 15% 最好是最重要的、能够提供最高客户价值的那部分！

Scrum 流程把优先级顺序规范化定义到 Sprint 循环中。团队真正需要知道的是哪些功能项提供的价值最大，然后把这些功能项用作第一个冲刺阶段的候选功能项，并对剩下的最重要的那些功能项做优先级区分。随着待办项的重要程度的降低，优先级区分可以做得更加粗略笼统。PO 需要对下一个冲刺阶段的功能项做相同的优先级区分，并在团队中达成共识，确保开发团队总是在做价值最高的开发工作。

9.2.1　识别无法调整的交付日期

一般地，我们都会对那些交付日期不可调整的项目怒不可遏，但交付日期不可调整的项目切实存在。例如经典的"阿波罗计划"："在这一个 10 年结束之前，

---

[1] Pokémon Go 是由 Nintendo（任天堂）、The Pokemon Company（宝可梦公司）和 Google 的 Niantic Labs 公司联合制作开发的现实增强（Augmented Reality，AR）宠物养成对战类 RPG 手机游戏。该游戏于 2016 年 7 月 7 日首发。——译者注

我们将把一位宇航员送上月球，并把他安全地接回来^①。"虽然有时候当我们说"我们想在那个日期要这个功能"时，"那个日期"是可以协商的，但开发工作不能总像一场聚会，日期可以随意更改。有时候，所谓"交付日期"代表的只能是通过严格遵守的截止日期才能实现的机会：

- 某个行业会议会在某天召开，而这个会议对你的产品的成败至关重要；
- 零售产品必须在 5 月和 9 月发到分销商手中，这样才能赶上关键的销售季；
- 美国的税法规定每年的 4 月 15 日为截止日，税务软件必须在 W-2 表格下发之日（即 1 月 31 日）之前准备好；
- 临近年底的时候，没有公司愿意更改他们的会计、薪酬或福利系统；
- 在选举日之前，投票机必须开发完成、通过认证并交付分发。

一旦错过市场窗期，商业价值就会变成零。

——Pollyanna Pixton，ALN（Agile Leadership Network）联合创始人

作为管理者，你需要确保每个人都明白：为了满足不可协商的交付日期，可能会有很多必要的妥协。Mickey 说道："每次我们遇到麻烦，都是因为公司或客户强加给我们的进度要求。"在"那个日期"没得商量的情况下，你必须迅速弄清楚"这个功能"到底是什么，功能有多少是可以调整的，以及如何为这些功能设定优先级。

意识到交付日期不可更改，那么正确的功能优先级排序就将成为制订项目计划的重要部分。Scrum 特别适合于范围部分确定的项目，因为 Scrum 可以确保产品待办事项列表始终按照客户最关心的东西来排序，产品始终是已构建和可构建的。

9.2.2　奖励计划

虽然项目奖励通常都是在项目交付之后发放，但是程序设计经理可以在项目的计划阶段以及项目的关键节点上为团队争取特别奖励，例如主题公园旅行或者特别奖金。

项目的关键节点在各个阶段都有可能发生。Mickey 曾经有一次在一个计划于 6 月份交付的项目中，发现有一个中期里程碑可能无法达成。他意识到这时候只能让团队进入"加力燃烧"工作模式，即通过极端高强度的努力和奉献，奋力达成里程碑目标，这种努力是值得奖励的。于是在通知团队进入"加力燃烧"工作模式之前，他先去找 CFO 交涉："接下来我打算让团队进入高强度加班工作模式。如果他们真能搞定这个项目，你应当给他们颁发一定的特殊奖励。"CFO 最后同意了。如果是在项目成功之后再去交涉，CFO 就不会那么容易答应了。Mickey 接着

----

① 节选自 John F. Kennedy（约翰·肯尼迪）总统于 1962 年 9 月 12 日在赖斯大学发表的题为"We Choose to Go to the Moon"（我们选择登月）的演讲。——译者注

说服团队进入了"加力燃烧"工作模式。项目组不负众望，终于达成了那个里程碑，并进而在 6 月份完成了最终交付。而在 4 月份的时候，这一切看似还是不可思议的。当 Mickey 回头去找 CFO 兑现他预先申请好的特殊奖励时，没有遇到任何障碍。

Ron 曾和富士通公司的管理团队一起，挽救一个几乎无望的项目——75 天内能完成交付项目就能活，完不成就只能关门大吉。他也在任务开启之前就获得了管理层的首肯：如果真能达成计划，开发团队需要获得一个值得纪念的奖励。后来，开发团队真的在 74 天时就把这个落后进度的项目完成了，还富余了一天时间。在项目截止那天，整个团队一起放假——乘坐飞机一路向南去了迪士尼乐园。

控制预算的人，不论是你还是你的经理，在要求团队付出全部努力，打破常规奋力拼搏之前，一定要预先分配好用于奖励的预算。

9.3　确保需求清晰

项目开始于愿景，但必须通过需求、假设、预期、风险、里程碑和最终交付的流程，才能成功交付。

开发软件产品是一件非常困难的任务，其中最明显的一点，就是产品经理很难清晰地用文字表达出程序设计团队到底需要做出什么样的产品。雪上加霜的是，我们经常能从程序设计经理或程序员那里听到抱怨："他们还不知道到底希望做出什么样的产品，就已经给我们指定了一个必须完成的日期。"这种情况一直存在。

近期，这种情况有了一种变体："业务团队非常喜欢敏捷开发。他们认为敏捷开发的意思就是和我们坐在一起，随时让我们回答关于需求的问题，而不需要给我们任何关于需求的建议！"

当你需要自己推想需求的时候，很难做出满足客户需求的产品。臆测从来都不能为获知"需要构建怎样的产品"打下坚实的基础。

图 9.1 精确地描述了开发过程中出现差异的地方。远在电子邮件甚至传真机出现之前，这幅图就已广泛流传于各种工程和程序设计团队了。它提醒我们，任何项目都需要精确无误地捕捉客户需求；一旦弄错了客户需求，失败就在眼前了。

虽然我们把这一节的标题定为 "确保需求清晰"，然而"确保"应该是你的最后手段。通过期望、合作、鼓舞、推动、劝说、影响、敦促、施压等方式，你可以和你的产品管理同行一起参与幕后工作。但请记住你的底线：你要做的，是尽最大努力让那些开发人员对需求清晰理解。

各项研究一再表明，按照模棱两可的需求，或者说按照错误的需求来构建产品，是软件开发中代价最大的错误之一，也是项目失败的首要原因之一[①]。更糟糕

---

① Dean Leffingwell，"Calculating Your Return on Investment from More Effective Requirements Management"；*American Programmer* 10，no.4（1997）：13-16.

的是，组织往往因为不了解其后果而对需求沟通不畅的情况一再姑息。

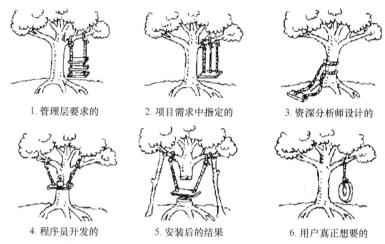

1. 管理层要求的　　　　　2. 项目需求中指定的　　　　3. 资深分析师设计的

4. 程序员开发的　　　　　5. 安装后的结果　　　　　6. 用户真正想要的

图 9.1　软件开发生命周期差异假想图[1]

其实，使用何种软件开发方法无关紧要；真正重要的是，你必须始终如一地对项目的需求保持清醒的认识。

——NasosTopakas，工程副总裁

业务团队与程序设计团队之间失败的、不完整的或者模糊的需求沟通，是造成这个问题的关键原因。并且，这个问题拖得越久，修复它的代价就越大。

程序设计经理一直都坚持在所有需求完善之后，才会派遣他们的团队去执行编码工作。瀑布模型要求每一个阶段（需求、设计、编码、测试等）都必须在上一个阶段完成之后再开始，这在很早之前就已经被证明不能够适应软件需求理解和确认的实际情况。在我们的职业生涯中，我们经历过数百个项目，但分别只见过一次项目在编码之前将所有的需求都完整描述好的情况。这两次情况还都发生在 25 年前。所以，实际上，这种情况基本上从来没有发生过。

虽然 Nasos Topakas 说得很对——我们需要清晰了解需求。然而，事实上，在软件开发过程中，需求在编码开始之前就完美无瑕是不现实的，要实现需求清晰化并不容易。今天，这一点与 Frederick Brooks 在 20 世纪 70 年代写作《人月神话》的时候一模一样：

软件项目中最难的部分是得到一份完整的、一致的需求规格说明书。构建程序的很多本质工作实际上就是不断调整需求规格。

---

① Bob Green (Ed.), *The HP Server Encyclopedia [a.k.a. the "smugbook"]*, Robelle Solutions Technology (chap. 7, © 1995–2004).

　　一方面，我们频繁遇到需求不完善的项目。大多数情况下，组织之所以容忍需求沟通不畅的情况，正是因为不了解这种情况可能带来的后果。

　　当 Ron 来到一家公司的时候，他发现产品经理会在走廊召集程序员，口头向他们分发新版本产品的开发任务，而没有考虑过提前分配任务和收集反馈，也没有考虑出现错误沟通或错误理解的可能性。

　　"我被招聘过来是为了确保开发的可预测性。公司最近发布了他们主打产品的一个新版本，花费了 18 个月的时间，而不是预计中的 6 个月，并且还投入了超过预算 3 倍的人力。我很快了解到了原因：关于新产品的需求描述仅仅是'和前一版一样，但要做得更好'。开发之前，基本需求一个都没有得到确认，更遑论理解一致。那时候，个人用户产品使用软盘进行交付，但一直没有人确认新版本产品需要用几个软盘。当最终做出这个决定的时候，开发已经进行了 14 个月。最终，为了满足产品的容量需求，他们不得不抛弃了多达 1/3 的新功能。

　　"我并不喜欢循规蹈矩，但在这种情况下，还是必须定下一条规则：至少要有一份最基本的产品需求文档，才能开始着手开发。

　　"为了让这个规则更加可行，我主动提出坐在键盘旁，输入产品人员的口述内容（实际上我从来不需要这么做）。不论何种情况，开发团队必须了解系统需要多少个软盘、需要在哪种操作系统上运行、需要支持的最低操作系统版本、需要在哪些国家（针对哪种语言）进行本地化，以及要开发的到底是什么产品。这个规则实行之后，在我任职期间，我的部门对后来的项目都做到了按时交付。"

　　另一方面，我们也见过产品管理团队粗制滥造出的连篇累牍的产品需求文档，它们完全不可读。Mickey 曾经就职的一家公司，首席产品经理的产品需求文档一向以烦琐而闻名，而且越来越长，直到程序员完全无从得知该实现什么。

　　"内容实在太多了。我们没法从产品需求文档的词海中提取出一份合理的设计文档。所以我们创造出一种新的产品需求文档风格。

　　"当时，每个人都想反抗那种冗长的文风，所以大家一起推动了这次变革。我们仅仅增加了一个简单的需求标准，要求每个功能都必须包含编号和优先级。此举让我们的执行能力提升了至少两倍。单独的需求从产品需求文档、开发到 QA 阶段都有迹可循，程序员不再需要深钻研读产品需求文档，QA 也终于有了可以标记测试的功能项。而产品经理本人一旦习惯了新的文风，也会发现编写产品需求文档更加容易了。"

　　不论使用哪种开发方法，程序设计经理都需要警惕开发过程中遇到的有歧义的需求。这种需求会导致程序员遇到不确定的程序逻辑，他们常常会继续编码，填上自说自话的逻辑。这时候，实际上是程序员自己在确定需求细节。然而，在定义需求的时候，很少会有程序员比产品经理更理解产品（除非产品的目标客户是其他程序员），因为产品经理的职责才是（或者应该是）理解客户。

　　解决需求有歧义或不完整的问题有几种方案。一种解决方案是使用专门工具。

现在市场上已经有商业工具可以读入产品需求文档，使用自然语言理解功能来定位和显示有歧义的地方。它们可以帮助产品经理在向程序设计团队交付需求文档之前就找到并修复其中有歧义的需求。另一种解决方案是加强需求提供者与程序员之间的沟通。这也是大部分敏捷方法都强调让程序员和产品经理甚至是客户坐在一起的原因；这样在遇到歧义时，PO 可以就地澄清。

如果上述两种解决方案都不可行，程序设计经理就需要介入并为需求提供者和程序员建立沟通桥梁，并促进双方的内部沟通，以提高程序员理解需求的可能性，确保他们在遇到需求歧义的时候去询问清楚，而不是按照自己的理解补充需求。

9.3.1 通过合作来进行优先级排序

你的工作职责不仅仅是确保需求清晰，还要确保这些需求具有正确的优先级排序，以及确保每个人对这些需求的假设、预期和风险均有清晰的认知。

无论是将它叫作需求协作还是需求澄清，它的目的都是了解客户想要什么、做什么可以让客户满意，这是实现需求清晰化的根本。

需求优先级排序对项目成功至关重要。如果需求没有排序，开发人员将会根据自己的研发偏好去实现那些最简单的功能，或者一些看起来很酷炫、很新颖、很有趣的功能。这样，在面对复杂到令人望而生畏的功能时，开发人员可能会简单粗暴地从他们已知的功能着手，并希望通过对已知功能的开发，带领他们去理解那些未知的功能。

正确进行优先级排序的好处显而易见：以那些最能让你从竞争中脱颖而出的、市场与客户最关注的功能为开发起点，这样就可以确保在需要的时候，这些功能随时可以被交付。

敏捷方法论正是基于如下原则：经常性交付（每次迭代/冲刺都需要有交付物），这些交付物必须是当前客户价值最高的功能需求，而后对剩余的功能也进行重新排序，以确保正确的优先级。无论使用何种方法论，优先完成高优先级的功能都可以促使客户为我们提供反馈。通过这些反馈，我们就能发现各个需求在功能列表中的优先级，它们可能并不像我们开始理解的那样，可能还会发掘出新的功能需求。这些功能原本不在功能列表中，但显然比大家认为下一步要完成的工作优先级更高。

你或多或少总会看到最小可市场化功能。所谓市场化功能，意味着这些功能可以给客户带来价值。

需求优先级排序是产品经理或者 PO 所拥有的权力，但是客户价值并不是优先级排序的唯一标准。我们需要确保开发人员的想法也要包含在排序的过程中。通过协作，产品经理与开发人员可以找到如何切分最小可市场化功能的方法。在进行排序时，开发人员需要考虑需求之间的依赖关系。敏捷开发人员需要估算开发任务的相对大小，借此作为量化的依据，并提供给 PO 用以计算投资回报率（Return On Investment，ROI），也可以用来对用户故事进行排序。影响排序的因素还有很多，那些可以快速设计的需求、测试架构与架构假设的需求，以及那些可以让设计师、开发人员与测试人员更早了解到工作方法、风险和预期解决方案的需求，都是我们需要优先考虑的。

Scrum 将 PO 的职责规定为"以故事的形式（每张索引卡上都是一个用户故事）交付客户需求"，这些用户故事并非只在项目之初进行排序，而是在每次冲刺开始前都需要重新排序。但是 Scrum 并没有规定必须是 PO 编写用户故事，仅仅是要求有人写就行了。通过将细节限制在每张 3 英寸×5 英寸的卡片上，PO 可以为团队提供迄今为止所有需求的概要信息。"迄今为止"意味着当前迭代中所有的被计划的需求。通过这种方式，开发人员就不会因为信息不全而让开发过程陷入困境。

也就是说，PO 应该在你需要的时候才提供工作项的细节内容。低优先级的用户故事在它们成为下一次冲刺的备选工作时，才需要 PO 来添加细节内容，并由团队对其进行估算。细化所有用户故事不仅仅浪费时间，还可能会推迟项目的开始时间。尽管如此，我们依然需要了解产品经理当前的想法，即本次迭代中他们希望发布的内容的相关想法。当用户故事成为下次冲刺的备选工作项时，这些用户故事的细化程度需要与其他任何方法所需要的细化程度保持一致。

对了，你还需要尽早降低项目中的风险。

有经验的管理者会识别项目风险，并做出合理降低或者消除风险的行为，这与交付最高客户价值的功能需求同等重要。以至于有这么一条经验法则：

使用优先处理风险的开发模式。

这条经验法则也可以描述为：

要么你优先处理那些可以降低风险的用户故事和任务，要么你就等着风险在项目后期爆炸。

将风险评估作为优先级排序的一部分，这可能需要你参与进来。我们需要具有程序设计才能的人员有效评估技术风险，而且这些人员往往需要具备相当丰富的经验，这样才能解释清楚为什么识别技术风险很重要。

我们面临的挑战是，许多产品经理并没有接受过相关培训，无法认识到风险管理的重要性，也没有将其作为优先级排序的一个组成部分，更遑论将风险管理放在与最高客户价值的用户故事同等的地位。此外，还有少数产品经理对质量不够重视，也不能理解夯实基础对保证质量的重要性。你可能要清楚表述团队需要构建的基础建设所发挥的重要作用，这些作用对交付产品经理认为至关重要的功能将会起到决定性作用。

其中一个关键的不确定性领域是用户界面：没有人敢保证可以提交一份用户一定会接受的界面。所以，在没有将用户界面放到用户面前之前，一切不过仅是猜测罢了。同时，你也无法预测需要经过多少迭代才能确保用户界面被用户所接受，所以你应该尽早开始着手与这部分相关的工作。

开发用户界面可能比其他任何因素在更大程度上促进了敏捷开发方法的普及，特别是以客户交付为核心的短期迭代周期进行开发的做法。

用更早且更频繁的方式交付代码，我们就可以通过频繁的检查点来核实你对需求的理解程度，避免需求出错的情况发生。

迭代至关重要：用户不知道自己想要什么，直到他们看到产品。

——Ron Mak，NASA 中间件架构师

除了用户界面，还有一个主要的风险和最难以解决的 bug 高发地，就是最复杂且开发人员对此又知之甚少的设计工作。这部分工作最需要柔性处理以及创造性的解决方案。如果你对此置之不理，那么随着代码规模逐步扩大，功能设计的弹性就会同步下降，进而把你逼入绝境。只有先解决了这些问题，你才能充分降低不确定性，才能以任意程度的确定性来预测项目完成时间，才能知道如何构建出所需的代码。

请特别注意那些给你带来麻烦的事情。在 Java 刚刚开始流行的那个年代，Ron 曾经带领一支团队为那些在家进行投资的人士开发金融工具，团队中大部分人员都采用调制解调器①连接网络。纵然他的团队克服了很多高交互应用中的风险，但对于如何将 Applet 小程序打包并快速下载到客户的计算机中去，团队依然没有多少头绪。正因如此，Ron 将打包问题的优先级一再降低。直到有一天，合作伙伴问了 Ron 一个严肃的问题：客户到底需要多久才能下载完成该应用？一个合理的时间，是项目能够得以进行下去的基础。但在当时，由于没有一个确定的答案，导致合作伙伴对此疑心重重，以至于 Ron 的团队紧急投入了一周时间尝试使用各种不同的解决方案以定每种方案所需要的时间。

"问题最终升级到了管理层，那是最不应该出现的情况，"Ron 对此评论道，"管理层本不应该介入其中，其作用是为了祝贺团队取得突破性成就。事实上，管理层最终还是表扬了整支团队，而且该产品在推出后不久还获得了行业奖项。但是，该产品曾经一度危在旦夕，差点就要被取消了——因为没有给一个合理的、可预见的风险找到答案。"

你需要根据对项目的了解程度来考虑风险。如果你的团队对所使用的前沿技术缺乏经验（更不用说世界上几乎没有人使用过的前沿技术），那么风险是很高的，每个人都需要对此保持警惕。你可以（而且必须）在进行风险评估的同时，附上

---

① 一种早期上网设备，有 28.8k 和 56k 两种常见传输速率类型。——译者注

一份计划：列举出你的团队准备采取的降低风险的方法。降低风险要求你从一开始就关注风险，提早入手，了解风险、排除风险。

综上所述，你的团队（和公司）需要你去：

当风险太高时，你需要坚持自己的观点。

对你的业务合作伙伴采取听之任之的态度，承诺提供你还不了解的功能，这么做对谁都没有好处。与之相反，你应该能够提供一份路线图，说明你对解决方案的理解，以及降低风险的方法；当你能够在一定程度上承诺你的团队能够提供怎样的产品时，你才有可能做出关于交付日期的估算。

在你列举风险时，请牢记，风险并不只有技术风险和用户界面风险两种类型。产品经理也应该识别和评估市场风险和产品风险。

所以，请记住下面这条关于需求的至理名言：

想方设法得到正确的需求，了解客户真正想要什么、需要什么，那么接下来的项目进展就会顺利许多。

9.3.2　把需求限制在"做什么"而不是"如何做"

程序设计经理还需要警惕在产品需求文档中指定如何实现的情况。

好的产品需求文档描述的是客户所需要的解决方案以及它给客户带来的价值，即"做什么"。而如果产品需求文档中还附加了选择哪种技术和实现路径（即不光告诉你要做什么，还包括了如何去做），则会因为错失了好的程序设计团队的专业知识、研究分析技能以及创造力可能带来的贡献，从而不能交付合格的（更谈不上优秀了）产品解决方案。

这就是 Marty Cagan[①]在写有关产品管理的书时列明的观点：

如果你不让你的工程师编写代码，你就失去了他们一半的价值。

你的挑战在于如何拒绝那些附带了"如何做"的产品需求文档。

如果你发现产品需求文档指定了"如何做"，原因可能是你的 BP 们并不相信你或者你的团队（也可能是你所在的技术组织）能做出优质的关于实现方面的决策。这时候，最好的解决方法是把你们的技术决策过程公布出来，把每一个设计阶段的决策思考都分享给 BP 们，慢慢增强他们对你们的信心。

此外，其原因还有可能是你的 BP 们是在某次行业会议上看到了竞争对手的演

[①] Marty Cagan，硅谷产品大师，eBay 前产品副总裁。下面这句话节选自其著作 *Inspired*（中文版《启示录》2011 年由华中科技大学出版社出版），这本书被奉为产品经理行业精英携手推荐的优秀著作。——译者注

示，因此才会指定"如何做"；或者也可能是因为指定"如何做"更容易描述——比起实际表述出软件所应当完成的功能来说，直接指定使用某种技术更加轻松简单。有时候，产品经理是在读到某种技术的底层实现方法时一时兴起而想到的项目创意，因此他们写下需求时可能认为那是唯一的实现方案，而没有想过总结出真正需求的愿景，然后再去拜托技术伙伴们思考是否有更强大的技术用于实现。

Mickey 说："当产品经理非常技术化的时候，他们常常无法抗拒去详细描述某项需求的实现细节。我甚至遇见过指定某种结果的算法的情况（包括流程图和特定函数的输入输出）。虽然这样的细节从某种程度上看是值得肯定的，但我也见过很多程序员在面对太过详细的需求时编写的代码一团乱。相反地，我更愿意让程序员从产品需求文档中提取解决特定需求的算法，而且解决的算法要设计得足够通用化，可以用于未来其他类似的需求。不幸的是，只有非常优秀的程序员才能跳出陷入细节的深坑，总结出通用的解决方案。"

"而如果允许经验不足的新程序员去实现这种过度细化的需求，往往会导致问题扩大化。你要时刻警惕这种情况——在遇到这类过度细化的需求时，要让更有经验的程序员介入。这么做的结果往往会超过产品经理的预期，因为他们只看到一种实现方法和算法。"

你需要和 BP 们一起审核每一条需求，并帮助他们理解什么样的需求形式才是他们真正需要的，而你的技术组织也能够有足够的自由度来实现他们的愿景。

另外，你也需要考虑到 BP 们有其他战略需要的可能性：他们提出的解决方案可能来自合作公司，也可能来自一个你的公司打算合并或收购的技术供应商，出于战略考虑，因而需要使用他们的技术而不是选择最好的技术。在这种情况下，如果采用合作公司的技术确实可能带来很多问题，你需要尽量中肯地列出其中的优缺点。有时候，你只能采用合作公司的技术继续工作；但其他时候，经过多方权衡，更好的技术方案能超越对伙伴关系的考量。这个决策往往不由你来做，但需要你来提供相关的度量数据。

9.3.3　力求取悦客户

优秀的程序设计经理与普通的程序设计经理的区别在于，前者并不仅仅满足于完成接收到的需求，即并不只是开发客户所要求的软件，而是追求去真正理解BP 们所要完成的目标，交付真正能满足需要的产品。取悦客户的能力可以使优秀的管理者及其团队脱颖而出。

一方面，这意味着对于产品需求，你不能只停留在听和看上，要做到真正地理解。另一方面，这意味着在你能完全理解客户、PO、产品经理或 BP 们真正想要的产品之前，你要不断地询问，并且在某些情况下，还要帮助他们深化对产品的各种可能性的理解。

　　窗口界面就是一个非常典型的例子。当用户界面局限于命令行操作时，客户又怎么会思维超前跳跃，要求增加图标来代表文件，使用窗口来展示文件系统目录，并使用鼠标来可视化地移动或复制文件呢？但 Xerox 以及后来苹果公司的程序员，却恰恰设计出了这样的可视化界面来帮助非技术人员更迅速、更轻松、更直观地操作。

　　现在已经普及的 iPad 平板电脑也是一个类似的例子。早在 iPad 出现的好几年前，人们就已经创造出了平板电脑。Mickey 曾经拥有过一台 IBM ThinkPad X61 平板笔记本电脑，那是他在 iPad 出现之前、微软公司宣布"平板电脑元年"的时候购买的。这台平板笔记本电脑其实还是一台笔记本电脑，只不过键盘可以收放到显示器下面，让人可以不用鼠标，而使用电子笔来进行诸如选择图标的操作，或在"软键盘"上触摸打字的操作。虽然这种平板笔记本电脑上市的时候确实是一种创新，但 Mickey 很快就厌倦了它作为平板电脑的功能，而只会在做最简单的操作时才使用。

　　然而，后来 iPad 出现时，全世界都为其触屏的直观操作与各种手势带来的异常简洁的交互体验而惊叹不已。这些功能在 ThinkPad X61 平板笔记本电脑上都可能实现，但它却并没能拥有 iPad 的影响力。一台 iPad 全部的基本条件（强大的性能、触摸屏、平板形式等），ThinkPad X61 都具备了，可是它并没有 iPad 的那些想象力，只能停留在"一台可以用电子笔操作的笔记本电脑"这个层次上。苹果公司 iPad 的实例证明，客户无法提出他们想象不到的需求——从来没有人认为自己会需要 iPad。但现在，Mickey 已经无法离开他的 iPad 了。

　　当然，你很少有机会去制作像 iPad 这样完全颠覆客户想象的产品。但大多数项目都可以通过一些细微的差别，满足客户真正需要却没有想到的需求。

　　永远记住：

　　取悦客户的能力可以使优秀的管理者及其团队脱颖而出。

9.4　定义"完成"

　　定义　"完成"　是以开发为主导的两个敏捷实践中的第一个（另一个是快速估算）。如果执行得当，几乎所有的团队都能从中受益，无论你使用哪种方法论。不幸的是，我们经常看到这两个敏捷实践，无论使用哪种方法论都执行得不好，或者根本没有执行。虽然两者有细微的差别，但都不难。确保你的团队同时有效执行这两个实践，你会提升团队绩效、提高成功的可能性。

　　引导你的团队去打磨他们自己的、基于团队的 DoD① （ Definitions of Done，完

---

① "The Scrum Guide" 2020 年版本正式对 DoD 提出了详细的描述。——译者注

成的定义）。

通过 10 年来对敏捷团队的管理、辅导，以及领导敏捷转型，Ron 相信，在进行正式的编码之前想清楚并为团队与项目定义"完成"，这种做法可能是最有用的敏捷实践。而这同时也是一个十分容易应用到其他各类型非敏捷团队中的做法。

2016 年版《产品团队绩效研究》显示，能够自行定义"完成"标准的团队与绩效最高的团队之间存在相关性。[①]（这项研究还表明：没有定义"完成"标准的团队与绩效较低的团队之间也存在相关性）。

试想一下，如果你和我们一样，你可能已经听过各种奇怪的对"完成"的定义：从"我已经完成了，它已经编译好了"，到"我检查过了""它在我的机器上运行了""它在我的沙箱中运行了""它在我的服务器上运行了""它在我的浏览器中运行了"，不一而足。

你可能也曾在一些组织中遇到过这样的情况：管理层向你提交了一个 "完成"的定义，你敷衍了事地把它扫描下来，然后把它放进文件夹里，再也不会去查看它。

Ron 已经帮助世界各地的许多团队创造了自己的定义。每个团队的定义各不相同，他们的共同点是所有权和责任感：团队对自己和彼此创建的"完成"的定义负责。

定义"完成"是一个合作性质的实践，在这个过程中，PO、开发团队、QA和任何其他团队成员共同定义每一个功能可以被宣布"完成"的标准。除了编码和检查的标准之外，我们看到的定义还包括以下领域：

- 设计复审；
- 代码复审（或者结对编程）；
- 单元测试；
- 嵌入源码控制；
- 源码控制注释；
- 性能测试；
- 已经记录在日志中的任何新产生的技术债务；
- 与构建负责人沟通好需要做的改动；
- 写好在线帮助并集成；
- 从源码库独立构建；
- 源码库构建版本通过单元测试；
- 新的源码库构建版本通过自动化集成回归测试；
- 修复 bug；

---

① Ron Lichty, "High Performance Teams: Definitions of Done, Effective Backlogs, Agile, Tools Orientation Matter" (Blogspot, 2016-10).

- 写好安装脚本；
- 进行跨平台、跨浏览器、多配置下的测试；
- 更新用户故事或用例测试计划；
- 写好相关文档；
- 产品经理、产品所有人/客户验收通过；
- 关闭任务。

当然，我们从未见过有哪个团队的 DoD 包含上述所有内容，通常情况下只包含团队需要的标准，以确保每个用户故事在上线时都能达到项目或产品所需的标准。

我们看到过很多团队时常对他们的 DoD 进行回顾，并更新他们的定义，使之更为有效。

9.5 估算所需工作

对工作任务规模的快速估算是第二个敏捷实践，如果执行得好，几乎所有的团队都能从中受益，而不用考虑使用的方法论是哪种。遗憾的是，这又是一个我们经常看到执行效果很差的实践。

与你的业务伙伴沟通并让他们了解软件开发的不可预测性，对所有人都是有帮助的。无论你正在构建的是什么东西，都有以前从未被构建过的内容，这一点几乎毫无例外——要么是开发方式，要么是开发工具，或者是平台，又或者是所需要的经验，反正至少有一样是你的团队前所未见的。

估算向来都很复杂，甚至从技术层面上来说，那根本都不是你要做的事情。在敏捷模式中，团队自己做估算；在瀑布模式中，项目经理做估算。无论怎样，我们经常会发现自己与它打交道。

我们曾经带领团队里最优秀的一批程序员，有时甚至是整个团队，在"黑屋子"里一待就是好几天，拼命收集尽可能多的信息，澄清每一个细节，并把时间投入在每一个细节上，最后在 Microsoft Project 或 Excel 中建立复杂的甘特图或电子表格，以事无巨细地记录下所有内容。

估算在项目运行过程中应随机应变。

我们整理了一些关于估算的变幻莫测的经验法则，其中有这样一条：

> 在软件领域，我们要准确地估计出完成一项需要创造性思维的工作所需的时间，通常需要团队成员学习新的概念，并迫使团队成员长时间地提供聚精会神的注意力。
>
> ——Carol L. Hoover[1]

------

[1] Hoover, Rosso-Llopart, and Taran, *Evaluating Project Decisions*.

　　我们认为 Hoover 和她的同事们将实际情况轻描淡写了。我们也面临这样的挑战：总是在构建新东西；当客户想要新东西的时候，知道他们想要什么是很难的；而客户对他们想要什么的理解是随着他们看到的东西而改变的。此外，你的需求几乎肯定会在项目中期被改变，这就像在建造金门大桥的中途被告知要增加车道一样，而且既不增加成本、也不延长工期！

　　我们认为物理学家 John von Neumann（约翰·冯·诺依曼）的这句话很好地概括了估算的问题：

　　　　当你自己都不知道自己在说什么的时候，说得再精确也没有意义。

　　估算面临的一个挑战是，在项目进行的过程中，需求会变得比一开始看到的更复杂。

　　　　前 90% 的代码会花费前 90% 的项目开发时间。剩下 10% 的代码还要再花费 90% 的项目开发时间。

　　　　　　　　——Tom Cargill，在贝尔实验室工作时的箴言，目前是 C++ 和

　　　　　　　　　　　　　　　　　　　　　　　　　Java 方面的独立顾问[①]

　　估算面临的另一个挑战是，我们通常所说 5 天的任务，说的是需要化费 5 个工作日来进行开发，但少数组织会要求用 5 个自然日完成开发。

　　程序员会被叫去开会，无论是与你一对一的会议、团队会议、设计会议、QA 会议、bug 会议、关于维护以前的版本和产品的会议、代码审查会议，还是其他很多好的、有用的、具有合法目的会议，以及一些（不幸的是，在一些组织中，这种会议还不少）浪费时间的会议。而且没有人考虑到，在 5 个小时的会议之间，0.5 小时的工作时间乘以 4，并不代表 2 个小时的工作。事实上，在短时间内程序员可能根本无法完成任何工作，因为程序员需要时间去寻找他们工作中被打断的地方，重新建立逻辑、程序和数据流的上下文，然后才可以找回工作状态。我们曾经使用过一种部分解决方案，也就是每周确定 1～2 天为 "无会议日"。这样的日子对团队来说是非常有成效的，尽管这需要用纪律和坚持不懈的努力来防止"关键性"会议的召开，而这些会议很可能会将你的程序员涉入其中。

　　程序员或其经理也没有充分考虑电子邮件所带来的时间消耗。谁也无法估计那些无法预料的技术紧急情况或者应急场景所带来的后果。

　　在估算时，程序员们也很少考虑到实际工作以外的因素，高估了他们可以持续工作的时间和可承受的工作强度。

　　一个非常保守的行业经验法则是，程序员通常花在编码上的时间不超过 55%。

[①] Tom Cargill 这句话被称为 "可信度法则"，也称作 "90-90 规则"。Jon Bentley 在他的专栏 "Programming Pearls" 中将这句话发扬光大（*Communications of the ACM*, 1985-09）。

如果对你的团队来说是这样的话，那就意味着一个 11 天的任务需要用 20 天的时间来完成！因此，你无法通过将总的估算开发时间除以程序员的人数来得到项目的估算时间。当你把所有的任务周数相加后，你需要乘以程序员在组织中实际编码时间的百分比的倒数（本例中为 100/55），就可以得到预期的你的项目所需的实际日历周。只有这样，你才能在这个基础上除以可用的程序员人数。

实际比例肯定有较大的争论，但没有任何组织或者个人可以做到接近 100%。我们倾向于将其设置为 60%～70%。

需要注意的一个额外的"陷阱"是，确保你在需要的时候有专门的技术人员可用。如果你有 10 周的项目时间和 30 个日历周的数据库开发时间，那么即使有很多 Web 和应用程序员可供选择，这依然对你没有任何好处。你真正需要的是 3 个数据库程序员。同样，用户故事和任务之间也有相互依赖性，在考虑工作量和技术人员数量时，你需要考虑到这一点。

就像 Brooks 所说[1]：

只有当一项任务可以在很多工作者之间分配，并且这些工作者之间完全不需要对此进行沟通交流的情况下，"人"（资源）和"月"（时间）才可以互换，例如收割小麦或者采摘棉花。但在系统编程领域，"人月互换"的想法完全没有道理。

另外还有：

当一项任务因为实现顺序约束导致无法拆分时，取得更好的效果与计划之间毫无关系。生育一个婴儿需要 9 个月的时间，无论分配给多少名妇女，结果都是如此。

很多管理者都会在估算问题上纠结不已。我们的天性就是爱分析和严谨。但是，我们的经验是，对于大多数项目来说，纠结会使估算结果变得更糟，而不是更好。

考虑到在大多数情况下，我们的公司确实需要在某种程度上了解我们可以在什么时候完成哪些事情，而我们的产品经理也需要了解哪些功能更有成本效益。你工作的一部分内容就是引入能使软件开发更可预测的实践，并指导最佳实践。

幸运的是，敏捷带来了轻量级方法中的衡量项目规模和项目特性两种方法：计划扑克[2]和两步估算法（也被称为 Steve Bockman[3] 方法，有时也被称为团队估算

----

① Frederick P. Brooks Jr.,*The Mythical Man-Month, Anniversary Edition*(Addison-Wesley, 1995), p.16-17.

② "Planning Poker"（Mountain Goat Software 网站）.

③ Steve Bockoman 在 2007 年创造了该技术，并且记录于电子书 *Practical Estimation: A Pocket Guide to Making Dependable Project Schedules*（Amazon Digital Services,2015）中。

游戏）。前者比较有名；后者更快、更直观，也不容易出现错误应用的场景。

一直以来，我们确实发现团队在滥用这些工具。你可能会被要求担任他们的教练，或者为他们找寻一个教练。因此，下面是这两种方法所依赖的原理。

我们要让整个团队参与进来。只有让整个团队参与进来，才能体现出团队成员的专业知识和经验。这也是一个必然结果：让整个团队参与进来会让会议成本变得非常高昂，因此会议必须简短。Ron 经常辅导团队在 3 个小时内完成一个由80～150 个用户故事组成的项目的优先级排序工作。会议的影响力也应该很大：事实上，这场会议也具有项目章程的一部分功能，即在这 3 个小时内向整个团队介绍产品管理中下一阶段的目标。此外，这些技巧还可以让团队捕捉到诸如依赖性和风险。

除了认识到我们无法在软件中实现精确之外，相对排序而非绝对排序也可以帮助我们保持会议简短。我们通过对比的方式对用户故事进行排序，并且我们通常使用抽象测量单位，例如基于斐波拉契序列的故事点数，来区分不同的用户故事并分组。

这都是基于人的本能。人类的大脑在挑战得出绝对答案时，会陷入分析（和分析瘫痪）。然而，我们却能在眨眼间看到相对大小等关系。看看任何一条天际线，试着估算任何两栋摩天大楼的高度，你会挣扎着计算、思考、猜测。但如果有人问你，一栋楼比另一栋高多少，你会立即回答说："那栋楼高 10%。"而后，有了这任意一栋楼的高度，你可以在几秒钟内估算出另一栋楼的高度。

这就是相对大小结合速率①的作用。如果我们知道团队平均一次冲刺完成 35 个故事点，那么在接下来的 10 次冲刺中，我们很可能完成 350 个故事点，前提是故事大小是由团队估算得出的，而且团队的人员没有发生变化。

Ron 教团队使用两步估算法。从根本上说，它从一堆写有用户故事或功能的索引卡开始。在第一遍时，程序员和测试人员按照时间长短顺序（从最短的时间到最长的时间），将这堆索引卡从一个程序员或测试人员手中传递给下一个程序员或测试人员；每个人读完后，经团队同意，重新对部分索引卡上的内容进行调整。在第二遍时，团队成员用斐波那契序列为卡片的大小赋值。

图 9.2 显示了一个按大小排序的团队产品待办事项列表的用户故事和史诗。这是他们第一次为所有任务类型的工作进行相对大小排序，也是第一次使用敏捷实践。这个由 7 名程序员和测试人员组成的团队一开始有 150 张卡片，最后他们只留下了 120 张。在这个过程中他们发现有 30 张是重复的或者已经完成了的工作。他们花了两个小时来创建图 9.2 中的"蛇"——左上角是最短的开发时间，右下角是最长的开发时间。他们又花了一个小时才把斐波那契序列放到卡片上。最后，团队中的每个人都理解了项目，这也是产品管理层一直希望看到的结果。过去，

---

① 单次 Sprint 完成的用户故事的点数。——译者注

产品管理部门在分发长长的需求清单时，总是希望得到这样的结果，但根据我们的经验，这个结果从未出现过。

图 9.2   两步估算法

一旦排序完成，只要你保持团队的稳定，在 3 次冲刺内，你就会得到一个平均速率，你可以用它来估算整个项目的平均速率。在接下来的一个季度或者更长的时间内，这个速率将精确到±20%。这个精度比我们"闭门"估算要精确得多。（分布式团队可以使用类似于 RealtimeBoard 的工具，在 2019 年改名为 Miro[①]，或 Mural）。

在最佳实践中，每个团队成员，即开发人员和测试人员都必须参与。PO（与组织的架构师）必须在场回答问题，但他们不能提供锚定估算，也不要有任何暗示。只有在团队达成一致意见，而且只有当有意料之外的情况发生，或者他们想确定放宽验收标准是否会给他们带来更简单的选择时，他们的意见才应该浮出水面。团队必须真正使用相对的估算："这个故事就像我们之前谈的故事一样"，而不是 "我认为这是 3 点的用户故事"或"我认为需要 4 天时间，这就相当于 5 点的用户故事"。（把故事点数和时间等同起来是很危险的事情！）不要让任何人把速率作为衡量标准，这样做会破坏速率所带来的可预测性，甚至可能会对你的团队合作造成破坏。请记住，一个团队的速率只适用于这个团队，且只有在这个团队的成员稳定时才有用。

并且，请永远不要让高层管理者（或者你的产品经理）将相对估算和承诺混

---

① Ron 写过一篇他在分布式团队中使用 RealtimeBoard 实践的白皮书 "Online Scrum Board: How Certified Scrum Master Applies RealtimeBoard to Agile Practices"。

为一谈，相对估算比绝对估算要好一些，但这两者都不能作为承诺或者保证。

你要确保合理、有效地使用"相对估算"这项技术。相对估算本身对于产品经理来说是非常有用的，可以比较各种功能的成本效益，并且可以指导他们从昂贵的史诗中找出最小可市场化功能。而且相对估算与速率相结合，可以产生项目进度估算（同样，它们不是承诺！），在一个季度或更多的时间里，项目进度估算偏差通常会在实际结果的 20%以内（当然，前提是范围不会改变，团队成员不会被拉去做其他的事情，而且团队保持稳定）。

假设范围不会发生改变，且我们拥有一个排序后的产品待办事项列表：

- 如果截止日期不可协商，我们就可以预测在截止日期之前我们可以完成多少内容，然后我们就可以问这些预测的内容是否是现阶段我们最该优先完成的；
- 如果范围不可协商，我们就可以预测什么时候可以交付上线；
- 如果范围与截止日期都不可协商，我们就可以尽早地发现人手不够的情况。由于 Brooks 法则告诉我们"向一个已经进度延迟的项目中增加人手，只会让项目延迟更多"，因此我们需要在该法则还没有发挥作用的时候（项目还没有延期）就增加团队人手。

如果你发现自己在一个坚持传统项目管理和甘特图的组织中，那么甘特图可以基于这些相同的特征大小方法与当前速率相结合来创建，并随着项目过程中速率的变化而更新甘特图。此外，你还要保护你的团队，或者至少让你的团队领导来做这件事情，这样才可以让团队不至于日复一日地深陷在坑洞中。

如果你发现自己在一个以 QA 为"阶段"的组织中工作，请确保为测试分配足够的时间。

在实践中，Brooks 发现，基本上所有的软件项目都只需要用 1/6 的计划时间来编写代码，与此同时需要用一半的时间来进行测试与 bug 修复工作。

——Scott Rosenberg[①]

估算：没有银弹

我们需要注意到，在总结估算这部分内容的时候，没有一个放之四海而皆准的答案。这些答案会因为如下因素而大相径庭：

- 程序设计范型（举一个例子，通常来说，正是从面向过程程序设计转变为面向对象程序设计的转变，导致了设计/开发的比例从 20/80 转变为 50/50）；

---

① Scott Rosenberg, *Dreaming in Code: Two Dozen Programmers, Three Years, 4,732 Bugs, and One Quest for Transcendent Software* (Crown, 2007).

- 方法（敏捷方法采用测试驱动开发——单元测试与开发同步进行，在接下来的自动化回归测试、探索测试、系统测试和用户验收测试中，QA 付出的代价就小很多）；
- 项目规模（在一个长达两年的项目上采用瀑布模型，需要在需求分析、设计和 QA 上花很长的时间，而如果项目要跨团队，那么无论你用哪种方法论，这都是一个极大的挑战）；
- 目标平台和交付机制（和盒装软件比起来，可以立即更新的 Web 应用相对来说不需要那么多设计和 QA，即使盒装软件也提供在线更新功能，也就是说，并没有简单的可以对设计与 QA 进行估算的经验法则）。

9.6　确保适当的架构与设计

我们相信架构与设计的价值。设计是你对构建的产品的一个整体认知，它代表了你将如何构建这个产品。我们认为你需要架构设计师，因为无论是单个程序员还是整个团队，都需要参与如下活动：

- 绘制控制流图；
- 预测数据在程序中的流动情况；
- 识别互联协议。
  - API 接口；
  - 安全性需求；
  - 其他的实用信息，包括可扩展性、可靠性和可维护性。

我们认为提前写下这些基本要求是有价值的。你需要设计一个文档，以便于罗列出那些可以加速理解和简化编码的设计元素。

话说回来，我们都厌恶过度架构化。

完美是优秀的敌人。

——Voltaire

围绕"多少架构和设计是合适的"这个问题，我们有过无数次争论。瀑布模型要求我们做很多前置的架构工作，但是传统软件开发经常导致在没有一个完整的、考虑到所有需求细节的设计方案出来之前，我们不会进行任何开发工作。而正如我们前面提到的，询问程序员产品需求文档中的需求实际交付的比例是多少，你很可能会听到低至 15% 的数字。优先级发生变化，项目被缩减，提前交付部分被认为"满足需求"了需求等，不管是什么原因，所有细节要求和架构设计的 75%～80% 的努力往往不仅变成了浪费，而且导致了交付延误。

敏捷方法在一定程度上是对过度设计的应对，符合 Voltaire 的经验法则。敏捷主义者指出，典型的软件项目真正提供的功能只占架构苦心准备的各种场景的一小部分。而且他们指出，任何前期架构都不足以为典型软件项目过程中发生的所有需求变化做好准备。

传统软件开发的成本也促使 Mark Denne 和 Jane Cleland-Huang 设计了一种产品开发方法[1]，将拟开发的产品分解为最小可市场化功能，然后说明如何运用严谨的态度设计出最小可市场化功能，以提供最佳的投资回报率。最小可市场化功能给了设计师一个目标。设计任何更多的东西都会延迟将最小可市场化功能送到客户手中。考虑到设计本身是不可预测的，设计通常只是一种方法或关于实际设计将如何出现的理论，而且考虑到后续功能可能会被取消或客户反馈可能会将其改变得面目全非，因此为后续开发重构设计方案，往往比试图在前期为每一个可能的功能进行设计更便宜和更具成本效益。

一些敏捷主义者曾认为，团队应该直接开始开发工作，架构会自然而然地出现。只要你编写了高度可重构代码，并且确保使用了诸如测试驱动开发这样的编码实践，让重构策略变得可行，那么在前期确定整个版本功能规模的做法，就会给大家带来一个有用的"前瞻性"——通过足够多的上下义信息，让大家的设计开发朝着正确的方向发展。

但这也可以让我们看到，绝大多数程序员，如果他们有足够的能力，他们会在没有尝试设计的情况下开始编码。

架构设计师认为，通过规划系统的底层设计，依赖性更容易识别，从而让我们可以控制意外需求带来的混乱。如果让你的团队采取现成的顺序，可能会付出高昂的代价。

所以，在前期做一个充分的设计，与避免为设计而设计一样重要。

- -

> 好的设计增加价值比增加成本更快。
>
> ——Thomas C. Gale，克莱斯勒汽车公司设计与产品开发总裁

根据我们的经验，敏捷教练们现在争论得最激烈的往往是设计的时机、粒度和深度，而不是是否有任何设计。因为答案往往在这两者之间的平衡：避免过度架构的浪费，同时也避免架构不足的浪费。

你在当中扮演了一个极为重要的角色——保持适当的设计与架构水平，以确保其处于平衡状态，既不会过度，也不会不足。

设计中最无处不在的工具就是白板。如果你在设计办公室时有任何发言权，就把白板放在各个地方，例如办公室、走廊、休息室。Ron 在管理岗工作了 15年之后搬进了一间办公室，他笑着回忆道："它比我过去任何一间办公室都要宽敞。那里不仅有空间可以召开两三个人的会议，还可以召开五六个人的会议，

---

[1] Denne and Cleland-Huang, *Software by Numbers* (Prentice Hall, 2003).

从而不用另外预留一间会议室。最重要的是，这里可以看到旧金山的山丘。但我赞不绝口的不是它的大小或能看到的景色，而是它有两块巨大的白板。我身处设计的天堂。"

用白板画出设计是一个不错的开始，但这远远不够。我们有一个简便的经验法则：

> 要求提供设计文档。

要求有人写出设计文档，即使之前我们是在白板上分享，这一行为也会迫使设计具体化。而设计文档能让团队其他成员接受设计，并迫使他们批判设计。注意，不要让人试图把 PPT 文档当作设计文档，它绝对不是设计文档！但是，请用文字和图画将设计文档记录下来，并让它尽可能轻量化（当然也不能缺少必要的内容）。

9.6.1 多少设计才足够

归根结底，是我们要确定多少设计才足够让项目正常进行。这也是程序员可以指导你的地方之一。大多程序员都经历过两种极端的项目：有的项目的设计多于必要的设计，有的项目的设计少得可怜。即使你在短期内幸运地逃过一劫，但从长远来看，这些问题可能依然会让你头疼不已。

一个暂时使用的应用程序可能不需要什么设计，也许只需要一页笔记就够了。但我们已经学会了警惕地看待这种可能。几十年来，有很多日常使用的程序的版本号标明它们只是原型或概念验证。开始时，它们的团队认为它们是一次性使用的可执行文件，但随着时间的推移，它们有了自己的生命。支持和维护半成品应用程序的成本可能是巨大的。

对于设计应该花费多少时间，我们没有发现绝对的规定。就像规划和估算一样，适当的设计因编程范式、方法论、项目规模、目标平台和交付机制的不同而有很大的差异。那些花了多年时间使用过程化编程的管理者们发现，他们在管理面向对象的编程项目时会感到困惑和焦虑。在这些项目中，用于设计的时间占项目时间的比例比他们常用的时间增加了 1～3 倍。事实上，好的设计可以使编码本身所花费的时间等比例地减少。

如果你的团队不是敏捷团队，那么你或者组织的架构设计师很可能负责起草正确的设计，并负责指导团队找到合适的设计和架构。

你可以肯定的经验法则是：

> 如果设计只占了整个项目的 1%的时间，那它肯定太少了；但如果设计占用了整个项目超过一半的时间，那它肯定太多了。

9.6.2 概念论证、原型和 Spike 的价值

如果你不确定你在构建什么，概念验证（proofs of concepts），或 PoCs，对于帮助你的设计师和程序员保证他们了解如何解决问题、在早期冲掉风险、并确定你需要做什么才能成功，是非常有用的。此外，它们还可以使你的商业伙伴或客户相信你和你的团队知道你们在做什么。

概念论证和原型都对解决"这真的是我头脑中想象的样子吗？"这个问题有很大的帮助作用。正如前文所述，需求很少能够表述完整、清晰无误以及考虑周到。概念论证和原型能让你和你的团队与 BP 们一起探讨需要创建的产品到底是什么样子的。

敏捷团队有时将这种活动称为 "Spike"（探针）。极限编程（Extreme Programming，XP）大师 Ward Cunningham 和 Kent Beck 用 "Spike"这个词来描述我们可以编程的最简单的事情，它能让我们明确我们的方向是正确的。这是一种提前解决风险的方法。直接进行代码开发是很昂贵的实验，概念验证和 Spike 则要便宜很多。

频繁交付是一种敏捷机制，以确保建立紧密的客户反馈循环。原型是 Lean Startup 所说的"实验"，用于与客户进行测试，以确保团队按客户的要求进行产品开发。

原型的危险在于有时候它们可能会看起来太好、太完整，太像是已经立即可用的程序。这会由于以下两个原因而产生危险。

首先，原型看起来越好，BP 们或者客户对它提出批评或改进意见的意愿就越小。多项研究表明，精美的用户界面原型会导致架构设计师无法得到他们想要的关键的客户反馈。因此，更多人采用纸面原型设计、手画线框示意图，或者使用诸如 Balsamiq Mockups[①]的工具——使用粗糙的草图，而不是完善的图形界面来向客户说明使用流程。Scott McCloud 的 *Understanding Comics*[②]让 Mickey 初次理解到"少即是多"；也就是说，在原型阶段透露的信息越少，软件用户（即客户）就会更多地考虑界面的功能而不是形式。"从此以后，我一直鼓励在原型中专注功能，将其做得尽可能简单基本。后来证明更精细的图形界面，反而会阻止用户的反馈，而不是增强它。"

其次，精美的界面会掩盖掉软件背后的实现细节，以及原型还没有实现任何功能逻辑的事实。很多程序设计经理都会有类似的经历：在具有高度产品价值的

---

① Balsamiqc Mockups 非常容易进行迭代，外观很像低精度手画草图，拥有很多内置的 UI 组件，这些组件可以互相链接，形成可以点击的原型，用于对客户展示或者进行可用性测试。

② Scott McCloud, *Understanding Comics: The Invisible Art* (William Morrow Paperbacks, 1994). 中文版《理解漫画》2010 年由人民邮电出版社出版。

原型做出展示之后，合作方或者客户会要求做几个小修改，然后下周就交付完成的产品。这是因为原型做得太过完美，导致客户认为它肯定已经接近完成了。在向合作方或者客户展示时，比起完善的图形界面，使用图标化的草图更能够帮助客户建立这是一个还处于初始阶段的原型的印象。

9.6.3　进行设计评审

请记住，QA 的工作是从评审你的设计开始的。你应让设计人员将他们的设计展示给其他同事。

无论你是在做大型设计还是在做准时（just-in-time，JIT）设计，你都应该鼓励或者要求实施设计评审，以尽早排除设计缺陷，找出被忽视的复杂问题和发现没有预料到的交互环节，并识别各种类型的限制。

设计评审还有一个隐性的好处——帮助整个团队提高设计能力。设计评审是一个向年轻的团队成员传授设计能力（不仅是设计原理，还有具体的设计流程）的好机会，而且可以帮助团队建立最佳设计实践，并不断地提高团队整体的设计质量水平。

一旦建立了稳固的设计评审机制，你就可以把组件设计分发给初级或者中级程序员，而不用担心他们会失败，因为设计评审可以让你或者你的组织为他们提供良好的保障机制。这样你的资深程序员就有时间把他们的经验扩散到多个组件设计之中，并负责它们的整体设计了，而这两点是你赖以成功的关键。

当然，在组件设计评审中，你可以只安排少量资深程序员，但在整体设计评审时，你一定要召集全体资深程序员。

9.7　支持工作

作为程序设计经理，维护项目细节状态的任务很可能落在你身上。Mickey 在很早的时候就为此设计出了一个解决方案。他第一次成为所在项目负责人的时候，就设计出了一个项目工作手册。这成为后来更多改进版本的基础。

近些年，他把纸质项目工作手册重新设计成了 Excel 电子表格的形式，我们将其泛化并放在了本章最后的"工具"部分。该表格按照需求、用例、活动项、团队会议记录、设计链接、开发、QA 和发布文档等分出多个标签页。

在 Gracenote，这个流程被正规化，程序设计团队维护所有重点项目的项目工作手册，这使得所有团队成员都受益。这些项目工作手册后来成为 Gracenote 管理重点项目的关键工具。图 9.3 和图 9.4 所示的项目工作手册，为项目提供了标准的、集中的通信渠道，让团队成员在参与项目后可以迅速开展工作，并按照一致的风格汇报项目进度，这也让项目的管理工作能够保持一致。

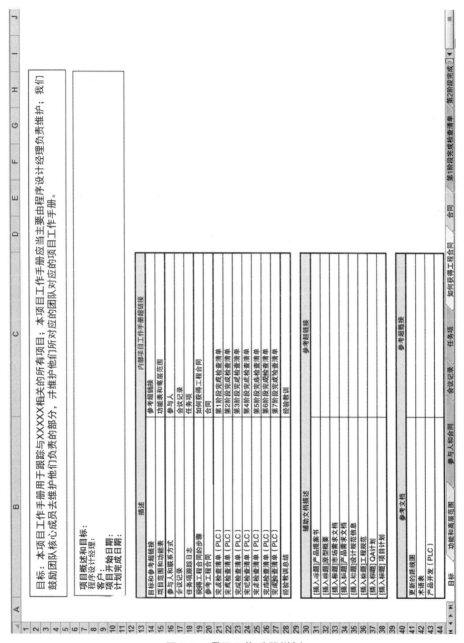

图 9.3 项目工作手册样例

　　维护项目工作手册看起来可能是很艰巨的工作。如果要时刻进行更新，它确实可能需要花费不少工夫。不管其格式如何，我们的经验表明，维护统一、规范化的项目进度跟踪信息，可以让所有人的工作更轻松。

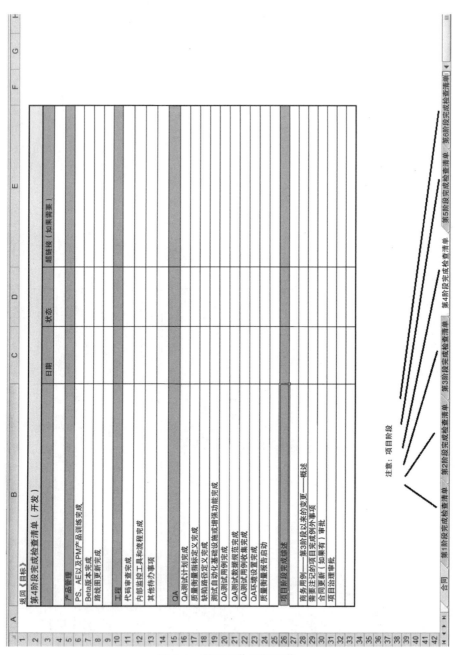

图 9.4   项目工作手册细节

wiki 越来越流行，已经成为所有项目信息的交流中心，其中包括技术细节和团队进度报告。对有些项目来说，把所有的项目工作手册信息都放在 wiki 上，也许是有道理的，但我们认为，出于保持统一的项目工作手册格式的目的，可以把它们做成单独的文档，并在 wiki 中加上链接。Jira 或其他类似的项目管理工具都提供了一个 wiki 以及问题报告和跟踪工具，可以用来集中所有的项目信息，使管理开发项目变得更加容易。

为了反映团队设立的产品开发周期（Product Development Lifecycle，PLC），项目工作手册的具体细节可能会有所不同。本章提供的项目工作手册样例，假定使用标准化的 PLC，并包含标准 PLC 中每个阶段的清单，如图 9.4 所示。

随着更多的项目引入敏捷方法，很多人质疑是否需要将敏捷方法应用到项目全部的阶段中去。有些公司在开发阶段采用敏捷开发实践，但在项目早期和晚期则采用瀑布模型方法。这些"瀑布-敏捷"混合型项目可能会在项目提案、需求确立和高层设计等阶段采用瀑布模型方法，接着在开发阶段使用敏捷冲刺、站立会议和其他的敏捷工具来跟踪和管理各个冲刺阶段，希望可以由此获得敏捷方法宣称的能够给开发阶段带来的好处。

Mickey 回忆道："在 Gracenote，我们在尝试将曾经习惯的瀑布模型集成到敏捷项目时，过程中遇到了很多困难。我们喜欢团队在项目冲刺期间的工作方式，但在正式确定采用敏捷的项目的开始和结束阶段之前，我们在整个项目的交付成果一致性上遇到了阻力。这样的'瀑布-敏捷'混合型方法帮助我们将不同的方法连接起来，使我们所有项目的管理更加一致，成果更加可预测。后来我发现，很多其他程序设计经理在尝试采用敏捷方法后，也都最终采用了这种混合型方法。"

不论你采用哪种方法来管理项目，采用类似项目工作手册这样统一的项目跟踪与汇报形式，并执着地、虔诚地维护它并保持更新，一定会让每个项目都完成得更加轻松。

9.7.1　你需要一个计划

开发始于计划。

如果你在实施敏捷方法，计划就是一份有序的产品待办事项列表。PO 将客户的要求和需求转换成用户故事，并且根据用户故事优先级或者性价比（相对价值除以开发团队估算的相对大小）来创建产品待办事项列表。

同时，PO 也要在下列事项上与开发负责人合作，就像我们之前说的那样：

- 考虑依赖性；
- 设计；
- 测试架构；
- 促进早期学习；
- 促进风险优先考虑的开发，并以此降低不确定性。

但如果产品待办事项列表只有用户故事，那它是不完整的。产品待办事项列表同样需要包含技术工作内容，例如：

- 基础架构建设；
- 偿还技术债务；
- 修复 bug；
- 规避或降低风险。

许多技术团队管理者所做的是为这些项目创建第二个类型的待办项。他们在与用户故事相同的两个估算会议中确定技术待办项的优先级。随后，他们又根据风险、紧迫性和其他技术因素对技术待办项进行分类。

为了确保用户故事与技术工作都被处理，下面两件事你需要任选其一：

- PO 与技术团队管理者合作，将两个待办项合并；
- 产品管理者和技术团队管理者达成协议，将每次冲刺中一定比例的工时用于完成技术待办项。

无论如何，当团队花在技术项目上的时间比例低于 20% 时，产品管理者 Marty Cagan 都对此持怀疑态度。

　　与技术部门的工作协议是这样的：产品管理部门拿出团队的 20% 交付能力并将其交给技术部门，让他们可以将这部分能力用在技术部门认为有必要的事情上，从而避免技术部门对团队说"我们不得不停下来重新来过"。如果技术部门认为他们需要的时间低于 20%，那么我会感觉极度紧张。[1]

如果你的团队没有实施敏捷方法，你就需要将那些几十页甚至几百页的需求分解成与排序后的产品待办项列表类似的东西。对了，你也需要像敏捷团队那样，考虑到技术债务的偿还等工作。

无论用哪种方法，你可能都要偿还技术债务。请注意，无论是欠下技术债务还是其他类型的债务，其本质都不是错误。我们很少有人能在不举债的情况下买房。债务不是错误，欠债不还才是错误，才是管理者的失职。

技术债务如果不偿还，就会越积越多，直到代码变得脆弱不堪，以至于不得不去增加更多功能、成本，变得难以承受。我们可以从敏捷先驱者 Jim Highsmith 的两条经验法则中得到启示：[2]

　　当技术债务上升时，对客户的响应能力就会下降。
　　在高技术债务的应用中，估算几乎是不可能的。

或者买一本产品管理者 Marty Cagan 的 *Inspired*（《启示录》）。他用了整整一章的篇幅来阐述不偿还技术债务所带来的风险。

----

[1] Marty Cagan, *Inspired: How to Create Products Customers Love* (SVPG Press, 2008), p.28.
[2] 2010 年 2 月 16 日，在旧金山分会 BayALN 上的发言。

9.7.2 确定项目的节奏

瀑布型项目的节奏一般都由项目经理负责管理，他们通常需要建立项目时间表并驱动执行。但经验丰富的程序设计经理往往会确保他的团队得到的项目时间表是现实的。

Mickey 通常依照以下经验法则去和项目经理商讨：

重大项目的管理必须像跑马拉松一样。设置良好的节奏，做好足够的准备，保证开发团队能够坚持到最后的冲刺阶段。

你可以要求开发团队偶尔进行冲刺，也可以要求他们在终点线前拼尽全力地奔跑，但不能要求他们在长期项目中一直保持冲刺状态。（在我们看来，很不幸的是，Scrum 把它的迭代称为"冲刺"，特别是考虑到那些真正实施敏捷方法的团队是基于历史上马拉松般的速度来规划的。）

不现实的项目时间表（期望开发人员在很长一段时间里每天工作 10 多个小时，甚至周末也要加班）肯定会燃尽他们的精力，把团队带向不可避免的失败。

所以你的工作是对项目时间表进行审查、涂改、细究、编辑、改进、锤炼、调整，将其转变为你和你的团队能够理解、接受、相信，并且可以执行的项目时间表。

侯世达（Hofstadter）定律：做事所花费的时间总是比你预期的要长，即使你已经充分考虑到了侯世达定律的影响。

——Douglas Hofstadter[1]

9.7.3 设立共同认可的里程碑

中期里程碑是项目节奏的关键。传统的里程碑可能设置在：

- 原型或者概念论证；
- Alpha 版；
- Beta 版或者预览版（Early Availability，EA）；
- 最终版、发布候选版（Release Candidate，RC）或者准正式版（Golden Master，GM）；
- 正式通用版（General Availability，GA），或者叫生产版（Production）、Live版，这时候软件会面向广大用户销售。

敏捷方法可能不会为中期里程碑命名，因为根据敏捷的定义，产品在每一次迭代期或冲刺期结束时都应当是可发布的，所以每次迭代或冲刺都是一个里程碑。

也就是说，一旦你开始了交付工作，你就立即需要加上一个完整性检查工作。如

果你已经按照我们前面的引导计算出了所需付出的工作量,你只需要额外获得一个数据,即速率,即可判断在特定日期之前我们能完成产品待办事项列表中多少的工作。

我们认为,至少要从 3 次冲刺中求出平均速率,"速率"这一数据才会可用。(但如果你的团队很稳定,并且一直在为该团队的前一个项目进行规模大小的排序,你可以将新项目的用户故事放入之前的按大小排序的用户故事队列中,这么做合理合情,我们有理由相信团队之前的速率会适用于新项目。)

一旦你估算出了在特定日期时,你的团队可以完成的工作在产品待办事项列表中的位置(即能完成的工作所在位置,本质是一个水印),我们可以询问水印之上的工作是否是我们最应该完成的、正确的工作内容。

不论你使用的方法或者里程碑是什么,都需要确保每个人对每个里程碑的意义理解一致。在很多公司中,这都是一个挑战。在有些公司中,Alpha 版软件要求功能完全;Beta 版软件要求足够稳定,可以交给开发团队之外的人进行实地测试和反馈,它的内部结构需要足够稳定,外部程序员可以依赖它的对外 API 进行开发。在其他公司中,Alpha 版软件或 Beta 版软件的功能可能并不完整,他们只要求软件足够稳定,可以让客户使用并反馈。还有一些公司,Beta 版软件只是让产品经理用来演示的,客户要等到预览版或者提前试用版才能触碰到软件!

不管你怎么称呼这些里程碑,请确保每个人都明白每一个里程碑意味着什么。

一旦确定了项目使用的方法和里程碑,就要确保它们足够清晰,并做好明确的沟通,以便它们能够帮助你了解项目的进度。

如果情况允许,你可以安排你的团队向管理层(级别越高越好)演示软件里程碑。这样可以用里程碑来充分激励团队。

Mickey 指出,在 Brøderbund Software,他会区分新项目与现有项目的改进版。"现有项目在改进的时候,我们都知道要做什么,而新项目则完全不同,难度高很多。"为了激励大家完成新项目的里程碑,他会安排团队为以下人员做演示:监制人、高级顾问、股东,甚至有时还有 CEO。甚至在早期的里程碑中,他也会这么做。

"大家在里程碑临近的时候会拼命工作,以免在 CEO 面前丢脸——而且没有人会想要拖延交付日期。我们总是会邀请 CEO 来审查 Alpha 版软件和 Beta 版软件。每个人都会努力表现。CEO 可能有一半的时间都没能参加,但是我们团队的每个人都期待看见他,仅仅知道他可能会来,也是一个很强的激励。"

9.7.4 确保每个人都在沟通

从很多方面来说,敏捷就是一系列最佳实践[①]的集合,其中一项就是确保程序员参与沟通。这并不是说敏捷人员都喜欢开会,而是说他们都希望程序员是良好沟通

---

① 敏捷一般不会强调"最佳"这个词,这与敏捷强调的"持续改进"相冲突。——译者注

的实践者。敏捷人员早就认识到软件开发是一项群体活动。程序员如果彼此不沟通，常常会变得冷漠无声，对什么事都漠不关心，对项目会带来破坏性的影响。

通过在冲刺计划会议上的通力协作，程序员经常互相分享各自的计划、任务和步骤。他们能够互相获得反馈。他们会告诉对方代码中隐藏的"魔鬼"，尤其是那些一不小心就可能搞坏整个项目的脆弱环节、从来没有写入文档的隐藏秘密，以及代码的实际实现机制。

每日站会的最长时间只有 15 分钟，它经常会演变成状态沟通会议。但实际上这场会议的目的是（重新）计划，主要关注于[1]：

- 我要为明天设定怎样的目标来支持团队目标?
- 对照昨天给自己设定的目标，我做得如何?
- 是什么阻碍了我的成功?
- 作为一个团队，我们是否按照冲刺计划会议上设定的团队目标进行?

站会不是状态报告，站会的议程应该是上述这样。Scrum Master 只负责指导团队合作，并倾听程序员和测试员所遇到的障碍。团队成员不应该只是对着 Scrum Master 说话，而是应该互相交流。在障碍之外，团队成员应该专注于个人目标的设定和培养责任心，使团队的目标得以实现。

2015 年《产品团队绩效研究》显示，有效的站会和高绩效团队之间存在明显的相关性，这并不奇怪[2]。

因为团队本身就在设定和跟踪它的目标，所以你不需要项目经理。事实上，项目经理可能会对敏捷团队起到反作用。

但如果你的工作模式更像瀑布式，项目经理可能会执行项目计划。你一定要与他们合作。同时，你要确保他们能够与你的员工合作，并收集和分享项目进度信息，而后确定关注点和障碍。你要帮他们检查他们所听到的、他们得到的结论是否符合现实。

现今，每个人都应当能够轻松访问项目的最新进展。Scrum 提供了"信息发射源"方案——通常是一块任务板，上面挂满了按优先级排列的用户故事与任务，并通过位置或者标注来表示它们的状态。整块任务板放置在一个团队办公室里，每个人都可以在任何时间看到当前进度。地理位置上分散的团队可以使用软件工具同步任务板，实时更新与分享进度。项目经理在 wiki、共享电子表格，或者其他可以提供类似透明度的项目协作工具上记录他们的计划。

跨团队的协作系统通常也能够帮助你了解项目的进度。通过监控或审查代码提交记录，可以跟踪团队的进度，以及他们对项目的贡献。这样你可以感觉到谁的工作效率特别高，谁的工作比较困难，哪些问题需要修复，以及哪些方法很好用。

Ron 在富士通公司工作时，他的程序员们每次检入代码，都要向团队发送一封电

---

[1] 在 "The Scrum Guide" 2020 年版本中，官方已经删除了站会中的 3 个问题，交由团队自由发挥。——译者注
[2] Ron Lichty，"The Skinny on Standups: Make them Effective, Hold Them Daily" (Blogspot, 2015-07).

子邮件，说明本次操作包含的变更。另一个团队每次提交代码时，都会填写一个电子邮件表格，包含日期、变更、程序员、代码审查人、说明、修改 bug 数目、源码库中的分支、变更的文件与数据库的清单，以及对其他程序员、测试人员、文档团队和构建团队做的说明。系统会自动将这些信息发给内部的订阅人（其他程序员以及经理、QA、构建团队成员、文档编辑和其他人），并自动存档到数据库中以供将来搜索。

了解项目进度和效率的另一个办法，是定期深入源代码和 bug 管理系统中进行调研。

你的职责是：

- 辅导你的程序员去进行协作；
- 在你的程序员团队内部引导沟通与对话；
- 留意参与者是否会失去兴趣；
- 看看谁该得到奖励和表彰；
- 预测问题；
- 确定依赖关系；
- 自己运行产品（乔布斯为此设定了标准，他负责运行自己的团队开发出来的软件，并深入研究认为对苹果公司的客户重要的每一个细节）；
- 消除倾听障碍；
- 不遗余力地提高团队凝聚力。

9.7.5　聚焦于使命

要尽量参加瀑布开发的定期状态沟通会议（和站会，如果你被邀请的话），即使你本可不必这么做。新晋升的经理往往会继续他们作为程序员时对会议的抵抗心理。但是，状态沟通会议往往是你确保项目顺利进行的关键。你可能发现有的团队真的可以"自治"，并不需要你的参与。

状态沟通会议往往会产生新的发现，并在项目结束期带来新的行动。当团队中每个人都陷入细节时，我们往往发现自己是全屋唯一剩下的声音，只能靠自己来识别事务优先级，并驱动项目到达终点。

　　程序员总是能够找到借口说他们是在"磨刀不误砍柴工"，而且还会千方百计地证明"这确实是必要的"。有时候情况的确如此，但有时候得需要经理来决定什么情况下这种"磨刀"的功夫已经脱离了项目的初始目标，然后让程序员从他们开心的"工具保养"工作中回归到真正的首要任务上。

——Scott Rosenberg[1]

---

[1] Scott Rosenberg, *Dreaming in Code: Two Dozen Programmers, Three Years, 4,732 Bugs, and One Quest for Transcendent Software* (Crown, 2007).

不管是否声明，你都有一个关键的职责：让项目愿景保持清晰。程序员本身的特质（处理细节的能力、平衡各种想法并发散思考的能力）也常常会让他们陷入各种细节之中。你的关键职责就是保证沟通不要陷入细节的泥潭里，并帮助项目走出丛生的"杂草"的干扰。

你还会发现常常需要在功能、质量、时间之间进行权衡。需求会改变，销售人员会从客户那里获取反馈，上个月不重要的事情下个月会变成必要需求，用户界面的使用会增进我们对如何展现产品功能的理解，但是开发的资源限制是一样的：在"燃尽"整个团队之前，你只有那么多的开发工时可用。除非可以降低工程质量，或者在项目截止日期发布一个 Beta 版软件而不是最终版软件，或者干脆延长截止日期。否则，你需要问这样的问题："如果我们要实现这个功能，那么在之前的功能列表中，销售部门或市场部门愿意放弃哪一条，才能让我们仍然能按时完成项目？"

一线经理的职责就是知道每天的安排细节，甚至精确到每小时、每分钟——哪些事情是重要的、哪些事情是关键的、哪些事情是必需的、哪些事情是期望的、每件事情什么时候完成，以及哪些事情已经延误了。

9.7.6　消除障碍

当发现团队需要帮助的时候，你需要准备好发送求救信号。

如果问谁来消除障碍，任何一个敏捷人员都会回答"Scrum Master"。但当问 Scrum Master 应该将难以解决的障碍上报给谁时，你会听到"管理者"的回答。在大多数组织中，有些障碍对 Scrum Master 来说实在是太大了。管理者通常有更大的影响力。你（指管理者）在组织上更有能力消除某些类型的阻碍，所以你的一部分工作是随时准备解决上报来的障碍。

无论你是通过与你的团队成员一对一的谈话，还是通过小道消息，或者从问题上报的过程中发现障碍，你都不能为障碍的存在找借口。

有时候，你需要更多的人力。有时候，你需要从其他团队中引进经验丰富的帮手，或者引入短期合制员工或独立顾问。但你一定要记得 Brooks 定律：增加人力往往不会缩短交付时间，反而会延长。

有时你会需要设备和工具。我们支付的工资太高了，以至于不能因为缺乏设备和工具而损失哪怕是一小部分员工的生产力。

有时可能需要你解决的障碍是，帮助团队的程序员挡住各种干扰。在企业环境中，各种干扰源源不绝：或者是来自闲逛的其他经理，或者是来自高层管理者突发奇想的小项目，或者是来自紧急问题。你需要成为团队的盾牌，保护你的团队成员免受非请自来的外界干扰。

但你也不要忘记偶尔引入一些娱乐活动。如果你的团队成员还没有开始一起玩耍，请找些活动让他们聚在一起玩耍，玩得开心，放松紧张的情绪。在苹果公司，办公室的墙上挂着泡沫飞盘的情形并不罕见，这一般表明有一两个程序员需要休息一下了。

与你的团队成员沟通十分重要，这会让他们知晓你关心他们的工作。作为经理，我们已经学会在办公室摆放玩具——不是为了自己玩，而是为了鼓励并吸引团队成员过来拜访。经理的玩具是一种与员工沟通的方式，可以帮助开启话题。

桌面玩具应当有趣、稀罕、好玩。Ron 在苹果公司时，他的上级经理的办公室桌上，客人那面有一个磁悬浮盘，他在玩那个玩具的时候，头一次意识到玩具的价值。转起这个磁悬浮盘，他的访客会暂时分心，这种时刻的分心，往往会在无意识间带来奇妙的放松效果。

玩具可以放松紧张的情绪，但最重要的还是做好软件，所以你需要做好的最后一件事是积极管理。除非软件完全无法使用，否则你最好亲手去使用软件。没有什么比亲手使用软件更能表现你对产品的承诺，以及对产品的质量的关注了。每一个版本的软件都能给你留下一个开发功能项以及产品质量的直接印象，这是再多的解释都做不到的。

Ron 在苹果公司时，Apple Ⅱ 开发团队的领导因为能在几分钟内找出一大堆 QA 测试都没有发现的 bug 而著名。

9.7.7　确保达成商定好的标准与需求

代码想要发布，需要达到客户需要的质量水平，或者至少他们能够忍受的程度。作为程序设计经理，你的职责不仅是使团队按时完工，还要使团队交付一件高质量的产品。可能有 QA 机构测试你的产品，但你不要弄错，质量是归责于开发部门的。这是你的职责。QA 的角色是帮助你衡量你的团队做得有多成功。

相比于缺少某些功能特性，糟糕的质量更容易引起客户的不满。

——Mark Calomeni，Accept Software 工程副总裁

客户可以忍受什么样的质量水平？我们对 bug 同时持有两种不同的看法：代码应当没有 bug，但我们团队写的程序永远都会有 bug。确实有些应用，例如航天任务，不能容忍任何 bug。NASA 的程序员常常谈论到他们层层叠加的流程可以帮助他们预防 bug，实际上也可能阻碍他们发现 bug（但即使在 NASA，bug 也会渗入系统中，"火星气候探测者号"事故就是很好的例子[①]）。Ron 还是程序员的时候，曾经开发过一套计量工具，用于核反应堆与癌症检测；一旦你知道软件错误可能

---

① 洛克希德·马丁航天公司（Lockheed Martin Astronautics）的 Noel Henners 是"火星气候探测者号"的主承包商，他在 1999 年的新闻发布会上说，他们公司的程序员"负责确保一个程序中的数据单位和另一个程序使用的英制单位相匹配，但这个简单的转换校验没有做好，导致'火星气候探测者计划'满盘皆输"。

会致人丧命，你每天上班都会非常清醒谨慎。

但是，Web 应用经常只经过很少的测试就上线了。这不仅因为得到错误的搜索结果不会带来严重的后果，而且因为它有良好的恢复策略，能够让不良软件在几小时甚至几分钟内就还原回旧版本或者升级为新版本。

最终，你需要平衡测试的严格程度与交付带有已知或未知 bug 的程序的风险程度。作为程序设计经理，你可能无法控制 QA 中有多少人来参与项目的测试，或者测试多久。但是，你可以设置代码如何设计、编写、审查的标准，以减少 bug 出现的可能性。

总有一天，你会遇到程序员重复同你争辩那些给客户带来负面影响（或者发布后可能带来负面影响）的 bug 并不是真正的 bug，因为它们达到了给定的规格标准。注意不要让自己陷入这样的争执中。

在大多数情况下，你的工作是先让你的团队意识到他们不是命令执行者（生搬硬套的实现者，机械的操作者），他们是、可以是并且应当是合作者，共同致力于让客户满意。糟糕的设计规格，即使最终得到完美的实现，也没有资格获得荣誉勋章。你应鼓励你的团队超越设计规格，引导你的团队与客户产生共鸣，对设计规格中不完善的地方提出质疑和改进意见。

你需要"深入地倾听"，听到人们话外的意思，这样才能听懂他们真正需要什么。

——Jon Meads，Usability Architects 首席咨询帅及创始人，俄勒冈州波特兰

另外，对于真正的 bug，你的反应最好不是诉诸惩罚，而是专注于如何在未来避免出现类似的问题。你的任务不是挑错误，而是改善流程：更好的冒烟测试，更好的测试框架，持续的构建流程，确保活跃的代码分支不变得不可编译或不可运行，让正确的人及时做好设计与代码审查，恰好够用的编码指南（以及推荐与施行它的流程），完善的源代码控制系统，支持开发流程的工具，编码最佳实践与查错最佳实践的培训，及时的 QA 反馈，分配最好的程序员和查错人员去指导最缺乏经验的新人等。

关于提高代码质量的讨论有很多专门的图书，所以我们在这里只介绍两个我们最喜欢的技巧。

9.7.8　采用测试驱动开发

Ron 迷恋于测试驱动开发（Test-Driven Development，TDD），即在编写任何实际代码之前，先写下一组测试用来证明代码是否可用。因为这时候实际代码还不存在，测试会失败，从而证明测试有效。当代码写好了以后（如果写得正确），测试通过，证明代码有效（同时又一次证明测试有效）。这些测试代码通常也会加入

一套回归测试之中，未来如果代码出现重构，可以再次用来验证代码。

先思考测试而不是代码，是一种微妙的改变。这样的改变会带来额外的好处，能够确保你完全理解需求。作为程序员，你也许能在需求模糊的情况下写出代码，但要编写合适的测试来验证模棱两可的需求，则几乎不可能。

于是编码/测试的循环变为测试/编码循环，一旦形成新的习惯，你会发现 TDD 并不会带来多少额外的开发成本，只会带来更好的质量。但是 Ron 觉得，在需要重构代码的时候，TDD 才能真正派上用场。例如，只为提高性能而改善代码，但功能完全相同的情况。Ron 和 Mickey 与大多数程序设计经理一样，也曾不得不支持陈旧、脆弱、仿佛稍做改动就会毫无征兆地突然崩溃的代码。通过自动运行在测试/编码循环中生成的测试用例，你应当能修改代码中的任意一部分，然后立即自动运行成百上千的回归测试，来确保代码和修改前的表现完全一致——没有引入任何意料之外的副作用。

有证据表明，做 TDD 要比不做 TDD 多花 15%的时间。但也有证据表明，TDD 能使 bug 更少。（微软的两项研究显示，使用 TDD 后，bug 的数目分别减少了 24%和 38%。）

——Mike Cohn[1]

有时候，团队远远没有建立起足够的对质量的责任感，这就需要中间过程的帮助。Ron 很喜欢他的一个同事提出的要求：在检入代码时，程序员需要写一两段简短的说明文字，解释他们将如何测试代码，这样可以使他们慢慢建立起对质量的责任感。

在 Pixar，RenderMan 项目的一个关键部分是早期回归测试套件的创立。Mickey 说："RenderMan 的回归测试套件，可以根据详细的 3D 场景说明，并通过处理无数的文件来生成图片。这些图片可用于与之前生成的图片进行逐像素的对比，每次发现 bug 的时候，产生 bug 的场景就会被加入 RenderMan 回归测试套件中。电影《美女与野兽》中，著名的舞厅场景中有一个 bug，工作人员花费了好几天时间才将其找到并解决。我希望创建和维护回归测试套件在其他应用中也同样容易。"

9.7.9　坚持代码审查

我们两位在全部的职业生涯中一直都是代码审查的坚决支持者。知道其他人会检查自己的代码，会让程序员更加小心，以免犯下愚蠢的错误。解释自己代码的行为早已被证明可以帮助程序员发现他们在其他情况下难以发现的错误。而且所有的研究都表明，在程序员对代码记忆犹新的时候就发现并修复问题，比起后

----

① Mike Cohn, *Succeeding with Agile: Software Development Using Scrum* (Addison-Wesley, 2010), p.158.

来在 QA 或者客户发现问题的时候再修复要容易。不仅如此，代码审查人员还可以教会年轻的程序员如何更好地进行程序设计。基本上，第二双甚至第三双眼睛可以发现初级程序员所看不见的 bug，因此我们要求所有的代码检入需要有代码审查，而且每当项目接近发布时，我们都会提高警惕，甚至会审查两次。

引入代码审查习惯的开始阶段往往比较难，程序员可能会因为害怕受到批评而不愿意提交他们的代码。你可以找资深的程序员来自愿带头，缓解其他程序员的犹豫心理。如果你担心这会让整个团队分心，也可以将审查人数限制在2～4人，但这样做必须要求所有受邀的人都参与审查过程。

最好让代码所有人在审查前一周左右，按照模板或者 wiki 页面填写好需要被审查的代码段的说明。最好把模板和 wiki 同时用上，因为有的程序员，尤其是那些新手，可能不愿意公开问那些看似愚蠢的问题。最好有一个表格可以让审查人员填写他们的审查结果，指出他们的评论所对应的代码行号，以及提出更好的修改建议，或者仅仅只是提出思考。如果要审查的代码是 bug 修复，那么审查请求中应当包括一个文件差异对比，这个差异对比可以手动制作，可以使用源代码控制系统生成，还可以使用类似 CodeCollaborator 的工具制作。

当所有的评论都填好之后，代码所有人需要整理它们，把它们分成两个列表。第一个列表是代码所有人同意并且承诺实现的更改意见。这些更改需要在轻量级的"检入/bug 修复"过程中进行审查。第二个列表是下一次会议的基础，包括代码所有人对他不理解、不同意或者拒绝的每一项意见提出的问题或考虑，并单独放在表格的最后一列。如果没有任何不同意见，就没有第二个列表，也不需要下一次会议了。除非当前的设计满足需求，否则应当把设计相关的问题（即应当如何做得更好）分流到另外的会议中去解决。

一旦建立起代码审查的文化，你就可以建立一个由资深的程序员对同级或更年轻的程序员的代码进行审查的循环。审查的方式可以是拉取出那位程序员的最新代码，阅读并发现其与几天前提交的代码的差异。

9.8 交付上线

整个环节在最后冲向终点线的过程中发生了变化。交付、最终版、发布、上线、完成——不管你怎么称呼，完成软件开发都是一件很困难的事情。软件开发周期中其他的环节都不要求这么多的小心、专心和不屈不挠。

在发布的前几周，从每个团队成员那里获取一个"通过/不通过"的表单。这样可以给团队一个评估工作的机会，并表明他们的信心（或者不自信）。

——Kinnar Vora，工程总监

即使在软件开发周期的其他环节，你不相信每日站会所带来的好处，这时候你也会非常需要利用它们。团队成员需要对话，以明了每处细微的改变。你需要用集体的智慧来迅速纠正错误的行动（最好在它们发生之前），并且分享解决关键问题的经验。你需要团队的每个人都分享他们彼此需要的小细节。

9.8.1　不再增加新功能

从现在开始千万不要再增加新的功能；现在要做的是不断改善质量。作为一名管理者，你可能需要决定是否允许修复错误。修复不重要的东西会给发布带来不必要的风险。当然，肯定会有一些问题非常关键，它们需要被修复，但也不足以使你冒影响发布的风险。在很多组织里，你可能会需要经常地重复"不要增加新功能！"的"咒语"。坚持立场肯定会让你变得不受欢迎，有时候是你自己的团队，有时是 QA 或者产品经理们。但只要有需要，这都是你应做的工作。

你可以和 Ron 一样，增加需要的代码审查次数。Ron 在 Check Point 项目结束期间为 ZoneAlarm 产品做的第一个措施，就是通知团队，只检入那些对发布有关键影响的代码——并且检入代码的审查工作也不再像往常那样交给一个人，而是交给两个人。Ron 希望多一双眼睛来检查代码的变更，提前发现潜在的问题。

"优秀的备用审查人员往往不足，所以我也批准了一些例外，但是大部分情况下，我们都会按照这个制度进行，"他说，"这个制度让团队非常震惊，'我们以前从来没有这样的规矩'，我的程序员们告诉我。当我发现最先检入代码修改的几个人都认为这个制度是针对他们个人的时候，我立马改变了请求的描述：'我们都希望今天的检入修改是本次发布候选版本的最后一次检入。即使有两个人帮助审查代码，但你仍然真的需要冒着最后是由于你导致产品无法发布的风险去检入代码吗？如果你觉得你的修改值得冒着影响 RC 版本发布的风险，那么请直接和我沟通，但如果没有足够的理由，请不要碰代码库，感谢大家的支持。'这样描述之后，没人觉得这个制度是针对他们个人的了。这样大大减少了代码检入的次数，并且提高了每次检入的质量。"

9.8.2　运行产品

除非产品对于普通的程序设计经理来说仍然不可用，否则即使之前你没有运行过产品的每日构建版本，现在你也会想要运行它。这样，即使只是多了一双眼睛，也会对 QA 和 PO 产生帮助，而且你也会为产品的外观及质地的最终完善做出贡献。

同样重要的是，运行产品将为你提供与团队成员就产品本身进行沟通的机会。

你的团队如果知道你运行使用过产品，对你的问题反馈将会有所不同，而且会更加尊重你。对他们而言，你使用他们的工作成果本身就是一种对他们的关心，这对提高团队士气十分重要。他们可能会抗拒 QA，但会努力确保搞定那些你可能发现的问题。

通过运行产品，你也能感受到产品到现在为止的质量水平。可能某个时刻，组织在看着你，而你相信产品已经足够好——那时候，产品就可以发布了。

9.8.3　准备好宣布成功以及开启更新版本的工作

功能需求点总是多到来不及实现；软件 bug 也总是多到来不及全部修复。不管是构建移动应用或计算机应用、内嵌软件，还是 Web 应用，总会有一直拖延直到它"完成"的趋势。但项目是永远无法达到完美的，总会有 bug，总会有可以继续改善的地方。

　　软件永远无法达到尽善尽美。

挑战在于，如何知道何时它已经"足够好"，该放手结束工作。Mickey 宣称，往往最后需要经理从程序员手中把代码抢夺过来才行："有时候，你需要"架枪"逼迫程序员，他们才愿意交付产品。"因此，你（或者是产品经理，甚至是高层管理者）需要决定项目何时交付。

全世界的 QA 报告都不会告诉你何时到达这个时机，这需要你自己决断。你需要考虑 QA 报告的反馈、来自客户的 Beta 测试反馈，以及其他任何能够收集到的数据。但如果你需要做出决策，最好能够像 Ron 那样，找到足够的数据支持，说："我已经在自己主机上使用这个产品超过两个月了，没有出过一次重大问题。我们有优秀的 QA 组织，并且我知道，如果使用非常规的手段去强压系统到边界情况的话，确实会出现问题。但是他们已经两周没有发现真正麻烦的新问题了。所以我们还是一起发布这个产品吧！"

有时候，你需要重新定义什么是成功，甚至需要做出非常大的改变，才能让产品更早到达用户手中。当 Ron 到达富士通公司时，开发团队承诺"下个月就完成"客户产品的情况已经持续几乎一年了。当他发现开发团队离完成还有接近一年的时间，而日本的管理层威胁，如果 75 天没有发布任何东西就会取消项目时，Ron 做了深入的探索：与开发团队一起找到哪些功能已经可用，哪些功能可以快速做出来，哪些功能能带来冲击力；与管理团队一起对产品做出修改，缩减很多功能，但仍然能够提供让客户感到惊叹的使用体验。（产品最终在截止日期前一天成功交付——还有一天富余时间。）

在最好的情况下，你会发现产品在预计的时间恰好可以交付。但在更多的情况下，你会发现如果按时交付，产品仍然有不少问题：一堆之前没有发现的 bug，用户测试表明你们的设计影响了客户体验，或者 Beta 公测发现客户的需求与产品的设计可能略有不同。

这些问题可能会反馈到你的规划中，也可能不会。这时候，区别哪些事情更重要的能力（这个能力总是很有用）变得非常关键，它将帮助你确定"宣布成功"的标准。

Web 交付可能会比较早。毕竟，如果有需要，Web 内容可以持续更新。当 Ron 的投资工具团队后来为 Schwab 要求最苛刻的客户群（主动交易商们）开发交易产品时，他们的做法是先发布一版包含核心功能的产品，然后在接下来的 8 个月里，连续发布了 9 个功能更新版本（包括 2 个维护版本）。

如今，连宇宙飞船的软件都可以设计成外部更新的了。

但还有一种极端情况，Mickey 在 Gracenote 的一个团队开发的软件是嵌入在新生产的汽车中的。这种软件必须保证至少在发布的那一时刻是完美无缺的，否则只能通过昂贵的召回活动来更换固件。

9.8.4　知道何时减少损失

总有一天你会遇到手上的项目就是没法交付的情况。你（更可能是其他高层管理者）会决定这个项目已经不适合继续进行。原因可能是由于市场条件发生了变化；或者是因为你们的技术太超前，导致开发耗费了太多的时间或成本；有时候是因为整个团队是按照未来会增加人手的预设在工作，而援手最终没来，你们因为人力不足而无法完成工作；另外一些时候，你的团队做出了过度乐观的工作计划，导致无法按期完成。

Ron 在 Schwab 的第一个团队，在 1997 年完成了一个在线资产分配顾问 Web 客户端（第一款全 Java 的商业 Web 应用），这是一个相当激进的项目计划。在那之后，团队信心十足地提出了新的投资组合跟踪项目，不但要快速交付客户端，而且要把服务端迁移到当时很年轻的 Java 语言。想要这么过早地做过多的事情（1997 年应用服务器还不存在），团队需要领先于行业标准来架构很多基本构件。

"这有可能是因为管理层从来都不相信该项目真的需要花费团队预计的那么多资源，"Ron 回忆道，"显然，当预算条件变化之后，项目陷入两难境地。虽然第一个项目不计代价地完成了交付，但这一次管理层的回应不同了。Schwab 并不会轻易容忍无法在一个季度内交付的项目。最后，项目由高层管理者直接下令突然终止。高层管理者很谨慎，没有责怪团队和团队领导。关键人物都被召到一起与商务部门最高层的管理者开展了面对面沟通，并受到了赞誉，感谢他们所付出的努力和带来的进展。新的架构显然很受重视，核心团队被留下来继续完善它。但是尽管如此，被调动的团队成员仍然感到十分沮丧。"

为了帮助团队成员恢复稳定的状态，Ron 把大家带出去散心，交流他们的成果。"虽然做出了各种努力，但团队中很多人还是沮丧了好几个月，"Ron 回忆道，"与我共事的最好的两个项目经理之一，感觉无法接受，打算立即辞职离开，尽管我给她升职加薪。项目被突然终止的那种被釜底抽薪的感觉，她难以接受。"

讽刺的是，留下的核心团队被赋予找到一种方法来充分利用新的架构的优势，最终确实成功了。在那之后的 18 个月里，行业工具慢慢跟上了技术发展。这一次，利用新的商业架构平台，团队开发出了一款交易应用，正如早先的团队所预料的那样，因为其灵活性和可扩展性，在之后的多年内，都持续地帮助 Schwab 稳定地满足着那些需求最多的客户。

Mickey 也遇到过类似的情形，但在 Brøderbund Software 的一个项目被终止后，他尽力保全了整个团队。这个项目是基于当时在多媒体制作工具中占统治地位的 Macromedia Director 软件开发的代码框架。经过好几个月的努力之后，形势变得很明显：努力并不会带来成功。

"我调离了首席程序员，关闭了这个项目。经过仔细的沟通和调动过程中不断的鼓舞，我们避免了团队成员的离职。我们启动这个项目是为了满足高层管理者的需求，他们当时认为使用非自有的技术作为基础比自己从零开始开发更节省成本。项目的终结令他们也不开心。为了总结教训，我们进行了大量的沟通和解释，但最终我们还是成功地部署了一支拥有更底层技术的团队，从基础开始重新构建了一套自有的框架，质量比先前的好很多。"

有时候重要的不是保全团队。另一个项目 PrintShop Publisher，也有同样多的问题，但终止这个项目要容易得多，因为这个项目由一个海外团队负责。当发现他们无法交付时，项目被直接终止，接着又被安排给另一个团队使用另一个模型重新复活。"项目停止并没有结束产品的需求。但当海外团队无法交付时，我们并不需要他们继续坚持开发。我们在加利福尼亚组建了另一个团队，他们使用不同的技术来交付了我们需要的产品。这个产品多年之后，仍在持续更新使用中。"

不管原因如何，总可能会有项目必须终止的情况发生。但如果不小心处理，取消项目就会给你和你的团队带来严重的士气与自信心问题，甚至会导致优秀员工辞职。在行动之前，你需要考虑好各种后果。你要确保管理层理解并支持你的行动，知晓取消项目的后果，并同意尽力参与事后的沟通。

9.8.5　OEM 或国际版

如果你的软件有 OEM 或国际版，或者其他附属或衍生版本，那么项目交付并不意味着可以脱身而出。有太多团队因为在核心版本交付上耗尽心血，才发现要完成其他附属版本并将它们发布到市场时，自己已经筋疲力尽了。

你需要采取所有措施来确保你的团队一直有动力完成所有的版本。

9.9　圆满完成

虽然此时产品经理还有很多交付细节需要关注，但作为程序设计经理的你，已经基本上完工了。不过，还有以下 5 件事情你需要考虑。

9.9.1　庆祝

项目宣布成功之后，你应当尽早开展实实在在的庆祝活动。这是一个让大家放下项目交付的重大压力，聚集到一起放松的很好的机会。

Mickey 印象最深刻的一次庆祝，是在 Pixar 宣布成功创造出第一款客户软件产品（Mac RenderMan）之后。这个项目规划得非常激进（4～5 个月），从开始到包装出售都按时完成，项目从代码片段编写到盒装出售，都可以说是一次完全的胜仗。而这个项目因为受到时任 Pixar 首席执行官史蒂夫·乔布斯的支持，显得更加特殊。它代表了乔布斯在离开苹果公司、建立 NeXT 之后，第一次回归到 Mac 软件。

这一次庆祝之所以难忘，是因为整个生产过程中涉及的产品团队都受到了表彰，公司所有的高层管理者，包括乔布斯以及创始人 Ed Catmull 和 Alvy Ray Smith 都参与了进来。在旧金山湾区一家著名的餐厅，在舒适宜人的私人宴会厅里，红墙环绕之中，整个团队把酒言欢，留下了一生难忘的经历。

在苹果公司，庆祝软件发布时也常常会有发送礼品的环节。不管什么项目，一件项目专属 T 恤或者 Polo 衫是必要的环节；如果任何人在听说到这个项目的时候，发现你还没有预订礼物，会认为你在这方面逾期严重。在以热门喜剧 *WKRP in Cincinnati* 为名的项目中，所有参与者都获得了一款古董样式的收音机作为奖励。

我们两位都曾经在团队聚餐中发放过各种奖励证书，并拍下当时的场景以留念团队情谊。对于简易包装的消费类软件而言，精装的软件也被我们拿来作为奖励之用。

Ron 曾经带领团队乘坐游览渡船，到西海岸的天使岛、埃利斯岛去野餐骑行。他还在纳帕谷的葡萄酒火车上安排过午餐。他的团队坐过从费尔顿的红杉林林荫之间出发，直到圣克鲁兹海滩的咆哮营火车；他还给全体团队购买了整天的游览套票，全体团队可以在步行栈道沿途随意玩耍过山车、摩天轮以及其他的游乐设施，最后还可以在码头餐厅享用午餐。

Ron 曾经对他在富士通公司的团队承诺，会有一次值得纪念的庆祝奖励。本来他打算在旧金山举办一次奢侈的宴会，但团队中的一位领导建议说，相同的价格足够大家去一次迪士尼乐园了。Ron 要求她拿出证明，结果她算出来的价格远超预算，不但包含了来回飞机票，还包括了与米老鼠共进午餐的机会。不过，团队这次不只是在庆祝 75 天的冲刺项目，还包括庆祝之前 18 个月的努力，整个团队为这个漫长的项目付出巨大，才最终完成了它。

完成季度项目的庆祝活动的预算可能还不够享用大餐，但是你不要忘记，还有很多其他的花费很少的团队活动可以考虑（在预算拮据时你不得不考虑）。虽然听起来可能有些陈腐，但是整个团队一起打保龄球的花费很少，而且可以让每个人都参与进来，往往对增进团队情谊更加有效。你可能得哄妥那些具有怀疑精神的人，说服他们相信这项活动会很有趣。但几乎没有意外，保龄球之类的活动往往总是令人愉悦的，可以把团队凝聚起来。

如果你们的产品是要推到市场上的，你可能会觉得，在电子版本做好时也需要进行庆祝。但你们不能放松对后续版本的关注；前面已经提到，你需要持续激励大家来完成所有的版本。你们要庆祝，但也要坚持完成工作任务。

9.9.2　回顾

一个项目交付之后，你可能需要给团队片刻的时间来喘口气。但在他们开始忙于下一个项目之前，你需要召开一个回顾总结的会议（换句话说，有点类似"事后诸葛亮"），让大家一起反思在刚刚完成的项目中，学到了哪些东西。

避免心理防御是关键。这意味着，你要完全避免对其他人的责难，不管是因为项目开启太晚、预算不足、带着 bug 交付，还是缩减了规模。很多团队在会议开场时都会阅读并同意遵守 Norm Kerth 的"回顾的首要纲领"[1]。该纲领基本上是说，无论我们揭示了什么，我们必须理解并真正相信：考虑到当时的已知情况、每个人的技能和能力、可用资源和情境，每个人都做到了最好。虽然我们现在可以看到当时的我们多么希望事情可以顺利进行，以及那些我们希望可以重来的决定和行动，但这不是一个值得批评或指责的让人失望的事情，而是值得庆贺的睿智之举！

将期望集中放在下一个项目上，即在你们完成了上一个项目之后，整个团队如何在构建下一个项目时做到更好、更快、更高效。着眼于未来，可以减轻大家认为你正在寻找上一个项目所犯的错误的感觉。

重要的总结性问题包括：

- 我们哪些方面做得好？

---

[1] Norman Kerth，*Project Retrospectives: A Handbook for Team Review* (Dorset House，2001).　中文版《项目回顾（项目组评议手册）》2003 年由电子工业出版社出版。原文如下。The Prime Directive says，"Regardless of what we discover, we understand and truly believe that everyone did the best job they could, given what they knew at the time, their skills and abilities, the resources available, and the situation at hand. At the end of a project everyone knows so much more. Naturally we will discover decisions and actions we wish we could do over. This is wisdom to be celebrated, not judgment used to embarrass."

- 哪些方面可以做得更好？

图 9.5 展示了项目工作手册中用于总结项目每个阶段经验教训的工作清单。图 9.6 展示了如何将这些经验教训扩展到整个项目周期，从而给团队和组织中的其他人以更好的反馈。

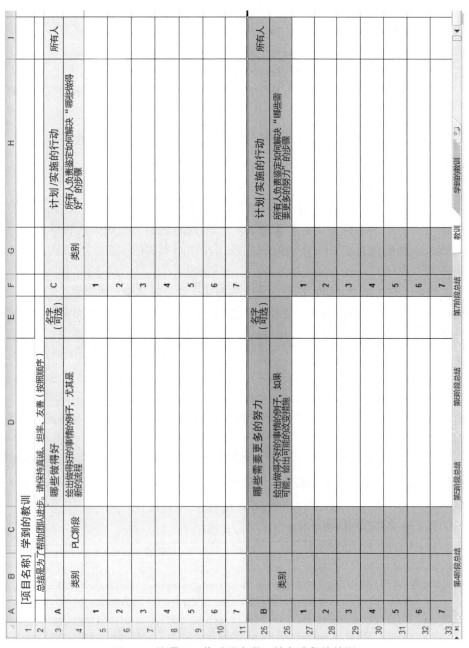

图 9.5 从项目工作手册中学习特定阶段的教训

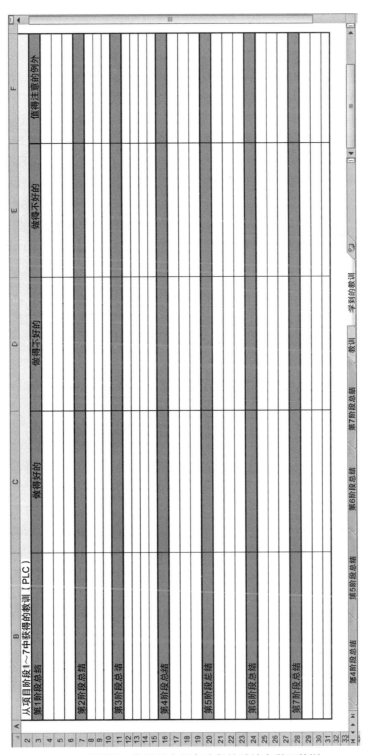

图 9.6 从项目工作手册中所有阶段的总结中学习教训

9.9.3　分享

问问你自己，你的团队做出的贡献和学到的经验中，有哪些可以给公司的其他人带来价值。

当 Ron 在 Schwab 负责推进所有项目转向 Java 开发的时候，他设计了一种团队学习的分享机制，形式是午餐时间的非正式项目展示会。全公司的所有程序员都会受到邀请。"我们要求项目团队不仅仅提供一位演示人，而是要出动所有人（整个团队）来展示他们各自在项目中承担的部分。我们希望他们能够分享使用的设计模式、选择的应用服务器、选用的 IDE、设计的架构层次、交付项目的方式以及其他一切。我们希望即使是经验颇为丰富的团队，也能通过这样的展示会获益，学到一些东西；而刚刚开始向 Java 迁移的团队，则能够看到整个迁移流程的完整展示。"

9.9.4　重构

两个项目之间通常会有一些闲暇时间。作为程序设计经理，最期待的情况就是上一个项目结束之时，下一个项目的需求已经明确，并准备完毕。

但现实情况是，这也往往是产品经理最忙碌的时候。他们全部的精力都要集中于刚刚发布的软件，既要负责将它完整出台、交付给渠道商和客户，又要准备营销和进行媒体推广，还要走访各家软件分析师。

所以不可避免地，产品经理忙于应付各种事务，反而会错失为下一个项目或版本做好准备的时机。

但下一个项目没准备好，不代表你的团队会失去活力。闲暇时间往往是程序员重构混乱代码、编写完善文档、补救当初为了及时交付而赶工欠下的各种 bug 的最佳时机。

在 Berkeley Systems 中，副总裁 Jack Eastman 设计了一套机制，让前端的屏保开发团队在闲暇时参与引擎和类库的开发。屏保开发团队对自己能在屏幕保护程序中为突破局限所做的一切而感到自豪。为了最有效地利用他们的创造成果，需要将他们写的代码改得更加通用，并迁移到核心公共代码库（即引擎和类库）之中。

这种短暂的任务重组，不仅能给开发团队带来前沿的新技术，而且能为引擎和类库团队带来前端团队提供的新鲜血液。这样避免了核心团队变成"象牙塔"（很多核心团队都有这样的趋势）：通过让客户团队的程序员直接加入他们的团队，让他们与自己的客户保持密切的接触。

9.9.5　小版本升级

交付软件之后，团队成员很容易觉得自己已经成功，但大部分情况下，交付后最关键的任务是倾听客户的反馈。

虽然在测试阶段你可能已经竭尽全力，但仍可能会遗漏关键的 bug 或性能问题，需要迅速进行处理，并通过小版本升级来解决问题——根据项目的版本计数规则，可能是 1.1 版或 1.0.1 版。

9.10　本章总结

你所管理的程序设计团队的直接目标是交付项目，这意味着你需要自始至终与产品经理、项目经理、Scrum Master 和 PO 保持密切的合作，包括确保需求明确、重点分明和洽谈顺畅（通常是迭代式的），以及定义"成功"和"完成"，计划和估算工作量，展开计划，并驱动项目直到项目完成。

项目进行期间，你需要鼓励并启发团队，确保他们了解全局以及他们所扮演的角色；确保项目的风险能够被及时发现、及时解决；帮助你的程序员找到合适的节奏；确定程度适当的设计；实施项目流程以确保项目质量；与团队的每个成员进行沟通，并保证团队有合适的机制让成员之间沟通顺畅；避开干扰；检查项目成果；项目成功时举办庆祝会（同时需要确保附加版本也获得与核心版本同等的庆祝机会）。

9.11　工具

我们准备了一系列工具辅助你定义、规划、设计、开发和交付软件。项目工作手册中包含许多 Excel 电子表格形式的工具文档，你可能会觉得有用。其中也有很多 Word 格式的完整示例，稍加修改就能为你所用。异步社区可以下载下列工具：

- 软件开发与交付清单；
- 定义"完成"的指南；
- 需求定义；
- 功能设计；
- 技术设计；
- 测试/构建计划；
- 项目工作手册；
- 代码检入会议；
- 代码审查会议。

第 *10* 章

敏捷团队中的管理者①

  纵观全书，我们带着大家讨论了几乎所有的挑战和问题，这些挑战和问题几乎都是我们在管理程序员和程序设计团队时可能面临的。虽然我们在前面讨论了从瀑布到敏捷的各种项目管理方法对我们在交付中扮演的角色的影响，但是并没有涉及从管理瀑布团队到管理敏捷团队的过渡的挑战。

  关于敏捷团队的一个常见误解是，敏捷团队不需要管理者。毕竟，敏捷团队是建立在自组织团队的基础上的。

  毋庸置疑，大家都观察到了，当我们在实施敏捷方法的时候，管理者并不是可有可无的。但是，如果团队已经自组织②了，管理者该怎么做呢？

  你已经看到我们在这本书中提到，管理者的关键作用是创造一种信任和责任文化（在敏捷管理或瀑布式管理中）。在敏捷团队中，交付的主导权交给了团队自己，管理者至少从理论上可以专注于文化、发展、流程改进、向上管理、向下管理、向外管理、指导、辅导、专业性成长和团队建设等，而这些可以使团队能够更好地工作。

  从瀑布式管理到敏捷管理，是一个具有挑战性的转变过程。虽然在软件开发中，微管理几乎是一个普遍存在的问题，但事实证明，它们是敏捷管理的障碍——敏捷管理要求每一个团队成员都要上前一步，而微管理则导致他们退后一步。此外，在敏捷角色模糊不清的情况下，对团队持不闻不问态度的管理者，几乎肯定也会阻碍敏捷管理。

  我们长期以来一直认为，在敏捷团队中，你必须使用其他场景下管理软件开发人员的方式来管理敏捷软件开发人员。成为敏捷的服务型领导，是对一个好的管理者，尤其是一个好的程序设计经理的很好的描述。

---

① 关于敏捷方法里的各种专有名词的中文翻译方法，至今没有统一。本章所有相关术语，均采用美国项目管理协会（Project Management Institute，PMI）在其《敏捷实践指南》一书中的译法。

② 在 "The Scrum Guide" 2020 年版本中，不再使用自组织这个词，取而代之的是 "自管理"（self-managing），两词在使用中有轻微区别，但对敏捷团队而言并无绝对意义。——译者注

大多数管理者都很少有服务型领导的榜样，事实上，管理者可能连"好的榜样"是什么样的都不知道。其中一个原因是，很多管理者都被项目缠身，没有时间去做好一个管理者。

在敏捷团队中，对于一个管理者来说，很多事情都会发生变化。其团队成员可能分散在各个功能团队中，这些团队渴望自组织，而真正的敏捷组织则是让这些团队自己负责交付，而不是让管理者来负责交付。

然而不幸的是，大多数组织并不是真正的敏捷组织，而是由不理解敏捷方法的高层管理者所领导，他们对管理者的期望与敏捷组织并不兼容。高层管理者们可能为管理者而不是团队设定了交付目标。他们可能会要求管理者将团队的速率提高一倍。他们可能会推崇英雄主义，而不是团队合作。他们可能会要求管理者插手团队工作的过程。

那么，程序设计经理在敏捷团队中的职责到底是什么？本章正是关于这些职责、关于敏捷方法给管理带来的变化，以及转型经理可以也应该做的事情。

10.1　为什么管理者可能会觉得被冷落

遗憾的是，很少有敏捷培训涉及管理者的转变，大多数敏捷培训或文献也没有对管理者在敏捷组织中应该扮演的角色做讲解。仔细想想看，有多少敏捷教练在指导管理者的敏捷角色？有多少培训师在勾画 Scrum 团队的结构时，将管理者这一角色包含在内？虽然总有一个 Scrum Master、一个 PO 和一个 Scrum 团队[1]，也许还有一些干系人（如图 10.1 所示），但你哪次在这当中见过管理者这一角色？

敏捷组织在进行旧的角色和责任迁移时，对新的角色和责任提供的指导却很少。鉴于此，管理者常常手足无措。管理者不知道当他们的团队变成自组织[2]时该怎么做，因而经常被视为敏捷管理的障碍。但是，如果管理者不参加培训，他们（或其他任何人）又怎么会知道该如何定性自己的职责呢？

事实上，管理者在组织中的地位是敏捷团队中的任何人都无法替代的。管理者需要在组织内更广泛的范围内倡导敏捷，并在组织中寻求支持。此外，由于他们并不密切参与日常工作，因此管理者往往可以帮助敏捷团队看到更大范围的事务，而不仅仅是聚焦在某件事务上。

---

[1] 在 "The Scrum Guide" 2020 年版本中，过去的 Development Team（软件开发团队）被改成了 Developers（开发者），弱化了开发团队的概念。与此同时，本书作者弄混了 Scrum 团队和软件开发团队的概念。——译者注

[2] 此处作者用词就是 self-managing，但这导致了与后续内容中经常出现的"自组织"不一致。这里直接改为"自组织"。——译者注

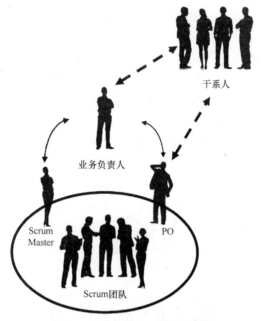

图 10.1   典型 Scrum 团队概览

　　一个常见的误解是，由于这种对自组织团队的依赖，敏捷团队的管理者几乎没有或根本没有作用。这与事实相差甚远。

——Mike Cohn[①]

　　我们相信，正如许多早期的敏捷思想领袖所认为的那样，管理者在促进成功的过程中扮演着过程推动者的角色：当组织向敏捷组织过渡时，管理者同时在团队、部门和整个组织中也扮演着关键角色。他们不仅仅要学习敏捷实践，还要拥抱敏捷原则、真正成为敏捷管理者。

10.2   敏捷如何改变管理者职责

　　我们需要认识到，敏捷从根本上改变了旧有的管理格局，如图 10.2 所示。它改变了：

- 管理人员的工作内容；
- 团队的结构、组织、关系和责任；
- 管理人员与组织其他部门的互动方式；
- 与同事和合作伙伴的谈话内容；
- 对领导力的定义。

---

① Cohn 是第一个 Scrum Master 认证班的联合讲师，也是敏捷联盟和 Scrum 联盟的联合创始人。

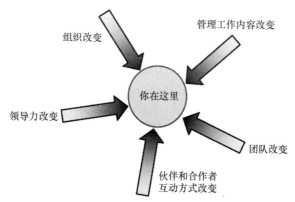

图 10.2　敏捷如何改变旧有的管理格局

我们认为，这些变化早就该发生了。敏捷所带来的许多变化与几十年前，即 20 世纪 50 年代和 20 世纪 60 年代的管理理论所提出的变化相关。在许多方面，敏捷正在引领软件开发组织追赶麦格雷戈在 1960 年出版的经典著作《企业的人性面》中提出的 X-Y 理论。

我们在第 7 章开头的一些内容中讲解了麦格雷戈的 X-Y 理论，在这里我们再总结一下。专制的 X 理论管埋力法中以严格控制为特点，并以微管理为缩影。而这种管理方法从工业革命开始（如果没有更早）就已经被确立与使用，为了替代这种管理方法，麦格雷戈描述了 Y 理论管理。

在 Y 理论中，你的角色不是压迫你的团队、压制他们的创造力和意志力，而是提升他们的创造力和意志力、发挥他们的潜力、培养参与式领导力、创造积极主动的团队合作环境。

麦格雷戈用来描述 Y 理论管理的词语中，包括赋能、授权、发展、持续改进等。这些都是敏捷中用来描述服务型领导的作用的词语，如图 10.3 所示。

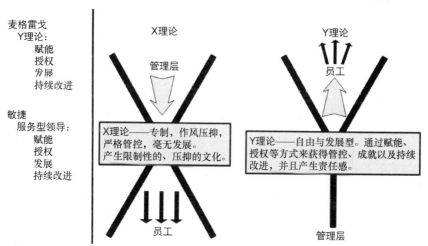

图 10.3　麦格雷戈 X-Y 理论与服务型领导

敏捷没有发明服务型领导这个词，只是在拥抱它。

10.3 敏捷组织中管理者的职责

在敏捷组织中，管理者需要承担一些职责。你的团队同样需要承担一些熟悉的职责，例如在设定期望和工作边界、招聘和雇用、解决团队中问题员工的问题等。

随着敏捷的引入，管理者产生了新的职责，例如帮助团队做好敏捷，帮助组织在更大的范畴上理解和重视敏捷。有些职责会发生变化，甚至会发生很大的变化，例如团队将会被赋予交付责任。

还有一些管理职责（和风格）已经不再适用了，例如平衡开发人员的工作负荷和维护项目进度表等职责，这些传统的管理职责在敏捷中已经被淘汰了。

本章的"工具"部分中包含了 50 多种传统管理中由管理者承担的职责，它们以电子表格的形式列出，你可以用它来识别每种职责在敏捷下的变化。图 10.4 展示了这些职责。

管理职责

敏捷带来的变化						管理者工作职责
一点点			→		很多	
0	1	2	3	4	5	
						人员管理
						雇用更好的程序员
						新员工入职/让新员工融入团队
						技能提升与职业提升
						咨询/指导/辅导
						设定绩效目标/评审绩效并给予反馈
						识别异常绩效
						管理问题员工/解雇绩效不佳者
						人员晋升
						公平奖励
						仲裁组内人员冲突
						激励你的员工/建立团队精神
						消除负向刺激（参考赫茨伯格激励因素与保健因素）
						批准员工假期
						技术管理
						通过确保团队遵循架构最佳实践的方式对架构进行支持
						拥护开发中的最佳实践
						升级团队观察到的产品机会
						带领设计评审
						维持质量关注点
						解决技术争端
						研究新技术
						项目团队支持
						直接的项目行为
						在项目层面做决定
						监控进度
						优先级排序
						平衡研发人员的工作负荷
						维护项目进度表
						识别风险、预测问题
						工作分流/bug排序
						辅导团队沟通以及消除团队沟通障碍
						问题升级的节点，例如针对不清晰的需求内容的澄清

图 10.4 传统管理职责：敏捷如何改变这些职责

确保聚焦：让所有人都有相同的认知
平衡风险优先的开发模式和客户价值优先的开发模式
消除障碍
对引导者（项目经理、ScrumMaster、PO，产品需求提出者）进行辅导工作
定制T恤，庆祝成功
在你的组织中
　项目组合管理
　匹配/分配人员到相应的团队/项目
　创造良好的工作条件
　确保员工拥有所需的工具
　管理预算（工具、培训、招聘等）
　为组织增长/变革做准备
　解决组织功能障碍
　建立/培养积极主动的文化氛围
在更大的组织中
　向上管理
　横向管理（与其他部门的关系）
　保护员工不为公司其他工作内容分心
　保护员工远离异想天开的需求
　交流公司文化、信息和商业目标
　拥护你的员工；将他们的关键视野与相关方沟通
　管理期望
　确定度量指标
　管理外部供应商

图 10.4　传统管理职责：敏捷如何改变这些职责（续）

这些职责的变化因管理者而异，但有些变化是巨大的，特别在敏捷和交付方面更是如此，而与此对应的是其他职责的变化比较小。这些职责大多数确实发生了变化，但管理者的基本职责变化较小。

本章"工具"部分还提供了另一份下载内容。这份下载内容同样是电子表格，还包括我们自己的评分和理由，它可以在你进行评分时交叉检查使用。我们不认为我们的答案是"唯一正确的"。相反，我们认为每个人和每个组织的答案都是不同的。但你可能会发现我们的理由会对你有所帮助。

通过成为敏捷的学习者以及深入研究敏捷的含义，管理者可以帮助组织在敏捷转型过程中获得更大的成功。而管理者也可以帮助组织中的其他成员了解敏捷的复杂性，从而获得支持。通过这种方式，管理者可以避免组织内的其他部门削弱敏捷的作用，而敏捷对团队合作和生产力的作用已经被证明极其强大且有效。

现在，我们已经触及了管理者的职责如何随着敏捷而变化，但在深入探讨管理者的新职责之前，我们先来看看组织是如何随着敏捷而变化的，以及这些变化对管理者的影响。

10.4　敏捷组织结构调整如何改变管理者的职责

让我们来直观地看一下这个组织。在图 10.1 中，我们看到了一张典型的 Scrum 团队的示意图，这张图表明在 Scrum 团队中很少出现管理者。虽然图 10.1 说明了 Scrum 团队在管理者设定的边界范围内是自组织的，但对管理者的职责变化并没有很好的指导意义。

让我们来看看一个有 35 个程序员的软件开发团队的组织结构图，图 10.5 是实施敏捷前的典型软件开发团队的结构。

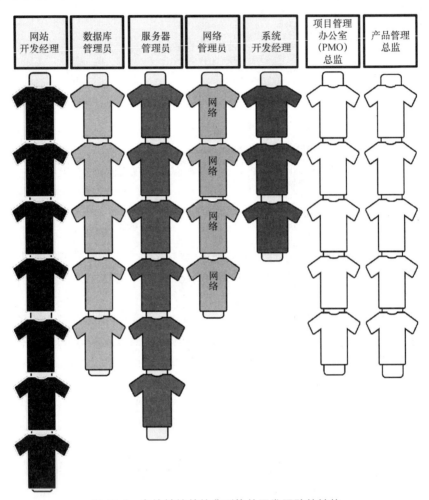

图 10.5   实施敏捷前的典型软件开发团队的结构

图 10.5 显示的是一个传统的职能组织结构；也就是说，这是由技能相近的程序员组成的团队，每个人都向在其技能领域内熟练且有经验的管理者汇报。例如，所有的网站开发人员都在一个网站开发团队中，并向网站开发经理汇报，而这位经理很可能以前也是一名网站开发人员。同样，Scrum Master 向项目管理经理或总监汇报，PO 向产品管理总监或产品副总裁汇报。与正常情况一样，团队的规模也不尽相同。（为了简单起见，测试人员、设计人员、撰稿人和其他非程序员都没有标注出来。）

如图 10.6 所示，当我们转向敏捷时，通常会从技能型团队转向跨职能团队。

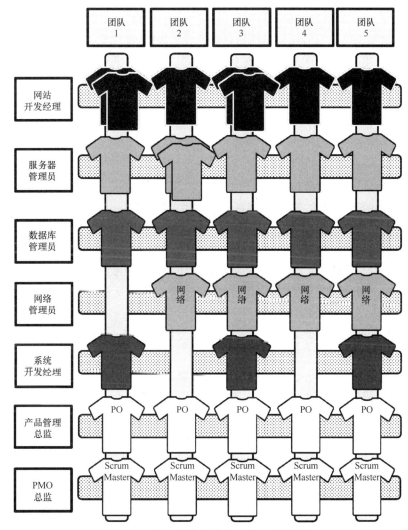

图 10.6 典型的敏捷软件开发团队的结构

Scrum 告诉我们，一个团队最理想的人数是 7 人（上下浮动不超过 2 人）[1]，也就是 5～9 个团队成员（包括开发人员、测试人员、设计人员、技术撰稿人），再加上一个 Scrum Master 和一个 PO。

如上所述，团队的规模各不相同。但其关键是，每个团队不再是围绕专业技能来组织的。相反，每个团队的配置是跨职能的，能够提供客户觉得有价值并能看到的功能[2]。如图 10.6 所示，每个团队都配置了足够多的来自每个专业的程序

---

[1] 在 "The Scrum Guide" 2020 年版本中去掉了具体人数，只表示 "只有 10 人或者更少"。——译者注

[2] 虽然敏捷中通常强调在冲刺结束时展示已完成的用户特性，但通常不可见的技术特性也很重要，如良好的（和文档化的）架构、可扩展性和可测试性等特性，这些特性只有在深入技术底层后才可能被看到，而业务或团队的产品所有者可能永远不会真正看到这些特性。

员，能够自给自足地完成相应的功能。

每个团队都有一个 PO 来对团队进行指导和支持。PO 专注于定义团队需要完成的功能，并对功能进行排序，以便团队始终为客户提供最大的价值。每个新配置的团队都将从 Scrum Master 对团队的支持和辅导中受益。

团队是完成工作的地方。

那么，管理者在什么位置？

从管理的角度来看，每一组基于技能的程序员都会像以前一样，得到管理者的支持。管理者不仅可以在他们的专业领域内招聘、雇用、指导和辅导他们，还可以将员工召集在一起讨论架构、最佳实践、工具和技术，并带领团队做一些组件领域有关的知识分享。这种召集是以个体为单位，而非以整个交付团队的形式。差点忘记了，管理者还可以通过分享设计和代码，帮助确保团队避免出现重复劳动和时间损失。

图 10.6 清楚地表明，管理者在敏捷团队中的职责并不是专注于交付。交付的职责是被赋予团队的。团队不向管理者汇报工作，他们是自组织的。

与之对应的，管理者是专注于技术能力和实践这些技术能力的人，专注于雇用合适的人。除此之外，管理者还要专注于指导、辅导和支持员工做出好成绩。

坦白来说，在这次讨论中，我们一直在演示两种最极端的情况，即从一个纯粹的职能型组织转变为一个纯粹的敏捷型组织，管理者会发生什么变化。我们都看到过这样的变化：管理者仍然高频次地参与具体工作，整个团队（包括 Scrum Master）都向他们汇报工作。同时我们也看到过这样的变化：管理者就是 Scrum Master，或者为了避免阻碍团队成员之间的参与度和对话，管理者有时候会选择成为另一个团队的 Scrum Master。我们不推荐这些相对来说较为温和的变化，但往往权宜之计需要的是不那么理想化的解决方案。

10.5　敏捷团队中管理者的十大关键职责

正如我们在前面提到的，管理者既可以承担团队一直需要他们来完成的熟悉的职责，也可以承担敏捷引入后的新职责。此外，一旦团队开始向敏捷过渡，一些传统的管理职责就会发生变化，有时甚至会发生巨大的变化。

我们识别出对敏捷团队的管理者非常重要的十大关键职责。

（1）培养敏捷文化。

（2）拥抱敏捷价值观。

（3）辅导和指导良好的敏捷实践。

（4）消除敏捷误区。

（5）铭记敏捷模式和反模式。

（6）牵头组建跨专业团队的技术实践社区。

（7）消除障碍。

（8）咨询与辅导。

（9）雇用。

（10）解雇。

下面我们就来逐一深入分析吧。

10.5.1　培养敏捷文化

作为一名管理者，你可以使敏捷文化得以实现，也可以阻碍敏捷文化的发展。

敏捷用服务型领导来描述管理者所扮演的角色。虽然服务型领导的概念出来已久[①]，但真正的服务型领导一词是由领导力作家 Robert Greenleaf[②]在 20 世纪 70 年代提出的。Greenleaf 的定义与 30 年后出现的敏捷宣言非常吻合，以至于服务型领导几乎被普遍用来描述敏捷领导者、管理者和 Scrum Master 等角色。

在本章前面的内容中，我们重温了 X-Y 理论。在那部分内容中，麦格雷戈用诸如独裁、压制、严格控制、压制文化等词来描述 X 管理理论，而用来替代 X 管理理论的 Y 管理理论则是强调管理者对团队的支持。麦格雷戈用来描述 Y 理论管理的词语中，包括自主、解放、发展和持续改进等。这些词既符合 Greenleaf 对服务型领导的描述，也符合敏捷宣言对其价值观和原则的描述。

　　精益-敏捷管理是领导团队的艺术，而不是管理团队的艺术。领导团队包括创造正确的环境、让团队专注于正确的事情，并相信他们能够完成自己的工作等内容。

　　在精益-敏捷团队中，管理者有两个主要职责：一是设定团队的预期结果或目标；二是协助执行者创造更好的流程和工作空间，以完成工作。

　　　　　　　　　　　　　　　　——Alan Shalloway，敏捷思想领导者[③]

服务型领导关注的是领导，而不是管理。它是为客户、用户、股东、管理层和员工创造文化，并将重点放在满足客户、用户、股东、管理层和员工等干系人

---

① 几百年前，老子在《道德经》中写道："欲先民，以其身后之。"

② 参考 The Greenleaf Center for Servant Leadership 网站。

③ Alan Shalloway, Guy Beaver, and James R. Trott, *Lean-Agile Software Development: Achieving Enterprise Agility* (Addison-Wesley, 2010). 中文版《精益-敏捷项目管理：实现企业级敏捷（钻石版）》2020 年由电子工业出版社出版。

的需求上。

> 管理者为团队划出了需要完成的事情的界限，并对团队说，我相信你能找到完成工作的方法[1]。
>
> 一个 Scrum 团队的工作就是在管理者划出的界限内，围绕着管理者提出的挑战进行自组织。管理者的工作是提出适当的挑战，并消除自组织团队的障碍。
>
> ——Mike Cohn[2]

管理者所面临的挑战就是要相信成员和团队！

在第 8 章中，我们分享了两条经验法则：

> 信任但要核实。
>
> ——Ronald Reagan

> 我只检查自己所要求的东西。
>
> ——Alan Lefkof，Netopia 董事长兼首席执行官[3]

这两条经验法则中蕴含着不进行微管理的必要性以及授权的本质：为个人和团队设定预期目标；如果需要，就对他们进行辅导；检查他们的工作结果；逐步提升对他们所需的辅导的理解。

敏捷管理就是关于如何改善那些可以对卓越的工作提供支持的流程、环境和具体实践。例如，从团队的自组织到持续沟通，再到对变化的反应能力，再到对质量的关注，再到时间盒方式的工作和任务等，都属于敏捷管理的范畴。通过完成这些任务，你将培养出一种有效的敏捷文化。

10.5.2　拥抱敏捷价值观

敏捷价值观很重要，我们不能把它淹没在上一节的敏捷文化中。敏捷价值观是敏捷文化的精神，也是敏捷文化的基础。我们应该对敏捷价值观进行直接的讨论。

虽然敏捷已经无处不在,但我们有必要回顾图 10.7 所示的敏捷软件开发宣言，它引领了软件行业向敏捷转变的潮流。

---

[1] 在 Agile Open California 2013 会议上听到的。

[2] Mike Cohn, *Succeeding with Agile: Software Development Using Scrum* (Addison-Wesley, 2010), p.221.

[3] Alan 告诉 Ron，他从 Lou Gerstner 那里学到了这条经验法则，而 Lou Gerstner 后来成了 IBM 的负责人。两人在职业生涯早期都是麦肯锡公司的顾问。

图 10.7　敏捷软件开发宣言

　　敏捷先驱在 2001 年编写的敏捷价值观和相应的 12 条原则，在今天和当时一样适用。

　　当 Ron 在培训敏捷团队时，他发现很难在敏捷价值观和原则上花费超过 15～20 分钟的时间，但他告诉团队，这是培训中最重要的 15～20 分钟。之后，他就会尽自己最大的努力，将敏捷价值观和原则融入培训的其他部分。在过去的 10 多年里，随着他对 Scrum 的教学和辅导的持续进行，他发现自己找到了越来越多的方法可以让敏捷价值观贯穿于他和他的团队。

　　事实证明，敏捷实施是很难的。不管是从人性角度，还是因为我们是从看似具体的"瀑布"走到"敏捷"，软件从业者往往都会抓住具体的东西——实践、测量、仪式和习惯。但是，正如上课不等于有教养、投票机并不能给人民带来民主一样，执行敏捷实践和仪式虽然有价值，但并不能使你的团队变得敏捷。

　　实践确实有其目的，即支持团队实践敏捷价值观。因此实践并不是个坏主意。这就好比如果你想接受教育，去上课（大部分情况下）是有帮助的。如果你想变得敏捷，实践就是有帮助的。但实践需要根据每个组织的团队的独特性、组织的人、组织的文化、组织的产品等进行调整。支持和遵循敏捷价值观和原则是做到这点的"透视镜"。

　　呼吁团队关注敏捷价值观是团队每个人的重要职责，对管理者来说尤为如此。他们为团队设定了工作边界，但有趣的是由于大部分工作都落在边界之外，因此管理者需要为团队带来独特的全局视角。管理者有机会和方法来唤醒团队，让大家从表现不佳或者表现良好但盲目的实践中回过神来，并让他们深度实践敏捷价值观和精神。通过这种方法，团队最有可能为组织带来生产力，为自己带来快乐，为客户带来喜悦。

我们可以如同 Ron 所尝试的那样，想方设法定期重温敏捷价值观和 12 条原则，无论是单独重温还是与员工一起。通过这种方式，敏捷价值观和原则会成为指导你的管理理念的明灯。

敏捷也会影响组织的绩效和产出！自成立以来，Actuation 的产品团队绩效研究报告（Ron 也是该报告的共同作者）就要求受访者确定他们是在使用瀑布式、敏捷还是两者的混合体。这项研究调查了全球数以千计的产品团队成员，包括开发人员、测试人员、设计师、管理者、产品经理/PO、项目集和项目经理、Scrum Master 等产品团队中的每一个人。在这项研究的前 3 年，即从 2012～2014 年，调查显示，在瀑布式的使用量下降了近一半的情况下，敏捷的使用率也几乎提升到过去 3 倍之多。

2013 年，Ron 和他的合作者提出了一个后续问题：“你认为哪种方法最可能提高产品的利润率？”

表 10-1 显示两个问题交叉关联的结果：左侧一栏显示了团队正在使用的方法。针对每一种方法论，右侧的 4 栏显示了受访者中认为敏捷、混合、精益或瀑布式最能提高产品利润率的百分比。

表 10-1   所用方法与“你认为哪种方法最可能提高产品的利润率？”交叉关联表

所用方法	与增加利润相关的方法论			
	敏捷	混合(部分瀑布式、部分敏捷)	精益	瀑布式
敏捷	73.9%	13.0%	9.8%	0.0%
混合(部分瀑布式、部分敏捷)	31.8%	46.2%	10.6%	6.1%
精益	14.3%	0.0%	42.9%	14.3%
瀑布式	15.8%	50.0%	18.4%	13.2%
不知道	5.3%	42.1%	26.3%	5.3%

从第一行来看，使用敏捷的绝大多数团队都将敏捷与产品利润率的提高联系在一起，没有一个受访者认为瀑布式的产品利润率比敏捷更好。混合使用敏捷和瀑布式的团队（第二行）同样认为他们的实践会使他们的产品利润率更高，此项占比仅次于敏捷。与上面两项结果保持一致的是，实践精益的团队主要将自己的精益实践与产品利润率联系在一起。令我们震惊的是，使用瀑布式的团队绝大多数都认为除了瀑布式之外，其他任何方法都会让他们产品的利润率更高。各种类

型的团队似乎都意识到了瀑布式的浪费程度。

令我们惊讶的原因可能是瀑布式似乎如此简单。它非常直接、线性化、具体化。瀑布式有阶段关口。这些都是预先规定好的。

许多的转型团队认为敏捷与瀑布式是类似的,你需要做的就是学习那些预先规定好的敏捷实践。

事实上,敏捷实践确实能带来价值。下面让我们看一看敏捷实践的例子:

- 团队每天都要在站会中做计划;
- 团队每一次冲刺都要重新做计划;
- 团队的计划是公开和透明的,无论是在冲刺阶段,还是在站会期间;
- 各项工作以给客户带来最大价值为基础进行排序;
- 在编写代码之前,团队共同定义"完成";
- 开发人员和测试人员作为一个团队,共同使用相对大小估算技术来确定用户故事的排序;
- 团队频繁地交付新的产品,至少每次冲刺都要交付一次;
- 速率与相对规模相结合,提供了有用的、可信的估算;
- 各小组在每次冲刺结束时与感兴趣的人分享他们的进展情况;
- 冲刺结束后,团队反思如何在下一次冲刺中做得更好。

上述每一个做法对团队都是有价值的!

让我们再次利用研究中的洞察力,深入探讨其中的一个实践:站会。[①]

这项研究的方法是,首先要求受访者描述他们团队的绩效:高绩效、低绩效或介于两者之间。然后,在调查中询问让受访者所在团队感到好奇的敏捷实践。从敏捷实践与团队绩效之间的相关性中,我们可以发现高绩效团队和低绩效团队使用的不同的敏捷实践。

2015 年的《产品团队绩效研究》询问了团队是否有站会、频率如何,以及如何有效地举行站会。将回答与绩效进行交叉关联得出的结论是,完全没有站会的团队与绩效最低的团队有关联性,绩效高的团队每周举行多次有效的站会,而绩效最高的团队每天都会举行有效的站会。

很明显,敏捷实践可以交付价值。

但是,有很多人在讨论仅仅是做敏捷实践还是真正地转型敏捷,也就是在盲目地遵循敏捷实践和从敏捷价值观和原则的角度参与和调整敏捷实践之间,产生了很多讨论。举个例子来说,与敏捷实践一样,投票机可以提供价值,但不会有人认为投票机是美国成为民主国家的原因。我们都知道有些国家使用投票机,但它们不是民主国家。价值观和原则才是美国成为民主国家的真实原因。

---

① "The Scrum Guide" 2020 年版本对站会的要求大幅减少,不再定义站会需要问的问题,交由团队自行决定。——译者注

同样地，如果我们思考一下我们所知道的所有敏捷团队，会知道敏捷实践本身并不能使我们成为敏捷团队。你可能见过一些团队，他们实践了站会，但看起来并不是敏捷团队。在过去的 35 年里，我们与程序员、团队和软件组织一起工作并对团队进行管理，使用的方法论从瀑布式到螺旋式到统一软件开发过程（Rational Unified Process，RUP）再到敏捷。我们彼此都心知肚明，只有拥抱敏捷价值观、敏捷原则以及敏捷心态才能成为敏捷团队。

敏捷先驱 Mike Cohn 在他的著作《Scrum 敏捷软件开发》[①]中提道：

> 转型敏捷是困难的。
>
> 它的难度超过了我所目睹的或者参与过的大多数其他的组织转型。
>
> 我们需要避免通过最佳实践列表的方式进行 Scrum 转型。

10.5.3　辅导和指导良好的敏捷实践

有许多敏捷实践作用斐然，本章将讨论几项我们认为非常重要的敏捷实践[②]，同时也是管理者们有能力去辅导和指导的。

1. 启用自组织团队

与 Mike Cohn 等人共同创立了 Scrum 联盟的 Esther Derby 评论道：

> 当团队自组织的时候，管理者还有很多事情要做……管理者的工作是对团队进行工程化管理，使团队能够全力以赴完成工作。

既然你的目标是支持团队自我激励和自组织，那么真正重要的是每一个团队的成员都拥有自己的看法与观点。

正如软件副总裁 Marilson Campos 所指出的那样，既考虑到了团队成员的个人观点，也考虑到了全局：

> 如果你是 Scrum Master 且大家都在看你，那你的做法就错了。[③]

这条经验法则同样适用于管理者。

你的目标应该是支持你的团队自我激励和自组织。这意味着你要相信他们，并辅导团队成员相互信任。这种信任体现在分享、沟通和协作、建立并重视团队合作并创造一种"所有人参与其中"的团队意识。从根本上来说，敏捷所强调的，是软件开发是一项团队活动。

---

① Mike Cohn, *Succeeding with Agile: Software Development Using Scrum* (Addison-Wesley, 2010), p.20.

② 关于其他你可能也想要去辅导的敏捷实践的详情，你可以查阅 Ron 在 Blogspot 的博客。

③ Campos 在 2009 年 8 月硅谷工程领导力社区的 "Stump the VPE" 小组中分享了这一观点。

2. 保障沟通

高度协作的团队内部沟通至关重要。心理安全这个词来自 Google 几年前的一项研究，该研究旨在确定 Google 最高绩效团队的特点和差异化[①]。该研究显示，其最重要的特质是团队成员在团队内部有一种安全感，有机会说出自己的意见，并感到被倾听和被尊重。你可以自己去找寻这个特征，只要盯着平等对话就可以找到。心理安全既是团队成员慢慢产生话语平权的原因，也是结果。

管理者不仅要与程序员进行公开透明的沟通，还要与 PO、Scrum Master 以及他们的领导进行沟通。

管理者需要树立起持续改进和透明沟通的榜样。沟通和协作是软件团队工作的基础，而敏捷团队的基础是成为学习型组织，管理者需要为其指明方向。

虽然我们有时会提到持续沟通是一个敏捷原则，但我们并不支持在程序员工作时打断他们。考虑到通过建立上下文来写下无错误的代码所需的时间成本，打断程序员的工作是非常不划算的。

但我们依然要表达这样的观点：管理者必须愿意甚至渴望被打断。正如我们在前面讨论的从程序员到管理者所需要的心态转变时指出的，程序员的问题就是我们的问题，我们不仅要欢迎他们来打扰，还要主动邀请我们的员工在任何时候有任何问题都来随时打扰我们。

3. 拥抱变化

可以肯定的是，如果需求没有变化，我们的开发工作就会更容易、更可预测地交付成果。敏捷实施时需要认识到的是，变化是不可避免的。Scrum 所提供的是一种权衡：如果业务部门在大多数冲刺的时间里让团队单独行动，这样程序员就可以在冲刺的时间里埋头工作，并在冲刺结束时实际交付功能项，那么团队就会欢迎每一次新的冲刺中的需求变更。

4. 设定质量预期

敏捷的质量承诺始于我们在第 9 章中讨论过的一个要素：在编写代码之前，确保团队起草一个适合团队工作的"完成"的定义。这个定义是团队所拥有的，并且团队成员之间要相互负责。

研究表明，正是团队成员（程序员、测试人员、Scrum Master、PO）共同起草的、独一无二的定义，通过相互负责来实现高质量的交付成果，并推动了各种产

---

① "What Google Learned from Its Quest to Build the Perfect Team"（New York Times Magazine, 2016-02-25). Google 将其 2016 年的团队研究报告命名为"亚里士多德项目"，旨在分辨出哪些因素使绩效最高的团队脱颖而出。

品的质量。而高质量的交付成果也是自组织团队共同领导的必然结果。

在辅导具备与客户和用户同理心过程中，对质量的关注也就成为了自然而然的附加产物。虽然经常会有项目的范围、预算和进度的约束，但正如我们前面提到的首席技术官 Joe Kleinschmidt 在他的经验法则中所指出的那样，我们的首要关注点必须是确保客户喜欢我们的软件。这也是我们保持业务发展的原因。

在开始的时候，每个人都会谈论范围、预算和时间表，但到最后，就没有人真正关心这些东西了。他们唯一关心的是人们喜不喜欢你的软件。这是你唯一真正需要管控的标准。

——Joseph Kleinschmidt

我们还需要认识到，代码质量的好坏与程序员能不能屏蔽掉杂念、进入心无旁骛的工作状态直接相关。从来没有任何一个程序员告诉我们，他们在当前公司的当前岗位是为了写 bug。既然如此，bug 从何而来？

写下一行代码需要具有很强的上下文思维，当然，有时候程序员无法建立足够的上下文来写出无 bug 的代码。但很多时候，程序员因为看到即将面临的干扰或者因为已经被干扰了，就急于写下一行代码。作为管理者，我们的工作之一就是保护我们的团队，使其远离可能导致质量问题的干扰和多任务的影响。

归根结底，管理者需要设定质量预期，屏蔽噪声，然后检查结果。

5. 更快速的持续改进

为了让客户满意，团队必须不断学习和改进。培养一个持续学习的环境是管理者义不容辞的责任，包括帮助团队看到从失败中学习的重要性和价值。Henrik Kniberg 指出：重要的不是你的流程，重要的是你改进流程的过程。[①]

6. 应用时间盒

管理者也可以帮助他们的团队使用时间盒。设置正确的时间盒，将为团队带来执行力的提升。鼓励在一天（或更短的时间）内完成开发任务是很重要的。将站会限制为 15 分钟（或更短）的目的，是确保正确的内容得以简洁、清晰、高效地表达。

曾经有人对我们提出了让人惊讶的建议：如果你没有在规定的时间内把所有的事情都处理好，请先试着缩短时间盒。有效设置时间盒有助于工作的聚焦与高效。

---

① Henrik Kniberg, "What Is Agile?" [slide presentation](2013-08-20).

10.5.4 消除敏捷误区

敏捷误区遍布整个行业，这使得我们向敏捷文化的过渡特别困难。这并不是因为使用非传统的术语，也不是因为没有放弃不良做法并做好软件开发所做的重新思考。敏捷知识丰富的管理者可以通过教育其他人，特别是组织中的上级管理者，并通过上下级管理来消除敏捷误区，进而帮助大家了解敏捷。这些做法对消除敏捷误区是非常有帮助的。

1. 误区：敏捷是关于实践的

以我们刚才讨论的敏捷实践为例。敏捷实践虽然很有价值，但敏捷并不是关于实践的。敏捷从根本上说是源于它的价值观和原则。实践是践行敏捷的工具，但指导团队践行敏捷的是敏捷价值观和原则，转型敏捷才是组织最有生产力、团队最有乐趣、客户最高兴的事情。

新手在阅读敏捷价值观（如图 10.8 所示）的时候，另一个常见的误解是相信敏捷，而不重视流程、工具、文档、合同或计划，也就是价值观语句右项的东西。在我们的工作中，我们遇到过设计师和程序员以敏捷价值观为借口不记录他们的工作，而产品经理则以敏捷价值观为借口不写需求或规划路线图。

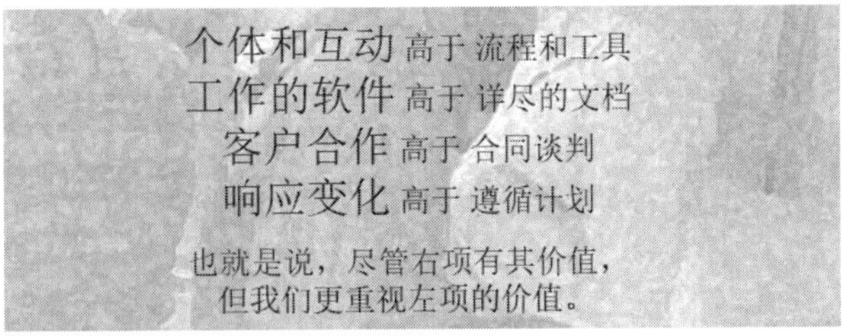

个体和互动 高于 流程和工具
工作的软件 高于 详尽的文档
客户合作 高于 合同谈判
响应变化 高于 遵循计划
也就是说，尽管右项有其价值，
但我们更重视左项的价值。

图 10.8　敏捷价值观

不幸的是，我们很容易误解这些价值观，但是敏捷先驱已经帮助我们澄清过了：

右项有其价值。

这个表述是关于选择的，在敏捷价值观中也有清晰的说明：

也就是说，尽管右项有其价值，
（如果我们必须选择，）
但我们更重视左项的价值。

迫于选择，无论我们多么热爱具体化和计划，我们首先要应对变化。详尽的文档可以增加真正的价值，但我们都知道，真相永远在代码中。而如果我们不重视过程，我们还谈什么敏捷呢？迫于选择，我们需要把重点放在个体与互动上。

正是几十年前的敏捷价值观和原则指导下的一系列选择，使"敏捷软件开发宣言"在指导我们转型敏捷时非常有用。这种作用在敏捷实践过程中也有所体现。

确保你的组织中的每一个人都能理解敏捷这一点显然是你工作的重要组成部分。

2. 误区：敏捷是开发人员的工作

可能大多数公司中都存在这样的想法：开发部门如何开展工作与公司其他部门无关，销售或市场或财务或人力资源部门如何开展工作与开发部门无关。

然而实际上，虽然敏捷几乎总是从开发部门内部的一个举措开始，以期提高其交付客户价值所需的能力并加速交付，但几乎每个组织的其他部门都有能力破坏开发部门的这种努力。

这里有一些例子：

- 虽然销售团队可能想在每次客户拜访后改变或游说不同的功能优先级，但如果销售团队选择让这些改变打乱当前冲刺的计划，而不是与 PO 合作，由 PO 将其插入未来的冲刺待办项中，那么将会对开发团队的生产力和士气产生不利的影响。
- 我们已经看到销售团队声称拥有与客户互动的特权，并且将开发部门的成员拒之门外，让他们无法获得客户反馈和洞察力，从而难以确保每一个用户故事至少能满足客户的需求，更别说让客户感到愉悦了。
- 通常情况下人力资源部门拥有的绩效考核形式和整体方向太过频繁地关注个人绩效，尤其是英雄主义下的个人绩效，同时也会很少对软件开发（敏捷或其他）的核心，即团队合作和分工协作给予认可。
- 财务人员在传统上专注于瀑布式的会计，往往忽视了敏捷资本化可以提供的特殊机会[①]。敏捷除了能够减少浪费和提前实现收益外，还提供了更深层次的节税机会[②]，只要财务人员掌握好知识，就能获得更多的节税机会。
- 敏捷是独立于组织的其他部门的开发方法，组织的其他部门可以对敏捷一无所知、安于现状且对开发部门的生产力没有任何影响，这种误区在没有真正拥抱敏捷的组织中经常出现。管理者有得天独厚的优势，可以利用其职位所带来的力量对抗这种误区。深入了解敏捷对组织的意义和影响，以及组织对敏捷和软件产品价值的有效交付的影响的管理者，可以帮助组织更有效地实现客户的满意和盈利。

---

① See Pat Reed and Walt Wyckoff, "Accounting for Capitalization of Agile Labor Costs" (Agile Alliance, 2016).
② 网络上关于敏捷会计的讨论比比皆是。在这篇题为"Why Should Agilists Care about Capitalization?" (2013-01-09)的文章中，Dan Greening 讨论了一家 900 人的软件公司如何利用敏捷会计来"取悦"审计人员，筹集更多的内部资金来雇用开发人员，并获得数百万美元的节税收益。

3. 误区：敏捷意味着 PO 做得更少

有一天，Ron 在和一位程序设计副总裁聊天时，听到他说："业务团队喜欢敏捷。他们认为敏捷开发的意思就是和我们坐在一起，随时让我们回答关于需求的问题，而不需要给我们任何关于需求的建议！"

需求在敏捷中同样不可或缺！敏捷的变化在于需求的形式和时机。

敏捷团队需要他们的 PO 来交付项目的路线图，路线图上的第一个项目需求以待办项中的史诗和用户故事的形式交付（在团队中，通常是以卡片墙的形式，每张 3 英寸×5 英寸卡片上有一个史诗或故事），并按投资回报率排序，也就是说，按照最快速的产生客户价值的顺序来交付。

PO 和开发领导者合作，以确定技术因素，如团队学习的机会、早期风险解决的机会以及设计需求的及时出现。

这些用户故事只不过是在原先以客户为导向的产品需求文档中增加了一些上下文内容，就足以给团队的其他成员提供足够的洞察力，以便与 PO 和开发领导者进行协作，并对这些用户故事进行高效的拆分和排序。

低优先级的故事在待办事项列表中上升到足够高的优先级且成为接下来几个冲刺任务的候选任务之前，PO 无须补充细节。实际上，对故事细节的最终补充可能是在冲刺期间才完成，但是团队需要充分了解故事，以草拟冲刺计划，使冲刺结束时团队可以交付增量来满足客户需求。总而言之，敏捷团队中开发人员对需求描述的要求，至少要和其他任何方法中的对需求描述的要求保持一致。

因此，PO 不会做得更少，但他们也不需要交付过于详细的产品需求文档。现在，他们可以像团队的其他成员一样，循序渐进地交付他们的工作。尽管如此，PO 还是需要提供足够的用户故事，以满足团队制订冲刺计划的要求。

当面对交付能力不足的 PO 时，有的团队可能仅靠自己的努力就能成功，但也有的团队需要管理者对 PO 施压，以细化故事、打磨需求细节，让团队得到需要的信息，从而有效地开展工作。

4. 误区：敏捷没有严谨性

认为"敏捷没有严谨性"，似乎和"需求可以是松散的"这种观念如出一辙。根据我们的经验，如果做得好，敏捷比我们所见过的任何其他方法都更有纪律性，也更严格。敏捷知识丰富的管理者可以极大地帮助我们打消这种与真相南辕北辙的错误观念。

5. 误区：敏捷团队无法估算

作为程序设计经理，我们几乎都会在领导问的两个问题上挣扎。

- 你如何知道你的团队是否有生产力？（在一定程度上，这个问题来自上午

9 点的时候,员工们还没有到公司,或团队又玩了好几把桌上足球的时候。)

- 什么时候能完成?

我们对第一个问题的回答是,优秀的一线管理者都知道自己的伙计是否在有效且高效地工作。如果我们不知道,就意味着我们不称职,需要把我们换掉。我们所掌握的一个测量标准(速率,即单次迭代内完成的用户故事点数)虽然对团队有意义,但并不能帮助我们回答这个问题。我们知道高层管理者都想要指标,只是我们还没有找到一个对程序员有意义的指标(虽然我们之前分享过度量经验法则)。

关于第二个问题,我们松了一口气,因为我们是在敏捷组织中工作。尽管我们还是会不断地在敏捷组织中感叹道"如果敏捷实践有办法预测事情何时能完成就好了",但实际上,长期以来,敏捷实践有一种估算方法得到了践行者的好评。这种技术非常简单。根据我们的经验,虽然其准确性只有±20%,但事实证明,它比我们的团队所尝试过的任何其他方法都要好。

更让人吃惊的是,我们让 PO 感慨道:"我从来没有想到估算也可以如此有趣。"

相对大小(真正的相对大小)加上速率,让任何人都可以顺着产品待办事项列表中的工作进行开发,进而预测"我们在 3 个月后可以完成这么多东西",然后问"这些东西是不是都是需要完成的?"。这种方法不是魔法,但它的作用就像魔法一样神奇!

并非我们没有估算,而是我们使用的方法不同。我们首选的技术是 10 年前 Steve Bockman[1] 设计的一种"两步估算法"(也称为 Steve Bockman 方法,有时也称为团队估算游戏)。我们在第 9 章对此进行了描述。在这个过程中,整个团队花费了半天或更短的时间来评审项目的所有用户故事和史诗故事(最多不超过 6 个月的工作量),首先按照相对大小(从最短的用户故事到最长的史诗故事)进行排序,并且只有在相对大小已经确定的情况下,才将基于斐波拉契序列的故事点分配给它们。

这种技术利用了计划扑克[2]一样的"相对大小 VS 绝对大小"估算原则,但它可以更加快速地完成:只需几个小时,它就可以完成整个产品待办事项列表的用户故事大小的估算。

之后,我们再利用稳定的团队在过去几次冲刺阶段的平均交付速率(每次冲刺交付的故事点)来估计我们可以在最后期限前完成多少工作,或者估计可以完成某个固定范围工作的日期。

两步估算法并不准确,但根据我们的经验,它比我们过去在黑暗的会议室里

---

[1] Steve Bockoman 在 2007 年创造了该技术,并且记录于电子书 *Practical Estimation: A Pocket Guide to Making Dependable Project Schedules*(Amazon Digital Services, 2015)中。

[2] "Planning Poker"(Mountain Goat Software 网站).

苦苦思索了好几天的瀑布任务估算要准确得多，而且浪费也少得多。每一个估算都是用范围来说明的（我们用的是 ±20%），以表明这是一个估算，而不是一个承诺。

承诺是没有用的，因为几乎每一个项目的范围都会发生变化。

相对估算与速率相结合，可以让我们的估算变得高效、快速且有效。

作为管理者，你应学习如何辅导你的团队有效地进行估算，这样他们和你的业务同行都不会再怀疑你的估算能力。

6. 误区：敏捷没有架构

敏捷的口号是"让设计涌现出来"。这会让另一个误区出现，那就是"敏捷不允许对产品进行架构设计"。然而，事实并不是这样的。

实际上，软件被过度架构与架构不足的概率是差不多的。

架构通常是在项目开始时就进行的，其理念是必须容纳产品计划中的所有潜在功能。现在，我们已经询问了全球各类公司的数千名开发人员，询问他们在瀑布时代中，实际交付的产品功能占产品需求文档中的功能的比例。我们偶尔会收到 NASA 工程师的回答，他们的回答是 90%或更高的数字，但其他情况下我们很少听到超过 50%的数字。我们也听说过低至 5%的数字。开发人员告诉我们，他们相信在超过一年的产品计划中，最终交付的产品功能的常规占比是 20%～45%！

很显然，在超过一年的产品计划中为所有的功能进行架构设计属于过度架构。

具有讽刺意味的是，如果只为产品计划中的功能进行架构，则会出现架构不足的情况。几乎每个项目在进行过程中，都会有额外的需求被添加到项目中。开发人员发现自己很难说清楚他们所交付的功能中，多大比例的功能没有出现在最初的产品计划中。软件开发中的真相是，在项目开始时，你不可能知道最终会有哪些功能会被添加进去，因为这些功能根本就没有被想到！

即使是在敏捷时代，软件过度架构的现象也频频发生。试图为每一个潜在的功能进行架构会导致大规模的过度架构。很少有项目可以将产品待办事项列表中的功能全部开发完成。但是，这并非表示不需要架构！相反，有两件事情被提上了日程。

（1）架构设计师负责将浪费最小化——提出"刚刚好"的架构。

（2）使用编码最佳实践来进行设计和编码，使重构变得简单易行，这将使添加额外的功能和修改代码变得更加容易。

不断涌现的功能设计指出，我们永远都无法充分地进行架构设计，因此我们必须做好准备，以适应必然会出现的新功能。

我们极少将架构设计仅限于当前迭代的功能。与此同时，我们也要知道为产品待办事项列表中的每个功能都进行架构设计是毫无意义的。

确保有适当架构的一个好方法是，在项目的初始阶段以及项目的加速发展过程中，抽出时间编写设计文档。一份好的设计文档体现了项目/产品的基本设计理念和架构。这个设计文档必须在提前选择适当的架构和较少细节之间取得良好的平衡。它还应该有良好的系统架构图以及一份关键的假设与风险清单。

再次强调，经验丰富的程序设计经理的建议是极具智慧且具有巨大价值的。事实上，在许多组织中，程序设计经理通常负责审查和批准设计文档，并负责制定、维护和更新组织的技术架构路线图，以确保团队在技术上的一致性。

7. 误区：敏捷意味着不需要路线图

由于我们都接受了变更是不可避免的且产品需求会不断涌现的事实，这就产生了另一个误区，即我们不需要产品与技术路线图。

然而，在敏捷开发中，愿景是我们前进的方向，这与任何其他技术项目和产品开发中的情况别无二致。

实际情况是，愿景可能会经常改变。但是，拥有愿景可以帮助我们展望未来，可以帮助所有人向着同一个方向前进，即使这个愿景可能是暂时的。因此，让我们期待、要求并积极参与创建路线图吧！

图 10.9 总结了所有这些误区，管理者必须致力于消除这些误区。

消除敏捷误区

误区：敏捷是关于实践的
误区：敏捷是开发人员的工作
误区：敏捷意味着PO做得更少
误区：敏捷没有严谨性
误区：敏捷团队无法估算
误区：敏捷没有架构
误区：敏捷意味着不需要路线图

图 10.9　管理者必须致力于消除的敏捷误区

10.5.5　铭记敏捷模式和反模式

最终，管理者可以通过铭记敏捷模式和反模式来支持敏捷团队。在这里，我们分享其中的一些敏捷模式和反模式，所有这些模式都能对敏捷管理的成功产生影响。

1. 支持敏捷成功的模式

- 在过去的几年里，Ron 认为，让团队在编写代码之前确定 DoD（完成的定义），可能是敏捷带来的最有用的实践。更重要的是，DoD 是由团队共同起草、编写并商定的定义，由开发人员、测试人员和产品负责人共同完成，而不是从外部强加的。它让团队不仅对产品有共同的所有权，而且对产品的质量也有共同的所有权。（见第 9 章）

- 确定一个理想的冲刺长度并坚持下去，敏捷团队就可以从中受益，并切身感受这种节奏带来的好处。统一的冲刺长度与稳定的团队相结合，让速率一词有了意义，并使团队能够使用相对大小来可靠地估算项目的时间框架。

- 让 PO 将需求用包含了功能、用户和价值的用户故事来提供，而不仅仅是功能本身。通过用户故事，开发人员就有了更多的上下文信息，可以为如何真正满足客户提供更多的选择。

- 稳定的团队不仅赋予了速率有效性，同时也是绩效表现的基础。当团队融为一体时，他们会产生协同效应，这种协同效应来自共同的所有权和共同的领导力。在这种协同效应作用下，速率自然而然就会上升。即使只换了一个成员，团队绩效都会下降。团队必须再次经历形式、震荡、规范的循环①后，才能重新建立起高绩效团队。协同效应不仅来源于稳定性，也来源于团队的自组织。当每个人都站出来为之努力时，团队才会真正凝聚起来。

- "涌现式设计"并不能替代架构，而是对某些架构产生的浪费的应对。那些架构总是为潜在的功能进行大型的前置架构。敏捷在某种程度上是对以卜认识的回应：团队几乎只交付原始需求的一部分，更别说前置架构设计无法应对项目中期不可避免的需求变更了。我们需要将前置架构设计以及涌现式设计适当地结合起来，以避免设计浪费。

- 根据客户价值创建一个排序的产品待办事项列表，并在产品待办事项列表的排序中结合依赖性、风险、团队学习等因素。这并不是一件容易的事情，但是这件事情对提高生产力至关重要。

- 回顾是成为一个持续改进的团队的核心。我们经常会遇到一些团队停止回顾的情况。在某些情况下，回顾已经变成了以责备为导向，而不是面向未来。在另一些情况下，回顾过程变得枯燥乏味且具有较强的重复性。还有一些团队集思广益，想出了很多改进的想法，但未能将其总结为一个或最多两个流程以改进；或者他们选择了 1～2 个流程尝试，但没有贯彻到底。有很多好的图书、网站和网上的讨论，可以供你参考如何在回顾中注入和保持活力。当然，最重要的是永远不要停止回顾并且要持续为回顾注入活力。只要你做得好，回顾就能使团队充满活力。

- 这可能是最重要的一点：可工作软件是衡量进展的标准。管理者、干系人和敏捷团队应该期望每一次冲刺都能交付新的可工作软件。

2. 反模式具有同等重要性

- 管理者作为 Scrum Master。第一种反模式对管理者来说特别重要。管理

---

① 此处说的是塔克曼团队发展模型。——译者注

者、项目经理或产品经理作为 Scrum Master 是一种反模式。Scrum 思想领袖们经常反对管理者担任 Scrum Master 的角色。原因何在？在大多数情况下，管理者喜欢指挥，而 Scrum Master 的驱动力不应该是指挥，而是引导、支持和辅导团队成为高绩效团队。管理者是紧迫性驱动的，而 Scrum Master 应该专注于过程[①]。管理者有自己的关注事项，也就是管理者对结果的期望；而 Scrum Master 则需要成为教练，比组织中的其他人更了解 Scrum。并不是说管理者不能成为优秀的 Scrum Master，但两者之间有一些固有的利益冲突，不利于取得好的结果，这也是为什么这种做法是反模式。

- 管理者干涉团队站会。团队需要实现团队合作，团队成员需要坦诚地交谈。由于管理者具有职位上的权力，因此，管理者经常出现在站会中可能阻碍团队合作。我们认为，管理者偶尔出现在站会中有助于检查团队动态，但是管理者不应该将参加站会视为常规行为。

- 管理者干涉团队回顾会。基于与上一点相同的原因，管理者不应该参加团队回顾会。经验学习只有当团队成员确认自己可以开诚布公地沟通，同时也不用担心管理者记录他们的缺点而给他们穿小鞋的时候才会发生。管理者只要在场，就会很容易扼杀团队沟通的积极性，更不要说他们对其他人的反应、言语和肢体语言的影响了。管理者出现在团队各种会议中还会影响团队和团队成员的动力，并使得对话焦点从有问题的点转移到做得正确的点，因为在管理者在场的情况下对有问题的点进行讨论是不安全的。但出问题的地方才是必须解决的，团队可以从中学到更多的知识。话虽如此，管理者也应该仔细审视团队回顾总结的成果，了解团队认为哪些事情做得对，哪些事情可以做得更好。然后，管理者可以在今后的工作中致力于促进这些成果落地。

- 关注效率（efficiency）而不是效能（effectiveness）。敏捷管理者的角色职责之一，就是要帮助团队（和高层管理者）去关注效能而非效率，这与 Scrum Master 的职责重叠。（如果执行得当，这可以帮助管理者成为很好的 Scrum Master，但是管理者参加回顾会，依然是反模式之一！）虽然这听起来可能反直觉，但管理者需要成为"闲暇"的守护者。如果管理者要求团队对交付能力负责，这无异于饮鸩止渴。工作中，哪怕最小的交付延迟通常都会导致团队放弃最佳实践以达到承诺，但这种做法在大多数情况下会适得其反并提高延期程度。工作计划的余量对需求吞吐量至关重要。管理者需要提醒团队和高层管理者，最终目标不是让员工每时

---

① 在"The Scrum Guide"2020 年版本中对 Scrum Master 的职责做了延伸，他需要对团队的效能进行负责，同时赋予了 Scrum Master"领导者"的身份。——译者注

每刻都在忙碌，也不是通过产品待办事项列表来"激励"团队，而是要为客户提供价值。

- PO 无法提供需求。虽然 Scrum 可以降低前期苦心孤诣地细化每个需求带来的浪费，但 Scrum 并不是没有需求的借口。你应确保工作与需求之间正确平衡。请记住，与其他任何原因相比，更多的项目因为缺乏好的需求而出错。

- 允许或者引发干扰。程序员经常告诉我们他们需要耗费 20~30 分钟（或者更长，以小时计）来集中注意力，从而可以开始写代码。任何干扰和上下文切换都将让他们重新集中注意力，从而直接导致其工作效率的降低。

- 消除精力浪费。认真找寻、识别并消除精力浪费，所有人都将从中获益。我们已经讨论了多种浪费的来源：过度细化、过度设计架构、没有每分每秒都将精力放在最高优先级的用户故事上。你应警惕精力浪费，并竭尽所能去消除精力浪费。

- PO 指明如何做，而不是做什么。我们在第 9 章谈过该项反模式（详见 9.3.2 小节）。当 PO 开始告诉团队该如何工作，例如该使用什么技术、遵循哪种实现路径等，开发人员就被剥夺了全力贡献能力的机会。PO 应该关注的是他们希望让客户完成什么，确定这些客户是谁，以及为什么要完成。当 PO 关注上下文和结果时，开发人员很可能设计出更丰富的解决方案集。因此，无论你使用哪种方法论，这种行为都是反模式。

- 以时间为单位进行估算。估算的作用在于每个用户故事相对于其他故事而言，时间上是相对的：更大、更小或差不多。当开发人员专注于绝对时间时，他们会陷入细节；而当他们在估算整个项目时，关注细节会导致他们鼠目寸光。更糟糕的是，当使用绝对时间时，开发人员倾向于只关注自己的贡献，而忘记了同事们的努力和时间，无论是开发人员、测试人员、设计师还是其他人，都会被忘记。故事点估算提醒我们，我们真的不知道大多数编程工作需要多长时间。相对估算可以让团队将用户故事与他们所知道的用户故事进行比较。让整个团队参与估算，可以推动团队进行思考。但是，即使是以故事点为基础的估算也会退化为猜测。我们经常会遇到这样的团队，有人会说："这是一个 8 点的用户故事。"管理者想听到的是："这个故事和那个故事一样（如果那一个是 8 点，这一个也一定是 8 点）。"

- 微管理。微管理是敏捷管理的禁忌。在敏捷管理中，我们要求开发人员和测试人员"向前一步"以承担更大责任，而微管理导致开发人员和测试人员"后退一步"，并将注意力集中到只与自己有关的具体工作中。

- 忽视团队绩效。在组织中，有很多力量导致管理者只关注个人成绩而忽略了团队合作。传统管理中，人力资源部门要求管理者审查个人绩效而非团队绩效，这种做法忽视了个人排名和奖励英雄主义等行为对团队造成的破坏。高层管理者们要求管理者对员工进行分层，对末尾的 5%或 10%的员工进行辞退，这种做法造成的生产力损失远远超过了预期的生产力节约[①]。在经济不景气的时候，裁员通常是以团队成员工资水平从高到低来决定每个团队的裁员情况，而不是实际地确定哪些工作是重要的，并让对应团队保持不变；在经济景气的时候，管理者似乎只看到了英雄主义，却看不到日复一日的团队合作，而恰恰团队合作才是推动团队前进的主要原因。管理者不能因外界的力量失去对团队和团队生产力的关注。

10.5.6　牵头组建跨专业团队的实践社区

我们在图 10.6 中指出，要使敏捷组织的规模超出单个团队的范畴，管理者应根据他们所从事的专业来雇用、辅导、指导和管理程序员，与此同时，这些程序员将会以跨越多个功能团队的形式存在。

但是，程序员有很多兴趣爱好，且通常都希望在自己还不擅长的领域发展。有一种方法可以组织更广泛的技能、经验和知识的交叉传播，并邀请程序员参加以提升他们的技艺，那就是创建实践社区（或者叫行业工会，如瑞典 Spotify 公司的咨询师 Henrik Kniberg 所说的实践社区）。[②]

图 10.10 中，虽然我们的 3 个系统开发人员都只热衷于自己的专业，但有 1 个 Web 开发人员对系统程序设计感兴趣，2 个服务器开发人员正在夯实自己的系统技能，1 个数据库开发人员正在探索数据库和系统的交叉知识点内容。

实践社区不仅可以邀请管理者自己的员工，而且可以邀请任何感兴趣的程序员加入。图 10.10 中，系统组的管理者通过建立、赞助或主持系统程序设计实践社区，不仅可以邀请系统程序员，还可以邀请任何对系统程序设计感兴趣的程序员加入。

在这个例子中，利用实践社区可以让管理者打破专业知识的壁垒，促进知识和相关最佳实践的分享。通过这种方式，管理者不仅可以支持自己员工的专业性成长，还能对跨组织的技术人员也起到相同的支持作用。

重要提示：有一种方法可以帮助管理者进行敏捷转型，那就是建立一个敏捷管理者实践社区，与其他管理者一起探讨和团队在向敏捷转型时面临的挑战。

------

① 遗憾的是，这些指令往往是出于成本的考虑，而不是出于生产力的考虑。

② Henrik Kniberg and Anders Ivarsson, "Scaling Agile @ Spotify with Tribes, Squads,Chapters & Guilds" (2012-11).

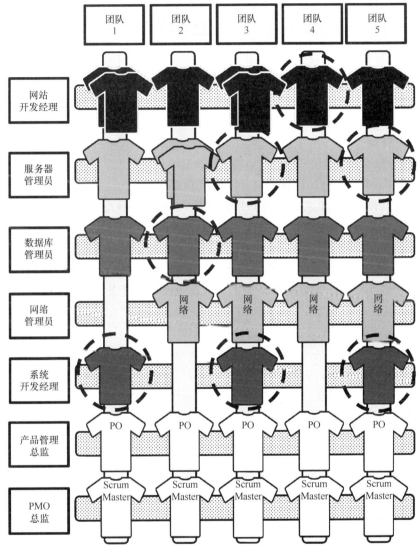

图 10.10　实践社区带来技术提升

10.5.7　消除障碍

当你询问任意一名敏捷从业人员"谁可以帮助我们消除障碍"时，十有八九你会得到相同的答案，即"我们都知道消除障碍是 Scrum Master 的工作"。

但事实是，在组织层面上，管理者在大多数组织中都是消除障碍的更好人员。管理者拥有独特的视角——他们也许无法看到每一个细节，但是他们会有更好的大局观。同时，他们知道谁才是应该游说并争取支持的对象，甚至有时候他们还具有消除障碍所需的各类预算。

团队仍是需要管理者的。这不是因为他们的计划和控制能力，而是因为他们承担起的代表团队与组织的其他部门进行沟通的重要工作。

——Diana Larsen, *Agile Retrospectives: Making Good Teams Great*[1]

共同作者

Scrum Master 需要将管理者作为其逐步升级的途径，以消除最具挑战性的组织层面的障碍。

我们在第 7 章展示了赫茨伯格的工作，其中他将对团队的激励拆分为激励因素与保健因素，而当保健因素不存在时，团队会失去动力。

作为管理者，我们需要知道并且询问哪些因素让团队感到不满意，因为这些因素直接损害了他们的动力。我们需要主动消除这些障碍。

同样地，管理者需要确保程序员和团队可以达到并保持专注状态。不管是什么，只要有东西妨碍了程序员的专注，那它肯定就是障碍。这里仅列举一个障碍：多任务处理。对每个年龄段的研究都表明，多任务处理不仅会降低生产率[2]，而且还会导致 bug 数量随着程序员正在从事的项目数量的增加而线性增加[3]。

完全阻止多任务是不可能的，当出现生产环境问题或要使客户服务重新上线时，都可能需要全体人员随时进行响应。但对于程序员和程序设计团队而言，因为多任务带来的上下文切换的成本过高，以至于管理者不得不竭尽所能去防范这种情况的发生。

在更大的上下文中，管理者需要负责检查团队正在使用的和已经存在的系统和工具，并且修正或者替换其中有错误的部分。另外，管理者必须时刻寻找可以购买或获取的新工具、流程和方法，以帮助团队提高生产力[4]。

10.5.8　咨询与辅导

我们在之前的章节中，讨论过咨询与辅导、雇用与解雇等内容。咨询与辅导（详见第 5 章）、雇用和解雇一直以来都是管理的核心要素。它们不应该随着组织转型敏捷而发生太大的变化。

------

① Diana Larsen, "Team Agility: Exploring Self-Organizing Software Development Teams" (*The Agile Times Newsletter,* 2004).

② 如果需要案例，可以查看 Steven C. Wheelwright and Kim B. Clark, *Revolutionizing Product Development: Quantum Leaps in Speed, Efficiency and Quality* (Free Press, 1992).

③ 如果需要案例，可以查看 Larry Maccherone, "The Impact of Agile Quantified" (Rally Software Development Corp., 2013).

④ 我们一直对静态代码分析包等工具的使用不足感到惊讶，这些工具反复被证明不仅可以减少开发初期的错误，而且可以提高整体安全性。

有趣的是，在我们举办的一些"告别失控"的研讨会上，当我们将职责工作表（如图 10.4 所示）发给一些管理者，并询问他们觉得咨询、辅导和指导因敏捷而产生了何种程度的变化时，结果出乎意料——我们本以为他们会说毫无变化。

管理者告诉我们的，都是诸如"我太忙于管理项目，以至于不能向我的员工提供咨询""我从来没有时间指导我的员工""我从来没有时间去提高我的员工的技能或者指导他们的职业生涯发展""我终于有时间做我的工作"等观点。事实证明，对于许多管理者来说，辅导和指导是变化最大的职责。

在本书中，我们通篇都谈到了为员工提供咨询、辅导和指导，并使你的组织成为一个不断学习和改进的组织。如果因为敏捷转型让你有时间做这些事情，那请为敏捷点赞！

10.5.9　雇用

对于大多数团队来说，招聘流程本身不会因为敏捷转型而发生改变。很少有组织把招聘工作交给敏捷团队去做。在一定程度上，这些都是管理者的专业技能，在敏捷团队中，招聘是管理者的重要职责。而我们在第 3 章中与大家分享的经验法则（持续不断的招聘）仍然是正确的。

原来由管理者处理的另一部分招聘工作，即后勤工作，同样可以经由管理者或行政助理集中处理，以获得更高的效率。具体内容请参见第 3 章。

另一个与招聘相关的后勤工作的挑战，是最好交由管理者处理的入职培训，这是我们在第 4 章中讨论的话题。无论是招聘新成员还是对敏捷团队的新成员进行入职培训，管理者应始终让团队的关键成员参与这个过程。

虽然招聘的流程没有改变，但招聘所需的软技能却可能发生了翻天覆地的变化。

我们不断强调沟通与合作在软件开发中的重要性。软件开发是一项团队活动，这在敏捷团队中是金科玉律。

敏捷的自组织团队不仅需要沟通和协作，还需要自我激励、卓越的倾听能力、愿意在需要的时候起带头作用（以及被需要时倾听的能力）、由团队中其他人带头时同样愿意跟随、对客户的同理心远超对自己的要求等。如果以上这些还不够，那么再加上这一条：有能力并愿意成为团队的一分子，并能发现团队成长的真谛。

沟通和协作能力是至关重要的。因此，我们要有意识地对拥有这些素质的人才进行审核和选择。

最后，只要有可能，管理者需要建立稳定的团队。敏捷的实践、价值观和原则支持团队走到一起，成为"最好的团队"。所谓最好的团队，是说当团队成员回忆这段工作经历时，都会表示这是自己曾经工作过的最好的团队。正如组织发展部门同事提醒我们的那样，团队必须经历"形成、震荡和规范"阶段，才能达到"高效"阶段，这与马斯洛所说的自我实现的阶段类似。哪怕只是更换一个成员，也会使现有高效的、自我实现的团队回到早期阶段，迫使团队成员痛苦地重复着团队建设的过程。

10.5.10　解雇

无论你是在招聘时出错还是原有员工的问题，无论你是在做敏捷还是其他事情，你的团队迟早都会遇到问题员工。我们遇到的每个敏捷团队都希望管理者能够处理团队中的问题员工。

一个团队里出现问题员工，就像一台运转平稳的机器的齿轮上出现碎石一样。当团队中出现问题员工时，团队会很痛苦地意识到这一点。团队成员希望管理者看到这个问题，并立刻采取行动。

除了极少数情况，处理问题员工的第一步并不是解雇。Ron 从管理教练 Marty Brounstein 那里学到了一个纠正性干预过程。这位教练写了一本关于这个过程的书[1]，我们在第 5 章"清楚何时止损"一节中讲述过这个过程。如果处理得当，问题员工要么绩效发生改变，要么就会选择辞职。只有在罕见的情况下，你才不得不让人力资源部门来开除他们。但是，你必须处理问题员工，而且越早处理越好。

10.6　本章总结

管理者在敏捷团队中是有关键职责的。

无论是在成功的敏捷转型还是日常的敏捷活动中，管理者都是至关重要的。但这需要管理者对其职责重要性有组织层面上的理解。这也需要管理者对当前的职责、职责如何变化、职责的重点以及如何去聚焦等内容有着自己的理解。一个有效的敏捷管理者，意味着他要深刻理解服务型领导的含义，并帮助团队茁壮成长。

敏捷与其他方法一样，需要管理者主动向前一步，承担更多的责任。

这里有另外两句关于敏捷中管理职责的至理名言。

> 管理者是引导者、联络员、边界管理者、资源分配者、团队保护者和倡导者，而且在大多数情况下，仍然有责任监督预算的执行情况。
>
> ——Diana Larsen[2]

---

[1] Brounstein, *Handling the Difficult Employee: Solving Performance Problems* (Crisp Publications, 1993).

[2] Larsen, "Team Agility: Exploring Self-Organizing Software Development Teams."

领导可以影响若干个团队如何进行自组织。领导不会在组织进化的
过程中无所事事。实际上他们是在帮助引导组织的进化过程。管理者和
领导以激励与挑战员工的方式，为员工维持自组织状态和演化提供能量。
要做到自组织，只是购买比萨和找到方向是远远不够的。

——Mike Cohn[①]

10.7　工具

完整的图 10.4 所示的电子表格，可以查看传统意义上管理者在软件开发中所
需要承担的 50 多种职责。

一些管理者告诉我们，他们发现仅仅就职责列表而言，那个电子表格是很有
帮助的。但如果选择在电子表格上做练习的时候，挑战在于认真思考当我们的团
队变得敏捷时，管理者的职责将如何变化。

异步社区配套资源的第 10 章文件夹中有一张等待填写的空白表格，还有一张
我们可以根据自己的理由来填写完成的表格。与 Scrum 一样，我们的答案对你而
言不一定是正确的。但是在你找到自己的答案的过程中，我们的想法可以为你提
供一些帮助，也可以帮助你在敏捷文化中成为一名合格的管理者。

[①] Mike Cohn, *Succeeding with Agile: Software Development Using Scrum* (Addison-Wesley, 2010), pp. 222, 228, 231, 232.